一流学科建设研究生教学用书

本书获华东理工大学研究生教育基金资助

现代仪器分析方法

（第三版）

Modern Instrumental Analysis（Third Edition）

主　编　吴　婷　杜一平
副主编　张凌怡　赵红莉　周丽绘

华东理工大学出版社
EAST CHINA UNIVERSITY OF SCIENCE AND TECHNOLOGY PRESS

·上海·

图书在版编目(CIP)数据

现代仪器分析方法/吴婷,杜一平主编;张凌怡,赵红莉,周丽绘副主编. —3 版. —上海:华东理工大学出版社,2024.5

ISBN 978 - 7 - 5628 - 7419 - 5

Ⅰ.①现… Ⅱ.①吴… ②杜… ③张… ④赵… ⑤周… Ⅲ.①仪器分析 Ⅳ.①O657

中国国家版本馆 CIP 数据核字(2024)第 099016 号

项目统筹 / 韩 婷
责任编辑 / 韩 婷
责任校对 / 张 波
装帧设计 / 徐 蓉
出版发行 / 华东理工大学出版社有限公司
　　　　　　地址:上海市梅陇路 130 号,200237
　　　　　　电话:021 - 64250306
　　　　　　网址:www.ecustpress.cn
　　　　　　邮箱:zongbianban@ecustpress.cn
印　　刷 / 常熟市华顺印刷有限公司
开　　本 / 787 mm×1092 mm　1/16
印　　张 / 22
字　　数 / 566 千字
版　　次 / 2008 年 10 月第 1 版
　　　　　　2015 年 8 月第 2 版
　　　　　　2024 年 5 月第 3 版
印　　次 / 2024 年 5 月第 1 次
定　　价 / 59.80 元

第三版前言

自 2008 年第一版《现代仪器分析方法》出版至今,现代仪器分析领域的发展是非常迅速和多样化的。首先,仪器分析技术本身在不断地发展和进步,近些年涌现出了许多新的方法和技术,如质谱流式非对称轨道无损质量分析器、电容式检测器等;其次,检测需求的进一步提高以及应用领域的不断延伸,促进了仪器分析方法的改进,如便携式仪器的进步促进了现场分析、快速检测分析的发展;生物制药行业的兴起进一步拓宽了各类分析方法(如色谱、质谱、光谱等)的应用范围;另外,为应对高端精密仪器的"卡脖子"问题,国家政策的支持以及国产仪器的崛起使得现在我国的仪器分析行业格局发生了很大的变化。

本书在继承前两版的编写策略,即基础性、前沿性、实用性的基础上,主要在仪器分析方法的分类以及仪器分析方法的进展中做了较大的修改。首先,从章节的编排上进行了调整。考虑到未知物定性定量分析的需求,本书将质谱分析(第 6 章)和核磁分析(第 7 章)独立成章,分别增加了多领域的分析应用实例以及复杂核磁谱图的解析实例。考虑到 X 射线技术家族的多样性,将 X 射线相关的分析技术合并在一个章节中(第 10 章),并在第二版仅有 X 射线光电子能谱和多晶 X 射线粉末衍射的基础上增加了单晶 X 射线衍射技术和 X 射线荧光光谱技术。其次,从每章内容的编写上删减了部分经典的基础知识,增加了新技术、新方法和新的应用领域。比如在原子光谱分析(第 3 章)中增加了质谱流式的原理及应用;在分子光谱分析(第 4 章)中增加了显微红外技术的原理和应用;在色谱分析(第 5 章)中增加了电雾式检测器的原理和应用;在质谱分析(第 6 章)中增加了非对称轨道无损质量分析器的原理和应用,以及质谱在生物制药、聚合物分析、环境分析等领域的应用实例;在核磁分析(第 7 章)中增加了二维核磁谱图的解析方法;在电分析化学(第 8 章)中针对电分析化学的进展和电化学传感器的最新研究情况进行了删减和补充;在电子显微镜分析(第 9 章)中增加了球差电镜的原理和应用;在 X 射线分析技术(第 10 章)中增加了单晶 X 射线衍射仪以及 X 射线荧光技术的原理和应用;在检验检测机构资质认定(第 11 章)中根据最新版的检验检测机构资质认定评审准则对内容进行了修订。

本书主要作为化学、环境、生物、药学等相关专业的研究生教材,为研究生们在后续的科学研究中选择正确的分析表征手段、开发新的分析方法打下坚实的基础。本书旨在帮助学生们全面地了解各类仪器分析方法的原理和优缺点,使他们能在科研工作中学有所用,正确地选择合适的仪器分析方法,从而解决科研中的各类分析检测的难题,提高工作效率。

　　本书共包括11章,编写分工如下:第1章、第11章由吴婷、杜一平编写,第2章由杜一平编写,第5章由张凌怡编写,第3~4章和第6~7章由吴婷编写,第8章由赵红莉编写,第9~10章由周丽绘编写。吴婷完成全书的统稿和审校。最后,感谢蒋栋博士、刘秀军博士在第10章(X射线分析技术)编写过程中提供的帮助。

　　由于编者水平有限,书中难免有疏漏和不当之处,敬请广大读者批评指正。

编者

2024 年 2 月于上海

第二版前言

　　近年来科学技术发展迅速,对现代仪器分析方法的发展产生了巨大的促进作用。同时,人类社会对诸如食品安全和环境保护等领域的要求越来越高,这也促使分析检测方法向着更加灵敏、准确、简单、快速的方向发展。自2008年第一版《现代仪器分析方法》出版至今,现代仪器分析领域发生了很大的变化,主要体现在两个方面:一方面,仪器分析方法有了很多的改变和改进,很多仪器的性能和功能得到了很大提升,而且以快速检测为目的的快检仪器和分析方法也发展迅速;另一方面,分析检测行业也发生了很大变化。分析检测行业的作用和地位在提高,国家和社会对分析测试服务的需求也在增加,同时对检测行为规范化的要求也越来越高,国家对测试服务机构的能力评价和监督渐渐纳入常态化。各种认证的第三方检测实验室和检测机构的快速发展就充分说明了这一点。

　　本书主要考虑了上述两个方面的变化,以及仪器分析的发展动态从而对第一版进行了修订。本书主要用作研究生教材,分析化学专业或者相关专业的研究生毕业后都有可能直接从事分析测试服务工作,或者作为分析测试服务的对象而间接与分析测试打交道。因此,掌握现代仪器分析方法和分析检测服务的知识,对于研究生的学业以及今后的工作都有非常重要的作用。

　　本书在继承第一版的编写策略,即基础性、前沿性、实用性,以及基本内容和框架的基础上,做了较大幅度的修改。删除和缩减了比较经典的基础知识,增加了一些具有前途的新技术和新方法,比如表面增强拉曼光谱、显微光谱成像、电化学/生物传感器、X光电子能谱、资质认定等。为了适应现代教学要求,本书的篇幅也进行了较大幅度的压缩,更强调其精炼性。

　　本书共11章。第1~3章由杜一平教授编写,第4~5章由张凌怡副教授编写,第6~7章由吴婷博士编写,第8章由赵红莉副教授编写,第9~11章由周丽绘高工编写。杜一平完成全书的修改和统稿工作。

　　由于作者水平有限,书中如有不足之处,敬请读者批评指正。

编者

2015年5月于上海

第 一 版 前 言

自 1983 年以来，朱明华先生编写出版了多种版本的《仪器分析》教材，作为化学、化工及其相关专业本科生的教科书，广受读者好评，已经成为《仪器分析》教材的经典之作。本书作者大多为朱先生的学生，曾经得到过先生的谆谆教诲。本书作为化学、化工及其相关专业本科生、研究生的教材，在继承朱先生主编的《仪器分析》基本内容和编写特点的基础上，充分考虑了本科生、研究生教育的特点，在教材编写的内容取材、深度和广度把握、基础知识和新技术搭配等方面做了一些改革和探索。

随着科学技术的飞速发展，仪器分析领域也取得了巨大的成就。很多传统的仪器分析方法都得到了改进和提高，同时也出现了一些新的仪器分析技术和方法。作为现代科学技术的"眼睛"，仪器分析方法在化学、化工及相关领域具有极其重要的地位，仪器分析方面的新技术和新方法对相关领域的科学研究也非常重要。研究生是各个专业科学研究的生力军，他们的研究工作往往处于学科研究的前沿，掌握好仪器分析这一重要工具，对研究生的培养工作来说至关重要。因此，研究生的教材必须跟上仪器分析的发展，在保证掌握基础知识的前提下，还要体现分析化学学科最新发展的理论、技术和方法。本书根据分析化学及其相关学科的特点和最新发展动向，收录了各种重要的仪器分析方法，既涵盖了仪器分析的基本内容，如传统的色谱分析、光谱分析、电分析化学等，又加入了目前发展迅速、应用广泛的新技术和新方法，如表面分析技术、化学传感器、化学计量学等。同时在每章中还尽可能开辟一节专门介绍各种仪器分析领域的最新技术和前沿研究内容。

另外，本书面对的是化学、化工及其相关领域的广大读者群，他们一般并不把仪器分析方法作为研究对象，而是作为研究手段。因此本书特别强调方法的实用性，学以致用。书中包含了很多有关仪器分析应用的内容，而且突出讲述了各种仪器分析方法中样品处理和制备的方法，期望读者能通过学习掌握基本的样品处理和制备方法，以便委托分析检测部门进行样品分析检测时获得更加准确可靠的数据。

编者

2008 年 10 月

目 录

第 6 章　质谱分析

第 7 章　核磁共振波谱分析

第 11 章　检验检测机构资质认定基础

第1章 绪 论

　　仪器分析是分析化学的重要组成部分,在现代分析化学中占据了主导地位。仪器分析是利用特殊的仪器对物质的物理和化学性质进行分析的一种分析方法,可以实现物质的定性、定量以及形态分析。

　　在经典的化学分析方法中,人们通过沉淀、萃取、蒸馏等方法来分离目标化合物,再采用显色、沸点/熔点或不同溶剂中的溶解性等特点来进行定性分析。定量分析通常采用重量或容量分析法来实现。然而,随着对痕量物质的快速且更深入的分析需求的增加,经典分析方法已无法满足人们的分析要求,更多的物质特性(如电导率、电极电势、质荷比、光的吸收与发射等),以及仪器分析方法(如色谱、电泳等)被开发出来,产生了诸多的性能更优的仪器分析方法。

1.1 仪器分析方法的分类

　　根据各种仪器分析方法的特点,大致上可以把仪器分析分为光谱分析、波谱分析、电化学分析、色谱分析、表面分析和热分析等。具体的分类如表1-1所示。

表1-1 仪器分析方法分类

方 法 分 类	主 要 方 法	所利用的物理或物理化学性质
光谱分析和波谱分析	原子发射光谱、原子荧光	辐射的发射
	分子荧光、放射分析法	辐射的发射
	原子吸收分光光度法	辐射的吸收
	紫外-可见分光光度法	辐射的吸收
	红外光谱法	辐射的吸收
	核磁共振波谱法	辐射的吸收
	质谱法	质荷比
	比浊法、拉曼光谱法	辐射的散射
	折射法、干涉法	辐射的折射
	X-射线衍射法、电子衍射法	辐射的衍射
	偏振法、圆二色法	辐射的旋转
电化学分析	电位法	电极电位
	电导法	电导

续　表

方　法　分　类	主　要　方　法	所利用的物理或物理化学性质
电化学分析	极谱法、溶出伏安法	电流-电压
	库仑分析法	电量
色谱分析	气相色谱法	两相间的分配
	液相色谱法	两相间的分配
	薄层色谱法	两相间的分配
	离子色谱法	离子间相互作用
	毛细管电泳	电泳
	毛细管电色谱	电泳和两相间的分配
表面分析	电子显微镜和电子探针	电子性质
	电子能谱法	电子性质
	扫描隧道显微镜	隧道效应
	原子力显微镜	物体间力
热分析	热导法、熔法	热性质
	热重法	热性质
	差热分析	热性质

1.2　仪器分析的发展历史和趋势

　　在人类历史上，很早就有了分析技术的应用，比如公元前 4 世纪使用试金石来鉴定金的成色，公元前 3 世纪阿基米德利用金、银密度之差解决金冕的纯度问题，中国古代人们用银器检验食物是否有毒等。从 20 世纪初开始，分析化学作为一门学科逐渐发展起来。最先发展起来的是溶液中的四大平衡理论，结合分析化学的需求与物理化学的理论发展了重量分析、容量分析和比色分析等湿法分析法。20 世纪 40 到 70 年代间，化学分析的灵敏度、准确度等已无法满足当时的需求，物理学、电子学、半导体等学科的发展促进了仪器分析方法的大发展，推动了以光谱分析、极谱分析和色谱分析为代表的各种仪器分析方法的建立和快速发展，改变了分析化学以化学分析为主的局面，快速、准确、灵敏的各种仪器分析方法得到完善和扩充。20 世纪 70 年代至 21 世纪初，信息时代的到来和生命科学、材料科学等领域的发展，促使仪器分析方法得到了极大的发展。除了利用计算机和数学、物理学、化学、材料科学和工艺学等学科的最新知识，建立了很多新的分析仪器和分析方法，改进了传统的分析仪器和方法，发展了诸多联用的仪器分析方法，大大提高分析的准确度、灵敏度，并极大扩展了仪器分析的应用领域；而且还与相关的化学学科和物理学科交叉，与数学和计算机科学相结合，选择最优化的操作和实验条件，最大可能地获取样品的各种有用信息，使分析人员从单纯的数据提供者变成问题的解决者。21 世纪初至现在,在这个蓬勃发展的大数据时代,仪器分析的发展也不甘示弱。得益于仪器技术的不断更新和人工智能的发展,仪器分析在复杂体系的信息挖掘、多学科的交叉和融合中发挥了重要的作用,以前不可能完成的一些任务在现在也成为可能,为解决更深层次的分析难题提供了更多的方案。

分析化学发展的目标就是满足人类社会发展过程中对各式各样样品的各种检测要求。现代科学技术的飞速发展,对分析化学的要求也越来越高,仪器分析也随着人们的需求不断发展,不仅在提高检测灵敏度和选择性,拓展多维度信息,仪器的微型化和小型化,无损检测等方面都有了改进,在应对仪器海量数据的解析和信息挖掘的能力上也有了大幅的提升。

1.3 现代仪器分析方法的特点

现代分析化学中仪器分析方法占有主导地位,仪器分析方法是用精密仪器测量物质的某些物理或物理化学性质以确定其化学组成、含量及化学结构的一类分析方法。现代仪器分析包括如下基本要素:分析对象、分析仪器、分析方法和测量。

1. 分析对象

现代仪器分析的分析对象已经从简单的成分分析和一般结构分析,发展到了趋向于从微观和亚微观结构去寻找物质功能与结构之间的内在关系,寻找物质分子间相互作用的微观反应规律。同时,对于快速、准确的定性和定量分析也提出了更高的要求,这对相应的分析仪器的要求也进一步提高了。

2. 分析仪器

仪器分析所用到的仪器种类繁多,仪器原理、使用方法各有不同,仪器的更新速度也非常快。每一种类的仪器分析方法往往使用一种特定的仪器,仪器的大类包括光谱类仪器、色谱类仪器、电分析类仪器、表面分析类仪器等。仪器的大小差别很大,有小到一支钢笔大小的酸度计,也有如电视机大小的普通分析仪器,还有大到几间房大小的特殊用处的电镜类仪器等。仪器的价格也相差巨大,小型分析仪器有几百元、几千元的,也有几百万甚至几千万的大型分析仪器,实验室的分析仪器一般在几十万到几百万之间。

3. 分析方法

如果把分析仪器比作计算机硬件的话,分析方法就是计算机软件,没有分析方法就不能进行分析。分析方法是人们在科学的、大量的科学研究和分析实践中总结、整理出来的分析测定方法。分析方法包括样品处理方法和样品测定方法,不同的样品,分析方法可能不同;同一样品,测定项目不同,分析方法也可能不同。对各领域的众多样品,已经研究开发了很多标准的分析方法,如国家标准方法、行业标准方法、企业标准方法等。各个国家和地区也有各自的标准分析方法,如美国标准、欧洲标准、英国标准、日本标准等。评价一种分析方法的好坏经常用到一些指标,如灵敏度、检出限、线性范围、选择性、分析速度等。灵敏度是指样品单位浓度(如 1 mg/L)的改变所引起的分析信号改变的大小,改变得越大,说明分析信号对浓度的响应越灵敏,所能测定样品浓度越低。检出限指所能检测到的最低量,它是根据分析的噪声信号(没有被测组分的样品信号)的 3 倍分析信号所对应的被测组分量定义的。定量分析一般都是利用分析信号与被测组分浓度间的线性关系(即标准曲线)来进行计算,标准曲线的直线部分称为线性范围,如电感耦合等离子体光谱分析测定金属的线性范围可达 5 个数量级，或者更高。选择性是指分析方法对样品中共存组分的抗干扰能力，选择性高说明该方法对被测组分响应高，对其他组分响应低，干扰信号小。分析速度是指从样品处理到分析测定结束所用的时间。好的分析方法应该**灵敏度高、检出限低、线性范围宽、选择性好、分析速度快**。

4. 测量和测量数据

测量就是按分析方法对样品进行处理，用仪器进行测量，记录分析测量数据。

分析测量所得的数据一般不能直接得到所需的信息，还需要进行数据处理。仪器分析方法是用精密仪器测量物质的某些物理或物理化学性质来获得样品的信息，所以数据处理就是根据分析方法的原理，把测定的物理或物理化学性质的量转换为所需要的量，如样品的化学组成、含量或化学结构等信息。色谱分析法经常用来测定混合样品中的化学组成，它就是利用色谱仪器测量得到的色谱信号(检测器不同，信号的种类不同)，来确定样品的化学组成；含量分析就是样品的定量分析，定量分析经常利用物理或物理化学性质与样品含量间的线性关系，采用标准曲线进行定量；化学结构测定常常用波谱分析方法，利用不同化学基团显现的特定的谱图进行解析来获得化学结构信息。由于实际样品的复杂性，分析时经常遇到各种干扰，影响分析结果，所以数据处理中也经常会用到一些基线校正、干扰校正等方法。

1.4　现代仪器分析的作用

分析化学被誉为科学研究和国民经济各行业中的"眼睛"，能提供各个学科和各项生产活动中所需的各种有用信息，为它们的发展提供强有力的支撑。作为分析化学重要组成部分的仪器分析，在科学研究和国民经济活动中的作用是极其重要的。

仪器分析常常是解决科学研究中"瓶颈"问题的钥匙。在现代科技发展过程中，经常遇到难以解决的所谓"瓶颈"问题，仪器分析经常扮演解决"瓶颈"问题的重要角色。如 DNA 自动测序仪的诞生和使用改进了测序技术，使人类基因组计划(human genome project，HGP)这一重要科学计划于 2000 年提前完成。生物大分子质谱分析(电喷雾离子化和基质辅助激光解吸离子化)和生物大分子三维结构核磁共振技术发展了对生物大分子进行鉴定和结构分析的方法，能实现针对蛋白质和核酸等生物大分子的结构解析，发明这两项技术的科学家美国科学家约翰·芬恩、日本科学家田中耕一和瑞士科学家库尔特·维特里希因此获得了 2002 年诺贝尔化学奖。超分辨率荧光显微技术如[受激辐射损耗显微镜(STED)、单分子显微镜]的出现使得光学显微镜领域突破了光学衍射极限，能呈现小至几十纳米的微小结构，从此可以用光学显微镜探究纳米尺寸的世界，发明这些技术的三位科学家，包括美国的艾力克·贝齐格、德国的斯特凡·赫尔和威廉·莫尔纳尔因此获得了 2014 年诺贝尔化学奖。另一项突破性的研究是冷冻电子显微镜技术(也叫低温电子显微镜技术)的发明，用于溶液内生物分子的高分辨率结构测定的低温电子显微镜技术，简化了生物细胞的成像过程，提高了成像质量。发明冷冻电镜的科学家——瑞士的雅克·杜博歇、德/美国的约阿希姆·弗兰克以及英国的理查德·亨德森因此获得了 2017 年诺贝尔化学奖。

仪器分析是工业生产活动中不可缺少的手段。在很多化学化工及其相关工业生产过程中，分析检测是保证产品正常生产和产品质量的重要手段，仪器分析就是分析检验的工具。从原料进厂，到生产加工，最后到产品出厂的整个生产活动中，仪器分析可以作为原料检验，生产过程控制，和产品质量检验的角色而起着重要作用。为了保障产品质量，很多企业往往从原料开始抓起，在原料采购和原料进厂时就严格把关，确保生产原料合格，利用仪器分析方法对原料进行检验是最基本的方法。在生产过程中，对生产各个工序，如化工生产中的单元操作，经常采样，通过分析检验来了解各工序是否正常。而产品检验一般是各个企业不可缺少的一个环节，它往往是产品质量控制中非常重要的一个部分，质量检验的手段也多是仪器分析方法。因此，可以毫不夸张地说，作为各种实际样品分析检验重要手段的仪器分析，在工业企业生产活动中起着不可替代的作用。

仪器分析在国民经济各行业中起着重要作用。实际上，除了上述的化学化工行业外，其他很多行业都需要仪器分析。在能源领域的各个行业中，石油、煤炭等资源的勘探、冶炼等需要仪器分析；在地质行业，各种地质勘探需要仪器分析；在冶金行业，如钢铁、有色金属等冶炼过程中需要仪器分析进行炉前分析，产品检测等；在轻工行业中，造纸、纺织、印刷等需要仪器分析进行原料、添加剂分析等；在食品行业中，仪器分析在食品分析中占有非常重要的地位，尤其是近年来越来越显得迫切和严峻的食品安全问题，使人们对仪器分析在灵敏度、检测速度、无损检测等方面有了更高的要求；在农业中，农药、化肥等需要仪器分析进行检测，各种作物和果蔬产品的蛋白、糖分等营养成分和农药残留、重金属等有害成分的分析检测更需要仪器分析；在医药行业中，医学检测实际上就是利用分析化学手段检测各种疾病，仪器分析是最为重要的检测手段，药物分析是药物生产和使用过程中非常重要的一个环节，其主要手段也是仪器分析；在环境领域中，环境监测是环境保护的重要组成部分，仪器分析则是环境监测的重要方法；在当前发展迅速的材料领域，各种新材料的研究、生产和使用都广泛用到了仪器分析，如纳米材料表面特征分析，颗粒材料粒径分析，材料的组成和含量分析等。

综上所述，在国民经济众多行业中都能看到仪器分析的身影，它在其中担负着重要的职责，起着重要的作用。

1.5 仪器分析的新进展

1.5.1 光谱领域

超强光源如激光光源的出现、超高分辨率分光器的发展、高灵敏度检测器件的应用、等离子体技术和纳米技术的发展都为光谱技术的发展提供了重要的技术支撑。

原子光谱方面，连续光源的原子吸收仪器已经得到应用，为多元素同时分析提供了更多的选择。等离子体质谱技术与现代分离技术的结合，在元素形态分析、单颗粒与单细胞分析以及蛋白质定量分析方面表现出巨大的潜力。

分子光谱方面，显微技术的发展应用使得传统红外和拉曼技术的性能获得了极大的提升，不仅能大大提高检测的灵敏度，还能实现微区分析。高灵敏和快速检测器的发展，又促进光谱成像领域上了新的台阶，在微塑料分析，药物分析等领域都有了较多的应用。

1.5.2 色谱领域

随着仪器制造技术的进步和固定相的发展，色谱的分离性能得到了显著的提升。如亚2微米和核壳色谱固定相的普遍使用，以及耐压性能更强、死体积更小色谱仪的研制，都显著提高了液相色谱的分离性能和效率。多样化的色谱固定相类型不断涌现,为不同物质的分离提供了更多的选择。新型的色谱检测器的出现,如电雾式检测器(CAD)作为一种通用型检测器,对大多数化合物提供一致响应性,能检测到大部分非挥发性和半挥发性的有机物,同时能达到较高的灵敏度和低检测极限,能准确地用于定量分析或半定量分析。微流体技术在色谱领域的应用也使色谱分离系统越来越小型化。

多柱色谱在面对批量样品和复杂生物样品的分离分析时逐渐得到了发展,解决了传统的单柱色谱技术无法满足的分离能力和分析通量的挑战。在复杂生物样本分析中,基于多柱的多维分离已广泛应用于蛋白质组学、代谢组学研究、药物分析和手性固定相筛选等领域。

超临界流体色谱采用 CO_2 替代液态有机溶剂和水性溶剂,相比传统的色谱方法更加环保和经济有效,在速度和选择性方面也有显著提升,这意味着从复杂原料到终产物所需的时间和成本显著降低。超临界流体技术是一项"绿色"技术,它不产生有机废液,可减少环境影响。

1.5.3 质谱领域

质谱分析检测技术是具有应用基础性、关联性、系统性、开放性等特点的产业关键共性技术。质谱仪具备高分辨率、高通量、高灵敏度与高准确度的特性,在复杂背景下检测低浓度的化合物的能力优于其他仪器,拥有优秀的定性与定量的能力,被称为是"终极的检测手段"。质谱领域的应用发展百花齐放,从新型的仪器部件,到整体性能的提升,再到应用领域的拓展,质谱仪已经深入了各行各业,诸多分析难题都离不开质谱的身影。

新型离子源和质量分析器不断涌现,如最新发布的非对称轨道无损质量分析器(Astral)的出现使得质谱检测的速度和灵敏度又上了一个新的台阶。多种质量分析器的组合使仪器的功能焕发了新的光彩,在定性的广度和定量的深度上都有了很大的提升。

空间质谱组学随着光束整形设备、近场光学技术及微透镜光纤的激光采样技术的发展已实现高空间分辨率的质谱成像,分辨率从常规激光采样的数微米分辨率上升到了几百纳米。

近年来,中国自主创新的质谱仪技术也取得了突破性的成果,多家国产质谱仪器厂商已掌握了离子阱、四级杆、三重四级杆、飞行时间等多个质谱分析技术,且产品矩阵完善。国产质谱仪与进口仪器的差距逐步减小,国产仪器替代进口仪器的趋势日益明显。

1.5.4 电分析化学领域

电分析化学技术的发展离不开材料领域的进步。纳米技术的介入为电化学传感器的发展提供了丰富的素材,基于纳米材料的电化学传感器已经显示出了优异的性能。诸多新型材料,如金纳米材料、氧化物纳米材料、碳基纳米材料,以及金属有机框架材料等被用于制备电极或修饰电极以产生或放大电化学信号。这些新型材料的高导电性,优良的电催化活性以及良好的生物相容性在生物传感器领域展现出优良的性能。电化学传感器正在从实验室走向实际应用,朝着微型化、数字化、智能化、多功能化、系统化、网络化的方向发展,以满足检测的及时性、功能多样性等要求。

1.5.5 电子显微镜领域

人们希望通过观察微观物质世界来了解微观结构与物质的某种属性或功能的关系。电子显微镜技术已经广泛应用于材料和生物学领域,随着人们探究未知世界的不断深入,电子显微技术也在不断地发展,已经可以在亚细胞水平甚至原子水平上实现图像分辨。扫描电镜方面,场发射扫描电镜的分辨本领已达到小于 1 nm,接近了透射电镜的水平,并得到了广泛的应用,但尚不能分辨原子。如何进一步提高扫描电镜的图像质量和分辨本领是扫描电镜领域重点关注的问题。透射电镜方面,从 20 世纪 90 年代透射电子显微镜的发展进入球差电镜时代,随着球差校正器的发展,特别是对高阶球差和色差的校正,迄今文献报道的透射电镜可分辨的原子间距最小为 0.039 nm(扫描透射成像模式)。冷冻电镜的出现使得蛋白质的三维结构的解析成为可能。最近几年取得的一系列技术突破,更是让原子分辨率的冷冻电镜技术成为可能,使冷冻电镜成为一个可以服务于大家的工具。

电子显微镜的国产化相对较慢。国产的扫描电镜已经在逐步发展,但是高端透射电镜的国产化还任重道远。

1.5.6　X 射线分析技术领域

X 射线分析技术包括 X 射线光电子能谱、X 射线荧光、X 射线衍射仪,以及 X 射线吸收光谱等。随着 X 射线光源的不断发展,X 射线分析技术的分析性能有了极大的提升。如同步辐射光源和 X 射线自由电子激光装置的投入使用极大地改善了 X 射线分析技术的检测灵敏度,拓宽了 X 射线分析技术的分析领域。

同步辐射光源是指真空环境中以接近光速运动的带电粒子在改变运动方向时释放出的电磁波(光),具有频谱宽且连续可调(具有从远红外、可见光、紫外直到 X 射线范围内的连续光谱)、亮度高(第三代同步辐射光源的 X 射线亮度是 X 光机的上亿倍)、高准直度、高偏振性、高纯净性、窄脉冲、精确度高,以及高稳定性、高通量、微束径、准相干等独特的性能。目前,世界上共有二十多台第三代同步辐射光源运行分析。我国的北京同步辐射装置(BSRF)、合肥中国科技大学同步辐射装置(NSRL)分别属于第一、第二代光源,上海光源(SSRF)和台湾省新竹市的同步辐射装置(SRRC)属第三代光源。

自由电子激光是一种以相对论优质电子束为工作媒介、在周期磁场中以受激辐射方式放大短波电磁辐射的强相干光源(其"周期磁场"由波荡器产生),具有波长范围大、波长易调节、亮度高、相干性好、脉冲可超短等突出优点,尤其是高增益短波长自由电子激光具有巨大的发展潜力和重大的应用前景,其极高的峰值亮度比目前最好的第三代同步辐射光源高出 10 个数量级。目前,世界上已有美国、瑞士、德国、日本和韩国建成了大型自由电子激光装置设施集群;我国的 X 射线自由电子激光试验装置正在建设中。

第**2**章 数据处理和数据分析方法

仪器分析最基本的操作就是测量,测量获得的数据是定性和定量分析的依据。测量实质上就是通过精密仪器获得能反映样本化学信息或者物理化学信息的数据。电子仪器测量所获得的信号往往都存在噪声,噪声不是确定的量,具有随机性。因此,仪器分析测量信号都属于概率论中所称的随机变量,概率论和数理统计是测量数据处理和分析的基础。样品分析所获得的数据,除了具有分析检测所需要的有用信息外,也包括基线、噪声,以及共存组分产生的干扰信号,甚至测量条件控制不好也可能影响测量数据。为了获得准确的分析结果,对数据进行处理往往是必需的。此外,现代分析仪器越来越容易产生高容量的数据,传统数据分析方法往往不能满足现代社会对分析检测日益增高的要求,这些都促进了化学计量学的产生和快速发展。

化学计量学(chemometrics)是瑞典化学家 S. Wold 在申请基金项目时提出的人造名词,得到了同行的认可,之后,化学计量学在分析化学及其他化学领域得到了快速发展。化学计量学是一门运用数学、统计学、计算机科学,以及其他相关学科的理论与方法,优化化学测量过程,并从化学测量数据中最大限度地获取有用化学信息的科学。许多数学和统计学知识,如线性代数、矩阵论、概率论、数理统计等知识都是化学计量学的基础。另外,由于需要进行大数据量计算,计算机也是化学计量学必需的手段。因此,化学计量学就是应用数学和统计学方法,根据化学问题的特点提出解决问题的算法,并利用计算机进行计算,解析和解决化学问题,从而最大限度地获取有关的化学信息的学科。经典的化学分析往往只能得到有限的数据,而仪器分析能大幅增加数据量,色谱图、光谱图、质谱图、极谱图等可以获得成百上千个数据。而联用分析仪器导致数据容量呈指数级的增长,一个样品的色谱/质谱联用实验就可能产生兆(M)级容量的数据。如此大量的数据必然含有大量化学信息,但是如何从中提取这些信息成了化学家遇到的新问题,化学计量学就是解决这些问题的有效方法。

简单的理解,化学计量学就是研究化学数据处理和数据分析的一门学科。它主要包括采样理论和采样方法、实验设计方法(设计实验获得最优实验操作条件)、化学最优化方法(通过数据处理和分析使测量过程和分析方法最优化),以及信号处理方法、多元校正、多元分辨、化学模式识别方法等。在本章后续各小节中将分别介绍化学数据的统计分析、仪器分析信号处理、多元校正、多元分辨和化学模式识别等内容。

2.1 测量数据的误差和统计分析

2.1.1 测量数据的误差

分析测量信号都存在误差,误差就是测量值与真值的差值。误差可分为系统误差、随机误差和过失误差。系统误差是在一定条件下由固定原因引起的误差,这种误差往往导致测量结果比真值均偏大或均偏小,而误差源往往是已知的。采用适当的改进方法就可以避免该类误差的产生,即使误差来源未知也可以采用一定的方法对结果进行校正而消除系统误差。过失误差来源于实验操作的失误,只要认真这类误差是可以避免的。随机误差由一些不确定原因产生,电子仪器的测量数据始终存在随机误差,它表现为测量结果不稳定,忽大忽小,围绕某个值上下波动。随机误差也称随机噪声,它具有随机性。随机误差或含随机误差的测量值都是不确定的量,在概率论中称为随机变量。随机误差问题需要用概率论和数理统计的方法来解决。

2.1.2 随机误差的分布及其数字特征

随机误差的特点是单次测量结果的随机误差不确定,但多次重复测量的随机误差具有一定的规律,即统计学规律,它具有特定的概率分布。仪器分析测量的随机误差通常用正态分布来描述,如图 2-1 所示。横坐标 x 表示测量值,纵坐标 $f(x)$ 为概率密度函数。正态分布图表示重复多次测量时 x 为不同值的可能性大小,即不同测量值 x 出现的频次大小。从图中可以

看到,x 在中心位置,即 $x=\mu$ 时频次最高,而出现在曲线两端(即 x 很大或很小)的频次很低。这说明单次测量值不确定,但出现在中心附近的概率很高。所以在分析化学中经常进行平行测量,其目的就是通过多次(常用的次数是 3)测量值的平均以尽量消除随机误差的影响,因为随机测量值都分布在中心值左右,其平均值就更接近中心值 μ。正态分布除了中心值很重要以外,其分布曲线的宽度也很重要,在图 2-1 中用 σ 表示。σ 越大曲线分布越宽,说明多次测量值分布越分散,对获得准的测量结果越不利。

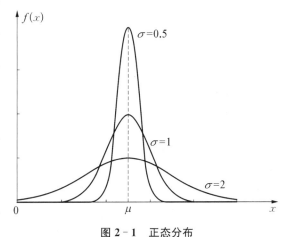

图 2-1 正态分布

在统计学上将中心值 μ 称为数学期望,分布宽度 σ 称为方差,这两个量就是随机变量的数字特征,正态分布用 $N(\mu, \sigma^2)$ 表示。正态分布可用高斯函数来描述,$f(x)=\dfrac{1}{\sqrt{2\pi}\sigma}e^{-\frac{(x-\mu)^2}{2\sigma^2}}$,该函数只有 μ 和 σ 两个参数。值得说明的是,函数 $f(x)$ 是正态分布密度函数,它不是概率,概率是在 x 的某个区间内 $f(x)$ 的积分,$p(a<x\leqslant b)=\displaystyle\int_a^b f(x)\mathrm{d}x$。数学期望和方差为真值,是实际测量的理想值,通常无法获得,但通过足够多次的测量可以获得足够接近的值。在分析化学中,人们通常平行测量 3 次来计算平均值 $\bar{x}$ 和标准偏差 s[计算公式参见式(2-1)],近似代替 μ 和 σ。而且,用 $\bar{x}\pm ks$ 的形式来报告测量结果,这种表述更科学,其含义是:真值无法完全确定,但可以高概率地断定它在 $\bar{x}\pm ks$ 范围之内,k 为常数,当 $k=2$ 时,真值在 $\bar{x}\pm ks$ 范围的概率为 95.4%,$k=3$ 时概率是 99.7%。在正式的分析检测报告中,检测结果都是这样表示的。比如金属 Mn 含量检测结果为:$C_{Mn}(\text{mg/L})=1.23\pm0.03$,$k=3$,它表示平行实验结果平均值为 $1.23\,\text{mg/L}$,标准偏差为 $0.03\,\text{mg/L}$,真正的 Mn 含量在 $1.20\sim1.26\,\text{mg/L}$ 之间的概率为 99.7%。

$$\bar{x}=\frac{1}{n}\sum_1^n x_i, \quad s^2=\frac{1}{n-1}\sum_1^n (x_i-\bar{x})^2 \qquad (2-1)$$

上述表述的是测量值 x,x 也可以表示为随机误差,其真值 μ 为 0,σ 越小说明误差越接近 0。$\mu=0$,$\sigma=1$ 的正态分布称为标准正态分布,$N(0,1)$。

2.1.3 检测数据的统计检验方法

判断测量数据是否正确或者是否符合某种规律也是仪器分析检测实践中经常需要做的,所用到的方法就是统计学中的统计检验。一组测量数据是否符合已知或未知的统计规律,需要先假设实验值符合某种概率分布,再用实验数据进行检验,然后做出判断,这就是统计检验的基本思路。

2.1.3.1 异常值检验

实验数据是否符合一定的统计规律,这是判断异常值的依据。

异常值的出现有三种情况:上侧是指异常数据相较于其他数据(本体值)显著高;下侧是指异常数据显著低;双侧是指异常数据可能显著高,也可能显著低。如果测量值符合正态分布,上侧异常值就出现在分布曲线右侧高于临界值的地方,下侧则出现在临界值的左侧,双侧就是出现在曲线的两侧。显然,临界值是判断是否为异常值的关键。

将测量值按大小排列,对两端的数据都进行检验就是双侧检验方法(假设异常值可能是上侧也可能是下侧,对该假设进行检验);如果只是对偏高,或偏低数据进行检验就是单侧检验方法(假设异常值只可能是上侧,或只可能是下侧,对该假设进行检验),两种方法的临界值不同。从正态分布函数可计算出,出现在两端的偏离数据如果高于 2σ,即 $k=2$ 则概率小于 0.05,如果 $k=3$ 概率为 0.003。0.05 和 0.003 称为检验水平 α,或称为显著性水平,进行统计检验时需确定该值。当 $\alpha=0.05$ 时,说明偏离出 2σ 的数据是异常的可能性为 95%(即 $1-0.05$),而选择 $\alpha=0.003$,偏离出 3σ 的数据异常的概率为 $=99.7\%$。换句话说,满足 $\alpha=0.05$ 的数据是异常值这一判断是错的可能性为 5%,$\alpha=0.003$ 时可能性小到 0.3%。取 $k=2$ 或 3($\alpha=0.05$ 或 0.003)在统计意义上都是合理的,但在统计检验上,常用的是 $\alpha=0.05$ 或 0.01($k=2.58$)。上述采用的是单侧检验方法,如果用双侧检验,检验水平 α 就要平分到两端,即 $\alpha/2$。判断是否为异常值要用临界值,临界值是通过查表而获得的,用单侧检验时,查表就是用所选择的水平 α,但用双侧检验时应取 $\alpha/2$ 水平。

异常值检验方法有多种。这里简单介绍 Nair 方法和 Grubbs 方法。

(1) Nair 方法

使用 Nair 方法需要知道方差 σ。将 n 个测量数据排序,最小值 x_1,最高值 x_n,按式(2-2)计算统计量 R,

$$R_1=\frac{\bar{x}-x_1}{\sigma}, \quad R_n=\frac{x_n-\bar{x}}{\sigma} \qquad (2-2)$$

查表确定临界值 $R_{\alpha,n}$,其中 n 为数据数目。如果 $\alpha=0.05$,当采用单侧检验时,α 就是 0.05,临界值为 $R_{0.05,n}$,但用双侧检验应该取 $\alpha=0.025$,临界值为 $R_{0.025,n}$。

将 R_1 或 R_n 与查表得到的临界值 $R_{0.05,n}$ 进行比较,高于临界值就认定为异常值,应该舍去,或重新进行实验测量。

(2) Grubbs 方法

Grubbs 方法不需要事先知道方差 σ,而是用测量数据的标准偏差 s 代替 σ。用类似式(2-2)的公式计算统计量 G,$G_1=\frac{\bar{x}-x_1}{s}$,$G_n=\frac{x_n-\bar{x}}{s}$。同样通过查表获得临界值,当然,

Grubbs 方法与 Nair 方法临界值表是不同的。当计算的 G 高于临界值时就判定为异常值。

限于篇幅,本节只介绍了 2 种异常值检验方法,实际应用中还有很多其他方法,除了统计学方法外,化学计量学领域也发展了一些异常值筛查方法,感兴趣的读者可参考相关文献。

2.1.3.2　平均值的检验

在仪器分析中,我们一般认为测量值都服从正态分布,因此对正态分布两个指标数学期望和方差的检验就是对所获得数据合理性的一种重要判别。在分析实践中我们通常进行多次重复检测,计算平均值和标准偏差,对这两个指标的统计检验是相关领域一个重要的任务。

平均值检验也称平均值一致性检验,其目的是检查分析结果准确度,考察系统误差对结果的影响。进行 n 次测量获得的测量结果 x_i,$i=1, 2, \cdots, n$,符合正态分布 $N(\mu, \sigma^2)$,它们的平均值 $\bar{x}$ 也符合正态分布,$N(\mu, \sigma^2/n)$,其方差参数与 x 的不同。μ 是真值,所计算的平均值 $\bar{x}$ 是 μ 的无偏估计,$\bar{x}$ 与 μ 具有一定的偏差,该偏差若在合理的范围,就表示测量平均值与真值是一致的,即没有显著性差异,可以接受,反之不可接受。

（1）t 分布

Gossett 于 1905 年以 Student 为名发表了 t 分布的研究工作,所以称该分布为"t 分布"（也称学生分布）。t 分布是在小样本情况下对正态分布的一种修正,所以对于有限次检测所获得结果的检验更适合采用 t 分布。t 分布的统计量按式（2-3）计算,

$$t = \frac{\bar{x} - \mu}{s / \sqrt{n}} \tag{2-3}$$

因为减了 μ,除了方差,所以它符合标准正态分布 $N(0, 1)$。t 分布曲线以 $t=0$ 为中心左右对称,其概率密度函数只与自由度 $n-1$ 有关,它保持了正态分布的形状,自由度越高 t 分布越接近正态分布。

平均值的检验采用 t 分布,用测量数据 x_i,$i=1, 2, \cdots, n$ 计算统计量 t,检验其是否符合 t 分布。

（2）t 检验

在分析检测实践中,用 t 分布对平均值进行的 t 检验分 3 种情况:测量平均值与给定值比较;两个测量平均值之间比较（比如样品不同）;比对实验中两组测量值比较（比如样品相同,方法不同）。3 种情况的计算方法类似,这里只用第 1 种情况为例进行说明。

在实验室检测能力评价中,经常用浓度已知（用 μ 表示）的样品（常用标准品）进行多次测定,计算平均值 $\bar{x}$,用 t 检验对其进行平均值一致性评价。

平行测定 n 次获得 n 个测定浓度,计算其平均浓度 $\bar{x}$ 和标准偏差 s,按式（2-3）计算 t 统计量,为了保证 t 为正值对分子项取绝对值。查 t 值表获得临界值 $t_{\alpha, n-1}$,其中 α 是显著性水平,常取 $\alpha=0.05$。当 $t > t_{\alpha, n-1}$ 时判断平均值与给定值具有显著性差异,反之没有显著性差异。这里要判断的是平均值是否与给定值具有显著性差异,应该查双侧 t 分布表,若是判断平均值是否大于或小于给定值时要用单侧 t 分布表。

2.1.3.3　方差检验

方差表示重复测量结果的分散性（测量的精密度）。方差检验就是判断重复测量结果分散性是否在合理范围之内,也称方差一致性检验。

（1）χ^2 分布（读作卡方）

由符合正态分布的测量值 x 计算的方差符合 χ^2 分布,表示为 $\chi^2(n)$,它由 Pearson 于

1900 年提出。χ^2 分布的概率密度函数曲线具有不对称且向右倾斜的轮廓,随着自由度增大倾斜程度减小,对称性增大,并向正态分布靠拢。χ^2 分布一个重要特性是它具有可加和性,即多个 χ^2 分布量的加和依然符合 χ^2 分布,这是源于方差具有加和性。

利用 χ^2 分布对测量结果的方差进行检验同样是将计算的标准偏差与 χ^2 分布表进行比较进行判断,该方法称为 χ^2 检验。

(2) F 分布

两组测量数据的方差进行比较时,方差之比符合 F 分布。F 分布与两组测量数据的自由度有关,该分布是不对称的,当两个自由度都很高时 F 分布近似于正态分布。实际上,χ^2 分布和 t 分布都是 F 分布的特例,两个分布表都可以由 F 分布表计算得到。

F 分布也可以用于方差检验,即 F 检验。

(3) 某次样品检测的方差与原总体方差一致性的检验

比如某实验室常年进行的某检测项目,其检测结果的方差为已知(用以往检测数据可计算,它反映了该实验室的检测能力,方差越小检测能力越强),为了考核某新检测人员的检测能力,安排其重复进行检测,检测的方差是否与原总体方差有显著差异就是评价该人员检测能力的一个重要指标。这种情况可以用 χ^2 分布进行检验。

设原总体方差为 σ,新人测定的 n 个实验数据计算的标准偏差为 s,按式(2−4)计算统计量 χ^2,

$$\chi^2 = \frac{n-1}{\sigma^2}s^2 \qquad (2-4)$$

由自由度 $n-1$ 和显著性水平 α 查 χ^2 分布表,获得临界值 $\chi^2_{1-\alpha/2,\,n-1}$ 和 $\chi^2_{\alpha/2,\,n-1}$,其中 $\alpha/2$ 表示使用的是双侧检验,两个临界值以外就不是正常值。因此,将计算的 χ^2 与 $\chi^2_{1-\alpha/2,\,n-1}$ 和 $\chi^2_{\alpha/2,\,n-1}$ 相比较,χ^2 出现在两个临界值之间说明没有显著差异,反之有显著性差异。

(4) 两个总体方差是否一致的检验

比如某实验室安排检测人员分别用两种检测方法测定某物质含量,通过重复测定计算两种方法的方差,判断其方差是否一致就需要进行方差检验,可以用 F 检验。

两个总体方差分别为 s_1^2 和 s_2^2,统计量 F 为

$$F = \frac{s_1^2}{s_2^2} \qquad (2-5)$$

在 F 分布表中同样查找两个临界值 $F_{1-\alpha/2,\,(n1-1,\,n2-1)}$ 和 $F_{\alpha/2,\,(n1-1,\,n2-1)}$,类似地,计算的 F 值在两个临界值之间说明没有显著差异,反之有显著性差异。

2.1.4 方差分析

方差分析(analysis of variance,ANOVA),由 Fisher 发明,在实践中应用很广。

化学实验所获得的数据准确性受到随机误差和系统误差的影响,随机误差可通过多次重复测量而掌握其变化规律,其中方差反映了测量数据随机误差的变化程度。系统误差来自测定条件或测定环境的变化,通过数据方差分析同样也可以掌握各种条件因素对检测结果的影响。方差分析是一种重要的数据分析方法,它通过分析研究不同来源的方差对总方差的贡献大小,来确定各因素对结果影响力的大小。

2.1.4.1　方差加和性

假设用液相色谱法测量某组分含量,为了研究流动相对结果的影响,分别选择 3 种流动相进行分析,在每种流动相条件下重复进行 n 次平行实验,获得 $3n$ 个含量结果 x_{ij},$i=1,2,3$; $j=1,2,\cdots,n$。可以计算 3 种方差(标准偏差):① n 次平行实验的方差(对应 3 种流动相有 3 个方差 s_1,s_2,s_3),我们用三者平均值 s_a 来表示,它反映了实验结果的随机误差;② 流动相不同会导致实验结果出现偏差,这就是实验条件(流动相)影响所产生的系统误差,可以用 3 种流动相测定结果的 3 个平均值计算方差,用 s_b 表示;③ 用所有 $3n$ 个数据一并计算总方差 s, 它既包含了条件引起的系统误差,也反映了随机误差。可以证明,总方差 s 与随机误差 s_a 和条件方差 s_b 关系为:$s^2=s_a^2+s_b^2$,这就是方差加和性。它说明实验数据的总方差平方是所有影响因素方差平方之和(前提条件是所有因素相互独立,即各条件互不影响)。在不确定度评价中,合成不确定度用各个不确定度分量之和(方差平方之和)来计算就是因为方差具有加和性。

在方差分析中,利用加和性原理对各种条件因素的影响程度$\left(\text{即单个因素 }i\text{ 之方差在总方差中的占比},\dfrac{s_i^2}{s^2}\right)$进行评价,发现主要影响因素和次要因素,同时还可以对不同条件之间的相互作用进行评价。

2.1.4.2　方差分析的基本方法

条件影响的方差占整个方差的比例就反映了该条件的影响程度,所以用 F 检验来判断条件影响的显著性:上例中流动相影响的 F 值为 $F=\dfrac{s_b^2}{s_a^2}$。为了方便,经常用表格列出各个统计量,方便计算和显著性判断且一目了然,如表 2-1 所示。

表 2-1　方差分析统计量

方差源	偏差平方和	自由度	方差(标准偏差)	F 值	F 临界值	显著性评价
流动相 b	Q_b	2	s_b^2	$\dfrac{s_b^2}{s_a^2}$	$F_{a,(2,n-1)}$	*
随机误差 a	Q_a	$n-1$	s_a^2			
总	Q	$n+1$	s^2			

表中,Q 为偏差平方和 $\sum_1^n(x_i-\bar{x})^2$,方差与 Q 的关系为 $s^2=Q/$ 自由度。将计算得到的 F 值与查表得到的 F 临界值进行比较,F 高于临界值就说明该条件具有显著性的影响(用 * 表示),是主要影响因素,反之不显著。

2.1.4.3　单因素方差分析

影响实验结果的条件称为因素,条件的具体取值称为水平。比如气相色谱实验中,柱温、流速等条件就是因素,柱温取值如 80℃、100℃、120℃,流速 20 mL/min、30 mL/min、40 mL/min 就是水平。当只有一个因素的时候,方差分析比较简单。在每个水平下均进行重复平行实验,获得实验数据 x_{ij},$i=1,2,\cdots,m$;$j=1,2,\cdots,n$,其中水平数是 m,重复实验次数为 n。由实验数据计算相关参量,填写表 2-1,对显著性进行评价。这个例子中,每个水平下重复实验次数都是 n,当不同水平下实验次数不同时,相应的自由度是不同的,计算时应注意。

2.1.4.4　双因素方差分析

如果影响实验结果的条件因素为两个因素时,每个因素均可独立影响结果,但双因素还可能会产生交互作用(或称协同作用)。当双因素对结果的影响仅仅是单因素影响的线性叠加时,不存在交互作用;当影响高于线性叠加(促进作用)或低于线性叠加(抑制作用)时存在交互作用。除了对每个因素均单独进行显著性评价以外,在方差分析时还要对交互作用进行评价。

当无交互作用时,参照单因素方差分析方法对两个因素进行独立的计算和评价,只是在方差分析统计量表格中增加另一个因素而已。

若存在交互作用,情况就复杂了。首先在实验时,双因素不同水平必须具有足够多的搭配,参见表 2-2;其次,对每个因素进行独立的方差分析(主因素分析),方法同单因素法;再次,对交互作用进行方差分析(交互作用分析)。

表 2-2　交互作用评价实验记录表

因素和水平	B_1	B_2	…	B_n
A_1	x_{11},重复多次	x_{12},重复多次	…	x_{1n},重复多次
A_2	x_{21},重复多次	x_{22},重复多次	…	x_{2n},重复多次
…	…	…	…	…
A_m	x_{m1},重复多次	x_{m2},重复多次	…	x_{mn},重复多次

在进行主因素分析时,选择所有具有该因素某水平的结果(不考虑另一个因素)依次计算相关统计量;进行交互作用方差分析时,用 $A \times B$ 表示交互作用,同样选择满足 $A \times B$ 要考察水平条件的所有结果依次计算相关统计量,然后填写方差分析统计量表(在表 2-1 中需要添加交互作用 $A \times B$ 一项)。实际上,从实验数据计算相关统计量看起来非常复杂和烦琐,但很有规律,只要掌握了规律,计算过程非常清晰明了,建议读者查阅相关文献找到具体的计算公式,根据公式按部就班地计算就能顺利完成方差分析工作。

2.1.4.5　多因素方差分析

因素多于两个的方差分析,基本原则和方法与双因素方差分析是一样的。当然,主因素增加了,而更加复杂的是交互作用项。除了要考虑所有两两组合的因素交互以外,还要考虑所有三三、四四、……组合交互作用。在此不再详述。

方差分析的目的除了要判断各个主因素和交互作用的显著性以外,还可以根据各项方差大小评价各个因素对实验结果的影响程度,方差越大的因素影响越大,在安排实验时就应该更加重视该因素,尽量优化方差大的实验条件,实验时也要尽量保证这些条件的准确和稳定。另外,在试验设计,如正交试验设计中也要用方差分析对实验条件进行评价和优化。

2.1.5　分析方法的评价

在分析化学中,分析方法的性能评价非常重要,主要的评价指标包括准确度、精密度、灵敏度、选择性、线性范围、标准曲线等。评价中不乏用到统计分析的知识,在本节将详细介绍,具体如下。

2.1.5.1 准确度和精密度

准确度和精密度是分析化学定量分析中非常重要的两个指标。需要指出的是,近年来,在相关国家标准和国际标准中相继提出和使用诸如正确度、偏倚、不确定度等概念,本章暂不对此进行阐述,依然按传统仪器分析中用到的定义进行论述。

我们知道,化学测量数据包含系统误差和随机误差两种(不考虑过失误差),可以认为准确度是反映系统误差和随机误差大小的一个量,而精密度是反映随机误差的一个量。因此在分析方法评价中通常用误差来评价准确度和精密度。所以,用所测浓度与标准浓度之间的误差表示准确度,用平行实验结果所计算的标准偏差来评价精密度。对标准物进行测定时,可用标准物标称浓度作为标准浓度,当不知道准确浓度时,可以用标准方法(如国家、行业标准方法或行业认可的方法)测定的浓度作为标准浓度。需要指出的是,评价分析方法的准确度不能只对一个样品进行检测,通常要对浓度为高、中、低的样品进行采样,用多个覆盖整个浓度范围的样品测试误差来全面评价准确度。评价精密度比较简单,对平行样进行重复检测,计算检测浓度的标准偏差即可。通常取 3 个平行样,但有些评价对平行样数量有更高要求,比如至少 5 个、10 个等。一般可以对分析方法准确度和精密度同时进行评价,比较典型的做法是采集高、中、低浓度的样品 3 个,每个样品平行测试 3 次,同时用标准方法对同样的样品进行测试,计算误差和标准偏差,将结果填写如表 2-3 所示的表中。表 2-3 的例子中,采用 ICP 法作为标准方法,将所研究的新方法检测结果与 ICP 法结果作比较,用新方法结果与标准方法结果之间的误差来评价新方法的准确度(表中检测误差一项)。对自来水和河水均取三个浓度水平的样品,每个样品平行检测 5 次($n=5$)计算相对标准偏差来评价精密度(有时相对标准偏差比标准偏差效果更好)。

表 2-3　自来水和河水中金属离子浓度的检测结果

样品名称	ICP 法检测浓度/(μg/L)	本方法检测浓度/(μg/L)	检测误差/(μg/L)	相对标准偏差/%($n=5$)
自来水	8.5	10.8	2.3	2.06
	12.5	13.7	1.2	2.40
	18.1	19.3	1.2	6.19
河　水	8.4	9.8	1.4	9.68
	13.7	15.2	1.5	4.02
	18.2	20.1	1.9	3.84

对于新开发的分析方法,有时很难找到可以做参考的标准方法或者已知浓度的标准样品,这时候经常用加标回收的方法(注意:这不是标准加入法)来评价准确度。在样品中添加已知浓度的标准溶液,对添加前后样品进行检测,添加后与前浓度之差除以添加的浓度就是回收率(用%表示)。回收率为 100%时检测准确度最高,低于 100%说明检测结果偏低,高于 100%结果偏高,一般认为回收率在 80%~120%是可以接受的。加入标准的浓度值是有要求的,一般为原样品检测浓度的 50%~200%。同样,为了更合理评价准确度,加入标准物的浓度也要

考虑高中低浓度水平,同时也要进行平行实验评价精密度。表2-4为一个加标回收实验的例子。

表2-4 辣椒中色素浓度检测的加标回收实验结果

样品	加标量/(μg/L)	检出量/(μg/L)	回收率/%	相对标准偏差/%(n=5)
	—	未检出	—	
辣椒	10	9.73	97.3	5.51
	15	14.2	94.9	5.05
	20	18.6	92.9	8.90

2.1.5.2 标准曲线和线性范围

仪器分析中,标准曲线法是最常用的定量分析方法。标准曲线是检测信号值(如某波长下吸光度、色谱峰面积等)与标准样品浓度之间的曲线,通常为直线,这种线性相关性常用相关系数来衡量。标准曲线用线性回归方法进行计算,得到回归方程 $A = a + bC$,其中 A 和 C 分别为测量信号和浓度,a 和 b 为标准曲线的截距和斜率,通过一元线性回归计算。a 和 b 的计算,以及相关系数和其他统计参数的计算比较简单,限于篇幅这里不再阐述,有需要的读者可参考相关书籍。

标准曲线的线性范围是指标准曲线呈现直线的浓度范围。在正常浓度范围标准曲线都是直线,但当浓度偏低或偏高时,由于多方面的原因曲线会偏离直线,这时就不适合进行定量分析。因此样品检测浓度一定要在线性范围之内,当样品浓度过高时通过稀释降低浓度,过低时通过浓缩提高样品浓度,或选择更低检出限(参见2.1.5.3)的分析方法。

需要说明的是,在专门的检测部门(如 CMA、CNAS 检测实验室),对标准曲线(常称为校准曲线)的制作和使用都有严格的规定,对所获得的校准曲线也经常需要进行统计检验,如回归方程中参数 a 和 b,以及相关系数 R 的显著性检验,各参数置信区间的估计,各参数不确定度评价等等,这些内容超出本章范围,不再赘述。

2.1.5.3 灵敏度和选择性

鉴于实际样品的复杂性,灵敏度和选择性经常是仪器分析方法所要解决的难点问题,有时甚至是瓶颈问题。现代分析仪器发展的一个目标往往就是解决灵敏度和选择性问题,即提高灵敏度,改善选择性。

灵敏度本身的定义是,分析信号 A 随浓度 C 变化的程度,即 $\Delta A/\Delta C$。在定量分析中,经常用检出限和定量限来评价灵敏度。样品浓度 C 降低时信号 A 随之降低,当 A 接近信号噪声时,A 和 C 之间的线性关系遭到破坏,甚至无法区分所测定信号是来自样品本身还是噪声,此时已无法准确进行定量分析。当检测信号高出噪声一定量时,认为测量信号属于被测组分,这时通过标准曲线计算的浓度就应该是准确的浓度。如果能认定检测信号高出噪声的最小数值,而且还能获得准确的浓度,那么这时计算的浓度就是所能检测的最低浓度,它就是检出限。IUPAC 规定,空白样品多次测定信号的标准偏差 s 的 k 倍(k 常取 2 或 3)ks 除以回归方程斜率 b 就定义为检出限(limit of detection, LOD)。检出限可以这样理解:在回归方程 $A = a + bC$ 中,当 $C = 0$ 时,$A = a$,a 就相当于空白信号,$A - a$ 就是扣除了空白的净信号，且 $A-a=bC$，按 IUPAC 的定义，满足 $A-a=bC=ks$ 的浓度 $C=ks/b$，这个 C 就是 LOD。LOD 定义具有统计意义，当 $k=2$ 时，ks 就是被测组分的信号的概率是 95%，当 $k=3$ 时，概率为 99.7%。目前普遍用 $k=3$ 定义 LOD。需要指出的是，空白样品重复测量次数对 s 的估计是有影响的，一般要求次数比较多：如 20 次，或更高；另外 k 值越低所计算的 LOD 越小，所评价的方法灵敏度越高，但这种评价有可能过于乐观（由于误差偏离正态分布等原因），因此有时为了慎重要求 k 取更高的值：如 4、5、6 等。在色谱分析中还用 $k=10$ 计算定量限（也称检定限）来评价分析方法的灵敏度，其目的也是考虑可能存在的各种实验条件影响而提高灵敏度评价的门槛。

选择性是指分析方法的抗干扰能力。样品中除了被测组分产生分析信号以外，其他组分也可能有响应信号，这些组分称为干扰组分，它们对分析结果产生影响。选择性的含义是，分析方法能选择性地对被测组分产生响应，而其他组分不产生响应的能力。选择性越好，方法抗干扰能力越强。在实践中，常用干扰实验对方法选择性进行评价，即用可能产生干扰的各种组分，在相同实验条件下分别进行检测，对比其产生信号的大小来评估这些组分的干扰情况。

2.2　信号处理方法

仪器分析产生大量的数据，这些数据包含了众多来自样品基体、被测组分、干扰组分，甚至实验操作条件的各种各样的信号，它们交织在一起严重影响分析方法的各种性能。通过仪器直接测量而得到的分析数据实际上就是电子信号，一些信号处理方法对增强被测组分自身信号，消除或抑制其他干扰信号，提高分析方法的灵敏度，改善方法的选择性是非常有帮助的。

2.2.1　曲线平滑

分析仪器产生的测量信号都存在测量噪声，噪声属于随机误差，是由于测量温度、湿度、气压、电网电压等的波动等偶然因素引起的。随机误差的特点是其大小可大可小，可正可负，误差大小是随机的。在测量过程中，随机误差会叠加在测量信号上影响仪器分析的定性定量结果。现代分析仪器已经显著提高了测量的精度，大幅度地降低了测量噪声，但是有些时候，尤其是被测组分浓度较低时，噪声的影响还是比较大的，表现出测量信号出现很多的小"毛刺"。显然，由于噪声增大，信噪比必然降低。提高信噪比当然可以从提高分析组分信号强度入手，但还可以利用数据处理的方法来提高信噪比。平滑就是一种简单的去除噪声以提高信噪比的有效方法。常见的数据平滑方法包括窗口移动平均法、窗口移动多项式最小二乘拟合法、稳健中位数法，以及傅里叶变换、小波变换平滑法等。

2.2.1.1　窗口移动平均法

单次测量的随机误差时大时小，变化没有规律，但从统计学上看是有规律的，即多次测量的噪声信号有正有负，其加和为零。因此很多分析仪器在测量中，只要条件允许就进行多次测量，将多次测量的平均作为测量结果，其目的就是降低噪声。窗口移动平均法就是根据这一思路建立起来的，它是最简单的平滑方法。

已经测得的曲线数据不可能再进行多次测定，窗口移动平均法利用对某点噪声的邻近信号进行平均来进行平滑,即把某点信号左右邻近的信号进行平均,作为该点新的信号值。因为邻近信号上的噪声信号比较相近,也是有正有负的,取平均后噪声信号也会显著降低,达到去除噪声、平滑曲线的目的。

设由 n 个测量点组成的一组测量数据,x_1,x_2,$\cdots$,x_n,设定窗口宽度为奇数 k,如要平滑第 i 点时,取第 i 点左和右各 $(k-1)/2$ 个点和第 i 点本身共 k 个点的数据进行平均,该平均值就是第 i 点平滑后的数值。这 k 个点就是宽度为 k 的窗口,将窗口从数据的开始进行移动,每移动到一个位置就计算窗口内数据的平均值,直到结尾。当窗口中心点为 x_i 时,计算平滑结果的通式为

$$x_{\text{new}} = \frac{1}{k}\sum_{j=i-w}^{i+w} x_j \tag{2-6}$$

式中,$w=(k-1)/2$。可以发现,由于受窗口宽度的影响,数据两端各有 $(k-1)/2$ 个数据不能计算平滑值。为了数据的完整性,可以简单地取原数据作为其平滑结果,当数据点足够多时,这样做不会对数据造成明显影响。对实际数据进行平滑时,要考虑数据点数量和噪声的大小来决定窗口宽度,一般在数据量较少时可以取 $k=3$、5、7 等,数据量较多时可以取几十几(奇数),甚至更多。

2.2.1.2　窗口移动多项式最小二乘拟合平滑法

该方法又称 Savitzky-Golay 平滑法,由 Savitzky 和 Golay 于 1964 年提出。该方法计算简单、平滑效果好,在数据处理中得到了广泛的应用。

与窗口移动平均法一样,Savitzky-Golay 平滑法也是设定一个窗口,将窗口中 k 个数据点 x 对窗口位置 j 进行多项式最小二乘拟合,即

$$x = a_0 + a_1 j + a_2 j^2 + \cdots + a_p j^p \tag{2-7}$$

式中,a_0、a_1、a_2、$\cdots$、a_p 为待估常数;p 为多项式阶数,p 的取值要考虑曲线局部(即各个窗口的曲线)形状与多项式的关系,所选阶次的多项式与曲线局部越吻合,平滑结果就越好。实际上,实际测量数据的曲线很难用一个简单的多项式来描述,所以,只是选择一个多项式近似地描述数据曲线。一般情况下,p 的取值不高,如 $p=2$、3、4 等。用拟合后得到的常数计算平滑数值。

对 n 个数据 x_1,x_2,$\cdots$,x_n,假设窗口宽度 $k=5$,$p=2$,点 i 的窗口中,含有的 k 个数据如下,

位置 j:　$j=i-2$　$j=i-1$　$j=i$　$j=i+1$　$j=i+2$
数据 x:　　x_{i-2}　　　x_{i-1}　　　x_i　　x_{i+1}　　　x_{i+2}

把表格中各个数据代入 2 阶的多项式中得到下面 5 个方程:

$$\begin{cases} x_{-2} = a_0 + a_1(-2) + a_2(-2)^2 \\ x_{-1} = a_0 + a_1(-1) + a_2(-1)^2 \\ x_0 = a_0 + a_1(0) + a_2(0)^2 \\ x_1 = a_0 + a_1(1) + a_2(1)^2 \\ x_2 = a_0 + a_1(2) + a_2(2)^2 \end{cases}$$

注意,方程中 j 的数值,$j=i-2$,$i-1$,i,$i+1$,$i+2$ 分别用 $j=-2$,-1,0,1,2 代替了,

这样做简化了计算,并不影响计算结果。整理该方程组得到如下公式:

$$\boldsymbol{x} = \begin{bmatrix} x_{-2} \\ x_{-1} \\ x_0 \\ x_1 \\ x_2 \end{bmatrix} = \begin{bmatrix} 1 & -2 & 4 \\ 1 & -1 & 1 \\ 1 & 0 & 0 \\ 1 & 1 & 1 \\ 1 & 2 & 4 \end{bmatrix} \begin{bmatrix} a_0 \\ a_1 \\ a_2 \end{bmatrix} = \begin{bmatrix} 1 & -2 & 4 \\ 1 & -1 & 1 \\ 1 & 0 & 0 \\ 1 & 1 & 1 \\ 1 & 2 & 4 \end{bmatrix} \boldsymbol{a}$$

式中的

$$\boldsymbol{x} = \begin{bmatrix} x_{-2} \\ x_{-1} \\ x_0 \\ x_1 \\ x_2 \end{bmatrix} \qquad \boldsymbol{a} = \begin{bmatrix} a_0 \\ a_1 \\ a_2 \end{bmatrix}$$

为待估常数。进一步简化为

$$\boldsymbol{x} = \boldsymbol{Y}\boldsymbol{a}$$

其中的 $\boldsymbol{Y}$ 为

$$\boldsymbol{Y} = \begin{bmatrix} 1 & -2 & 4 \\ 1 & -1 & 1 \\ 1 & 0 & 0 \\ 1 & 1 & 1 \\ 1 & 2 & 4 \end{bmatrix}$$

该方程组可以用多元线性回归方法来解,即

$$\widehat{\boldsymbol{a}} = (\boldsymbol{Y}^{\mathrm{T}}\boldsymbol{Y})^{-1}\boldsymbol{Y}^{\mathrm{T}}\boldsymbol{x}$$

于是 $\widehat{\boldsymbol{x}} = \boldsymbol{Y}\widehat{\boldsymbol{a}} = \boldsymbol{Y}(\boldsymbol{Y}^{\mathrm{T}}\boldsymbol{Y})^{-1}\boldsymbol{Y}^{\mathrm{T}}\boldsymbol{x}$,展开后可得

$$\widehat{x}_{-2} = \frac{1}{35}(31x_{-2} + 9x_{-1} - 3x_0 - 5x_1 + 3x_2)$$

$$\widehat{x}_{-1} = \frac{1}{35}(9x_{-2} + 13x_{-1} + 12x_0 + 6x_1 - 5x_2)$$

$$\widehat{x}_0 = \frac{1}{35}(-3x_{-2} + 12x_{-1} + 17x_0 + 12x_1 - 3x_2)$$

$$\widehat{x}_1 = \frac{1}{35}(-5x_{-2} + 6x_{-1} + 12x_0 + 13x_1 + 9x_2)$$

$$\widehat{x}_2 = \frac{1}{35}(3x_{-2} - 5x_{-1} - 3x_0 + 9x_1 + 3x_2)$$

一个窗口只需要计算它的中心点 i 的值,即

$$\widehat{x}_0 = \frac{1}{35}(-3x_{-2} + 12x_{-1} + 17x_0 + 12x_1 - 3x_2)$$

这就是 Savitzky-Golay 平滑法的计算公式,式中的 35 称为归一化常数。从这个表达式我们发现,Savitzky-Golay 平滑实际上是对不同数据点进行加权求和,中心点的权重最大,距离越远权重越小,权重值以中心点为中心左右对称。对 $k=5$,$p=2$,中心点的权重为 $\frac{17}{35}$,左右第一邻近点权重为 $\frac{12}{35}$,左右第二邻近点权重为 $-\frac{3}{35}$。

以上推导是针对 $k=5$,$p=2$ 的情况,实际对其他不同的 k 和 p 的取值,也能得到类似的结果,只是权重系数不同。Savitzky 和 Golay 已经给出了不同窗口宽度和多项式阶次的权重系数,后来又经 J. Steinier 和 P. Gorry 修改完善,用表格给出计算平滑结果的权重系数,表 2-5 就是 $p=2$ 和 3 的权重系数。

表 2-5　Savitzky-Golay 平滑权重系数表(多项式阶次 p 为 2 或 3)

窗口宽度	25	23	21	19	17	15	13	11	9	7	5
−12	−253										
−11	−138	−42									
−10	−33	−21	−171								
−9	62	−2	−76	−136							
−8	147	15	9	−51	−21						
−7	222	30	84	24	−6	−78					
−6	287	43	149	89	7	−13	−11				
−5	343	54	204	144	18	42	0	−36			
−4	387	63	249	189	27	87	9	9	−21		
−3	422	70	284	224	34	122	16	44	14	−2	
−2	447	75	309	249	39	147	21	69	39	3	−3
−1	462	78	324	264	42	162	24	84	54	6	12
0	467	79	329	269	43	167	25	89	59	7	17
1	462	78	324	264	42	162	24	84	54	6	12
2	447	75	309	249	39	147	21	69	39	3	−3
3	422	70	284	224	34	122	16	44	14	−2	
4	387	63	249	189	27	87	9	9	−21		
5	343	54	204	144	18	42	0	−36			
6	287	43	149	89	7	−13	−11				
7	222	30	84	24	−6	−78					

续　表

窗口宽度	25	23	21	19	17	15	13	11	9	7	5
8	147	15	9	−51	−21						
9	62	−2	−76	−136							
10	−33	−21	−171								
11	−138	−42									
12	−253										
归一化常数	5 175	805	3 059	2 261	323	1 105	143	429	231	21	35

与窗口移动平均法一样,Savitzky-Golay 平滑的数据两端各有$(k-1)/2$个数据同样不能计算平滑值,这是 Savitzky-Golay 平滑法的不足之处,可以取原数据作为其平滑结果。

2.2.2　求导

求导是化学测量信号处理的一种常用方法,它可以提高信号的分辨率并减少干扰。在仪器分析中,数据的求导计算是比较常见的,比如紫外-可见光谱分析中用到的导数分光光度分析,在近红外光谱分析中,也常用1阶或2阶导数光谱进行定性定量分析,在电化学分析中,有时利用对溶出伏安曲线求导来去除或减少其他组分的干扰,提高被测组分的信噪比,等等。有很多种类的分析仪器已经把求导作为一种固定的方法,加入仪器的数据处理软件中,这为求导计算提供了方便。数据的求导计算主要包括差分法和 Savitzky-Golay 拟合法等。

2.2.2.1　差分法

在高等数学中,导数定义为:对函数 $y=f(x)$,将横坐标 x 分为很多区间,在某区间 Δx 对应的函数 y 的变化为 Δy,导数为 $d=\lim\limits_{\Delta x \to 0}\dfrac{\Delta y}{\Delta x}$。当数据较多数据点比较密集时,$\Delta x$ 较小,d 与差商 $\dfrac{\Delta y}{\Delta x}$ 相差不大,可以用 $\dfrac{\Delta y}{\Delta x}$ 作为导数的近似值,这样计算导数的方法就是差分法。如一组数据的横坐标为 x_1, x_2, …, x_n,纵坐标为 y_1, y_2, …, y_n,第 i 点的差商就是 $\dfrac{y_{i+1}-y_i}{x_{i+1}-x_i}$,它近似等于第 i 点的导数。差分法是最简单的求导方法,在 Matlab 中的 diff 函数,就是差分法计算的导数。上述公式计算一阶导数,再对一阶导数进行差分就是二阶导数,以此类推。

差分法虽然简单,但有两个缺点,一是所求导数数据比原始数据少了一个,即第1、2点数据计算第1点的导数,第2、3点数据计算第2点的导数,…,第 $n-1$、n 点数据计算第 $n-1$ 点的导数,因此使曲线发生了1个点的位移,这对于使用原始数据计算极值点带来误差;二是计算误差比较大,尤其是对低分辨率或采样点稀的数据,对后续的数据处理影响较大。

2.2.2.2　Savitzky-Golay 拟合法

Savitzky-Golay 拟合法求导与 Savitzky-Golay 平滑方法类似,该方法也是对一个窗口内的数据进行多项式最小二乘拟合,获得一个描述该局部数据的多项式解析式,对该多项式进行求导计算就得到了该窗口中心点的导数,这就是 Savitzky-Golay 拟合法求导的基本思路。Savitzky-Golay 拟合法不会像差分法那样产生1个点的位移,而且计算精度也提高了,所以该方法在求导计算中应用很普遍。

设多项式为，$x = a_0 + a_1 j + a_2 j^2 + \cdots + a_p j^p$

一阶导数：

$$dx/dj = a_1 + 2a_2 j + \cdots + pa_p j^{p-1}$$

二阶导数：

$$d^2 x/dj^2 = 2a_2 + 6a_3 j + \cdots + (p-1)pa_p j^{p-2}$$

与 Savitzky-Golay 平滑方法一样，用窗口中各个数据进行多项式拟合只是为了计算中心点的导数，即 $j=0$ 位置的导数。可以推导出，当 $j=0$ 时（窗口的中心点），各阶导数计算的通式为

$$d^q x/dj^q \mid_{j=0} = q!a_q$$

Savitzky-Golay 拟合法先设定一个窗口，将窗口从数据开始点移动到结尾点。在每个窗口，通过最小二乘拟合，计算参数 $a_0, a_1, a_2, \cdots, a_p$，然后用上面推导的导数计算公式计算窗口中心点（即 $j=0$ 时）对应的导数数值。进行多项式拟合得到的系数 $a_0, a_1, a_2, \cdots, a_p$ 为

$$\hat{a} = \begin{bmatrix} a_1 \\ a_2 \\ \vdots \\ a_p \end{bmatrix} = (Y^T Y)^{-1} Y^T x$$

与 Savitzky-Golay 平滑法一样，上式公式推导出的系数 $a_i(i=1, 2, \cdots, p)$ 同样是窗口中各个测量值的加权和，这些权值只与 k 和 p 有关，不同 k 和 p 的权值也可以从现成的表格上查得，表 2-6 就是 $p=2$ 和 3 时的权值。比如 $k=9$，$p=3$ 的二阶导数的计算，从表 2-6 中可以查到，归一化常数为 462，$k=9$ 时，9 个测量点的系数分别为 28、7、−8、−17、−20、−17、−8、7 和 28，所以二阶导数的计算式为

$$d^2 x/dj^2 \mid_{j=0} = 1/462(28x_{-4} + 7x_{-3} - 8x_{-2} - 17x_{-1} - 20x_0 - 17x_1 - 8x_2 + 7x_3 + 28x_4)$$

表 2-6　Savitzky-Golay 拟合法求二阶导数权重系数表（多项式阶次 p 为 2 或 3）

窗口宽度	25	23	21	19	17	15	13	11	9	7	5
−12	92										
−11	69	77									
−10	48	56	190								
−9	29	37	133	51							
−8	12	20	82	34	40						
−7	−3	5	37	19	25	91					
−6	−16	−8	−2	6	12	52	22				
−5	−27	−19	−35	−5	1	19	11	15			

续　表

窗口宽度	25	23	21	19	17	15	13	11	9	7	5
−4	−36	−28	−62	−14	−8	−8	2	6	28		
−3	−43	−35	−83	−21	−15	−29	−5	−1	7	5	
−2	−48	−40	−98	−26	−20	−44	−10	−6	−8	0	2
−1	−51	−43	−107	−29	−23	−53	−13	−9	−17	−3	−1
0	−52	−44	−110	−30	−24	−56	−14	−10	−20	−4	−2
1	−51	−43	−107	−29	−23	−53	−13	−9	−17	−3	−1
2	−48	−40	−98	−26	−20	−44	−10	−6	−8	0	2
3	−43	−35	−83	−21	−15	−29	−5	−1	7	5	
4	−36	−28	−62	−14	−8	−8	2	6	28		
5	−27	−19	−35	−5	1	19	11	15			
6	−16	−8	−2	6	12	52	22				
7	−3	5	37	19	25	91					
8	12	20	82	34	40						
9	29	37	133	51							
10	48	56	190								
11	69	77									
12	92										
归一化常数	26 910	17 710	33 649	6 783	3 876	6 188	1 001	429	462	42	7

2.2.3　曲线拟合

在很多科学实验或社会活动中,通过实验或观测得到量 x 与 y 的一组数据对(x_i, y_i) $(i=1, 2, \cdots, n)$。描述 x 与 y 关系的常用方法是将 y 对 x 作图,得到包含 n 个点的散点图。如果该散点图是具有一定规律的曲线,如直线、对数曲线、指数曲线等,人们常常希望用一个解析表达式,$y=f(x, a)$ 来反映量 x 与 y 之间的依赖关系。确定该表达式的原则是在一定意义下"最佳"地逼近这些数据对,这就是曲线拟合。$y=f(x, a)$ 常称作拟合模型,式中 $a=(a_0, a_1, a_2, \cdots, a_m)$ 是一些待定参数。当 f 为线性函数时,称为线性拟合,否则称为非线性拟合。在仪器分析的定量分析中,标准曲线就可以用拟合的方式来计算其解析式,测量指标 x 通常与被测组分的浓度 c 为线性关系,可以用 $x=a+bc$ 表示,其中的 a 和 b 为待定系数。我们知道,用作图法进行定量分析时,作标准曲线的原则是以 x 为纵坐标,以 c 为横坐标,将 x 和 c 的若干对(经常是 5 对)数据在坐标系上画出点,在这些点中间画标准曲线,使得各个数据点到标准曲线的距离最小。这实际就是进行拟合的标准,"最佳"地逼近数据点。拟合时"最佳"地逼近数据对是要求计算出解析式的解析式与数据对之间的误差最小。这里求"最佳"的原则一般是指最小二乘原则,即误差的平方和最小。

线性拟合比较简单,是曲线拟合最常用的方法。设线性函数为

$$y = a_0 + \sum a_j x_j, (j=1, 2, \cdots, m) \tag{2-8}$$

式中,y 为因变量,m 维自变量为 $x_i(i=1, 2, \cdots, m)$,a_0 和 $a_i(i=1, 2, \cdots, m)$ 为待定参数。实验中得到一组数据对 $(x_{ij}, y_i)(i=1, 2, \cdots, n, j=1, 2, \cdots, m)$,把数据组合在一起用向量和矩阵表示为

$$\mathbf{y} = \begin{bmatrix} y_1 \\ y_2 \\ \vdots \\ y_p \end{bmatrix}$$

$$\mathbf{X} = \begin{bmatrix} 1 & x_{11} & x_{12} & \cdots & x_{1m} \\ 1 & x_{21} & x_{22} & \cdots & x_{2m} \\ & \vdots & \vdots & & \vdots \\ 1 & x_{n1} & x_{n2} & \cdots & x_{nm} \end{bmatrix}$$

其中 $\mathbf{X}$ 中加入元素 1 的目的是把式(2-8)简化为如下形式:

$$\mathbf{y} = \mathbf{Xa} \tag{2-9}$$

式(2-9)中的 $\mathbf{a}$ 为待定参数,即

$$\mathbf{a} = \begin{bmatrix} a_1 \\ a_2 \\ \vdots \\ a_p \end{bmatrix}$$

把系数 a_0 也加入向量 $\mathbf{a}$ 中,为此需要在矩阵 $\mathbf{X}$ 中加入一列元素 1。在式(2-9)中 $\mathbf{y}$ 和 $\mathbf{X}$ 为实验测量值,需要计算的为待定参数 $\mathbf{a}$。根据本章 2.3.1 中介绍的多元线性回归方法,用最小二乘法可以方便地计算 $\mathbf{a}$ 的估计值:

$$\hat{\mathbf{a}} = (\mathbf{X}^{\mathrm{T}}\mathbf{X})^{-1}\mathbf{X}^{\mathrm{T}}\mathbf{y}$$

由此可见,线性拟合的计算非常简单,因此在实践中应用非常广泛。对于一些非线性模型,如果可能应尽可能地转换为线性模型。可以转换为线性模型的常见数学形式包括幂函数、对数函数、指数函数、多项式等。

对于对数函数,$y=a+b\ln(x)$,虽然 y 和 x 之间不是线性的,但 y 和 $\ln(x)$ 为线性关系,实际上,用线性拟合方法建立 y 和 $\ln(x)$ 的线性模型,就得到了 y 和 x 的关系式。

幂函数的函数式为:$y=ax^b$,等式两边取对数后,$\ln(y)=\ln(a)+b\ln(x)$,$\ln(y)$ 和 $\ln(x)$ 为线性关系。

对指数函数,$y=ae^{bx}$,也是等式两边取对数,$\ln(y)=\ln(a)+bx$,$\ln(y)$ 和 x 转换为线性关系。

多项式函数为 $y = a_0 + a_1 x + a_2 x^2 + \cdots + a_m x^m$，如果分别将 $x, x^2, \cdots, x^m$ 定义为新变量 $x_1, x_2, \cdots, x_m$，原函数转换为线性函数 $y = a_0 + \sum a_i x_i, (i = 1, 2, \cdots, m)$。

但还有很多函数形式是不能转换为线性函数的，对这样的函数只能用非线性拟合。非线性拟合包括很多方法，如多项式拟合、样条函数拟合、人工神经网络方法等。这里将介绍一种常用于仪器分析中谱线拟合的非线性拟合方法。

在色谱、核磁共振、红外、紫外-可见、拉曼光谱等分析方法中，有时需要对谱曲线进行拟合。比如在处理色谱重叠峰时，将重叠峰的复合信号看成是两个或两个以上单一信号加和的结果，为了解析色谱重叠峰，经常把重叠峰的复合信号拟合为若干个单一信号，并认为这些单一信号就是色谱纯峰。高斯函数和劳伦兹函数经常作为单一信号用来拟合色谱重叠峰。高斯函数为

$$y = a\, e^{-\frac{\ln 2 (x-b)^2}{2c^2}}$$

劳伦兹函数为

$$y = a\, \frac{c^2}{c^2 + 4(x-b)^2}$$

式中，待定参数 a 表示峰值吸收；b 为峰值中心频率；c 为半峰宽。

一个复合的光谱曲线可看成由已知中心频率、峰值吸收和峰宽的 N 个不同的高斯曲线和劳伦兹曲线合成

$$y = \sum_i^N \left[(1-t) a_i e^{-\frac{\ln 2 (x-b_i)^2}{2c_i^2}} + t a_i \frac{c_i^2}{c_i^2 + 4(x-b_i)^2} \right] \qquad (2-10)$$

式中，t 为在复合信号中劳伦兹曲线所占的比例，$(1-t)$ 为高斯曲线所占的比例；a_i, b_i, c_i 为待定参数。图 2-2 就是一个 2 组分的色谱重叠峰拟合为 2 个高斯曲线。

设非线性函数为

$$y = f(x, a_i) \, (i = 0, 1, 2, \cdots, m) \qquad (2-11)$$

将该函数用泰勒级数对 a_i 进行展开，并取常数项和一次项，

$$y \approx f_0 + \sum_i \frac{\partial f_0}{\partial a_i} \Delta_i \qquad (2-12)$$

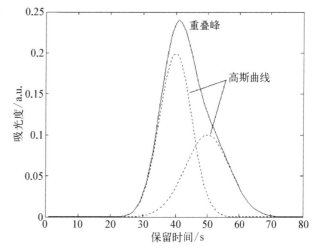

图 2-2　用 2 个高斯曲线复合的色谱重叠峰曲线

式中，$\Delta_i = a_{i,\,new} - a_i$，为待定参数的变化量。拟合过程为迭代计算过程，迭代过程就是利用式(2-12)计算 Δ_i，并计算 a_i 的新估计值 $a_{i,\,new}$。

非线性拟合过程为：

第一步，给定一组数值作为待定参数 a_i 的初始值。将初始值和测量数据对 (x_i, y_i)，$(i = 1, 2, \cdots, n)$ 代入式(2-12)，可以得到 n 个方程，其中只有待定参数 a_i 为未知数。

第二步，用最小二乘法求解方程组，得到参数变化量 Δ_i，并计算新的待定参数 $a_{i,\,new}$。

第三步,用新的待定参数 $a_{i,\text{new}}$ 代替 a_i 重复第一步和第二步计算,得到逐渐收敛的 a_i,每步计算都比较 Δ_i 的大小或者 Δ_i 的变化,当其数值小到可以接受的时候,停止计算。

第四步,把最后计算得到的 $a_{i,\text{new}}$ 作为 $a_i(i=0,1,2,\cdots,m)$,代入式(2-11)得到解析式。

2.3　多元校正方法

多元校正方法是化学计量学的重要组成部分,它经常用于仪器分析中的定性鉴别和定量分析。传统仪器分析的定量分析一般只利用单点数据(即标量),如分光光度分析中使用最大吸收波长处的吸光度,利用标准曲线进行定量分析。现代分析仪器所能提供的分析数据已经远远不止一个或若干个标量数据,而是一系列数据,各种谱数据,如吸收光谱、发射光谱、色谱、极谱等都是多数据组成的向量。向量数据显然比标量数据含有更多的有用信息,利用向量数据进行定量分析必将提高定量分析的可靠程度。多元校正方法所使用的数据就是多个点的数据,多元校正又称多变量校正,这两个名称中的"元"或"变量"实际上就是指仪器分析中的分析通道,如光谱分析中的一个波长就是一个分析通道,质谱分析中一个质荷比也是一个分析通道,色谱图中一个保留时间点也是一个分析通道。多元校正就是利用多分析通道测量数据进行定性定量分析的化学计量学方法。多元校正方法主要包括多元线性回归法、Kalman 滤波法、K-矩阵法、P-矩阵法、主成分回归法、偏最小二乘法,以及人工神经网络法、支持向量机法等。本节将重点介绍应用非常广泛的多元线性回归法(multivariate linear regression,MLR)、主成分回归法(principal component regression,PCR)和偏最小二乘法(partial least squares,PLS)。

2.3.1　多元线性回归法

2.3.1.1　多元线性回归模型

我们先利用一个可见分光光度分析的例子来介绍多元线性回归方法。假设要分析某被测样品中三个组分 1、2 和 3 的含量,这些组分的可见吸收光谱如图 2-3 所示。

如果用传统的标准曲线方法进行定量分析,可以利用 $\lambda_1=520$ nm,$\lambda_2=560$ nm,$\lambda_3=670$ nm 三个最大吸收波长处的吸光度,分别测定三个组分的含量。但很显然三个组分的光谱有重叠,这意味着它们互相有光谱干扰,会影响定量分析的准确性。对这种有干扰组分存在的体系,传统仪器分析通常采用掩蔽干扰组分,或事先分离去除干扰组分的方法进行定量分析。但如果利用多波长的吸光度,充分利用整个光谱的信息,情况就有所不同了。

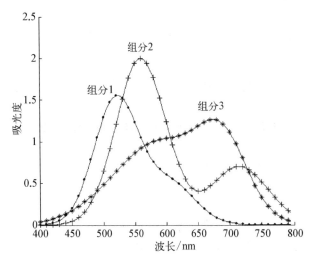

图 2-3　三个纯组分的可见吸收光谱

根据吸收光谱具有加和性的特点,如果混合溶液中含有三种组分 1、2 和 3,在某个波长下测定混合溶液的吸光度应该为三种组分吸光度之和,即

$$y = c_1 x_1 + c_2 x_2 + c_3 x_3$$

式中,y 为混合溶液的吸光度;x_1、x_2 和 x_3 分别为组分 1、2 和 3 在该波长下的吸光系数;c_1、c_2 和 c_3 分别为组分 1、2 和 3 的浓度。如果已知吸光系数,要测定浓度 c_1、c_2 和 c_3,只要选择三个波长,根据上式列出三个方程,就可以很方便地计算出浓度。比如在组分 1、2 和 3 的最大吸收波长 $\lambda_1 = 520$ nm,$\lambda_2 = 560$ nm,$\lambda_3 = 670$ nm 处,有下列方程,

$$y_1 = c_1 x_{11} + c_2 x_{21} + c_3 x_{31}$$
$$y_2 = c_1 x_{12} + c_2 x_{22} + c_3 x_{32}$$
$$y_3 = c_1 x_{13} + c_2 x_{23} + c_3 x_{33}$$

式中,y_1、y_2、y_3 分别为三个波长下测定混合溶液的吸光度,x_{ij} 为 i 组分在波长 j 处的吸光系数。很显然,利用各个纯组分的标准溶液就能测定 x_{ij}(根据 Beer 定律,$y_j = c_i x_{ij}$,配制浓度为 c_i 的纯组分 i 的标准溶液,在波长 j 处测定吸光度 y_j,利用上式计算 x_{ij}),再通过解该方程组就可以计算出浓度 c_1、c_2 和 c_3。

这是最简单的利用多变量的信息进行定量分析的例子,不过光谱仪器可测量的波长远远不止三个,如果能利用更多分析通道的信息,定能进一步提高分析准确度。从数学的角度看,每增加一个变量就会增加一个方程,对多于未知变量数的方程组成的方程组,计算未知量的最常用方法就是最小二乘法,多元线性回归法就是利用最小二乘法进行回归计算的方法。

我们考虑一般的情况,对于吸收光谱分析,按照 Beer 定律,在某波长下的吸光度 y 与待测组分浓度 c 成正比关系,即

$$y = cx$$

这就是定量分析模型,其中 x 为吸光系数,c 为浓度,y 为吸光度,吸光系数可以利用标准样品测出。当采用一个分析通道时,该模型就是单变量校正,或称一元校正(传统的标准曲线方法就是一元校正)。当考虑的变量多于一个时,设有 m 个波长点,即 m 个分析通道,则对样品进行测量将得到一个吸光度向量,

$$\boldsymbol{y} = [y_1, y_2, \cdots, y_m]^T$$

式中,上角标 T 表示转置,而吸光系数向量为 $\boldsymbol{x}$,即

$$\boldsymbol{x} = [x_1, x_2, \cdots, x_m]^T$$

式中,y_i 和 x_i 分别为在第 i 分析通道的吸光度和吸光系数,它们可以用 Beer 定律进行描述:

$$y_i = cx_i \quad (i = 1, 2, \cdots, m)$$

为简化表达用向量形式表示就是:

$$\boldsymbol{y} = c\boldsymbol{x}$$

当样品中含有多个组分时,设含有 n 种组分,它们的浓度组成浓度向量:

$$\boldsymbol{c} = [c_1, c_2, \cdots, c_n]^T$$

式中, c_i 为第 i 个组分的浓度。每个组分在 $1,2,\cdots,m$ 个波长点的吸光系数组成一个标准吸收曲线(即吸收系数向量), n 个组分将组成一个 $m\times n$ 维矩阵,用 $\boldsymbol{X}$ 表示,

$$\boldsymbol{X}=[\boldsymbol{x}_1,\boldsymbol{x}_2,\cdots,\boldsymbol{x}_n]$$

其中 $\boldsymbol{x}_i=[x_{i1},x_{i2},\cdots,x_{im}]^{\mathrm{T}}$ 为第 i 组分的标准吸收曲线。对含有多种组分的样品,测定的吸光度数值符合加和性原则,即测定的吸光度为各个组分吸光度的加和,于是,该样品测定的吸光度向量为

$$\boldsymbol{y}=c_1\boldsymbol{x}_1+c_2\boldsymbol{x}_2+\cdots+c_n\boldsymbol{x}_n+\boldsymbol{e} \tag{2-13}$$

式中, $\boldsymbol{y}$ 表示混合物样品的吸光度向量,因为实际测量都有测定误差,所以式(2-13)中加上一个测量误差向量 $\boldsymbol{e}$,一般认为测量误差 $\boldsymbol{e}$ 服从零均值等方差的正态分布,这种误差称为白噪声。式(2-13)还可写为矩阵形式,即

$$\boldsymbol{y}=\boldsymbol{X}\boldsymbol{c}+\boldsymbol{e} \tag{2-14}$$

式(2-14)就是多变量校正模型,也称多元校正模型。这个多变量校正模型,除了适用于分光光度分析外,还适用于很多分析系统,如电化学分析、色谱分析、原子光谱分析等。

值得注意的是,在化学计量学中习惯使用普通小写字母表示标量;用小写黑体字母表示矢量(即向量),如上述的 $\boldsymbol{y}$、$\boldsymbol{x}$、$\boldsymbol{c}$ 等,且为列向量,行向量用其转置表示,如 $\boldsymbol{y}^{\mathrm{T}}$、$\boldsymbol{x}^{\mathrm{T}}$、$\boldsymbol{c}^{\mathrm{T}}$;而矩阵通常用大写黑体表示,如 $\boldsymbol{X}$。本章将采用这种习惯用法。

2.3.1.2 多元线性回归解

多元线性回归方法利用最小二乘法来计算未知量 $\boldsymbol{c}$。这实际是一个计算 $\boldsymbol{c}$ 的估计值使误差 $\boldsymbol{e}$ 达到最小的问题,最小二乘法解决这种问题的原则是使残差平方和 S(残差平方和即二乘)最小,残差平方和 S 用下式计算,

$$\begin{aligned} S&=\sum e_i^2=\boldsymbol{e}^{\mathrm{T}}\boldsymbol{e}=(\boldsymbol{y}-\boldsymbol{X}\boldsymbol{c})^{\mathrm{T}}(\boldsymbol{y}-\boldsymbol{X}\boldsymbol{c})\\ &=\boldsymbol{y}^{\mathrm{T}}\boldsymbol{y}-\boldsymbol{y}^{\mathrm{T}}(\boldsymbol{X}\boldsymbol{c})-(\boldsymbol{X}\boldsymbol{c})^{\mathrm{T}}\boldsymbol{y}+(\boldsymbol{X}\boldsymbol{c})^{\mathrm{T}}(\boldsymbol{X}\boldsymbol{c})\\ &=\boldsymbol{y}^{\mathrm{T}}\boldsymbol{y}-\boldsymbol{y}^{\mathrm{T}}\boldsymbol{X}\boldsymbol{c}-\boldsymbol{c}^{\mathrm{T}}\boldsymbol{X}\boldsymbol{y}+\boldsymbol{c}^{\mathrm{T}}\boldsymbol{X}^{\mathrm{T}}\boldsymbol{X}\boldsymbol{c}\\ &=\boldsymbol{y}^{\mathrm{T}}\boldsymbol{y}-2\boldsymbol{y}^{\mathrm{T}}\boldsymbol{X}\boldsymbol{c}+\boldsymbol{c}^{\mathrm{T}}\boldsymbol{X}^{\mathrm{T}}\boldsymbol{X}\boldsymbol{c} \end{aligned}$$

式中, $\boldsymbol{y}^{\mathrm{T}}\boldsymbol{X}\boldsymbol{c}$ 和 $\boldsymbol{c}^{\mathrm{T}}\boldsymbol{X}\boldsymbol{y}$ 都为标量,且互为转置,因此相等可合并在一起。上述计算以及以后的一些计算都会涉及一些矩阵的计算知识,限于篇幅本书不详细讲解,请读者参考相关书籍。

残差平方和 S 只是 $\boldsymbol{c}$ 的函数,最小二乘法就是求使 S 为最小时的 $\boldsymbol{c}$。为此要计算 S 对 $\boldsymbol{c}$ 的偏导,并令其等于零。

$$\frac{\partial S}{\partial \boldsymbol{c}}=\frac{\partial}{\partial \boldsymbol{c}}(\boldsymbol{y}^{\mathrm{T}}\boldsymbol{y}-2\boldsymbol{y}^{\mathrm{T}}\boldsymbol{X}\boldsymbol{c}+\boldsymbol{c}^{\mathrm{T}}\boldsymbol{X}^{\mathrm{T}}\boldsymbol{X}\boldsymbol{c})=\boldsymbol{0}$$

根据函数对向量变量的求导性质可得,

$$\frac{\partial S}{\partial \boldsymbol{c}}=-2\boldsymbol{X}^{\mathrm{T}}\boldsymbol{y}+2\boldsymbol{X}^{\mathrm{T}}\boldsymbol{X}\boldsymbol{c}=\boldsymbol{0}$$

则,

$$\boldsymbol{X}^{\mathrm{T}}\boldsymbol{X}\boldsymbol{c}=\boldsymbol{X}^{\mathrm{T}}\boldsymbol{y}$$

等式两边同时左乘逆矩阵 $(\boldsymbol{X}^{\mathrm{T}}\boldsymbol{X})^{-1}$ 得到 c 的估计值 $\hat{c}$ 为

$$\hat{c}=(\boldsymbol{X}^{\mathrm{T}}\boldsymbol{X})^{-1}\boldsymbol{X}^{\mathrm{T}}\boldsymbol{y} \qquad\qquad (2-15)$$

上式就是多元线性回归的计算公式。

再回到上面所举的三个组分可见吸收光谱分析的例子中,假设我们利用 450 nm、500 nm、550 nm、600 nm、650 nm、700 nm、750 nm 共 7 个波长的吸光度数据进行多元线性回归,测定三个组分的含量。通过三组分的纯吸收光谱可以分别计算出上述 7 个波长处三组分的吸光系数(吸光度除以浓度就是吸光系数),三组分 7 波长的吸光系数组成吸光系数矩阵 $\boldsymbol{X}$,结果为

$$\boldsymbol{X}=\begin{bmatrix} 0.203\ 3 & 0.175\ 1 & 0.045\ 6 \\ 1.290\ 0 & 0.486\ 8 & 0.649\ 3 \\ 1.233\ 1 & 0.868\ 3 & 1.939\ 3 \\ 0.606\ 2 & 1.039\ 6 & 1.239\ 8 \\ 0.267\ 1 & 1.185\ 9 & 0.405\ 7 \\ 0.029\ 8 & 1.113\ 9 & 0.666\ 5 \\ 0.000\ 7 & 0.332\ 7 & 0.517\ 3 \end{bmatrix}$$

对于未知混合样品,测定其在这 7 个波长处的吸光度,获得 $\boldsymbol{y}$。 本例中,我们模拟一个混合样品,三组分 1、2 和 3 的浓度分别为 0.5 mg/L、0.4 mg/L 和 0.8 mg/L,用浓度乘以吸光系数之和作为混合样品的吸光度,为了更接近实际分析体系,在该吸光度上再加上一定大小的随机噪声,这样获得的未知混合样品的吸光光谱如图 2-4 所示。该光谱在 7 个波长处的吸光度组成向量 $\boldsymbol{y}$,即

$$\boldsymbol{y}=\begin{bmatrix} 0.204\ 4 \\ 1.365\ 0 \\ 2.507\ 3 \\ 1.678\ 7 \\ 0.912\ 3 \\ 0.993\ 7 \\ 0.558\ 7 \end{bmatrix}$$

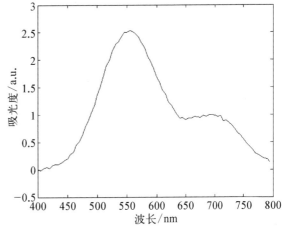

图 2-4　模拟由三个组分组成的混合溶液的可见吸收光谱

知道了 $\boldsymbol{X}$ 和 $\boldsymbol{y}$,用式(2-15)可以计算出,

$$\hat{c}=(\boldsymbol{X}^{\mathrm{T}}\boldsymbol{X})^{-1}\boldsymbol{X}^{\mathrm{T}}\boldsymbol{y}=\begin{bmatrix} 0.502\ 8 & 0.387\ 3 & 0.799\ 1 \end{bmatrix}$$

则组分 1、2 和 3 的浓度估计值分别为 0.502 8 mg/L、0.387 3 mg/L 和 0.799 1 mg/L,与真值 0.5 mg/L、0.4 mg/L 和 0.8 mg/L 之间的误差分别为 0.002 8、−0.012 7 和 −0.000 9。

多元线性回归方法不仅可以实现混合样品中多组分的同时测定,而且由于使用了更多的分析通道信息,故定量的准确度也得到了显著提高。

2.3.2 主成分回归法

2.3.2.1 主成分分析基本思路

在上节所举的例子中,我们用纯组分吸收光谱计算吸光系数矩阵 X,来计算混合样品中各个组分的浓度,但这样计算的 X 并不能反映真实情况。我们知道,在多组分混合体系中,每个组分的表现与其纯组分是有差异的,就是说混合组分中每个组分的吸收系数跟纯组分测定的吸收系数往往不完全一致。因此,计算吸光系数矩阵 X 最好的方法是用混合样品来测定,即配制一组已知各组分浓度的混合标准样品,通过测定它们的吸收光谱来计算 X。这非常类似于传统定量分析中用一组标准样品制作标准曲线。传统标准曲线法中使用单变量,通常配制 3~5 个标准样品。当采用多变量时标准样品的数目也要增加,按统计学的基本观点,标准样品数应该不少于变量数的 5 倍。如果按这个标准,多变量校正方法将需要配制很多标准样品,如使用 7 个变量,将需要 35 个标准样品,而如果采用全部的测量变量(如现代紫外光谱、色谱仪器的变量数可达成百上千)将需要非常多的标准样品,这在实际应用中是不现实的。因此,采用多元线性回归进行多元校正往往需要考虑变量选择,选择变量的目的一是为了减少变量数目,二是要找到合适的变量利于提高分析准确度。主成分回归法是利用主成分分析方法(principal component analysis,PCA)对数据进行处理,计算得到新的变量,选用数目有限的新变量进行多元校正的一种方法。该方法一方面减少了变量数目(称为降维),另一方面也保证了所选新变量最大程度地保留有原始数据的有用信息。

比如,对于 $n \times m$ 维矩阵数据 X 为 n 个已知各个组分浓度的标准溶液在 m 个分析通道测定的吸收光谱,则描述该数据的变量数为 m。我们知道,各个波长所描述的信息是非常相似的,即有很大程度的重叠,各个变量之间高度相关,因此没有必要使用所有的 m 个变量。主成分分析就是要把原来的 m 个变量变换为若干个新变量,新变量间为正交的,没有相关的重叠信息,而且要保证转换过程中没有有用信息的丢失。

主成分分析是化学计量学中一个非常重要的方法,它的基本思想是对测量矩阵 X 中的各个变量进行线性组合,形成新的变量,称为主成分。主成分的计算原则是得到的主成分表达的方差最大,方差最大的化学意义就是所含信息最多。主成分在计算时,首先按方差最大,计算各个变量的线性组合,得到第一主成分;对剩余的矩阵,即测量矩阵 X 减去第一主成分表达部分,再按方差最大原则,计算剩余变量的线性组合,得到第二主成分;依次计算第三主成分、第四主成分、……。如此计算的各个主成分,除了所含信息最多外,它们还彼此正交,即它们所含信息没有重叠,无冗余。理论上,测量矩阵 X 的主成分数目与 X 的变量数一样多,但是,主成分经过了按所含信息量大小顺序的重新排列,越靠前的主成分,信息量越大。一般情况下,只要选择前几个主成分就可以表达测量矩阵 X 所有"有用信息",其他的主成分表达的一般认为是测量误差,应该丢弃。

主成分回归法就是利用选择的有限的几个主成分,作为新变量进行多元线性回归计算。实际上,主成分回归法只是利用了测量矩阵 X 中最有用的那部分信息,一方面解决了利用测量矩阵 X 所有变量进行回归时变量过多的困难,另一方面也避免了原有测量矩阵有用信息的丢失。

2.3.2.2 主成分分析的计算方法

计算主成分可以归结为对测量矩阵求特征值和特征向量的问题,在化学计量学中一般采用非线性迭代偏最小二乘算法(nonlinear iterative partial least squares,NIPALS)和奇异值分解法(single value decomposition，SVD)计算主成分。NIPALS 为迭代算法,适合于计算机计算。奇异值分解是经典的数学方法,奇异值分解法在商业软件中比较常见,比如 Matlab 中奇异值分解函数为

$$[U，S，V] = svd(X)$$

式中,X 为 $n \times m$ 维的测量矩阵;m 为变量数(如吸收光谱分析中的波长);n 为样本数(如 n 个标准样品)。对 X 进行奇异值分解将计算得到三个输出量,U、S 和 V,它们与 X 的关系为 $X = USV^T$。U 为列正交矩阵,即 U 中的列两两正交,$U^T U = I_n$;V^T 为行正交矩阵,即 V^T 中的行两两正交,$V^T V = I_m$;S 为对角矩阵,其对角的元素值称为奇异值。奇异值的平方就是矩阵 $X^T X$ 的特征值,列正交矩阵 U 中的每一列就是矩阵 XX^T 的对应于 S^2 对应特征值的特征向量,列正交矩阵 V 中的每一列就是矩阵 $X^T X$ 的对应于 S^2 对应特征值的特征向量。前面提到,主成分实际就是原变量的一个线性组合,而该线性组合的系数就是矩阵 V 中的一列。如 V 中的第一列 v_1 就是计算第一主成分的系数向量,因此 $z_1 = X v_1$ 就是第一主成分,同理,第二主成分为 $z_2 = X v_2$,v_2 为 V 的第二列,以此类推。所有的主成分可以用下式计算,

$$Z = [z_1，z_2，\cdots，z_m] = [X v_1，X v_2，\cdots，X v_m] = XV$$

　　我们知道,计算主成分的基本原则是所计算的主成分应具有最大的方差,而特征值表达的就是方差。S 对角线元素的第一个值的平方就是第一特征值,它就是第一主成分的方差。方差的化学意义是主成分所含的化学信息量。主成分的方差越大,表示该变量(主成分)变化幅度越大,表达化学性质的能力就越强,认为其含的化学信息量就越多,所以,主成分所含的化学信息量是从变量变化程度来定义的。S 对角线元素是按从大到小排列的,表示主成分所含信息量也是从大到小排列的,第一主成分的化学信息量最大,第二主成分次之,以此类推。所有特征值的加和可以作为化学信息总量的度量指标,而每个主成分对化学信息总量的贡献程度就可以用其特征值与化学信息总量的比值来度量,这个比值经常用来评价主成分的重要性,并确定选择主成分的数目。

　　还用上节介绍多元线性回归分光光度分析的例子来进一步说明主成分分析和主成分回归。假设我们配制了 20 个已知三个组分 1、2 和 3 浓度的标准混合样品,根据如图 2−3 所示的三组分纯吸收光谱,模拟这 20 个标准样品的吸收光谱,见图 2−5,该模拟光谱中加入了随机误差。20 个标准混合样品中三组分的含量组成 20×3 维浓度矩阵 C,20 个标准样品的吸收光谱组成 20×80 维矩阵 X,80 为波长点数,即变量数,按 Beer 定律,有 $X = CK$,K 为 3×80 维吸光系数矩阵。已知 X 和 C,可以用最小二乘法计算 K,但如果使用 80 个变量,必须配制很多标准溶液。用主成分分析先对 X 进行降维,利用奇异值分析方法计算 U、S 和 V。计算主成分可以利用矩阵 V,V 的前 5 列如图 2−6 所示。图中的 PC1、PC2、

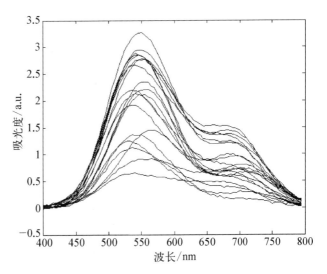

图 2−5　标准样品的吸收光谱

PC3、PC4、PC5 表示计算主成分 1 到主成分 5 的系数向量。从图中可以看出 PC1、PC2、PC3 具有明显的曲线形状，而 PC4、PC5 的图形变化没有规律，为噪声。另外，矩阵 S 对角线上的奇异值大小为

$$S=\begin{bmatrix} 47.147\,6 \\ 4.709\,1 \\ 2.304\,3 \\ 0.127\,2 \\ 0.121\,1 \\ 0.107\,9 \\ 0.105\,8 \\ 0.104\,0 \\ 0.096\,8 \\ 0.090\,3 \\ 0.089\,9 \\ 0.087\,3 \\ 0.080\,5 \\ 0.076\,5 \\ 0.075\,2 \end{bmatrix}$$

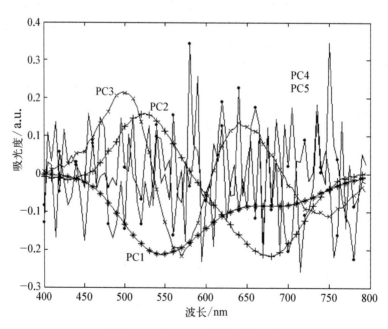

图 2-6　前 5 个主成分的系数向量

很显然，前三个奇异值明显高于其后的奇异值，而且其后的奇异值变化不大，说明它们是由噪声引起的，应该去除。前三个方差（奇异值的平方）之和占所有方差和的比例高达 99.99%，因此我们选择前三个主成分作为新变量，

$$Z=[z_1,z_2,z_3]=[Xv_1,Xv_2,Xv_3]$$

于是,模型 $X=CK$,变为 $Z=CK$,Z 只有三个变量,用多元线性回归法可以计算出吸收矩阵 K:

$$K=(C^{\mathrm{T}}C)^{-1}C^{\mathrm{T}}Z$$

上面的计算只是计算了系数矩阵 K,定量分析还需要对未知浓度的样品进行测定和计算。对于未知样品,当测量了它的吸收光谱 x_{un} 后,先利用矩阵 V 进行降维,

$$z_{\mathrm{un}}=[\,x_{\mathrm{un}}v_1,\;x_{\mathrm{un}}v_2,\;x_{\mathrm{un}}v_3\,]$$

未知样品中三种组分的含量符合模型 $z_{\mathrm{un}}=c_{\mathrm{un}}K$,其中 z_{un} 和 K 已知,同样用多元线性回归法计算浓度向量,

$$c_{\mathrm{un}}=z_{\mathrm{un}}K^{\mathrm{T}}(KK^{\mathrm{T}})^{-1}$$

对三组分吸收光谱分析的例子中,计算的矩阵 K 为

$$K=\begin{bmatrix}-5.513\,2 & 2.107\,7 & 1.380\,4\\ -6.109\,0 & -3.345\,4 & 0.360\,8\\ -7.900\,3 & 0.154\,3 & -1.948\,6\end{bmatrix}$$

未知样品吸收光谱降维后的为

$$z_{\mathrm{un}}=[\,-11.526\,1\quad -0.156\,7\quad -0.728\,5\,]$$

未知样品浓度计算结果为

$$c_{\mathrm{un}}=[\,0.499\,8\quad 0.398\,7\quad 0.801\,8\,]$$

可见与其真实浓度 0.5 mg/L,0.4 mg/L,0.8 mg/L 非常接近。

由于主成分回归法不是使用原有变量,而是利用原变量线性组合后产生的新变量进行回归计算,所以,该方法又称隐变量(或称潜变量)校正方法。主成分回归法利用主成分分析生成新变量,对原测量数据进行了降维,避免了可能出现的由变量相关引起的共线性问题,又保留了几乎全部有用信息,是非常优良的多元校正方法,近年来在化学计量学中得到了广泛应用。

2.3.3　偏最小二乘法

偏最小二乘法是另一种隐变量校正方法。在主成分回归中,从混合物测量矩阵 X 出发,经线性组合计算隐变量,即主成分的原则是使主成分的方差最大,偏最小二乘法计算隐变量的原则除了使隐变量的方差最大外,还要使隐变量与浓度达到最大程度的相关。我们知道,在多元校正中计算隐变量的目的就是为了用隐变量作为新变量,与浓度进行线性回归,如果在使方差最大的同时,又考虑使新变量与浓度最大限度地线性相关,将能提高线性回归的精度,有利于建立良好的定量分析模型。

在主成分回归分析中计算新变量只考虑了测量矩阵 X,而没有考虑浓度矩阵(或浓度向量)C(或 c)。在偏最小二乘法中,计算新的隐变量时,对测量矩阵 X 进行奇异值分解除了考虑方差最大的原则外,还要同时考虑所得到的主成分与浓度矩阵 C(或 c)最大限度地相关。所以,偏最小二乘法计算的隐变量,只提取了与浓度最相关的那部分信息,即对校正最有用的信息。偏最小二乘隐变量的计算方法通常采用非线性迭代偏最小二乘算法(NIPALS),在 NIPALS 算法中,在分解矩阵 X 时考虑矩阵 C(或 c)的因素(即使它们的最大限度地线性相

关),而在分解矩阵 C(或 c)时也考虑矩阵 X 的因素,经过多次交互迭代计算,最后收敛的结果就是偏最小二乘隐变量。

与主成分回归法类似,偏最小二乘法也是选择合适的隐变量数后,再利用多元线性回归方法对隐变量和浓度进行回归计算。在偏最小二乘法中常用交互检验方法来选择隐变量数。近年来,偏最小二乘法在定量分析中得到了非常广泛的应用。比如,近年来发展非常迅速的近红外光谱分析中,定量分析模型的建立基本上都是利用偏最小二乘法,可以毫不夸张地说,没有偏最小二乘法就没有现代的近红外光谱分析方法。

多元线性回归、主成分回归法和偏最小二乘法,以及其他多变量校正方法都各具特色,并不是哪一种方法总是最好的。不同的数据适用于不同的方法,所以应该根据具体情况选择使用。

2.4　多元分辨方法

共存组分对被测组分形成干扰是仪器分析中经常遇到的问题,经常采用对样品进行分离、掩蔽等样品处理方法来解决。但样品处理方法往往比较烦琐、耗时,有时干扰严重时可能难以解决。化学计量学的多元分辨方法是从数据处理的角度来解决干扰问题。

我们知道,所谓干扰是指在分析通道上除了被测组分有响应外,其他组分也有响应信号,这些组分称为干扰组分。在分析测定中,仪器所测信号是被测组分和干扰组分的复合信号,它除了包含被测组分的信号外,还有干扰组分的响应。如果能从复合测量信号中分辨出哪些是属于被测组分的,哪些是干扰组分产生的,就解决了干扰问题。利用多个分析通道的信息,对复合测量信号进行分辨以获得被测组分有用信息的方法就是多变量分辨,又称多元分辨。

2.4.1　自模式曲线分辨方法

2.4.1.1　多元分辨模型

前文讲述的多元校正模型中,多组分混合样品的复合测量信号是各组分纯信号线性加和产生的,式(2-13)的多元线性回归模型 $y=c_1x_1+c_2x_2+\cdots+c_nx_n+e$,表示 n 个组分浓度 c_i 乘以其单位浓度的纯组分信号 x_i 的加和就是复合信号 y。举三组分光谱分析的例子进行说明,三个组分单位浓度的标准吸收光谱为 s_1,s_2,s_3,组合在一起产生矩阵 $S=[s_1 s_2 s_3]$,三个组分的浓度分别为 c_1,c_2,c_3,组合起来用向量表示为,$c=[c_1 c_2 c_3]$。根据多元校正模型,混合样品测量的复合光谱就是 $x=c_1s_1+c_2s_2+c_3s_3+e$,注意为了与下文保持一致,式中标识变量的字母改变了,但含义未变。将该式整理为一般形式就是多元分辨模型,

$$x=cS^{\mathrm{T}}+e \tag{2-16}$$

式中,S 的上角标 T 表示转置,或用 S' 表示。自模式曲线分辨方法(self-modeling curve resolution,SMCR)就是基于多元分辨模型,由测量数据 x 解析计算 c 和 S 的分辨方法。

2.4.1.2　自模式曲线分辨的数据解析方法

从数学的角度看,由一个变量 x 计算两个变量 c 和 S,不会获得唯一解。但当加上一些约束条件,比如 c 和 S 都是非负的,c 的加和为1(所有组分的质量百分浓度总和为100%),是可以获得收敛之解的。最常见的自模式曲线分辨方法是交替最小二乘法(alternating least squares，ALS)。

交替最小二乘法利用最小二乘法为基本算法(利用式(2-15)进行计算)，采用迭代计算的方式，交替计算 c 和 S，直到收敛。在迭代过程中，将约束条件引入计算，收敛解逼近真实的 c 和 S。实践证明该方法简单、计算速度快，一般情况下都能获得比较理想的结果。基本计算步骤为：

(1) 设初值 c，可以随机产生，也可以人为给定(也可以为 S 设初值)；

(2) 根据式(2-15)计算 S 的最小二乘解，$S = x'c(c'c)^{-1}$；

(3) 如果计算获得的 S 中有负值，将其赋值为 0；

(4) 用所计算的 S 计算 c 的最小二乘解，$c = xS'(S'S)^{-1}$；

(5) 如果计算获得的 c 中有负值，将其赋值为 0；

(6) 由计算的 c 再计算 S，反复重复步骤(2)~(5)交替计算 c 和 S，直到收敛。

2.4.2 基于色谱联用数据的多元分辨方法

色谱分析中完全分离的单一组分产生的色谱峰称为纯峰，分离不完全包含两个或更多组分的色谱峰称为重叠峰，重叠峰是由多于一个组分的测量信号叠加在一起形成的复合信号。理论上讲，要从复合信号中分辨出各个组分的纯组分将需要张量数据(比矩阵数据维度更高的数据)，不过色谱分离数据具有特殊性，利用这些特性，运用矩阵数据也可以解析色谱重叠峰。色谱矩阵数据一般由色谱联用仪器测量产生，如液相色谱与二极管阵列联用仪(HPLC-DAD)、气相色谱与质谱联用仪(GC-MS)、气相色谱与红外光谱联用仪(GC-IR)、毛细管电泳与二极管阵列联用仪(CE-DAD)等。利用色谱联用技术获得的二维矩阵数据对色谱重叠峰进行分辨是近三四十年来化学计量学最成功的应用案例之一，主要的多元分辨方法包括渐进因子分析法、窗口因子分析法、直观推导式演进特征投影法、正交投影分辨法、子窗口因子分析法等。本节只以渐进因子分析法为例简单介绍多元分辨方法解析二维色谱联用数据的过程。

2.4.2.1 多元分辨基本原理

以 HPLC-DAD 为例，色谱联用仪器测得的二维数据是一个 $n \times m$ 维矩阵 X，它的一列就是对应某一个分析通道(某个波长)的一个色谱，其一行就是在某个色谱保留时间下所流出组分的紫外光谱图。矩阵 X 就是用 m 个分析通道来描述 n 个色谱保留时间点的色谱-光谱信息的二维数据。如果该分析体系为线性的，每个波长处的吸光度就是各个组分的色谱流出浓度和吸光系数之积的和，X 可以用下式描述，

$$X = \begin{bmatrix} c_{11} & c_{12} & \cdots & c_{1p} \\ c_{21} & c_{22} & \cdots & c_{2p} \\ \vdots & \vdots & & \vdots \\ c_{n1} & c_{n2} & \cdots & c_{np} \end{bmatrix} \begin{bmatrix} s_{11} & s_{12} & \cdots & s_{1m} \\ s_{21} & s_{22} & \cdots & s_{2m} \\ \vdots & \vdots & & \vdots \\ s_{p1} & s_{p2} & \cdots & s_{pm} \end{bmatrix} + E \quad (2-17)$$

$$= [c_1, c_2, \cdots, c_p][s_1, s_2, \cdots, s_p]^{\mathrm{T}} + E$$

$$= CS^{\mathrm{T}} + E$$

式中，C 为 $n \times p$ 维矩阵，表示 p 个组分在 n 个色谱保留时间点的色谱浓度分布，可简称为色谱，p 为分析体系组分数，S 为 $m \times p$ 维矩阵，表示 p 个组分的纯光谱，E 为 $n \times m$ 维的误差矩阵。注意：式(2-17)实际上是式(2-16)的扩展，式(2-16)表示单个样品测定数据之间的关

系,而式(2-17)中的数据是 n 个样品(每个保留时间点就相当于一个样品测定一条光谱),因此 C 中的一列 c_i,表示第 i 个样品(保留时间点)的色谱,就是(2-16)中的 c,同样地,X 也是 x 的扩展。但 S 没有变,就是式(2-16)中的 S,其中的列 s_i,表示第 i 个组分的纯光谱。式(2-17)可以写为

$$X = \sum_{i=1}^{p} c_i s_i^T + E \tag{2-18}$$

注意,c_i 为列向量,s_i^T 为行向量,$c_i s_i^T$ 是 c_i 和 s_i^T 的外积,该外积的计算结果是产生一个 $n \times m$ 维的矩阵。

$$c_i s_i^T = \begin{bmatrix} c_{1i} \\ c_{2i} \\ \vdots \\ c_{ni} \end{bmatrix} \begin{bmatrix} s_{i1} & s_{i2} & \cdots & s_{im} \end{bmatrix} = \begin{bmatrix} c_{11}s_{i1} & c_{12}s_{i2} & \cdots & c_{1p}s_{im} \\ c_{21}s_{i1} & c_{22}s_{i2} & \cdots & c_{2p}s_{im} \\ \vdots & \vdots & & \vdots \\ c_{n1}s_{i1} & c_{n2}s_{i2} & \cdots & c_{np}s_{im} \end{bmatrix}$$

计算外积的两个向量秩都为1,所以该外积的秩也是1。其化学意义就是,外积 $c_i s_i^T$ 计算的矩阵是由一个化学组分产生的,即没有干扰的一个纯组分。式(2-18)中的 X 是由 p 个外积加和产生的,表明该数据为 p 个组分的复合信号。对复合信号的解析实际上就是从 X 出发,将其分解为 p 个矩阵相加,每个矩阵对应一个组分的外积 $c_i s_i^T$,并进一步计算出 c_i 和 s_i^T。在化学计量学中往往把式(2-18)称为双线性分解,如图2-7所示。

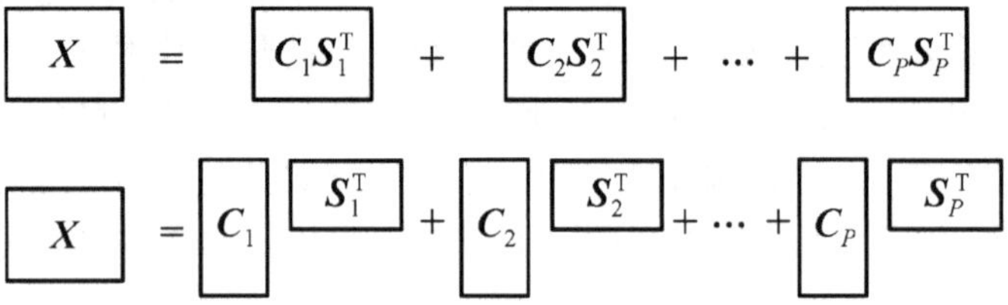

图 2-7 双线性分解示意图

从色谱联用分析仪器测得的测量数据 X,并不能直接获得色谱 C 和纯光谱 S。但从数学的角度,我们可以得到一个类似的表达形式。根据我们前面介绍的主成分分析的知识,对二维矩阵数据 X 进行奇异值分解,得到

$$X = USV^T = TP^T + E \tag{2-19}$$

式中,$T = US$,称为得分矩阵;$P = V$,称为载荷矩阵,考虑测量误差的存在而加上的误差矩阵 E。式(2-17)和式(2-19)在形式上非常相似,不过 T 和 C,P 和 S 通常并不相等,但可以通过引入一个旋转矩阵 R 将它们建立联系,

$$X = CS^T = TP^T = TRR^{-1}P^T$$

于是

$$C = TR, \quad S^T = R^{-1}P^T \tag{2-20}$$

R 为 $p \times p$ 维的满秩矩阵。如果能计算得到 R,利用对 X 奇异值分解得到的 T 和 P 就可以计算出色谱 C 和纯光谱 S,这就是多元分辨的基本原理。

但是从纯粹数学的角度看,并不能得到唯一解的转换矩阵 **R**,它是可以选择的。为了得到唯一的且有化学意义的解必须增加新的限制条件,需要高一维的数据,即张量数据。目前的仪器分析技术还并不容易获得张量数据,不过色谱分离具有一些特殊的性质,化学计量学家们巧妙地根据色谱分离的特点,作为解析的附加条件,解决了矩阵数据的不足,建立了一些多元分辨方法。

2.4.2.2　渐进因子分析法(evolving factor analysis, EFA)

物质经过色谱柱时由于组分的扩散作用,流出物的浓度分布呈峰状,这就是色谱峰。组分刚刚流出色谱柱的点称为色谱峰的起点,而组分完全流出柱子的点称为色谱峰的终点,如图 2-8 所示,三个组分 A、B 和 C 的起点和终点分别为 a 和 b,c 和 d,e 和 f。可以看出,组分 A 比 B 和 C 先出峰,起点 a 在 c 和 e 之前,则组分 A 先于 B 和 C 结束出峰,终点 b 在 d 和 f 之前。这实际上是色谱分离的普遍规律,称作“先进先出”。“先进后出”是色谱数据的一个重要特点,Zuberbuehler 和 Maeder 等人提出的渐进因子分析法就是利用了这种特点。

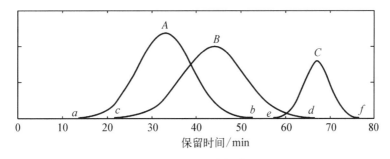

图 2-8　三组分色谱图

我们在介绍主成分分析中曾经指出,将二维数据矩阵 **X** 进行分解所得到的特征值表达了主成分的方差大小,方差较大的主成分可能代表着有用的组分,而方差较小的主成分很可能是测量误差引起的。因此,如果通过计算特征值,并比较主成分特征值的大小,就可以分辨出误差大小,并进而判断有多少组分。另一方面,如果能获得各个保留时间位置的特征值就能判断在不同保留时间点的组分数,这对于分析各个组分色谱峰的起点和终点很有帮助。

渐进因子分析法的基本思想是:对二维矩阵 **X** 按色谱方向分段进行考察,利用主成分分析计算各个分段的特征值,并判断该段的组分数(实际上这个段就是相应的保留时间位置)。

渐进因子分析法包括前向计算和反向计算两部分,如图 2-9 所示(该图就是图 2-8 所示的三组分体系的色谱-光谱二维矩阵数据的渐进因子分析图)。在前向计算中,从二维数据矩阵 **X** 的第 1 个保留时间点开始,先将 **X** 的第 1 到第 2 保留时间点的矩阵截断得到一个子矩阵数据,对该子矩阵数据进行主成分分析,计算特征值,代表第 1 保留时间点;然后截取第 1 到第 3 保留时间点的矩阵,得到子矩阵,对该子矩阵进行主成分分析,计算特征值,代表第 2 保留时间点;依次计算下去直到最后,最后得到的矩阵就是 **X**。 把各个保留时间点计算得到的特征值,对保留时间作图,得到图 2-9 中实线所示的曲线。矩阵的特征值有很多,绘制特征值对保留时间的曲线应取足够多的特征值,所说的足够多是指要多于组分数,图 2-9 的计算取 5 个特征值。反向计算则从矩阵的最后两个保留时间点开始截取子矩阵,截取矩阵的方向与前向计算相反,但计算方法相同,图 2-9 中的虚线就是反向计算得到的特征值图。

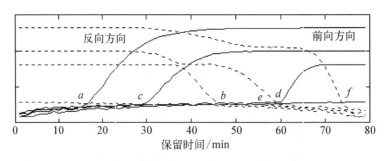

图 2 - 9   渐进因子分析法结果示意图

从图 2 - 9 可以看到,对于前向计算,在 a 点之前的特征值很小,应为误差,从 a 点开始有 1 个特征值开始逐渐增大,表明随着保留时间的增加,有一个组分开始流出色谱柱(因为有 1 个特征值显著大于误差,可以判断为 1 个组分);到 c 点后除了第 1 个特征值依然显著高于误差外,又有第 2 个特征值出现,表明第 2 个组分开始流出;到 e 点时,第 3 个组分也开始流出。前向计算可以判断各组分流出色谱柱的起始点。对于反向计算,同样能通过特征值大小变化情况,分析判断出各个保留时间处组分数目,不过反向计算获得的是各组分流出色谱柱的结束点,图 2 - 9 中的反向计算得到的三个组分的结束点分别为 b、d 和 f。综合考虑前向计算和反向计算的结果,很容易判断出各个组分出峰的起始点和结束点,这些点与图 2 - 8 是完全对应的。

利用图 2 - 9 能够进一步分析出各个色谱组分的出峰情况:在 a 点前没有组分流出;a 点到 c 点只有一个组分流出,即第 1 个组分,该区间为单组分区间;c 点以后一直到 b 点,有两个组分,即第 1 和第 2 个组分,该区间为二组分混合区的重叠峰;到 b 点时有一个特征值减小到误差水平,表明有一个组分流完了,所以从 b 点到 e 点又只有一个组分,为单组分区,为第 2 个组分;到 e 点后又有一个组分出现,即第 3 个组分,该重叠峰(第 2 和第 3 个组分)持续时间很短,到 d 点时又有一个组分消失了(第 2 个组分);从 d 到 f 为单组分区,只有第 3 个组分;到 f 点,全部组分都流出了色谱柱。上述分析过程是依据于渐进因子分析所得到的特征值图进行的,分析结果与图 2 - 8 的真实结果完全吻合。所以,用渐进因子分析能够获得各个组分色谱流出的详细过程,这对于色谱数据的解析,获得各个组分的纯色谱和纯光谱提供了有力的支撑。

色谱数据的解析一般是利用渐进因子分析的结果,从单组分区入手,来解析重叠峰。在单组分区,所有保留时间点处的光谱都是一样的(因为纯组分的光谱是一致的,一般只相差一个系数),这就是该区间对应组分的纯光谱。得到该组分的纯光谱后可以进一步得到它的纯色谱。再将解析得到的该组分信息用于二组分混合区的重叠峰,通过去除已经解析的组分信息就可以获得另外组分的纯色谱和纯光谱了。对应多个组分混合在一起的情况,可以一个组分一个组分地解析和去除。上述的解析方法叫作满秩分解,由于这部分内容比较复杂,限于本书篇幅而不作详细讨论,读者可以参考化学计量学或多元分辨方面的书籍和文献。

2.4.3   其他多元分辨方法

渐进因子分析法在计算过程中需要将数据矩阵 $\textbf{X}$ 裂分成很多新矩阵,而且截取的子矩阵也将越来越大,同时该方法还需要前向和反向两方面的计算,这些都造成了计算量很大,尤其是对较大的二维矩阵进行计算,需要很多机时。为了解决这个问题,Keller 和 Massart 提出了固定尺寸移动窗口渐进因子分析法(Fixed size moving window evolving factor analysis, FSMWEFA)。该方法在裂分数据矩阵产生新矩阵时,改变渐进因子分析法逐步扩大矩阵的做法,而是固定要生成矩阵的大小,就是说用一个固定尺寸的窗口,从二维数据的起点移向终点,每移动一次,窗口所在位置的二维数据就是子矩阵。对该矩阵进行主成分分析,计算特征值,用特征值对窗口位置,即保留时间作图,利用该图形可以分析二维色谱数据在不同保留时间的组分数方面的信息。该图与 EFA 得到的图形非常相似,反映的信息也是一样的,但由于固定了新矩阵的大小,使得计算量大大减小了,同时从某些方面来看,FSMWEFA 获得的结果更准确、更可靠。

1992 年,梁逸曾教授和挪威学者 Kvalheim 提出直观推导式演进特征投影法(heuristic evolving latent projections,HELP)发表在 *Analytical Chemistry* 杂志上。该方法从色谱分离的特点出发,系统地提出了基线校正方法,判断纯组分区域和零浓度区的特征投影法和绘制秩图的方法,并利用满秩分解方法解析色谱联用二维数据。该方法自发表以后,在国际化学计量学界引起很大反响,并得到了非常广泛的应用。

2.5　化学模式识别

模式识别(pattern recognition)是指对表征事物或现象的各种形式的(数值的、文字的和逻辑关系的)信息进行处理和分析,以对事物或现象进行描述、辨认、分类和解释的过程,它是信息科学和人工智能的重要组成部分。随着 20 世纪 40 年代计算机的出现,以及 20 世纪 50 年代人工智能的兴起,人们希望能用计算机来代替或扩展人类的部分脑力劳动,在这样的背景下,模式识别在 20 世纪 60 年代初开始迅速发展并成为一门新学科。

简单来说,模式识别就是研究对象的分类。比如对文字、声音、图像等对象(称为模式)进行研究,根据其某些特征发现不同类别对象的分类方法,并借助该方法对对象进行识别。模式识别技术经过几十年的发展,已经在基础理论和应用方面取得了众多成果,在语音识别、图像分析、农业、地质、医学、军事以及通信等很多领域得到了广泛的应用。

化学学科发展到今天积累了大量化学数据,而且数据量还在急剧增加。如何从海量实验数据中总结经验、发掘规律,是摆在化学家面前的新课题。模式识别提供了一种崭新的研究方法,从化学数据中发掘有用信息,它是化学计量学的一个重要组成部分。

2.5.1　化学模式识别基本过程

化学模式识别的目的是利用化学数据对化学对象进行分类,根据模式识别方法不同可以把它分为有监督的模式识别和无监督的模式识别两种。

有监督模式识别的基本过程是:利用一组已知分类的化学数据(称为训练集),经适当的数据处理,根据数据特点,并结合它们的化学性质或经验规律提取一些特征量(称为特征提取),作为描述数据的变量,再通过模式识别算法进行训练和分类,得到一些判据,这些判据用来对未知样本进行判别或预报。有监督模式识别的基本过程如图 2 - 10 所示。

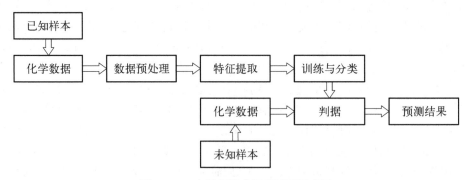

图 2-10　有监督模式识别过程示意图

无监督的模式识别是在不知道样本分类的情况下,直接对样本进行训练或学习,获得样本分类方面的信息。其过程为:对化学数据,经适当的数据处理后进行特征提取,获得描述数据的特征变量,并利用特征变量直接对样本进行分类。

2.5.2　化学模式识别数据预处理和特征提取

化学数据是模式识别的基础,化学数据一般都来源于化学测量。化学数据主要包括:① 化合物各种基本参数,如沸点、溶解度、疏水常数、原子电荷、偶极矩、键长、键角、分子体积、分子表面积等等;② 计算参数:如量子化学计算参数、拓扑指数等;③ 各种谱图数据:如色谱、光谱等;④ 化学含量数据:测定的各种化学组分含量等。

由于化学测量的方法不同,获得的数据一般也差别很大,例如有机酸的离解常数(pK_a)的数值大约为个位数,或为负数,沸点数据约为几十,或数百摄氏度,而光谱强度数据可能达 5~6 个数量级等。这些数据合并在一起进行模式识别,会影响特征变量的提取,并进而影响正确的分类。因此,模式识别的第一步往往就是数据预处理。常用的数据预处理方法包括以下几种。

(1) 数值归一化

数值归一化就是把各个变量的数据都线性地变换到一个新的标尺上,在新标尺上,每个变量的最大值都为1。这种变换能够使不同量纲、不同数值大小的数据变成大小差别相近的数据。变换公式为

$$x_{i,\,new}=x_{i,\,old}/x_{max},\ (i=1,\,2,\,\cdots,\,n)$$

式中,$x_{i,\,old}$ 为第 i 个原始数据;$x_{i,\,new}$ 为变换后的新数据;x_{max} 为原数据中的最大值;n 是数据中数据的数目。

数值归一化还有一种形式是使变换后的数据在 0~1 之间,即变换后数据的最小值为 0,最大值为 1。变换公式为

$$x_{i,\,new}=(x_{i,\,old}-x_{min})/(x_{max}-x_{min})$$

式中,x_{min} 为原数据中的最小值。

(2) 方差归一化

数值归一化使数据在数值上处于相同的水平,但有时更关注数据的变化程度,即方差的大小。从方差的角度进行归一化就是方差归一化方法,变换公式为

$$x_{i,\,\text{new}} = (x_{i,\,\text{old}} - \bar{\boldsymbol{x}}_{\text{old}}) / \sqrt{\sigma^2}$$

式中，$\bar{\boldsymbol{x}}_{\text{old}}$ 为变量 $\boldsymbol{x}$ 的均值，σ^2 为该变量的方差：

$$\bar{\boldsymbol{x}}_{\text{old}} = \frac{\sum x_{i,\,\text{old}}}{n}, \; \sigma^2 = \sum (x_{i,\,\text{old}} - \bar{\boldsymbol{x}}_{\text{old}})^2$$

经变换后的新数据方差为 1，它保证了各变量的方差一致。

另外，数据预处理方法还包括加权变换、变量变换、变量组合等。

在模式识别中，由于我们并不知道哪些化学数据（即哪些变量）对于分类有帮助，所以一般尽量多地收集各类数据，所使用的变量比较多。使用的变量越多，对问题的描述应该越准确，但从另一个方面来看，如果各个变量在描述要研究的问题方面有重叠，即变量具有较大的相关性，那么使用很多变量，并不一定能很完全地描述该问题。同时变量往往含有误差，增加变量如不能提供额外重要的信息（即提供已有变量不能描述的信息），该变量所含的误差将作为有用信息而引入数据中，其结果必然干扰分类过程，导致错误的分类。因此，变量的选择在模式识别中非常重要。模式识别中的变量选择称为特征提取，所选变量也称为特征变量。特征提取实际上就是从多变量的高维化学数据中，选择重要的变量，对数据进行降维，以利于有效地分类。

最简单的特征提取方法是方差比较法。变量的方差越大，即变量的变化幅度越大，表明该变量越"敏感"，可以理解为所含信息越大，对分类的贡献应该越大。方差比较法就是通过计算各个变量的方差，并比较方差大小，选择方差最大的若干个变量作为特征变量，方差归一化的数据不能使用方差比较法。另一种常用的特征抽取方法是 Fisher 比法。Fisher 比定义为某个变量类间方差与类内方差之比，Fisher 比大就表明两类相距较远，同时各类自身的样本比较聚集，分类较好，因此该变量的分类能力强，应优先选用。

2.5.3 化学模式识别中距离的表达方法

距离是模式识别中衡量分类的重要指标，距离越小，说明样本之间相互靠近，成为一个类别的可能性就大，反之如果两个样本的距离很大，它们可能就属于两类。

n 个变量组成一个 n 维的模式空间，一个样本在该空间中就是一个点，该点可以用坐标表示，$\boldsymbol{x}_i = [x_{i1}, x_{i2}, \cdots, x_{im}]$，$\boldsymbol{x}_i$ 就是第 i 个样本的坐标值。为了容易理解，我们可以考虑简单的 2 维模式空间，它有两个变量，可以用直角坐标系表示，一个样本有两个值 $[x_{i1}, x_{i2}]$，在坐标系中为一个点。而两个样本在坐标系中对应两个点，它们之间的距离可以通过计算得到。

模式识别中的距离实际上就是空间各个样本点之间的距离。如果把 m 个样本在 n 个变量下的所有数据组成一个 $m \times n$ 维矩阵数据 $\boldsymbol{X}$，$\boldsymbol{x}_i$ 就是 $\boldsymbol{X}$ 的第 i 行向量。在模式识别中最常用的距离包括明氏距离（Minkowski 距离）距离和马氏距离（Mahalanobis 距离）等。

Minkowski 距离定义为

$$D_{ij} = \left[\sum_{k=1}^{n} (\mid x_{ik} - x_{jk} \mid)^p \right]^{1/p}$$

式中，p 为正整数；n 为变量数目；D_{ij} 就是两个点 $\boldsymbol{x}_i$ 和 $\boldsymbol{x}_j$ 的 Minkowski 距离。这是 Minkowski 距离计算的通式，p 可以取不同的值，如 $p=1$、$p=2$ 等。当 $p=2$ 时，D_{ij} 就是欧几里得距离，简称欧氏距离，$D_{ij} = \sqrt{\sum_{k=1}^{n} (x_{ik} - x_{jk})^2}$，这是一种常用的距离定义形式。

Mahalanobis 距离是印度统计学家 Mahalanobis 于 1936 年提出的一种距离,马氏距离定义为

$$D_{ij} = (\boldsymbol{x}_i - \boldsymbol{x}_j)\boldsymbol{V}^{-1}(\boldsymbol{x}_i - \boldsymbol{x}_j)^{\mathrm{T}}$$

式中,$\boldsymbol{V}$ 为变量的协方差矩阵,当 $\boldsymbol{V}$ 为单位矩阵时,马氏距离 $D_{ij} = (\boldsymbol{x}_i - \boldsymbol{x}_j)(\boldsymbol{x}_i - \boldsymbol{x}_j)^{\mathrm{T}}$,为两个样本点各个变量值差的内积,它与欧氏距离,$D_{ij} = \sqrt{\sum_{k=1}^{n}(x_{ik} - x_{jk})^2}$,是完全一样的,此时马氏距离就是欧氏距离。但对于一般的数据,$\boldsymbol{V}$ 为非单位矩阵,数据方差往往具有一定的分布,马氏距离将方差的影响考虑在距离的计算公式中,从而校正了方差引起的距离差异。

2.5.4 有监督的模式识别

有监督的模式识别是利用一组已知分类的样本,用特定的方法或模型对样本进行训练和学习,建立判别模型,判别模型用来对未知样本进行判别分析,预测其类别。已知类别的样本称为训练集,对训练集样本进行训练的过程也称为学习。有监督的模式识别方法比较多,常用的方法有距离判别分析、Fisher 判别分析、Beayes 判别分析、逐步判别分析、线性学习机、K 最近邻法、势函数判别法、人工神经网络判别法等。这里只简单介绍距离判别法。

距离判别法的基本思路是:计算未知样本到已知类别的距离,比较各个距离大小,未知样本离哪个类别最近,就判别它属于哪个类。很显然,这是一种非常直观的判别方法。

假设已知 k 个类别为 G_1,G_2,$\cdots$,G_k,各类别的均值就是该类别所有样本的平均值,分别用 $\boldsymbol{\mu}_1$,$\boldsymbol{\mu}_2$,$\cdots$,$\boldsymbol{\mu}_k$ 表示,各类的协方差阵分别为 $\boldsymbol{V}_1$,$\boldsymbol{V}_2$,$\cdots$,$\boldsymbol{V}_k$。注意:在高维空间中(设为 n 维)每类所有样本点的平均为 n 维向量,而协方差阵为 $n \times n$ 维矩阵。均值代表该类的中心,所以某样本 $\boldsymbol{x}$(n 维向量)到某类 G_i 的距离就可以用 $\boldsymbol{x}$ 与 $\boldsymbol{\mu}_i$ 之间的距离表示,设为 $d(\boldsymbol{x}, G_i)$。协方差阵表征该类中样本的分布情况。如果考虑到类的分布,Mahalanobis 距离是比较理想的距离指标。

由前文知,Mahalanobis 距离的计算公式为

$$d(\boldsymbol{x}, G_i) = (\boldsymbol{x} - \boldsymbol{\mu}_i)^{\mathrm{T}}\boldsymbol{V}_i^{-1}(\boldsymbol{x} - \boldsymbol{\mu}_i)$$

如果要判断样本 $\boldsymbol{x}$ 是属于类 G_i 还是类 G_j,可以计算

$$\Delta d = d(\boldsymbol{x}, G_i) - d(\boldsymbol{x}, G_j) = (\boldsymbol{x} - \boldsymbol{\mu}_i)^{\mathrm{T}}\boldsymbol{V}_i^{-1}(\boldsymbol{x} - \boldsymbol{\mu}_i) - (\boldsymbol{x} - \boldsymbol{\mu}_j)^{\mathrm{T}}\boldsymbol{V}_j^{-1}(\boldsymbol{x} - \boldsymbol{\mu}_j)$$

Δd 称为判别函数。显然,当 $\Delta d > 0$ 时,$\boldsymbol{x}$ 属于类 G_j,当 $\Delta d < 0$ 时,$\boldsymbol{x}$ 属于类 G_i。这就是距离判别法的判别准则。

2.5.5 无监督的模式识别

无监督的模式识别是指在没有先验知识,即不知道样本分类的情况下进行训练或学习,获得样本分类方面的信息。无监督的模式识别通常采用聚类分析方法。

聚类分析的中心思想是"物以类聚",即同类样本应彼此相近,在多维空间中应表现为距离较小,而不同类样本之间的距离应该较大。聚类分析从样本本身出发,根据彼此之间距离大小进行分类。从聚类方式上可以把聚类分析分为凝聚法和分离法两种,凝聚法从单个样本出发,把最小距离的样本聚为一类,并当作一个新类,然后再考察其他的样本或其他的新类,根据距

离大小继续进行聚类,直到全部样本"凝聚"为一个类。分离法与凝聚法相反,它先把全部样本当为一个类,再根据距离把大类逐步分离为较小的类,直到分离为单个样本。两种方法的结果是一样的。下面将依据凝聚法的思想介绍系统聚类法,系统聚类法是常用的聚类分析方法。

系统聚类法的基本思想是:先将所有样本各自当作一类,然后计算样本之间的距离,把距离最小的两个样本合并为一个新类,并计算新类的坐标,再用相同的方法计算新类(或样本)之间的距离并再合并最相近的类(或样本),依次合并下去,直到所有样本合并为一个类。聚类分析为一个过程,聚类过程通常用图的形式画出来,称为聚类图,最后利用聚类图进行分类。

在系统聚类法中,聚类分析的依据是类(或样本)之间的距离大小,系统聚类法有 8 种不同的距离定义形式,分别是最短距离、最长距离、中间距离、重心距离、类平均距离、可变类平均距离、可变距离和方差平均和距离。这些距离各有特点,使用时要根据数据特点进行选择,本节将用最短距离来说明系统聚类方法的聚类过程和聚类图的使用。

假设有 5 个样本 A、B、C、D、E,用 3 个变量描述它们。系统聚类法的第一步是计算两两样本之间的距离,这里使用欧氏距离,假设最短的距离为 A 和 B 之间,将它们组合为新类 AB,计算新类 AB 的坐标,可以用 A 和 B 的 3 个变量的平均作为新坐标;第二步,计算 C、D、E、AB 两两之间的距离,设 C 和 D 之间的距离最小,合并 C 和 D 为 CD,计算 CD 的坐标;第三步,计算 E、AB、CD 两两之间的距离,设 E 和 CD 之间的距离最小,合并 E 和 CD 为 CDE,计算 CDE 的坐标;第四步,计算 AB 和 CDE 之间的距离,合并为类 ABCDE。至此完成了聚类过程,用聚类图画出各个类的合并过程,如图 2-11 所示。

从图 2-11 上能清晰地看出聚类全过程,而且能很容易地获得分类结果。按照距离大小,首先 A 和 B 合并,然后 C 和 D 合并,之后 CD 和 E 再合并,最后 AB 和 CDE 合并。如果要把样本 A、B、C、D、E 分为 2 类,就将聚类图在 ABCDE 连线处断开,将分为 AB 和 CDE 两类;如要分 3 类,就在 CDE 处断开,将分为 AB、CD 和 E 三类,等等。

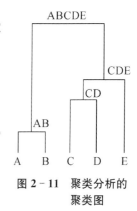

图 2-11　聚类分析的聚类图

2.5.6　图形化的模式识别方法

实际上,最好的模式识别方法就是用图形进行分类,如果能将样本的信息用二维或三维图形画出来,那么用人眼就能轻而易举地看出分类。但困难之处是,一般情况下进行模式识别的化学数据都是高于三维的,对于三维以上的图形,人眼一般是无法识别的。模式识别的显示方法就是用某些方法将高数据投影到低维,如二维或三维,然后在低维空间进行观察,发现存在的类别。模式识别中常见的降维显示方法有主成分分析显示法、SIMCA 方法、偏最小二乘特征投影法、非线性映射法等。用这些方法进行模式识别具有简单、直观、易于理解等特点。

前文介绍的主成分分析是一种非常有用的降维方法,它可以在保证保留绝大多数有用信息的情况下,将高维数据转换为有限的几维数据,转换后的新变量称为主成分。对于高维模式识别数据,如果用 2 个或 3 个主成分来表示,就能用二维或三维坐标图显示出来,非常有利于分类。通常用第一和第二主成分为横纵坐标,把各个样本点画在平面坐标上,而用前三个主成分画三维坐标图,利用图形可以直接观察样本的分类情况。下面用一个中药分类的实例来说明主成分分析的投影显示法。

我们知道,不同产地中药的成分通常会有所区别,为了鉴别中药的真伪以及判断中药的道地性,需要研究不同产地中药的组成和特点。在中药现代化研究中,中药色谱指纹图谱是比较理想的手段。本例中,收集了四个产地的中药鱼腥草 12 种,提取它们的挥发油,并用 GC - MS 测定 12 个样品的指纹图谱,图 2 - 12 为它们的总离子流图。

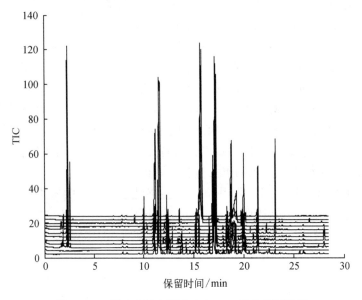

图 2 - 12 四个产地鱼腥草 GC - MS 的总离子流图

该数据有 8 535 个保留时间点,即含有 8 535 个变量,为高维数据,用主成分分析方法计算前三个主成分,图 2 - 13 以第一主成分为横坐标(PC1),第二主成分为纵坐标(PC2)绘制了平面坐标的分类图。图 2 - 14 以第一、第二和第三主成分(PC3)为坐标绘制了三维图。可以看出,图 2 - 14 的分类效果要比图 2 - 13 的好一些,因为它用到了更多的信息。在两个图上,四个产地分别用Ⅰ、Ⅱ、Ⅲ和Ⅳ表示,可以发现第Ⅱ和第Ⅳ类的各 3 个样本相互比较"聚集",有比较理想的分类,第Ⅰ和第Ⅲ类的样本比较分散,而且有一个样本与第二类非常接近。

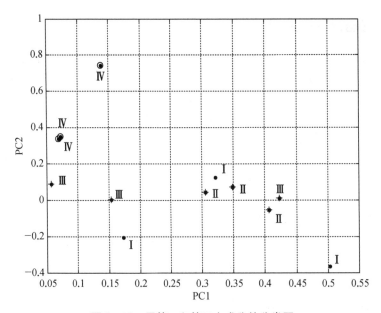

图 2 - 13 用第一和第二主成分的分类图

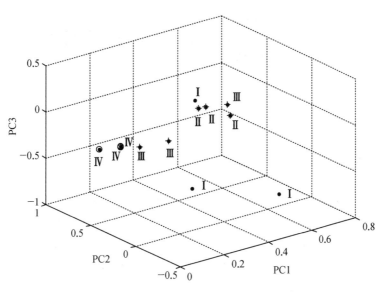

图 2 - 14　用第一、第二和第三主成分的分类图

　　利用主成分分析所获得的几个主成分进行画图,能够通过肉眼识别各个样本的分类情况,这是 PCA 显示法进行模式识别的典型应用。但主成分图的本质是显示样本的变化情况,除了能反映分类信息外,有时候也能显示出样本逐渐变化的信息。比如化学反应过程监测数据(如色谱数据、光谱数据)进行 PCA 分析,在主成分图中很容易看到样本点随反应时间有规律地变化,而且当反应到达终点时,样本点变化幅度将明显减小,这对于识别反应终点非常有帮助。

第3章 原子光谱分析

3.1 光谱概述

1672 年,牛顿发现太阳光通过三棱镜时,会出现按一定波长顺序排列的各种颜色的光,即太阳光谱,为光谱学的建立拉开了序幕。物质中的原子、分子永远处于运动状态,这种物质的内部运动,在其外部可以以辐射或吸收能量的形式(即电磁辐射)表现出来。光谱就是按照波长顺序排列的电磁辐射,或者说是一种复合光按波长顺序展开而呈现的光学现象。由于原子和分子的运动是多种多样的,因此光谱的表现也是多种多样的。

1. 按照波长及测定方法分类

电磁波的波长从 10^{-3} nm～1 000 m,覆盖了非常宽的范围,为了便于研究,根据波长大小将电磁波划分为若干个区域(表 3-1)。不同区域的电磁波对应于分子内不同层次的能级跃迁。通常所说的光谱仅指光学光谱,主要指从真空紫外到远红外这一段光谱(10 nm～300 μm)。

表 3-1 电磁波的分区

区 域	波 长	能 级 跃 迁
γ 射线	$10^{-3}\sim0.1$ nm	原子核
X 射线	$0.1\sim10$ nm	内层电子
远紫外	$10\sim200$ nm	中层电子
紫外	$200\sim400$ nm	外层(价)电子
可见光	$400\sim800$ nm	外层(价)电子
近红外	$0.8\sim2.5$ μm	外层(价)电子和分子振动
中红外光	$2.5\sim25$ μm	分子振动和转动
远红外	$25\sim1\ 000$ μm	分子振动和转动
微波	$0.1\sim100$ cm	分子转动
无线电波	$1\sim1\ 000$ m	核磁共振

2. 按照光谱外形分类

光谱可分为连续光谱、带光谱和线光谱。

连续光谱是由炽热的固体或熔体发光引起的,其特点是在比较宽的波长区域呈无间断的辐射或吸收,不存在锐线和间断的谱带。分子光谱分析中用的氘灯、钨灯等在某波长范围内辐射的就是连续光谱。在发射光谱分析中炽热的碳电极头辐射的也是连续光谱。

带光谱来源于气体分子和小分子的辐射或吸收,分子光谱就是带光谱。对于分子,当其外层电子进行能级跃迁时,产生电子-振动-转动光谱,在紫外、可见和红外区形成具有精细结构的光谱带组(bands)。分子光谱的特点是谱线彼此靠得很近,以至于在通常的分光条件下,这些谱线似乎连成谱带,因此称为带光谱。带光谱产生的原因是在电子能级上叠加有能量相差不大的振动能级,甚至能量差更小的转动能级,因此产生了很多彼此靠得很近的谱线。

线光谱是由气态原子或离子的辐射或吸收所引起的光谱,由离散的谱线所组成,每个谱线的半宽度非常小(约 10^{-3} nm),是线状的光谱。线光谱是由原子(或离子)的不连续(量子化)电子能级之间的跃迁产生的。

3. 按电磁辐射的本质分类

光谱可分为分子光谱(molecular spectroscopy)、原子光谱(atomic spectroscopy)、X 射线能谱和 γ 射线能谱。

分子光谱是由分子的电子能级、振动能级、转动能级的变化而产生的;原子光谱是由原子(或离子)外层电子的能级跃迁而引起的;X 射线能谱是由元素内层电子的跃迁而引起的;γ 射线能谱是由原子核的衰变而产生的光子流所引起的。此外微波区段的光谱是由分子转动能级的跃迁引起的。

4. 按能量传递形式分类

光谱可分为发射光谱、吸收光谱、荧光光谱和拉曼光谱。

发射光谱是基于分子或原子吸收热能被激发而自发跃迁到低能态时辐射的光谱;吸收光谱是由于分子或原子吸收光子产生从低能态到高能态的吸收跃迁而引起的光谱;荧光光谱是分子或原子吸收光子的能量跃迁后,再辐射产生的光谱,是光致发光,也称二次发光;拉曼光谱是基于分子对入射光的散射(即光子与分子的碰撞)产生的。

3.2 原子光谱概述

原子光谱分为原子发射光谱(atomic emission spectrum,AES)、原子吸收光谱(atomic absorption spectrum,AAS)和原子荧光光谱(atomic fluorescence spectrum,AFS)三种,均为线光谱,是基于原子(或离子)外层电子的跃迁产生的,其波长涉及真空紫外、紫外、可见和近红外光区。

原子发射光谱基于激发态原子向较低能态跃迁时的辐射,原子吸收光谱则基于基态原子对入射光(共振光)的吸收,而原子荧光光谱则基于低能态原子经光吸收跃迁后的再辐射。因此这三种光谱分析所用的仪器结构也有所不同,其分析仪器简图如图 3-1 所示。

不同物质由不同元素的原子所组成,而原子都包含着一个结构紧密的原子核,核外围绕着不断运动的电子。每个电子处于一定的能级上,每个能级具有固定的能量。在正常情况下,原子处于稳定状态,它的能量是最低的,这种状态称为基态。但当原子受到外界能量(如热能、电能等)的作用时,原子由于与高速运动的气态粒子和电子相互碰撞而获得了能量,使原子中外层的电子从基态跃迁到更高的能级上,处在这种状态的原子称激发态。这种将原子中的一个外层电子从基态跃迁至激发态所需的能量称为激发能,通常以电子伏特来度量。当外加的能量足够大时,原子中的电子脱离原子核的束缚力,使原子成为离子,这种过程称为电离。原子失去一个外层电子成为离子时所需要的能量称为一级电离能。当外加的能量更大时,离子还可以进一步电离成二级离子(失去 2 个外层电子)或三级离子等。与原子一样,这些离子的外层电子也能被激发,它们也具有激发态。

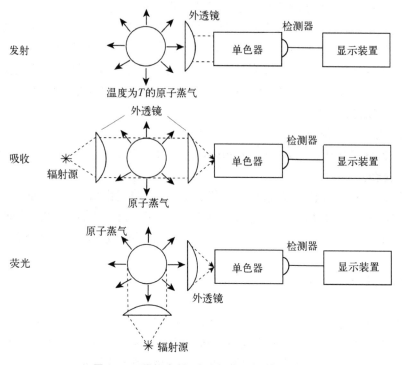

图 3-1 原子发射、吸收与荧光测量示意图

处于激发态的原子(或离子)是十分不稳定的,在极短的时间内(约 10^{-8} s)便跃迁至基态或其他较低的能级上,同时将释放出多余的能量,这种能量是以一定波长的电磁波的形式辐射出去的,辐射的能量可用下式表示:

$$\Delta E = E_2 - E_1 = h\nu = \frac{hc}{\lambda} \qquad (3-1)$$

式中,E_2、E_1 分别为高能级、低能级的能量;h 为普朗克(Planck)常数,$h = 6.626 \times 10^{-34}$ J·s;ν 及 λ 分别为所发射电磁波的频率及波长;c 为光在真空中的速度,$c = 2.997 \times 10^{8}$ m/s。

从式(3-1)可见,每一条所发射的谱线的波长,取决于跃迁前后两个能级的能量之差。由于原子的能级很多,原子在被激发后,其外层电子可有不同的跃迁,但这些跃迁应遵循一定的规则(即"光谱选律"),因此对特定元素的原子可产生一系列不同波长的特征光谱线,它们区别于其他元素,这些谱线按一定的顺序排列,并保持一定的强度。原子的各个能级是不连续的(量子化的),电子的跃迁也是不连续的,这是原子光谱是线状光谱的根本原因。

3.3 原子发射光谱分析

3.3.1 原理

原子发射光谱分析根据原子所发射的光谱来测定物质的化学组分。试样借助外界能量进行蒸发、原子化(转变成气态原子),并使气态原子的外层电子激发至高能态,这个过程称为激发。当从较高的能级跃迁到较低的能级时,原子将释放出多余的能量而发射出特征谱线,这个过程称为发射。蒸发、原子化和激发需借助于外界能量,在发射光谱中由激发光源提供能量。把原子激发所产生的辐射进行色散分光,按波长顺序记录下来,就可呈现出有规则的光谱线条,即光谱图,该步骤由仪器的分光和检测装置来实现。

由于不同元素的原子结构不同,当被激发后发射光谱线的波长不尽相同,即每种元素都有其特征的波长,故根据这些元素的特征光谱就可以准确鉴别元素的存在(定性分析),而这些光谱线的强度又与试样中该元素的含量有关,可利用这些谱线的强度来测定元素的含量(定量分析)。

3.3.2　原子发射光谱仪器

原子发射光谱分析仪器主要由光源、分光系统及检测系统三部分组成。

1. 光源

光源对试样具有两个作用过程。首先把试样中的组分蒸发离解为气态原子,然后使这些气态原子激发,使之产生特征光谱。因此光源的主要作用是提供试样蒸发、原子化和激发所需的能量。原子发射光谱用的光源常常是决定光谱分析灵敏度、准确度的重要因素,常用的光源有直流电弧、交流电弧、电火花及电感耦合等离子体(inductively coupled plasma, ICP)。前三种称为经典光谱,最后一种为现代光源,是目前应用最广泛的原子发射光谱光源,本书重点介绍 ICP 光源。

1961 年,Reed 发表了关于电感耦合等离子炬的论文,并预言这种等离子炬将可能成为原子发射光谱的新光源。Greenfield 和 Fassel 于 1964 年和 1965 年先后报道了用 ICP 作为原子发射新光源的工作,电感耦合等离子体发射光谱(ICP - AES)由此诞生。这是原子光谱分析发展史上一个里程碑,ICP 光源使古老的光谱分析获得了新生。在近代物理学中把电离度大于 0.1% 的电离气体称为等离子体(plasma),它由电子、离子、原子和分子所组成,其中的电子数和离子数基本相等,从宏观上看呈现电中性。由于电感耦合等离子体原子发射光谱(ICP - AES)法检测能力强、精密度好、动态范围宽和基体效应小,其发展极为迅速,目前已在实际中得到广泛应用。

1) ICP 的结构及工作原理

等离子体炬发生在等离子体炬管上,它结构如图 3-2 所示。它由三层同心石英管组成,最外层石英管通冷却气(Ar 气),沿切线方向引入,并螺旋上升,它既是维持 ICP 的工作气流,又将等离子体吹离外层石英管的内壁,可防止石英管烧融;中层石英管通入 Ar 气(辅助气体),起维持等离子体的作用,它还可抬高等离子体焰,保护进样管;内层石英管内径为 $1 \sim 2$ mm,以 Ar 为载气,把经过雾化器的试样溶液以气溶胶形式引入等离子体中。三层同心石英炬管放在高频感应线圈内,感应线圈位于外管口与中管口的中间位置,与高频发生器连接,由高频发生器供电。

当用特斯拉(Tesla)线圈在炬管口打个火花,

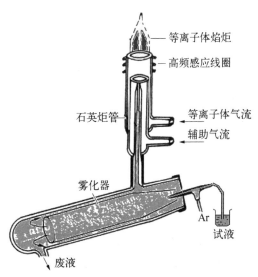

图 3-2　ICP 结构示意图

管内气体就会有少量电离,所产生的正离子和电子在高频交变磁场的作用下,在相反的方向上加速运动,并在炬管内沿闭合回路形成涡流。在该闭合回路中,电子和离子的运动方向是相反的,但其运动方向和高频线圈中的电流一样也在随时间而改变。高频电流通过高频线圈把能量传递给涡流中的电子,高速运动的电子与离子与其他原子碰撞时,产生碰撞电离,电子和离子的数目就会急剧增加,这时可观察到与工作气体气流方向一致的线状放电,若产生足够多的带电粒子使气体的导电性能增加到足够大,就可形成能自行维持其高温的等离子体,即 ICP 炬。由于碰撞而产生的焦耳热瞬间使气体加热到近万度的高温。涡流环中的电流仍是高频电流,由于高频电流存在趋肤效应,因此涡流环中的电流主要集中于外面。由于涡流的趋肤效应和热膨胀,高温区必然要靠近管壁,出现一个高温环。为了保护炬管,让冷却气(Ar 气),沿外管内壁切线方向引入,切向氩气流旋风似的由下而上流动,在中心形成低气压区,既冷却炬管内壁,又迫使等离子体收缩,离开管壁,并使电流密度增大,温度升高,同时使 ICP 在炬管口稳定下来。载气从高温环中间的低温通道上升,从外观上可以明显看到分析通道。

样品气溶胶随载气从等离子炬的中间通道上升并由喷嘴喷入等离子体中进行蒸发、原子化,在 ICP 炬的上方被激发。

2) ICP 光源的特点

(1) 工作温度高:在等离子体焰核处,温度可达 10 000 K,中央通道的温度为 6 000~8 000 K,且又是在惰性气氛条件下,原子化条件极为良好,有利于难熔化合物的分解和元素的激发,因此对大多数元素都有很高的分析灵敏度。

(2) 电感耦合等离子炬是涡流态的,由于高频感应电流的趋肤效应,有利于中心通道进样,且不影响等离子体的稳定性。同时由于从温度高的外围向中央通道气溶胶加热,不会出现发射光谱中常见的因外部冷原子蒸气造成的自吸现象,从而大大提高了线性范围。

(3) 由于 ICP 中电子密度很高,所以测定碱金属时,电离干扰很小。

(4) ICP 是无极放电,不存在电极污染问题。

(5) ICP 的载气流速很低(通常 0.5~2 L/min),有利于试样在中央通道中充分激发,而且耗样量也少。试样气溶胶在高温焰心区经历较长时间加热,在测光区平均停留时间长,有利于样品充分原子化,并有效地消除了化学干扰。

(6) ICP 以 Ar 为工作气体,由此产生的光谱背景干扰较少。

由此可见,ICP - AES 具有灵敏度高、检测限低(10^{-9}~10^{-10} g/mL)、精密度好(相对标准偏差一般为 0.5%~2%)、工作曲线线性范围宽(通常可达 4~5 个数量级)等特点。因此,一条标准曲线可用于从宏量至痕量的宽浓度范围的检测,而由于试样中基体和共存元素的干扰小,用一条标准曲线甚至可以测定不同基体试样的同一元素,对于光电直读式光谱仪来说这是非常理想的。

2. 分光系统和检测系统

光谱仪利用色散元件及其他光学系统将光源发射的电磁辐射按波长顺序展开,以适当的接收器接收不同波长辐射光。按照使用色散元件的不同,光谱仪分为棱镜光谱仪和光栅光谱仪。按照记录光谱辐射方式的不同,光谱仪又分为看谱法、摄谱法以及光电法。目前的原子发射光谱分析主要采用光电法,即利用光电倍增管将光信号转变为电信号记录光谱。

3. 光电直读等离子体发射光谱仪

直接利用光电检测系统将谱线的光信号转换为电信号,并通过计算机处理数据的光谱仪器称为光电直读光谱仪。在光电光谱仪中,一个出射狭缝和一个光电倍增管构成一个通道(光通道),可接受一条谱线,直接获得该谱线的强度。根据光通道又可把这类仪器分为多道固定狭缝式和单道扫描式两种类型。多道固定狭缝式是安装多个(可多达 70 个)固定的出射狭缝和光电倍增管,可同时测定多个元素的谱线;单道扫描式是通过单出射狭缝在光谱仪焦面上的移动(或转动光栅)进行扫描,在不同时间接收不同元素的分析线(间歇式测量)。多道固定狭缝式和单道扫描式光谱仪器均可实现多元素同时测定。

4. 全谱直读等离子体光谱仪

采用电荷注入器件(charge injection device,CID)或电荷耦合器件(charge-coupled device,CCD)作为检测器,在很小的半导体芯片上包含有很高的点阵构成一个平面检测阵列,每个点阵可在电荷积累的同时不经转移进行电荷测量。这些点阵就相当于光电倍增管,可以同时检测各种元素的谱线;仪器配以中阶梯光栅分光系统,使过去庞大的 ICP 多道光谱仪变得结构紧凑,体积显著缩小,并兼具多道型和单道扫描型的特点。

3.3.3 分析方法

1. 光谱定性分析

由于各种元素的原子结构不同,在光源的激发作用下,可以产生许多按一定波长次序排列的谱线组,即特征谱线,其波长由产生跃迁的两能级的能量差决定。因此根据原子光谱中的元素特征谱线是否出现,就可以判断试样中是否存在被检元素。

在实际分析中,只要在样品光谱中检出了某元素的灵敏线,就可以确证样品中存在该元素。但需指出,在样品的光谱中没有检出某种元素的谱线,并不表示在该样品中该元素绝对不存在,而仅仅表示该元素的含量低于检测方法的检测限。确定一个元素在样品中是否存在,往往依靠这个元素的特征谱线组及最后线。寻找和辨认谱线是光谱定性分析的关键。通常可以在光谱图中选择 2~3 条待测元素的特征灵敏线或线组进行比较,从而判断未知试样中存在的元素。

2. 光谱定量分析

传统的发射光谱定量分析一般包括半定量分析和定量分析,主要利用摄谱得到谱线的黑度进行定量分析。现代发射光谱分析多采用光电倍增管检测发射光谱信号,该信号强度 I 在一定条件下与浓度 C 呈特定关系,光谱定量分析的依据是式(3-2),即

$$I = AC^b \tag{3-2}$$

或

$$\lg I = \lg A + b\lg C \tag{3-3}$$

式中,A 和 b 为常数,b 称为自吸常数,在 ICP-AES 中自吸几乎可以忽略不计,b 接近 1。

1) 内标法

由于发射光谱分析受实验条件波动的影响,使谱线强度测量误差较大,为了补偿这种波动引起的误差,通常采用内标法进行定量分析。内标法利用分析线和比较线强度比进行定量分析。所选用的比较线称为内标线,提供内标线的元素称为内标元素。

设被测元素和内标元素含量分别为 C 和 C_0,分析线和内标线强度分别为 I 和 I_0,b 和 b_0 分别为分析线和内标线的自吸收常数,根据式(3-2)可以导出定量公式,即

$$R = \frac{I}{I_0} = \frac{AC^b}{A_0 C_0^{b_0}} \tag{3-4}$$

式中,内标元素浓度 C_0 为常数;实验条件一定, $K = \dfrac{A}{A_0 C_0^{b0}}$ 为常数,则

$$R = \frac{I}{I_0} = KC^b \tag{3-5}$$

式(3-5)是原子发射光谱法内标定量分析的基本关系式。在 ICP 光源中,b 接近 1,则 $R = KC$。

2)标准曲线法

标准曲线也称校正曲线,或工作曲线。在选定的分析条件下,用五个或五个以上被测元素浓度已知的标样进入激发光源,利用式(3-3)分析线强度 I 对浓度 C 的关系建立校正曲线,用于未知试样中被测元素含量 C_x 的测定。校正曲线法是光谱定量分析的基本方法,应用广泛,特别适用于成批样品的分析。

3)标准加入法

在标准样品与未知样品基体匹配有困难时,采用标准加入法进行定量分析,可以消除基体效应,得到比校正曲线法更好的分析结果。

取几份相同量的未知试样,分别加入不同被测元素浓度 C 的标样,在同一条件下进行测定,记录分析线的强度 I。对 ICP - AES,或被测元素浓度低时,自吸收系数 b 接近 1,谱线强度与浓度为正比关系。将谱线强度与添加标样的浓度绘制 I-C 曲线(为直线关系),反向延长曲线交于横坐标得到一个交点,该交点至坐标原点的距离就是未知试样中被测元素的浓度。标准加入法可用来检查基体纯度、估计系统误差、提高测定灵敏度等。

3.3.4　电感耦合等离子体质谱

20 世纪 60—70 年代,电感耦合等离子体(ICP)给原子发射光谱法(AES)带来了新发展,ICP - AES 迅速发展成为无机元素,尤其是金属元素定量分析的首选方法,ICP 是优越的光源。从 80 年代起,它又一次以其最佳离子源的强劲优势,使无机质谱法焕发了青春,诞生了电感耦合等离子体-质谱(ICP - MS)分析技术。

ICP - MS 是一种新型(超)痕量元素分析技术。它是以 ICP 作为离子源的一种无机质谱技术,是近二十年来分析科学领域中发展最快的分析技术之一。ICP - MS 可以测定的质量范围为 3~300 原子单位,分辨能力小于 1 原子单位;能测定周期表中 90% 的元素,大多数检测限在 ppt 级(ng/mL);检测的线性范围达 9 个数量级;测量准确度高,精密度好,定量分析的标准偏差为 2%~4%。

1. 基本原理

ICP - MS 是以电感耦合等离子体为离子源,以质谱仪进行检测的无机多元素分析技术。被测样品引入氩等离子体中心区,等离子体的高温使样品去溶剂化、气化解离和电离。被测元素离子从等离子体尾部经 ICP - MS 的接口部分,进入高真空的质量分析器,正离子被拉出并按照其质荷比大小不同进行分离。检测器将离子转换成电子脉冲,然后由积分测量线路计数。电子脉冲的大小与样品中被测元素离子的浓度相关。通过与已知浓度的标准或参考物质比较,实现未知样品的痕量元素定量分析。

2. 仪器基本结构

电感耦合等离子体质谱仪由以下几部分组成:① 样品引入系统;② 离子源(即等离子

体);③ 接口部分;④ 离子聚焦系统;⑤ 质量分析器;⑥ 检测系统。此外,仪器中还配置真空系统、供电系统以及用于仪器控制和数据处理的计算机系统。

ICP 中心通道温度高达约 7 500 K,引入的样品完全解离,其中单电荷离子产率高,而电荷离子、氧化物及其他分子复合离子的产率低,是比较理想的离子源。样品随载气进入高温 ICP 中被蒸发、解离、原子化和离子化。与原子发射光谱中常用的 ICP 相比,ICP - MS 使用的 ICP 系统必须控制等离子体相对于接地质谱仪系统的电位。因为在射频线圈和等离子体之间的电容耦合会产生几百伏的电压差。在 ICP - MS 中,这种电压差将在等离子体和接口之间导致二次放电现象。这种二次放电现象将引起双电荷干扰离子的增加、离子动能扩散、采样锥离子的产生、锥的寿命减少等问题,因此,必须采取措施以保持接口区域尽可能接近零电位。

ICP - MS 的接口包括采样锥、截取锥和离子透镜系统(图 3 - 3)。采样锥是一个冷却的,中间具有大约 1 mm 孔径缝隙的锥体,其外锥面呈喇叭状扩张,它的作用是把来自等离子体中心通道的载气流,即离子流大部分吸入锥孔,进入第一级真空室。截取锥的孔径为 0.4 ~ 0.8 mm,它的作用是选择来自采样锥孔的膨胀射流的中心部分,并让其通过截取锥进入下一级真空。截取锥的材料与采样锥相同,锥孔小于采样锥,安装于采样锥后,并与其在同轴线上。截取锥通常比采样锥的角度更尖一些,以便在尖口边缘形成的冲击波最小。截取锥应该经常清洗,否则重金属基体沉积在其表面会再蒸发电离形成记忆效应。在采样锥和截取锥中间安装有机械泵用于快速抽真空。

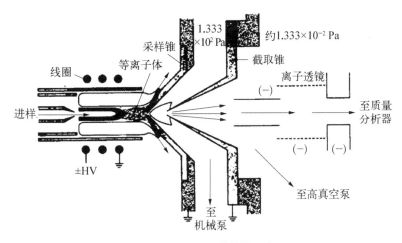

图 3 - 3　ICP - MS 的仪器示意图

由一组静电控制的离子透镜组成离子的聚焦系统,它位于截取锥和质谱分离装置之间,其原理是利用离子的带电性质,用电场聚焦或偏转牵引离子。它有两个作用:一是聚焦并引导待分析离子从接口区域到达质谱的分离系统,二是阻止中性粒子和光子通过。离子聚焦系统对整个 ICP 质谱仪的设计是关键一环,它决定离子进入质量分析器的数量和仪器的背景噪声水平。光子以直线传播,离子以离轴方式偏转或采用光子挡板,可以将其与非带电粒子(光子和中性粒子)分离。透镜将一个定向速度传输给离子,使离子进入质量分析器,并将离子保留在真空系统中,而不需要的中性粒子则被泵吸掉。现代 ICP - MS 通常在离子透镜之后加入一个碰撞反应池来消除干扰。碰撞反应池是一个封闭的反应池,池内能进行气体加压,气体与离子束结合消除多原子的干扰。

通过离子聚焦系统的离子束进入质量分析器,在质量分析器内用涡流分子泵保持高真空

度 10^{-6} Torr[①] 左右,质量分析器的作用是将离子按照其质荷比(m/z)进行分离。ICP‐MS 一般可与三种不同类型的质量分析器进行联用,分别是四极杆分析器、扇形磁场分析器和飞行时间分析器。目前,绝大多数 ICP 质谱仪是四极杆系统,其一般由四根相同长度和直径的圆柱形或双曲面的金属极棒组成。四极杆采用直流电场和交流电场的交互作用将质荷比不同的离子分开。在一个设定的电压下,仅有一种质荷比的离子可以通过四极杆进入检测器。由于等离子体产生的基本上是单电荷离子,谱图较简单。四极杆系统将离子按质荷比分离后最终引入检测器,检测器将离子转换成电子脉冲,然后由积分线路计数。

3. 样品引入方法

样品引入的最常见方法是直接通过雾化装置将溶液样品引入 ICP,此外,ICP‐MS 还可配置其他样品引入装置,如流动注射系统、氢化物发生系统、超声波雾化器系统等。也可采用激光剥蚀、电热蒸发等技术直接对固体样品进行分析。ICP‐MS 还能与液相色谱、气相色谱或毛细管电泳等分离技术联用,用于元素的形态分析。目前 ICP‐MS 与液相色谱的联用和激光剥蚀是比较引人关注的技术。

1)高效液相色谱与等离子体质谱联用(HPLC‐ICP‐MS)

高效液相色谱(high performance liquid chromatography,HPLC)是最有效的分离技术之一,ICP‐MS 为最灵敏的元素检测技术。液相色谱与等离子体质谱联用可以实现元素不同形态,包括不同价态和与不同物质结合形成的不同化合物的灵敏检测。在 HPLC‐ICP‐MS 系统中,样品在色谱柱中进行分离,不同形态的组分依次离开色谱柱,连同洗脱液经一段塑料或不锈钢微径管传输至雾化器,生成的气溶胶被引入等离子体。被测元素电离后经接口系统进入质量分析器被检测,获得质谱图。选择合适的质荷比对保留时间作图就获得了色谱图,可以对不同形态的元素进行高灵敏度的分析检测。

2)激光剥蚀技术与等离子体质谱联用(LA‐ICP‐MS)

激光剥蚀系统是一种固体样品直接引入技术,其基本原理是将激光微束聚焦于样品表面使之熔蚀气化,由载气将剥蚀下来的微粒载入到等离子体中电离,再经质谱系统分析检测。它主要用于微区分析,也可以用于元素整体分析。激光剥蚀系统由光束传输光学系统、样品池(剥蚀室)和观察系统组成。光束传输光学系统是由一个或更多的介电反射镜组成,其作用是把光束反射至聚焦物镜上。光束传输系统可以通过聚焦或散焦作用,改变和控制剥蚀孔径的大小。LA‐ICP‐MS 技术具有原位、实时、快速的分析优势和灵敏度高、较好的空间分辨率的特点。由于该技术将固体样品直接导入 ICP,不仅避免了湿法消解样品的种种困难和缺点,而且消除了水和酸所致的多原子离子干扰,还提高了进样效率,增强了 ICP‐MS 的实际检测能力。

4. 元素分析方法

ICP‐MS 是一种非常有用、快速而且比较可靠的定性手段。采用扫描方式能在很短时间内获得全质量范围或所选择质量范围内的质谱信息。依据谱图上出现的峰可以判断存在的元素和可能的干扰。当对样品基体缺乏了解时,可以在定量分析前先进行快速的定性检查。商品仪器提供的定性分析软件比较方便,一些软件可同时显示几个谱图,并可进行谱图间的差减以消除背景。纵坐标(强度)通常可被扩展,也可选择性地显示不同的质量段,以便详细地观察每个谱图。

---

① 1 Torr=133. 322 Pa。

ICP - MS 定量分析常用的方法有标准曲线法、标准加入法和同位素稀释法。其中标准曲线法应用最为广泛。标准曲线法在配制标准溶液时,要保证样品与标准溶液具有同样的酸度。对于固体样品直接分析,比如激光剥蚀法,标准的基体必须与未知样品匹配。

ICP - MS 还可以进行半定量分析,许多 ICP - MS 仪器都有半定量分析软件。依据元素的电离度和同位素丰度,建立一条较为平滑的质量-灵敏度曲线。该响应曲线通常用适当分布在整个质量范围内的 6~8 个元素来确定。对于每个元素的响应要进行同位素丰度、浓度和电离度的校正。从校正数据上可得到拟合的二次曲线。未知样品中所有元素的半定量结果都可以根据此响应曲线求出,其准确度为(−59%)~(+112%),精密度 RSD 为 5%~50%。和定量分析一样,每次分析前必须重新确定标准曲线。

5. ICP - MS 的进展

ICP - MS 由于其对元素准确的定性和超灵敏的定量分析能力,在越来越多的新兴领域发挥着重要的作用。单颗粒分析是 ICP - MS 近年来应用的一个重要领域,其能提供单颗粒中的元素组成、浓度和纳米颗粒的尺寸分布。单颗粒分析中最主要的问题之一是如何获得单分散的颗粒,目前已有多种解决方案被提出,如采用商品化的压电分液器,或者采用基于微流控液滴的分液器等。ICP - MS 的另一个发展迅速的应用领域是单细胞中的金属元素分析,通过时间分辨模式对进入高温等离子体的单细胞中的组分进行原子化和离子化。质谱流式仪作为一种特别的单细胞 ICP - MS 仪器,不同于传统流式细胞仪中检测荧光基团标记的单细胞,质谱流式仪检测的是用镧系同位素标记的单细胞,可以同时分析单个细胞中细胞表面和胞内的蛋白、信号分子、细胞活性以及核酸等多个参数。其工作原理见图 3 - 4。

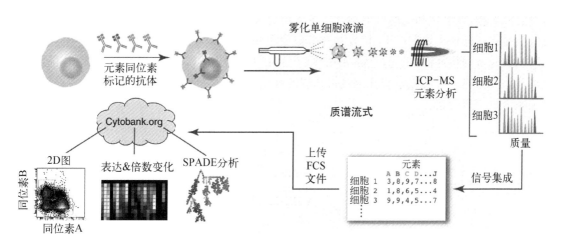

图 3 - 4　质谱流式仪的基本工作原理

3.4　原子吸收光谱分析

3.4.1　原理

原子吸收光谱法(AAS)是基于被测元素的基态原子在蒸气状态下对其原子共振线的吸

收来进行元素定量分析的方法。

早在 19 世纪初,人们就发现了原子吸收现象。1802 年,Wollaston 在研究太阳连续光谱时,发现了太阳光谱的暗线,但当时人们并不了解产生这些暗线的原因。1859 年,Kirchhoff 和 Bunson 在研究碱金属和碱土金属的火焰光谱时,发现 Na 原子蒸气发射的光在通过温度较低的 Na 原子蒸气时,会引起 Na 光的吸收,产生暗线。根据这一暗线与太阳光谱中的暗线在同一位置这一事实,证明太阳连续光谱中的暗线正是大气圈中的气态 Na 原子对太阳光谱中 Na 辐射的吸收所引起的,解释了太阳光谱暗线产生的原因。

虽然原子吸收现象早在 19 世纪初就被发现,但原子吸收光谱法作为一种分析方法是从 1955 年才开始的。澳大利亚物理学家 Walsh 发表了著名论文“Application of atomic absorption spectrometry to analytical chemistry”,解决了原子吸收光谱的光源问题,奠定了原子吸收光谱法的理论基础。1959 年里沃夫提出电热原子化技术,显著提高了原子吸收的灵敏度,又一次推动了原子吸收光谱分析技术的发展。

随着商品化仪器的发展,从 20 世纪 60 年代中期开始,原子吸收光谱法步入迅速发展的阶段。尤其是电热原子化的发明和使用,原子吸收光谱的灵敏度有了较大的提高,应用更为广泛。近十几年来,使用连续光源和中阶梯光栅,结合用光导摄像管、二极管阵列的多元素分析检测器,设计出计算机控制的原子吸收分光光度计,为解决多元素的同时测定开辟了新的前景。

3.4.2　分析过程

原子吸收光谱分析的一般流程如图 3-5 所示(以火焰原子化法为例)。将试液通过雾化器喷射成雾状,在燃气和助燃气的载带下进入燃烧火焰中,火焰是燃气在助燃气存在情况下形成的。雾状试样在火焰温度下,挥发并离解成原子蒸气。作为光源的同种元素的空心阴极灯辐射出该元素的特征谱线,通过火焰中的原子蒸气时,部分光被基态原子吸收而减弱。通过单色器和检测器测得被测元素特征谱线被减弱的程度,计算吸光度,利用其与被测元素含量之间的关系进行定量分析。

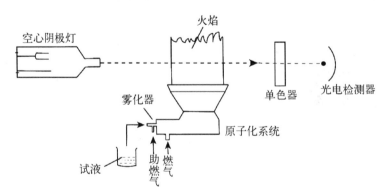

图 3-5　原子吸收光谱分析示意图

3.4.3　原子吸收光谱分析的特点

原子吸收法可用于 70 余种金属元素和某些非金属元素的定量测定,应用十分广泛,其特点如下。

（1）灵敏度高：在原子吸收实验条件下，处于基态的原子数目比激发态多得多，故灵敏度高。其检出限可达 10^{-9} g/mL（某些元素可更高）。

（2）选择性好：谱线简单，谱线重叠引起的光谱干扰较小，即抗干扰能力强。分析不同元素时，选用不同元素灯，提高了分析的选择性。

（3）具有较高的精密度和准确度：吸收线强度受原子化器温度的影响比发射线小，且试样处理简单，相对误差为 0.1％～0.5％。

（4）不足之处：每测定一个元素一般都需要与之对应的一个空心阴极灯（也称元素灯），因此测定不同元素需要换灯，操作麻烦。由于原子化温度比较低，对于一些易形成稳定化合物的元素，如 W、Nb、Ta、Zr、Hf、稀土元素等以及非金属元素，原子化效率低，检出能力差，受化学干扰较严重。非火焰原子化的石墨炉原子化器虽然原子化效率高，检测限低，但是重现性和准确性较差。

3.4.4 原子吸收光谱分析基本原理

1. 原子的共振吸收

基态原子中的外层电子从基态跃迁到能量最低的第一激发态时要吸收一定频率的光，它再跃迁回基态时，则发射出同样频率的光，所产生的谱线称为共振发射线。电子从基态跃迁至第一激发态所产生的吸收谱线称为共振吸收线。从基态到第一激发态的直接跃迁最易发生，因此对大多数元素来说，共振线是元素的灵敏线。从广义上说，凡涉及基态跃迁的谱线统称为共振线，产生共振线的跃迁叫作共振跃迁。

2. 基态原子和激发态原子的比例

在热力学平衡条件下，激发态原子数和基态原子数的分布遵循 Boltzmann 分布定律：

$$\frac{N_i}{N_0} = \frac{g_i}{g_0} e^{-\frac{E_i}{KT}} \tag{3-6}$$

式中，N_i 和 N_0 分别为激发态和基态的原子数；g_i 和 g_0 分别为激发态和基态的统计权重；E_i 为激发电位；T 为绝对温度；K 为 Boltzmann 常数。

在火焰温度范围内，大多数元素的激发态原子数和基态原子数的比值 N_i/N_0 远小于 1％，可以近似地把参与吸收的基态原子数看作原子总数。因此可以认为 N_0 正比于试液中被测物质的浓度。

3. 吸收线轮廓

设频率为 ν 强度为 $I_{0\nu}$ 的一束平行光通过厚度为 L 的原子蒸气云时，被原子蒸气（设其原子密度一定）吸收后的透射光强度 I_ν 可用下式表示：

$$I_\nu = I_{0\nu} e^{-K_\nu L} \quad 或 \quad A = \lg I_{0\nu}/I_\nu = K_\nu L \tag{3-7}$$

式中，K_ν 是基态原子对频率为 ν 的光的吸收系数，与吸收介质的性质及入射光辐射频率有关；A 为吸光度。

由于物质的原子对光的吸收具有选择性，频率不同，原子对光的吸收也不同，故透过光的强度 I_ν 随光的频率而有所变化，呈现一定的分布，如图 3-6 所示。由图可见，在频率 ν_0 处透过的光最少，即吸收最大，将这种情况称之为原子蒸气在特征频率 ν_0 处有峰值吸收。若用原子吸收系数 K_ν 随频率 ν 变化的关系作图得到吸收系数轮廓图（图 3-7），通常以吸收系数等于极大值的一半处吸收线轮廓上两点间的频率差来表征吸收线的宽度,称为半宽度,以 $\Delta\nu$ 表示。特征频率 ν_0 为轮廓图的中心频率,由原子的能级分布特征决定,而半宽度除与谱线本身具有自然宽度有关外,还受多种因素的影响。

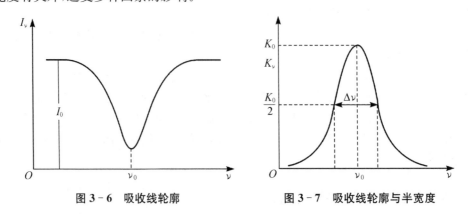

图 3-6 吸收线轮廓   图 3-7 吸收线轮廓与半宽度

4. 谱线宽度及谱线变宽

在无外界影响下,谱线仍有一定宽度,这种宽度称为自然宽度。根据量子力学的测不准原理,能级的能量有不确定性。不同谱线的自然宽度是不同的,通常自然宽度约为 10^{-5} nm 数量级。此外,还有一些环境因素导致谱线变宽。

多普勒变宽又称为热变宽,原子在空间作无规则热运动所导致的多普勒(Doppler)效应是自然界的一个普遍规律,无规则运动是谱线 Doppler 变宽的根本原因。一般说来,面向和背向运动的原子数基本上是相同的,因此谱线轮廓两翼对称变宽,中心波长无位移,但高度降低。在原子吸收中,原子化温度一般在 2 000~3 000 K,Doppler 变宽一般在 10^{-3} nm 数量级,这是谱线变宽的主要因素。

由于吸光原子与蒸气中原子或分子相互碰撞而引起的能级微小变化,使发射或吸收光量子频率改变而导致的谱线变宽称为压力变宽。根据与之碰撞的粒子不同,可分为两类:① 共振变宽或赫鲁兹马克变宽,即因和同种原子碰撞而产生的变宽;② 劳伦兹变宽,即因和其他粒子(如火焰气体粒子)碰撞而产生的变宽。赫鲁兹马克变宽只有在被测元素浓度较高时才有影响。在通常的条件下,压力变宽起重要作用的主要是劳伦兹变宽,它不仅会使谱线变宽,还会造成谱线强度的下降和中心波长的位移及不对称变形。在原子化温度 2 000~3 000 K 条件下,劳伦兹变宽一般在 10^{-3}~10^{-2} nm,这也是谱线变宽的主要因素。

由自吸现象而引起的谱线变宽称为自吸变宽。光源(空心阴极灯)发射的共振线被灯内同种基态原子所吸收,从而导致与发射光谱线类似的自吸现象,使谱线的半宽度变大。

场致变宽主要是指在磁场或电场存在下使谱线变宽的现象。若将光源置于磁场中,则原来表现为一条的谱线,会分裂为两条或以上的谱线,这种现象称为塞曼(Zeeman)效应,当磁场影响不很大,分裂线的频率差较小,仪器的分辨率有限时,表现为宽的一条谱线;光源在电场中也能产生谱线的分裂,当电场不是十分强时,也表现为谱线的变宽,这种变宽称为斯塔克(Stark)变宽。Zeeman 效应常被用来进行背景校正。

在影响谱线变宽的因素中,热变宽和压力变宽(主要是劳伦兹变宽)是最主要的,其数量级都是 10^{-3} nm,构成原子吸收谱线的宽度。火焰原子化法中,劳伦兹变宽是主要的;非火焰原子化法中,Doppler 变宽是主要的。谱线变宽,会导致测定的灵敏度下降。

5. 积分吸收和峰值吸收

1）积分吸收

钨丝灯和氙灯等连续光源经分光所得的单色光的光谱通带约 0.2 nm。而原子吸收线的半宽度约为 10^{-3} nm。若用一般光源，吸收光的强度变化仅为 0.5%（0.001/0.2=0.5%），原子吸收只占其中很少的部分，使得测定灵敏度极差，如图 3-8 所示。

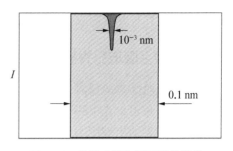

图 3-8　连续光源与原子吸收线的通带宽度对比示意图

在吸收轮廓的频率范围内，吸收系数 K_ν 对于频率的积分，称为积分吸收，表示吸收的全部能量。根据爱因斯坦理论推导，积分吸收与基态原子数目的关系，可由下式给出：

$$\int_{-\infty}^{+\infty} K_\nu \mathrm{d}\nu = \frac{\pi e^2}{mc} N_0 f \tag{3-8}$$

式中，e 为电子电荷；m 为电子质量；c 为光速；N_0 为单位体积原子蒸气中吸收辐射的基态原子数，即基态原子密度；f 为振子强度，代表每个原子中能够吸收或发射特定频率光的平均电子数，对于给定的元素，在一定条件下，f 可视为定值。

在一定条件下，式中多数参数为常数，积分吸收与 N_0 成正比，而与 ν 等因素无关。在原子化器的平衡体系中，N_0 正比于试液中被测物质的浓度。因此，若能测定积分吸收，则可以求出被测物质的浓度。这是原子吸收光谱定量分析的理论依据。但是，在实际工作中，要测量出半宽度仅为 10^{-3} nm 数量级的原子吸收线的积分吸收，需要分辨率极高的色散仪器，实际情况中是难以实现的。这也是发现原子吸收现象 100 多年来，一直未能在分析上得到实际应用的根本原因。

2）峰值吸收

1955 年，澳大利亚物理学家 Walsh 提出以锐线光源为激发光源，用测量峰值吸收的方法代替积分吸收，解决了原子吸收测量的难题，才使原子吸收成为一种分析方法。所谓锐线光源是指能够发射出谱线半宽度很窄的发射线的光源。锐线光源发射线的半宽度很窄，仅为 0.005~0.02 Å，而吸收线的半宽度一般为 0.01~0.1 Å，发射线比吸收线的半宽度要窄 5~10 倍。

采用锐线光源进行吸收测量时，情况如图 3-9 所示。根据光源发射线半宽度 $\Delta\nu_e$ 小于吸收线半宽度 $\Delta\nu_a$ 的条件，综合考查测量原子吸收与原子蒸气中原子密度之间的关系可以发现：

当使用锐线光源时，吸光度 A 与单位体积原子蒸气中待测元素的基态原子数 N_0 成正比，也与总原子数成正比。

若控制条件使进入火焰的试样保持一个恒定的比例，则 A 与溶液中待测元素的浓度成正比，因此，在一定浓度范围内：

$$A = Kc \tag{3-9}$$

式中，K 为常数，通过测定 A，就可求得试样中待测元素的浓度（c），此即原子吸收分光光度法的定量基础。

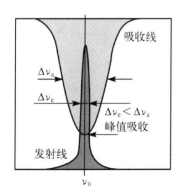

图 3-9　峰值吸收测量示意图

峰值吸收的测量除了要求光源发射线的半宽度远小于吸收线的半宽度外，还必须使通过原子蒸气的发射线中心频率恰好与吸收线的中心频率相重合，这就是为什么在测定时需要使用与待测元素同种元素制成的锐线光源(空心阴极灯)的原因。

3.4.5 原子吸收分光光度计

原子吸收光谱的仪器通常称为原子吸收分光光度计,它已发展了多种类型,目前使用最普遍的仪器是单道单光束和单道双光束两种类型(图 3 - 10)。不管哪一种类型,工作过程都是由锐线光源发射出被测元素的共振线,通过原子化系统被基态原子吸收,吸收后的谱线经分光系统分出并投射到检测系统,进行放大测量。

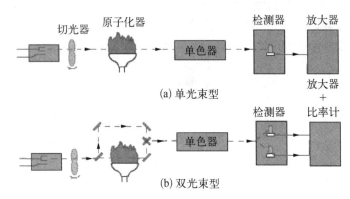

图 3 - 10 原子吸收分光光度计示意图

单道单光束型仪器结构简单,如图 3 - 10(a)所示,但它会因光源不稳定而引起基线漂移。由于原子化器中被测原子对辐射的吸收与发射同时存在,同时火焰组分也会发射带状光谱。这些来自原子化器的辐射发射干扰检测,发射干扰都是直流信号。为了消除辐射的发射干扰,必须对光源进行调制。单光束型仪器测定空白溶液和试样溶液,分别获得光强 I_0 和 I,并计算吸光度 $A = \lg I_0/I$。图 3 - 10(b)为双光束型仪器,光源发出经过调制的光被切光器分成两束光:一束测量光(测量 I),一束不经过原子化器的参比光(测量 I_0)。两束光交替进入单色器,然后进行检测,计算吸光度 A。由于两束光来自同一光源,可以通过参比光束的作用,克服光源不稳定造成基线漂移的影响。

原子吸收分光光度计一般由光源、原子化器、单色器、检测器等四部分组成。

1. 光源

光源的作用是发射被测元素的特征谱线。对光源的要求包括:锐线光源,发射的共振辐射的半宽度应明显小于被测元素吸收线的半宽度;辐射强度大,背景低(低于共振辐射强度的1%),保证足够的信噪比,以提高灵敏度;光强度的稳定性好;使用寿命长等。

空心阴极灯、蒸气放电灯、高频无极放电灯都可以满足这些要求,而目前应用最为普遍的是空心阴极灯。

空心阴极灯(hollow cathode lamp,HCL)是一种气体放电管,其结构如图 3 - 11 所示。灯管由硬质玻璃制成,灯的窗口要根据辐射波长的不同,选用

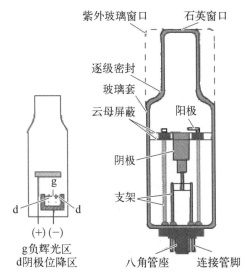

图 3 - 11 空心阴极灯的结构示意图

不同的材料做成,可见光区(370 nm以上)用光学玻璃片,紫外光区(370 nm以下)用石英玻璃片。空心阴极灯中装有一个内径为几毫米的金属圆筒状空心阴极和一个阳极。阴极下部用钨-镍合金支撑,圆筒内壁衬上或熔入被测元素。阳极也用钨棒支撑,上部用钛丝或钽片等吸气性能的金属制成。灯内充有低压(通常为2~3 mmHg)惰性气体氖气或氩气。

当在空心阴极灯的两极间施加几百伏(300~430 V)直流电压或脉冲电压时,就会发生辉光放电,阴极发射电子,并在电场的作用下,高速向阳极运动,途中与载气分子碰撞并使之电离,放出二次电子及载气正离子,使电子和载气正离子的数目因相互碰撞增加,得以维持电流。载气正离子在电场中被大大加速,获得足够的动能,撞击阴极表面时就可以将被测元素的原子从晶格中轰击出来,在阴极杯内产生了被测元素原子的蒸气云。溅射和蒸发出来的原子大量聚集在空心阴极灯内,再与受到加热的电子、离子或原子碰撞而被激发,发射相应元素的特征共振线。

空心阴极灯的稳定性取决于外电源的稳定性,当供电稳定时,灯的稳定性好。空心阴极灯的主要操作参数是灯电流,灯电流过低,发射不稳定,且发射强度降低,信噪比下降;但灯电流过大,溅射增强,灯内原子密度增加,压力增大,谱线变宽,甚至产生自吸收,引起灵敏度下降,且加快内充气体的"消耗"而缩短灯寿命。因此在实际工作中,要选择合适的灯电流。

2. 原子化系统

原子化器的功能是提供能量,使试样干燥、蒸发并原子化,产生原子蒸气。原子化是原子吸收分析的关键步骤之一。原子化主要包括火焰原子化和非火焰原子化两种方法。

(1) 火焰原子化法

火焰原子化系统是由化学火焰热能提供能量,使被测元素原子化。它分为预混合型(在雾化室将试液雾化,然后导入火焰)和全消耗型(试液直接喷入火焰)两种,应用较多的为预混合型。

预混合型火焰原子化系统的结构分为三部分,即喷雾器、雾化室与燃烧器。喷雾器的作用是将试样溶液雾化,供给细小的雾滴。雾化室的作用是使气溶胶的雾粒更细、更均匀,并与燃气、助燃气混合均匀后进入燃烧器。雾化室中装有撞击球,其作用是把雾滴撞碎,雾化室中还装有扰流器,其可以阻挡大的雾滴进入燃烧器,使其沿室壁流入废液管排出,雾化室也是使气体混合均匀的场所。燃烧器的作用是产生火焰,使进入火焰的气溶胶蒸发和原子化。燃烧器应能旋转一定的角度,高度也能上下调节,以便选择合适的火焰部位进行测量。

火焰的基本特性包括火焰燃烧速度、温度、氧化还原特性及光谱特性等。燃烧速度直接影响燃烧的稳定性及火焰的安全操作,可燃性混合气的供气速度应大于燃烧速度,保证火焰的稳定。当火焰处于热平衡状态时,火焰温度表征了火焰的真实能量,不同类型的火焰可产生不同的温度。燃气具有还原性质,助燃气具有氧化性,燃气和助燃气的比例决定了火焰的氧化还原特性。可将火焰分为三类:化学计量焰、富燃焰、贫燃焰。化学计量焰是指燃气和助燃气之比等于燃烧反应的化学计量关系,又称中性火焰。这类火焰燃烧完全,温度高、稳定、干扰少、背景低,适合于许多元素的测定。富燃焰是指燃气比例大于化学计量焰,这类火焰燃烧不完全,有丰富的半分解产物,温度低于化学计量焰,但具有还原性质,所以也称还原火焰,适合于易形成难离解氧化物的元素的测定,如Cr、Mo、W、Al、稀土元素等。其缺点是火焰发射和火焰吸收的背景都较强,干扰较多。贫燃焰是指燃气比例小于化学计量焰,在这类火焰中大量冷的助燃气带走了火焰中的热量,所以温度比较低,有较强的氧化性,有利于测定易解离、易电离的元素,如碱金属等。火焰的光谱特性指的是火焰的透射性能,火焰的成分限制了火焰的使用波长范围,因此有限制的分析线要选择合适的火焰。表3-2列出几种常见火焰的燃烧特征。

表3-2　几种常见火焰的燃烧特征

燃气	助燃气	最高着火温度/K	最高燃烧速度/(cm/s)	最高燃烧温度/K	
				计算值	实验值
乙炔	空气	623	158	2 523	2 430
	氧气	608	1 140	3 341	3 160
	氧化亚氮		160	3 150	2 990
氢气	空气	803	310	2 373	2 318
	氧气	723	1 400	3 083	2 933
	氧化亚氮		390	2 920	2 880
煤气	空气	560	55	2 113	1 980
	氧气	450		3 073	3 013
丙烷	空气	510	82		2 198
	氧气	490			2 850

　　原子吸收光谱分析中,最常用的火焰是乙炔-空气火焰,它的火焰温度较高,燃烧稳定,噪声小,重现性好,燃烧速度适中,可测定30多种元素。

　　火焰原子化系统结构简单、操作方便、应用较广,另外火焰稳定、重现性及精密度较好,基体效应及记忆效应较小。其缺点是雾化效率低,原子化效率低(一般低于30%),检测限比非火焰原子化器高;使用大量载气,起了稀释作用,使原子蒸气浓度降低,也限制其灵敏度;某些金属原子易受助燃气或火焰周围空气的氧化作用生成难熔氧化物或发生某些化学反应,也会减少原子蒸气的密度。

　　(2) 非火焰原子化法

　　非火焰原子化法是利用电热、阴极溅射、等离子体或激光等方法使试样中待测元素形成基态自由原子。目前广泛使用的是电热高温石墨炉原子化法。

　　石墨炉原子器本质就是一个电加热器,通电加热盛放试样的石墨管,使之升温,以实现试样的蒸发、原子化和激发。石墨炉原子化器由电源、保护气系统、石墨管炉等三部分组成。

　　电源提供低电压(10～25 V)、大电流(可达500 A)的供电设备。它能使石墨管迅速加热升温,而且通过控制可以进行程序梯度升温。最高温度可达3 000 K。石墨管长28～30 mm,外径为7～8 mm,内径为4.5～6 mm,管中央有一个小孔,用以加入试样,结构如图3-12所示。

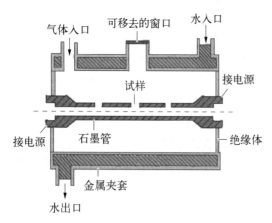

图3-12　石墨炉原子化器的结构示意图

试样以溶液(一般为 1～50 μL)或固体(一般几 mg)从进样孔加到石墨管中,用程序升温的方式使试样原子化,其过程分为四个阶段,即干燥、灰化、原子化和高温除残。

干燥的目的主要是去除溶剂,以避免溶剂存在时导致灰化和原子化过程飞溅,干燥的温度一般稍高于溶剂的沸点,如水溶液一般控制在 105℃;灰化是为了尽可能地除去易挥发的基体和有机物,这个过程相当于化学处理,不仅减少了可能发生的基体干扰,而且对被测物质也起到富集作用,灰化的温度及时间一般要通过实验选择,通常温度为 100～1 800℃,时间为 0.5～1 min;原子化是使试样解离为中性原子,原子化的温度随被测元素的不同而异,原子化时间也不尽相同,应该通过实验选择最佳的原子化温度和时间,这是原子吸收光谱分析的重要条件之一,一般温度可达 2 500～3 000℃,时间为 3～10 s;除残也称净化,是在一个样品测定结束后,把温度提高,并保持一段时间,以除去石墨管中的残留物,净化石墨管,减少因样品残留所产生的记忆效应,除残温度一般高于原子化温度 10% 左右,除残时间通过选择而定。

石墨炉原子化器具有如下特点:灵敏度高,检测限低;原子化温度高,可用于较难挥发和原子化的元素;进样量少。但由于管内温度不均匀,进样量、进样位置的变化,易引起管内原子浓度的不均匀导致精密度较差。另外,由于存在共存化合物引起的分子吸收,往往需要进行背景处理。

火焰原子化法与石墨炉原子化法的主要性能比较见表 3-3。

表 3-3　火焰原子化法与石墨炉原子化法比较

方　法	原子化热源	原子化温度	原子化效率	进样体积	信　号　形　状	检出限	重现性	基体效应
火　焰	化学火焰能	相对较低(一般 <3 000℃)	较低(<30%)	较多(约 1 mL)	平顶形	高 Cd: 0.5 ng/mL Al: 20 ng/mL	较好 RSD 为 0.5%～1%	较小
石墨炉	电热能	相对较高(可达 3 000℃)	高(>90%)	较少(1～50 μL)	尖峰状	低 Cd: 0.002 ng/mL Al: 1.0 ng/mL	较差 RSD 为 1.5%～5%	较大

3. 光学系统

原子吸收光谱法应用的波长范围一般在紫外、可见区,即从铯 852.1 nm 到砷 193.7 nm。

光学系统可分为两部分:外光路系统(或称照明系统)和分光系统(单色器)。外光路系统的作用是使空心阴极灯发出的共振线能正确地通过原子蒸气,并投射在单色器入射狭缝上。分光系统的作用是将空心阴极灯发射的未被待测元素吸收的特征谱线与邻近谱线分开。因谱线比较简单,一般不需要分辨率很高的单色器。单色器置于原子化器与检测器之间(这是与分子吸收的分光光度计主要不同点之一),防止原子化器内发射辐射干扰进入检测器,同时避免了光电倍增管疲劳。

4. 检测系统

原子吸收光谱法中的检测器通常使用光电倍增管。光电倍增管的工作电源应有较高的稳定性。使用时应注意光电倍增管的疲劳现象,避免使用过高的工作电压、过强的照射光和过长的照射时间。检测器的检测信号经放大后,可直接从显示表头上读出吸光度值,或用记录仪记录吸收曲线,或将测量数据用计算机处理。

3.4.6　分析方法

1. 测量条件的选择

在原子吸收光谱法中,测量条件的选择对测定的准确度、灵敏度和干扰情况等都有较大的影响,因此必须进行条件优化。主要的条件选择包括分析线(波长)、空心阴极灯电流、火焰、燃烧器高度、狭缝宽度等。

2. 定量分析方法

(1) 标准曲线法

配制一组(如 5 个)含有不同浓度被测元素的标准溶液,在与试样测定完全相同的条件下,按照浓度由低到高的顺序测定吸光度。绘制吸光度 A 对浓度 c 的校准曲线。测定试样的吸光度值,在标准曲线上用内插法求出被测元素的含量。本法适用于组成简单、干扰较少的试样。

(2) 标准加入法

当被测试样与使用的标准溶液存在严重的基体不一致的时候,会导致基体效应,标准加入法是去除基体效应比较好的方法。

取一定体积的试液(浓度 c_x)几份(如 3 个或 5 个),在其中分别加入不同量的标准溶液(有一个不加标准溶液),所加入标准溶液的浓度(c_s)与 c_x 相近,如加入浓度为 0,c_0,$2c_0$,$3c_0$,$4c_0$。测定这些溶液的吸光度为 A。

以加入待测元素的标准溶液浓度量为横坐标,以及相应的吸光度为纵坐标作图可得一直线,此直线的延长线在横坐标轴上交点到原点的距离即为原始试样中待测元素的浓度。

标准加入法可理解为按照原子吸收定量分析规律,有

$$A = k(c_x + c_s)$$

所测定的所有溶液的 A 与 c_s 满足不通过原点的直线关系,当该函数中为零时,即图 3-13 中的直线与横坐标相交时,$c_x = -c_s$,因此未知样品的浓度就是交点到原点的距离。

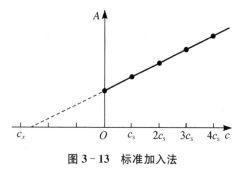

图 3-13　标准加入法

标准加入法适用于试样基体影响较大,且又没有纯净的基体空白,或测定纯物质中极微量元素的情况。但使用时要注意:待测元素的浓度与其对应 A 成正比关系;加入标准溶液的增量要合适,第二个加入量的吸光度约为第一个(未加标样)吸光度的 1/2;本法能消除基体效应,但不能消除背景吸收的影响;对于斜率太小的曲线,容易引起较大误差。

3.5　原子荧光光谱分析

原子荧光光谱法是以原子在辐射能激发下发射的荧光强度进行定量分析的发射光谱分析

法。原子荧光光谱法是在原子发射光谱分析、荧光分析和原子吸收分光光度法的基础上发展起来的分析方法。测量原子荧光的基本方法是,首先使激发光源的辐射照射自由原子蒸气,其中一部分被吸收,而后在各方向上以荧光辐射的形式再发射出来,通常在与激发光束成直角的方向上观测。原子荧光光谱法的主要优点有:有较低的检出限;干扰较少,谱线比较简单;标准曲线线性范围宽,可达 3～5 个数量级;由于原子荧光是向空间各个方向发射的,比较容易制作多道仪器,因而能实现多元素同时测定。但是由于原子荧光可测定的元素种类较少,限制了其应用范围。

3.6 不同原子光谱方法的比较

原子光谱的各种分析方法是金属元素及类金属元素定性和定量测定的主要方法,将三种常见的元素分析方法从检测灵敏度、动态范围、样品通量、同位素分析能力、分析成本等方面进行比较,具体性能比较见表 3 - 4。随着仪器性能的不断提升,金属元素的多元素同时定性和定量分析已不再是难题,仪器的发展还将继续朝着更高灵敏度,更好检测限,更快检测速度,原位分析等方面不断改进。

表 3 - 4 石墨炉原子吸收、电感耦合等离子体发射光谱和
电感耦合等离子体质谱法的比较

性　能	石墨炉原子吸收 (GFAAS)	电感耦合等离子体发射光谱 (ICP - OES)	电感耦合等离子体质谱 (ICP - MS)
灵敏度	ppb(μg/L)以下	ppb 以下至 ppb	ppt(ng/L)
动态范围	3～4 数量级	5～6 数量级	8 数量级
样品分析通量	单元素、低通量	多元素、高通量	多元素、高通量
同位素分析	否	否	是
元素定性	否	是	是
分析成本	低	中	高

第4章 分子光谱分析

4.1 分子光谱概述

分子光谱分析是仪器分析的重要组成部分,在各个领域应用十分广泛。

光是一种电磁波,具有波粒二象性。光的衍射、干涉及偏振等现象证明了其具有波动性,电磁波的波动性还体现在它有波长、频率等类似于机械波的特性。电磁波的波长、频率与光速存在着特定的关系:

$$\nu\lambda = c \tag{4-1}$$

式中,ν 为频率;λ 为波长;c 为光速。频率一般用赫兹(Hz)为单位;波长用长度单位表示,例如纳米(nm)、微米(μm)、厘米(cm)、米(m)等,视波长大小选择其中的某一种单位;$c = 2.997 \times 10^8$ m/s。

电磁波的粒子性早已为量子理论所证明,量子理论认为光(即电磁波)是由称作光子或光量子的微粒组成,光子具有能量,其能量大小由下式决定:

$$E = h\nu = hc/\lambda \tag{4-2}$$

式中,E 为光子的能量;h 为普朗克常数,其值为 6.626×10^{-34} j·s。由式(4-2)可知光子的能量与频率成正比,与波长成反比。波长愈长,频率愈低,能量愈小。

电磁波的波长为 10^{-3} nm~1 000 m,覆盖了非常宽的范围,为了便于研究,根据波长大小将电磁波划分为若干个区域,不同区域的电磁波对应于分子内不同层次的能级跃迁(见第三章表3-1)。

用波长连续变化的光做光源照射分子使之吸收或发射出各种波长的光,经分光后得到的光谱称之为分子光谱,它反映了分子内部的运动。分子内部运动有转动、振动和电子运动。它们的能量都是量子化的,分子的内部运动总能量为

$$E = E(\text{转}) + E(\text{振}) + E(\text{电}) = E_r + E_v + E_e \tag{4-3}$$

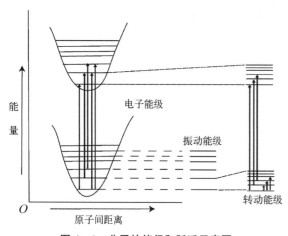

图 4-1 分子的能级和跃迁示意图

当分子从一个状态(能级)向另一个状态(能级)跃迁时,发生了能量变化(ΔE),就会吸收或发射光子,便产生了分子光谱。分子转动能级间的能量差 ΔE_r 为 0.005~0.050 eV,跃迁产生的吸收光谱主要位于远红外区,称为远红外光谱或分子转动光谱;振动能级的能量差 ΔE_v 为 0.05~1 eV,跃迁产生的吸收光谱主要位于红外区,即红外光谱或称分子振动光谱;电子能级的能量差 ΔE_e 较大,为 1~20 eV,电子跃迁产生的吸收光谱主要位于紫外-可见光区,称为紫外-可见光谱或分子的电子光谱,参见图4-1。

　　不同物质的分子内部运动性质不同,其分子光谱也不同,因此分子光谱是测定和鉴别分子结构的重要手段。一般所指的分子光谱主要包括紫外-可见光谱、红外光谱(包括近红外光谱)、拉曼光谱及分子荧光光谱(常简称为荧光光谱),它们分别涉及分子的电子能级跃迁运动、分子振动能级和转动能级跃迁运动。

4.2　紫外-可见吸收光谱

4.2.1　紫外-可见吸收光谱的基本原理

　　一束光照射分子上,分子吸收能量之后就会从低能级跃迁到较高的能级(图4-1),在同一电子能级中有若干个振动能级,在同一振动能级中还有若干个转动能级。电子能级的能级差最大,振动能级的能级差比电子能级的能级差小得多,转动能级的能级差则更小。如果相邻的两个电子能级间的能量差 ΔE_e 为 $1\sim20$ eV,用式(4-2)计算可得其相应能量的电磁波波长为 $1\,000\sim50$ nm,主要处于紫外、可见及部分近红外光谱区域。换言之,用紫外或可见光照射物质可以引起分子内部电子能级的跃迁,分子中电子能级相互作用产生紫外或可见吸收光谱。

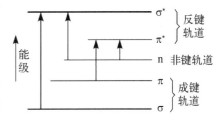

图4-2　电子能级跃迁示意图

　　根据分子轨道理论,一般来说,组成化合物分子中的共价键有 σ 键和 π 键,它们的成键轨道用 σ 和 π 表示,反键轨道用 σ* 和 π* 表示,处在相应轨道上的电子称作 σ 电子和 π 电子;氧、氮、硫和卤素等杂原子还常有未成键的孤对电子,称作 n 电子,它们处在非键轨道上。这些电子所处的能级轨道可能发生的能级跃迁如图4-2所示。

　　由此可见,电子跃迁主要有四种: σ→σ* 、π→π* 、n→σ* 和 n→π* 。前两种属于电子从成键轨道向对应的反键轨道的跃迁,后两种是杂原子的未成键的孤对电子从非键轨道被激发到反键轨道的跃迁。其跃迁能量 ΔE 大小顺序为 n→π* < π→π* < n→σ* < σ→σ* 。

　　σ→σ* 跃迁的能量最大,只有 σ 电子吸收远紫外光才能发生跃迁,饱和烷烃只能发生 σ→σ* 跃迁,其分子吸收光谱出现在远紫外区($\lambda < 200$ nm)。n→σ* 跃迁对应的吸收波长为 $150\sim250$ nm,大部分在远紫外区,近紫外区不易观察到。π→π* 跃迁所需能量较小,吸收波长靠近近紫外区,摩尔吸光系数 ε_{max} 一般较高,在 10^4 L/(mol·cm)以上,属于强吸收。含不饱和键的化合物可发生该类跃迁,当存在共轭体系时,吸收带向长波方向移动(红移),共轭体系愈大,红移越大。如乙烯 π→π* 跃迁的 λ 为 162 nm,丁二烯为 217 nm,己三烯为 258 nm。n→π* 跃迁所需能量最低,吸收波长 $\lambda > 200$ nm,摩尔吸光系数一般为 $10\sim100$ L/(mol·cm),吸收谱带强度较弱。

　　含共轭体系的不饱和化合物和含杂原子的化合物是紫外-可见光谱分析的主要对象,主要由 π→π* 和 n→π* 跃迁产生。含有 π 键的不饱和基团称为生色团,简单的生色团由双键或三键体系组成。有些含 n 电子的基团(如—OH、—OR、—NH₂、—NHR、—X 等),它们本身没有生色功能,但当它们与生色团相连时,就会发生 n-π 共轭作用,增强生色团的生色能力(发生红移,且吸收强度增加),这样的基团称为助色团。

4.2.2　紫外-可见光谱仪

　　紫外和可见光谱仪一般分为三种类型(图 4-3),常用的是双光束型。紫外和可见光谱仪的基本组成包括光源、单色器、样品室、检测器和结果显示记录系统。

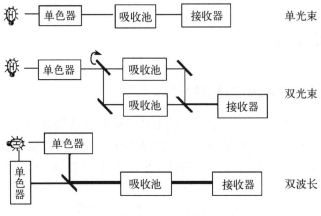

图 4-3　紫外和可见光谱的示意图

1. 光源
　　紫外区一般用氢灯、氘灯作光源,可见光区一般用钨灯作光源。它们在整个紫外光区或可见光谱区可以发射连续光谱,具有足够的辐射强度、较好的稳定性、较长的使用寿命。
2. 单色器
　　将光源发射的复合光分光为单色光,用于光谱测量。典型的单色器如图 4-4 所示。

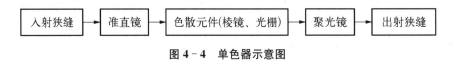

图 4-4　单色器示意图

3. 样品室
　　样品室放置各种类型的吸收池(比色皿)和相应的池架附件。吸收池主要有石英池和玻璃池两种,在紫外区须采用石英池,可见区一般用玻璃池。
4. 检测器
　　利用光电效应将透过吸收池的光信号变成可测的电信号,常用的有光电池、光电管和光电倍增管。如果扫描波长到近红外(波长大于 800 nm)时,需换用硫化铅或 InGaAs 检测器。
5. 结果显示记录系统
　　包括检流计、数字显示等,现代仪器常用计算机进行仪器自动控制和结果处理。

4.2.3　紫外-可见光谱的应用技术

1. 制样技术
　　通常的紫外-可见光谱检测是使用溶液样品,需根据样品的要求选择合适的溶剂,有些溶剂也吸收光,选择溶剂时应注意避免其干扰样品检测。常见的溶剂有水、丙酮、乙醇、甲醇等。
2. 定性分析技术
　　利用紫外-可见光谱可以得到有关化合物的共轭体系和某些官能团的信息。利用如下一一般性规律可以预测化合物类型,结合其他分析方法或化学、物理性质可进一步推测结构。

（1）若谱图在 220～250 nm 有一个强吸收带（ε_{max}约为 10^4）,表明分子中存在两个双键形成的共轭体系,如共轭二烯烃或 α,β-不饱和酮,该吸收带是 K 带;300 nm 以上区域有高强吸收带,则说明分子中有更大的共轭体系存在。一般共轭体系中每增加一个双键红移 30 nm。

（2）若谱图在 270～350 nm 区域出现一个低强度吸收带（ε_{max} 为 10～100）,则应该是 R 带,可以推测该化合物含有带 n 电子的生色团。若同时在 200 nm 附近没有其他吸收带,则进一步说明该生色团是孤立的,不与其他生色团共轭。

（3）若谱图在 250～300 nm 范围出现中等强度的吸收带（ε_{max}约为 10^3）,有时能呈现精细结构,且同时在 200 nm 附近有强吸收带,说明分子中含有苯环或杂环芳烃。根据吸收带的具体位置和有关经验计算方法还可进一步估计芳环是否与助色团或其他生色团相连。

（4）若谱图呈现出多个吸收带,λ_{max} 较大,甚至延伸到可见光区域,则表明分子中有长的共轭链;若谱带有精细结构则是稠环芳烃或它们的衍生物。

（5）若 210 nm 以上检测不到吸收谱带,则被测物为饱和化合物,如烷烃、环烷烃、醇、醚等,也可能是含有孤立碳碳不饱和键的烯、炔烃或饱和的羧酸及酯等。

3. 定量分析技术

1）单一组分的测定

紫外-可见光谱定量分析的依据是朗伯-比尔定律:

$$A = \varepsilon c l \qquad (4-4)$$

式中,A 为吸光度;ε 为摩尔吸光系数,它与被测物质和选择波长有关;c 为被测物浓度;l 为液层厚度。紫外-可见光谱仪检测参比和试样溶液的光强 I_0 和 I,通过 $A = \lg I_0/I$ 计算吸光度。定量分析时需选定检测波长,ε 和 l 都为常数,吸光度与浓度成正比。单一组分的测定一般有如下三种定量分析方法。

（1）计算法

如果样品池厚度 l 和待测物的摩尔吸光系数 ε 是已知的,从光谱仪上读出吸光度值 A,就可以根据式（4-4）,直接计算出待测物的浓度 c。由于样品池的厚度和待测物的摩尔吸光系数不易准确测定,采用文献资料上查得的摩尔吸光系数很难与测定条件完全吻合,所以这种方法准确度差,较少使用。

（2）直接比较法

采用一已知浓度 c_s 的标准溶液,测得其吸光度 A_s,然后在同一条件下测定未知样品的吸光度 A_x。根据朗伯-比尔定律可得 $c_x = (A_x/A_s)c_s$。这种方法只使用一个标准溶液,方法简单,但准确度不高。

（3）工作曲线法

当测试样品较多或准确度要求较高时,应该选用工作曲线法,这是最常见的定量分析方法。配制一系列浓度不同的标准溶液（通常是 5 个）,分别测量它们的吸光度,将吸光度与对应浓度作图（$A-c$ 图）。在一定浓度范围内,可得一条直线,称为工作曲线或标准曲线。然后,在相同条件下测量未知溶液的吸光度,再从工作曲线上查得其浓度。制作工作曲线时,标准溶液的浓度范围应选择在待测溶液的浓度附近。

2）多组分同时测定

通常被测样品含有较多的物质,有时需要对多个组分进行测定。当被测组分互相不干扰,即各组分光谱在最大吸收波长处互不重叠(图 4-5),而且共存的其他物质也不产生干扰时,则可在各自最大吸收波长处分别进行测定。

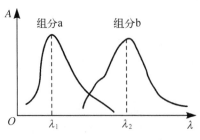 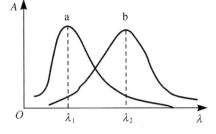

图 4-5　各组分吸收带相互不重叠 　　　　　图 4-6　各组分吸收带相互重叠

若各组分的吸收曲线互有重叠(图 4-6),同时其他成分不产生干扰,则可根据吸光度的加合性求解联立方程组得出各组分的含量。

$$A_{\lambda_1} = A_{a\lambda_1} + A_{b\lambda_1} = \varepsilon_{a\lambda_1} \cdot c_a \cdot l + \varepsilon_{b\lambda_1} \cdot c_b \cdot l$$
$$A_{\lambda_2} = A_{a\lambda_2} + A_{b\lambda_2} = \varepsilon_{a\lambda_2} \cdot c_a \cdot l + \varepsilon_{b\lambda_2} \cdot c_b \cdot l \tag{4-5}$$

式中,A_{λ_1} 及 A_{λ_2} 表示 a 和 b 两个组分在波长 λ_1、λ_2 的总吸光度,可以在实验中测得;$\varepsilon_{a\lambda_1}$ 及 $\varepsilon_{a\lambda_2}$ 表示 a 组分在对应波长 λ_1、λ_2 的摩尔吸光系数,$\varepsilon_{b\lambda_1}$ 及 $\varepsilon_{b\lambda_2}$ 表示 b 组分在对应波长 λ_1、λ_2 的摩尔吸光系数,它们可以用已知浓度的 a 和 b 标准溶液测出。这种建立联立方程的方法可以推广到两个以上的多组分体系。要测定 n 个组分的含量,就需要选择 n 个不同的波长,分别测量对应的吸光度值,然后建立 n 个方程。

定量分析需要选择合适的吸收波长作为检测波长。选择的原则,一是吸收强度较大,以保证测定灵敏度;二是没有溶剂或其他杂质的吸收干扰。大部分情况下选择最大吸收波长 $\lambda_{\max}$。如果试样光谱中有一个以上的吸收带,则选强吸收带的 $\lambda_{\max}$。

3) 导数光谱法

在复杂样品的分析中,被测组分光谱可能与共存组分的光谱发生重叠而产生光谱干扰,将吸光度 A 对波长 λ 求导所得到的导数光谱,能提高光谱的分辨能力,从而避开干扰。对于多组分化合物的分析,导数光谱的优越性十分明显,并且同样可用工作曲线法进行定量分析。

根据朗伯-比尔定律,$A = \varepsilon cl$。其一阶导数为 $\dfrac{\mathrm{d}A}{\mathrm{d}\lambda} = \dfrac{\mathrm{d}\varepsilon}{\mathrm{d}\lambda}cl$,可见导数值与浓度成正比关系,其他阶的导数也具有这种正比关系,可以采用与使用原始光谱相同的方法进行定量分析。实际应用中,一阶、二阶比较常用,目前有报道使用最高的是四阶导数光谱。目前很多紫外-可见光谱仪都带有求导数光谱的功能。

4. 固体样品测定技术

检测固体样品首先需要一个称作积分球的附件,如图 4-7 所示,它主要由两部分组成,前面部分是一个被称为积分球的器件,后面部分是由几个光学元件组成的器件。

固体样品的测定通常有如下几种方法。

1) 固体粉末样品的测试

对于某些不溶解的固体粉末样品,可以把样品加入粉末样品池中,用光滑瓶盖压紧,使其与样品池的表面石英玻璃紧密地贴在一起,然后盖好样品池的盖板,再将样品池安装在积分球附件上即可测定。

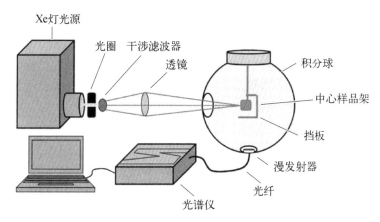

图 4 - 7　漫反射积分球附件

2) 固体薄膜样品的测试

固体薄膜一般分两种情况,一是膜比较厚,紫外及可见光不能透过膜(如高分子材料等),这种样品可直接用积分球附件进行检测,只要将膜直接安装在积分球附件上即可测定。二是膜比较薄(如透明薄膜、玻璃材料等),紫外及可见光能透过膜,这类样品可以用类似于做液体样品的透射的方法进行检测。只要将测薄膜样品附件安装在仪器上,然后根据样品的大小选择不同的装样品板,把样品粘贴在装样品板上,最后插入样品支架上即可进行测定。

4.3　红外光谱

在电磁波谱中,红外光又细分为远红外光、中红外光和近红外光,在仪器分析中广泛应用的是中红外光谱,简称为红外光谱,中红外光谱主要应用于有机化合物结构鉴定。

4.3.1　红外吸收光谱的基本原理

1. 红外光谱产生的基本条件

红外光谱产生于分子的振动能级跃迁,用红外光照射分子时,只要符合下面两个条件,就可能引起分子振动能级的跃迁。

第一个条件是红外光的能量等于分子的振动能级能量差:$E_{红外光} = \Delta E_{分子振动}$。能量也可以用振动频率 σ 来表达,即 $\sigma_{红外光} = \sigma_{分子振动}$。

物质处于基态时,组成分子的各个原子在自身平衡位置附近以特定的频率作微小振动。当红外光的频率正好等于分子振动频率时,就可能引起共振,使原有的振幅加大,振动能量增加,分子从基态跃迁到较高的振动能级,产生红外吸收光谱。

第二个条件是红外光与分子之间有耦合作用,为了满足这个条件,分子振动时其偶极矩(μ)必须发生变化,即 $\Delta\mu \neq 0$。分子的偶极矩是极性分子中正、负电荷中心的距离(r)与所带电荷(δ)的乘积,它是分子极性大小的一种表示方法。

$$\mu = \delta r \tag{4-6}$$

图 4 - 8 表示了 H_2O 和 CO_2 分子的偶极矩。H_2O 是极性分子,正、负电荷中心的距离为 r。分子振动时,r 随着化学键的伸长或缩短而变化,μ 随之变化,$\Delta\mu \neq 0$。CO_2 是一个非极性

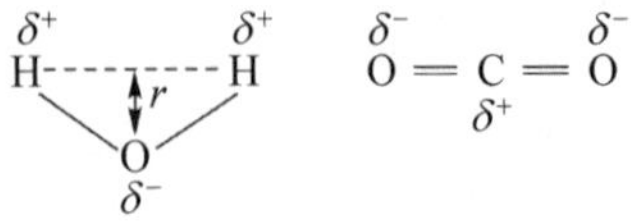

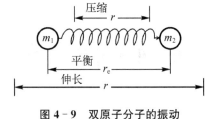

图 4-8 H_2O 和 CO_2 的偶极矩

分子,正、负电荷中心重叠在 C 原子上(因负电荷的中心应在两氧原子的连线中心)。发生振动时,如果两个化学键同时伸长或缩短,则 r 始终为 0,$\Delta\mu=0$;如果是不对称的振动,即在一个键伸长的同时,另一个键缩短,则正、负电荷中心不再重叠,r 随振动过程发生变化,所以 $\Delta\mu\neq0$。

红外光谱产生的第二个条件,实际上是保证红外光的能量传递给分子。这种能量的传递是通过分子振动偶极矩的变化来实现的。电磁辐射(在此是红外光)的电场作周期性变化,处在其中的偶极子经受交替的作用力而使偶极矩增加或减小。由于偶极子具有一定的原有振动频率,只有当辐射频率与偶极子频率相匹配时,分子才与电磁波发生相互作用(振动耦合)而增加它的振动能,使振动振幅加大,即分子由原来的振动基态能级跃迁到较高的振动能级。可见,并非所有的振动都会产生红外吸收,只有发生偶极矩变化($\Delta\mu\neq0$)的振动才能引起红外吸收谱带,我们称这种振动为红外活性(infrared active)的,反之则称为非红外活性(infrared inactive)的。一般来说,对称分子没有偶极矩变化,辐射不能引起共振,无红外活性(如 N_2、O_2、Cl_2 等)。非对称分子,有偶极矩变换,是红外活性的。

2. 分子的振动光谱及振动方程

最简单的分子是双原子分子,而多原子分子可以看成多个双原子对的集合。分子的振动运动可近似地看成是一些用弹簧连接着的小球的运动。

若把两原子间的化学键看成质量可以忽略不计的弹簧,可以把双原子分子看成是一个谐振子,即把两个原子看成质量为 m_1 与 m_2 的两质点(图 4-9),其间的化学键看成是无重量的弹簧,当分子吸收红外光时,两个原子将在连接的轴线上作振动,就如同谐振子所作的简谐振动,且遵循 Hooke 定律,其振动频率可由式(4-7)表示:

图 4-9 双原子分子的振动

$$\sigma=\frac{1}{2\pi c}\sqrt{\frac{K}{m}} \qquad (4-7)$$

式中,σ 为振动频率,cm^{-1};c 为光速,$c=2.997\times10^8$ m/s;m 为分子的折合质量,g;K 为化学键力常数,g/s^2。对双原子分子来说其折合质量 m 为

$$m=\frac{m_1\times m_2}{m_1+m_2}$$

如果知道原子质量和化学键力常数 K,就可利用式(4-7)求出作简谐振动的双原子分子的伸缩振动频率。反之,由振动光谱的振动频率也可求出化学键的键力常数 K。

量子力学指出,分子振动能级的总能量为

$$E_{分子振动}=(\nu+1/2)h\sigma \qquad (4-8)$$

式中,$\nu=0,1,2,\cdots$ 称为振动量子数,分别对应振动能级的基态、第一激发态、第二激发态、……。分子吸收红外光后,由振动能级基态($\nu=0$)跃迁至第一激发态($\nu=1$)时,所产生的吸收峰称为基频峰,基频峰窄且高,是中红外光谱的主要谱峰;当由振动能级基态跃迁到第二、第三、……激发态时所产生的吸收峰称为倍频峰,由式(4-8)可知倍频峰的能量差是基频峰的二倍、三倍、……频率也是这个规律。红外光谱谱峰频率 σ 往往用波数来表示,波数定义为 1 cm 长度上光波的数目,单位为 cm^{-1}。波数与频率是正比关系,因此也符合上述的倍数规律。但实际的振动能级与

式(4-8)描述的并不完全吻合,所以倍频不是基频的整数倍,而是略小一些;当红外吸收发生两个频率的组合(频率相加或相减)时,产生的谱峰称为组频峰,即两个谱峰组合之意。组频峰和倍频峰统称为泛频峰,由于它们不符合跃迁选律,发生的概率很小,泛频峰在谱图中均显示为弱峰。

一个化合物分子往往具有很多化合键,因此具有很多的振动模式。振动具有两种类型,一是伸缩振动,振动过程中键长改变而键角不变,伸缩振动又可分为对称伸缩振动和反对称伸缩振动,分别用符号 σ_a 和 σ_{as} 表示,伸缩振动的吸收频率一般在高波数区;二是变形振动,振动过程中键长不变而键角改变,变形振动又分为面内变形振动和面外变形振动,分别用符号 δ 和 γ 表示,也可以说除了伸缩振动外的其他一切振动都属变形振动,它的吸收频率一般在低波数区。

3. 红外光谱的分区及常用的基团频率

红外光谱反映了分子内部的振动运动,因此它与各种化合键密切相关,也反映了各种官能团的结构信息。按红外光谱的波数区域可以将其分成几个区域。

(1) 氢键区 $4\,000\sim2\,500$ cm^{-1}:在此区的基团振动频率主要有 O—H、C—H、N—H 等含氢基团的伸缩振动。

(2) 三键、累积双键区 $2\,500\sim2\,000$ cm^{-1}:由于这一区域主要来自 X≡Y 和 X=Y=Z 型基团的吸收,没有其他吸收峰的干扰,解析比较容易,但应注意 $2\,340$ cm^{-1} 左右可能出现空气中二氧化碳的吸收峰。在这一区域中比较常见的基团见表 4-1。当碳-碳三键处于对称结构(R—C≡C—R)中也无红外吸收峰。

表 4-1 常见三键和累积双键基团的吸收频率

基　团	振动形式	吸收峰位/cm^{-1}	强度*	备　注
—C≡C—	σ	$2\,100\sim2\,260$	m	尖细峰
—N=C=O(异氰酸酯)	σ	$2\,250\sim2\,275$	vs	强度高峰形较宽,吸收峰频率不受共轭影响
—N≡N+(重氮盐)	σ	$2\,260\pm20$	m	峰位与配对的负离子有关
—C=C=C(丙二烯)	σ	$1\,930\sim1\,950$	s	与—COOH、—COR 等相连时易发生裂分
—C=C=O(烯酮)	σ	$2\,150$ 附近	vs	吸收峰强度高、峰形较宽
—C≡N(腈类)	σ	$2\,210\sim220$	可变	尖细峰

* 注:m 表示中等强度,vs 表示很强,s 表示强。

(3) 双键区 $2\,000\sim1\,500$ cm^{-1}

这是红外光谱很重要的区域,这个区域常用的基团频率有:

① 碳碳双键伸缩振动($\sigma_{C=C}$)在 $1\,620\sim1\,680$ cm^{-1},吸收峰强度中等或较弱,与三键类似,当碳碳双键处于对称结构(R—HC=CH—R)也无红外吸收峰。

② 苯环和杂芳环的骨架振动,苯环的骨架振动($\sigma_{C=C}$)在 $1\,450\sim1\,650$ cm^{-1} 通常有 $2\sim4$ 个吸收峰;呋喃在 $1\,400\sim1\,600$ cm^{-1} 通常有 $2\sim3$ 个吸收峰;吡啶在 $1\,430\sim1\,600$ cm^{-1} 通常有 $2\sim4$ 个吸收峰。

③ 羰基 C=O 的伸缩振动在 $1\,600\sim1\,850$ cm^{-1},吸收峰强而尖,有很大鉴别价值。

④ 硝基—NO$_2$ 的反对称伸缩振动(σ_{as})在 $1\,500\sim1\,600$ cm^{-1},对称伸缩振动(σ_a)在 $1\,300\sim1\,370$ cm^{-1},吸收峰强度均为中等,通常前者略强于后者。

(4) 单键区 1 500 - 400 cm^{-1}

这个区域也称指纹区,该区吸收峰多而复杂,特征性不强,主要是 C—C、C—O、C—N、C—X(X 为卤素)等单键的伸缩振动及 C—H、O—H 等含氢基团的变形振动。最有鉴别作用的吸收峰是苯环上=C—H 的变形振动 $\delta_{=C-H}$ 所产生的吸收峰,这是鉴别苯环取代位置的重要依据。

4.3.2 红外光谱仪

红外光谱仪分为色散型红外光谱仪及傅里叶变换红外光谱仪两大类型,目前用得比较多的是傅里叶变换红外光谱仪(FTIR)。图 4 - 10 为傅里叶变换红外光谱仪的结构框图。

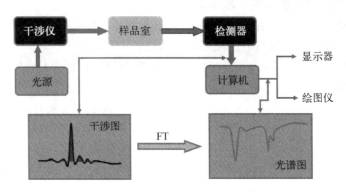

图 4 - 10　FTIR 光谱仪的结构示意图

傅里叶变换红外光谱仪的核心部件是干涉仪,应用最广的是迈克尔逊干涉仪。FTIR 仪主要由光源、固定反射镜、移动反射镜、分束器及检测器组成。

通常采用硅碳棒、金属陶瓷及其他新材料制作的光源,其作用是产生红外光。分束器的作用是将光源射出的光分为两束,其中 50% 透过分束器射向移动镜,另外 50% 反射到达固定镜。当两束光从移动镜和固定镜反射回来在分束器上再次相遇时将组合在一起。当动镜在不停地移动时,这两束反射光就会产生光程差,当动镜移动到使光程差为入射光波长 λ 的整数倍时,检测器测得的光线发生相长干涉,强度为两束光强度之和。当动镜移动到使光程差为入射光 λ 的分数倍时,到达检测器的两束光线的相位相差 180℃,产生相消干涉,检测信号强度相互抵消。在其他光程差时强度介于两者之间。这样通过动镜的不断移动从而产生了干涉图。通过傅里叶变换可以把干涉图的时域谱变换为按波长排列的频域谱,即红外光谱。

傅里叶变换红外光谱仪所用的检测器除要求灵敏度高外,还要求有快速的响应。常用的检测器有三甘氨酸硫酸酯(TGS)及氘代三甘氨酸硫酸酯(DTGS),这是在室温下工作的热电检测器,它们响应速度快,但灵敏度较色散型红外光谱仪常用的热电偶检测器要低。在液氮低温下工作的检测器为碲镉汞(MCT),是由 Hg-Te 和 Cd-Te 两种半导体混合制成,该检测器具有极快的响应速度和很高的检测灵敏度,特别适合于与气相色谱联用(即 GC - IR)及显微红外光谱分析时的光谱检测。

4.3.3 显微红外光谱仪

自从 1982 年诞生了第一台红外显微镜,红外光谱仪器的发展从宏观的红外光谱采集拓展到了微米及纳米尺度的红外光谱分析。显微红外光谱仪是将显微镜技术与红外光谱仪相结合的一种微区光谱分析技术。当样品放置在显微镜载物台上,红外光谱仪产生光束聚焦在待测样品上,通过调节载物台 X 轴和 Y 轴以及调节光栅,可以确定测试样品不同微区的红外光谱信息,从而获得样品点、线、面的分子水平的大量红外光谱图。通过将获取的红外光谱与测量点的坐标信息进行对应,经过一定的数据处理便可得到不同化学官能团及化合物在样品中的空间分辨红外光谱图和某一微小区域内特定成分的图像,即显微红外成像。图 4-11 为显微红外光谱仪的基本结构示意图。

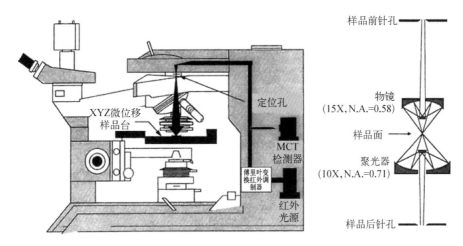

图 4-11　显微红外光谱仪的基本结构

显微红外光谱技术能更好地提高空间分辨率,非常适合小尺寸样品的无损鉴定,在微塑料分析、防伪分析、文物保护、肿瘤研究等领域均发挥着重要的作用。图 4-12 为利用显微红外光谱仪采集的多种微塑料的红外光谱信息。

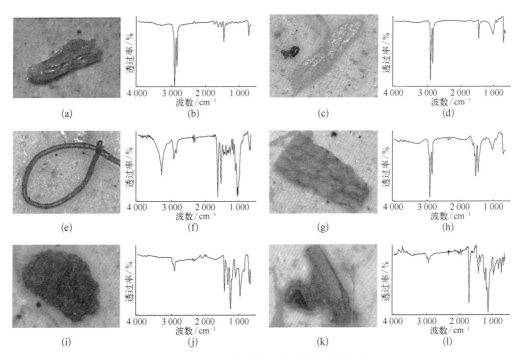

图 4-12　六种微塑料的显微红外光谱信息

聚乙烯(PE):(a)、(c) 显微照片,(b)、(d) 红外光谱;尼龙(PA):(e) 显微照片,(f) 红外光谱;聚丙烯(PP):(g) 显微照片,(h) 红外光谱;聚氯乙烯(PVC):(i) 显微照片,(j) 红外光谱;聚甲基丙烯酸甲酯(PMMA):(k) 显微照片,(l) 红外光谱

4.3.4 红外光谱应用技术

1. 制样技术

气体样品通常在气体池中进行检测，先把气体池中的空气抽掉，然后注入被测气体进行测定。液体样品有几种不同的制样方法，常用的是液膜法和涂膜法。固体样品有压片法、糊状法、熔融（或溶解）成膜法及裂解法等。

2. 红外光谱定性分析

红外光谱的定性分析通常采用比较法。即把相同条件下测得的被测物质与标准纯物质的红外光谱图进行比较。一般来说，如果这两个物质的制样方法、测试条件都相同，得到的红外光谱图在吸收峰位置、强度及吸收峰形状均高度相似，则它们基本上属于同一物质。目前的红外光谱仪大多带有标准谱库，所以可以通过计算机对储存的标准谱库进行检索和比较。如果检索不到，再用人工查谱的方法进行分析。对于没有标准物质及标准红外光谱图的未知样品，则需要借助于包括红外光谱在内的多种仪器分析方法才能推测其化学结构。红外光谱是结构鉴定的重要方法，它主要反映化合物官能团的信息。

推测化合物结构（结构解析）的一般步骤如下。

（1）根据分子式，计算未知物的不饱和度 f，计算不饱和度的经验公式如式（4-9）所示：

$$f = 1 + n_4 + \frac{1}{2}(n_3 - n_1) \tag{4-9}$$

式中，n_1、n_3 和 n_4 分别为分子式中一价、三价和四价原子的数目。

通过计算不饱和度可估计分子结构中是否有双键、三键或芳香环等，并可验证光谱解析结构是否合理。

（2）根据未知物的红外光谱图找出主要的强吸收峰。按照由简单到复杂的顺序，习惯上把红外光谱分成四个区域（参见 4.3.1 节红外光谱的分区及常用的基团频率一节）来分析。

在推测化合物结构时，可先从官能团区入手找出存在的官能团，然后有的放矢地到各个区域找这些基团对应的吸收峰，再根据指纹区的吸收情况进一步验证该基团及该基团与其他基团的结合方式。例如在样品光谱的 1 735 cm^{-1} 有吸收，另外在 1 300～1 150 cm^{-1} 内出现两个强吸收峰，可判断此化合物为酯类化合物。又如一化合物在 1 600～1 500 cm^{-1} 有吸收峰（苯环的骨架振动），在 3 100～3 000 cm^{-1} 有吸收峰（苯环的 C—H 伸缩振动），可推测为芳环化合物，再根据 900～600 cm^{-1} 区的吸收峰位置可确定芳环的取代情况。

（3）通过标准图谱验证推测结果是否正确。

3. 红外光谱定量分析

与紫外-可见光谱一样，朗伯-比尔定律［式（4-4）］也是红外光谱定量分析的基础。在一定浓度范围内，某波长红外光谱的谱峰强度（吸光度）与被测组分的含量之间成正比关系。但应该注意，红外光谱图的纵坐标经常采用透过率 T，而定量分析要采用吸光度 A，它们之间的关系为 $A = \lg 1/T = -\lg T$。

红外定量分析的方法也与紫外-可见吸收光谱的一样，主要有计算法、直接比较法和工作曲线法。

4.4 拉曼光谱

当光照射到物质上时,部分光被物质吸收,其他的绝大部分光将沿入射方向穿过样品,还有少部分光将改变方向,这就是光的散射。光的散射包括瑞利散射和拉曼散射。散射光的波长可以与入射光波长相同,这种散射称之为瑞利散射。瑞利散射的强度与入射光波长的四次方成反比,这就是晴朗的天空呈蓝色的原因(组成白色的各色光线中,蓝光的波长最短,因而散射光强度最大)。当光照射物质发生散射时,除有波长不变的瑞利散射之外,还有一小部分散射光的波长不同于入射光波长,这种散射称为拉曼散射(Raman scattering),也叫拉曼效应(Raman effect)。

1928 年,印度物理学家 C. V. 拉曼首次报道了拉曼效应,并因此获得 1930 年诺贝尔物理学奖。

4.4.1 拉曼光谱的基本原理

单色光与分子相互作用所产生的散射现象可以用光子(粒子)与分子的碰撞来解释。拉曼散射的量子理论能级如图 4-13 所示。按照量子理论,频率为 ν_0 的单色光可以视为具有能量为 $h\nu_0$ 的光粒子(h 为普朗克常数),当光粒子作用于分子时,可能发生弹性和非弹性两种碰撞。处于基态 $E_{\nu=0}$ 的分子受入射光子 $h\nu_0$ 的激发而跃迁到一个受激虚态。因为这个受激虚态是不稳定的能级(实际上是不存在的),所以分子立即跃迁回到基态,此过程对应于弹性碰撞,跃迁能量等于 $h\nu_0$,为瑞利散射线。处于受激虚态的分子也可能跃迁到激发态 $E_{\nu=1}$,此过程对应于非弹性碰撞,跃迁能量等于 $h(\nu_0-\nu)$,光子的部分能量传递给分子,为拉曼散射的斯托克斯(Stokes)线。类似的过程也可能发生在处于激发态 $E_{\nu=1}$ 的分子受入射光子 $h\nu_0$ 的激发而跃迁到受激虚态,同样因为虚态是不稳定的而立即跃迁到基态 $E_\nu=0$,此过程对应于非弹性碰撞,光子从分子的振动得到部分能量,跃迁能量等于 $h(\nu_0+\nu)$,为拉曼散射的反斯托克斯线。从图 4-13 可以看出,斯托克斯线和反斯托克斯线与瑞利线之间的能量差分别为 $h(\nu_0-\nu)-h\nu_0=-h\nu$ 和 $h(\nu_0+\nu)-h\nu_0=h\nu$,其数值相等,符号相反,说明拉曼谱线对称地分布在瑞利线的两侧,同时也可以看出,$h\nu=E_{\nu=1}-E_{\nu=0}=\Delta E$,就是振动基态能级与第一激发态能级能量之差,同红外光谱的能级差相同。因此,拉曼光谱经常用拉曼位移频率来表示波长,因为它反映的正是分子的振动能级信息。

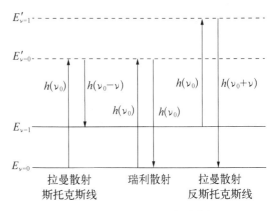

图 4-13 拉曼和瑞利散射的能级图

4.4.2 拉曼光谱图

在拉曼光谱图中,纵坐标是散射强度,横坐标就是拉曼位移,即入射频率与散射频率之差,单位为波数(cm^{-1})。瑞利线的位置为零点,位移为正数的是斯托克斯线,位移为负数的是反斯托克斯线。由于斯托克斯线与反斯托克斯线是完全对称地分布在瑞利线的两侧,所以一般记录的拉曼光谱只取斯托克斯线(其光谱强度高于反斯托克斯线)。由于拉曼位移是相对于入射光谱频率的相对值,因此改变入射光波长并不改变拉曼光谱。图4-14为环戊烷的拉曼光谱图。

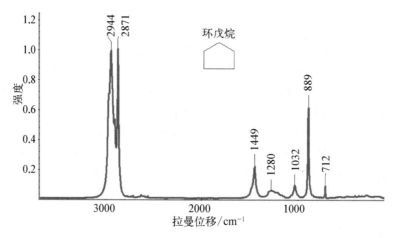

图4-14　环戊烷的拉曼光谱图

4.4.3　拉曼光谱的特点

拉曼位移频率和红外吸收频率都等于分子振动频率,但有拉曼散射的分子振动,是分子振动时有极化率改变的振动,而红外吸收的分子振动,则是分子振动时有偶极矩变化的振动。一般来说,若拉曼散射是非活性的,则红外吸收是活性的;反之,若拉曼散射是活性的,则红外吸收非是活性的。当然有些分子是同时具有红外和拉曼活性,只是两种谱图中各峰之间的强度不同,也有些分子既无红外活性也无拉曼活性,因其振动时既未改变偶极矩也未改变极化率,所以在拉曼光谱图和红外光谱图中均没有该分子的峰位。

对于具有对称中心的分子来说,具有一个互斥规则,就是与对称中心有对称关系的振动,拉曼可见,红外不可见;与对称中心无对称关系振动,红外可见,拉曼不可见。例如在CCl_4中的C=C在拉曼光谱中能看到$1\,580\ cm^{-1}$左右C=C伸缩振动峰,而在红外光谱中则看不到此峰。

拉曼光谱除了与红外光谱有类似的功能外,还有如下的特点。

(1)每一种物质(分子)都有自己的特征拉曼光谱,每一物质的拉曼位移频率与入射光的频率无关,拉曼位移的数值可从几个波数到几千个波数。

(2)一般的拉曼频率是分子内部振动或转动频率,有时与红外吸收光谱所得的频率部分重合,波数范围也是相同的,但强度不同。

(3)拉曼光谱的灵敏度很低,拉曼信号强度为入射光强度10^{-6},因此一般用于含量较高物质的检测。

(4)与红外不同,拉曼光谱不受水的影响。

(5)当被测样品,如生物组织样品具有较强的荧光时,拉曼光谱经常受到干扰。

(6)拉曼光谱适用于除金属以外的绝大部分物质的结构鉴定,在有机化学、生物化学、环境化学、医学、材料科学等领域得到广泛应用,已成为鉴定分子结构的有力工具。

4.4.4　拉曼光谱仪

因为拉曼光谱信号强度弱,现代拉曼光谱仪往往使用激光作为光源,称为激光拉曼光谱仪。将显微镜与拉曼光谱联用可以对样品进行成像,是目前非常活跃的领域。本节简单介绍显微激光拉曼光谱仪,简称显微拉曼。

显微激光拉曼光谱仪主要由显微镜、激光光源、光学元件、检测器,以及计算机控制和数据采集系统组成,其光路图如图4-15所示。

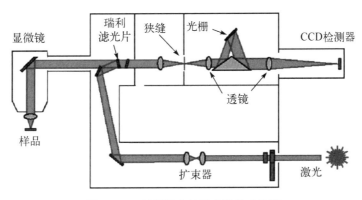

图 4 - 15　显微激光拉曼光谱仪光路图

(1) 显微镜

主要包括目镜、高分辨彩色摄像机、反射和透射照明灯、各种不同大小的物镜。

(2) 激光光源

显微拉曼光谱仪使用最多的激光器是氩离子激光器,其激发波长为 514.5 nm 和 488.0 nm,除此之外还有波长为 785 nm 的半导体激光器。激发源的波长可以不同,不会影响其拉曼散射的位移,但对荧光以及某些激发线会产生不同的结果。依据实验要求选择合适的激光器和激光波长。

(3) 光学元件

主要由瑞利滤光片(滤除瑞利散射光)、狭缝、光栅、透镜、扩束器等组成。

(4) 检测器

分为单道和多道检测器。① 单道检测器:一次只能检测一个波长,在紫外和可见波段常用的是光电倍增管检测器;在近红外波段常用的是锗(Ge)或 InGaAs 探测器。② 多道检测器:可同时检测整个波长范围的光谱,常用的是 CCD、InGaAs 阵列探测器。

4.4.5　拉曼光谱的应用技术

1. 样品的制备

拉曼光谱一般不需要制备样品,特别是带有显微镜的激光拉曼光谱仪。在检测时,如果被检测的样品是固体样品,只需将样品直接放在测样台上进行测试。如果是液体样品并且是易挥发的,可先将液体样品倒入一个无色透明的玻璃瓶,盖好瓶盖,然后放在测样台上透过瓶壁检测内部样品。如果液体样品是不易挥发的,可将液体样品倒入一个小的培养皿中,再放在样品台进行检测。

2. 定性分析

拉曼光谱的定性分析主要用来鉴别化学物质的种类、特殊的结构特征或特征基团,它与红外光谱互为补充。拉曼位移的大小、强度及拉曼峰形状是鉴定化学键、官能团的重要依据。利用偏振特性,拉曼光谱还可以作为分子异构体判断的依据。对于像 S—S、C═C、N═N、C≡C、C≡N、C═S、C═N═N 等基团,如果分子中这些基团的环境接近对称,它的振动

在红外光谱中极为微弱,但一般是拉曼活性的,可以用拉曼光谱进行检测。另外,环状化合物

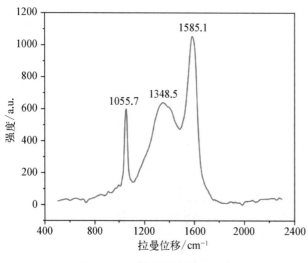

图 4-16　碳材料的拉曼光谱图

振动具有很强的拉曼峰,拉曼光谱是检测这类物质的有力工具。利用拉曼光谱的标准谱图或利用拉曼标准谱库的检索功能,对未知物拉曼光谱图进行比对,也是拉曼光谱定性分析的一个重要手段。譬如拉曼谱图是表征碳材料的重要手段,图 4-16 是一种含有无定形碳和石墨化碳的混合材料的拉曼光谱图,其中 1 348.5 cm^{-1} 处的宽峰为无序状态的无定形碳所对应的 D 带,1 585.1 cm^{-1} 处的尖峰为石墨化碳的面内伸缩振动所对应的 G 带。通过拉曼光谱图可以清晰地了解碳材料的类型和晶体状态。

3. 定量分析

利用拉曼谱线的强度和样品分子浓度的正比例关系,可以进行定量分析。拉曼散射的光通量 Φ_R 由如下经典公式表示:

$$\Phi_R = 4\pi\Phi_L ANLK \sin^2(\theta/2) \qquad (4-10)$$

式中,Φ_R 为拉曼散射的光通量;Φ_L 为入射到样品上激光通量;A 为拉曼散射系数,约为 $10^{-28} \sim 10^{-29}$ mol/球面度;N 为分子浓度;L 为样品的有效体积;K 为折射率及样品内场效应等引起的影响系数;θ 为表示拉曼光束在收集方向上的张角。

在理想条件下,拉曼散射的强度与分子浓度呈线性关系,但实际检测时影响拉曼光谱的因素很多,例如,光源的稳定性、样品的自吸收及样品浓度改变时折射率的变化等,因此通过直接检测不同浓度样品间的拉曼光谱强度来进行定量是不精确的,有效的方法是在样品中加入内标物,或者利用溶剂本身作为内标物,通过被测物与内标物的拉曼光谱强度比进行定量。对于非水溶液,常用的内标物为四氯化碳溶液(459 cm^{-1}),对于水溶液样品,常用的内标物为硝酸根离子(1 050 cm^{-1})和高氯酸根离子(930 cm^{-1})。对于固体样品也可以用样品中的某一条拉曼谱线作为内标物。

和红外光谱法相比较,采用拉曼光谱作定量分析的优点是能直接应用于水溶液样品分析,具有较高的准确度。拉曼光谱的定量分析也可以用于多组分同时测量,前提是各组分的拉曼谱线互不干扰。例如,用 514 nm 的氩离子激光器作激发光源,用四氯化碳和硝酸根离子作为内标物,可以同时测定 Al(OH)$_4^-$、Cr$_4^{2-}$、NO$_3^-$、NO$_2^-$、PO$_4^{3-}$、SO$_4^{2-}$ 六种离子。

4. 表面增强拉曼光谱技术

因为普通拉曼光谱分析的灵敏度很低,因此近几十年来发展了一些增强拉曼光谱的方法,最具代表性的就是表面增强拉曼光谱技术(surface enhanced Raman scattering, SERS)。1974 年,Fleischman 等人对光滑银电极表面进行粗糙化处理后,首次观察到吸附在银电极表面的吡啶分子的高质量的拉曼光谱。Jeanmarie 和 Van Duyne 通过系统的实验和计算发现吸附在粗糙银表面上的每个吡啶分子的拉曼散射信号与溶液相中的吡啶的拉曼散射信号相比,增强了约 5~6 个数量级,

并指出这是一种与粗糙表面相关的表面增强效应。从此以后,SERS 技术得到了飞速发展。

SRES 是一种高灵敏度检测技术,它借助于被称为基底的介质(如粗糙的电极表面、纳米金属颗粒等),使基底、被测分子和入射光光子之间发生一些物理和化学的相互作用,导致拉曼增强效应。目前普遍认为,SERS 的发生机理包括物理增强和化学增强两种。物理增强认为表面等离子体共振引起的局域电磁场增强是 SERS 中最主要的贡献,表面等离子体是金属中的自由电子在光电场下发生集体性的振荡效应。化学增强认为当分子化学吸附于基底表面时,表面、表面吸附原子和其他共吸附物种等都可能与分子有一定的化学作用,这些因素对分子的电子密度分布有直接的影响,导致极化率的变化而影响了拉曼强度。

SERS 能检测吸附在金属表面的单分子层和亚单分子层的分子,给出表面分子的结构信息。SERS 技术也可以用来研究分子的吸附动力学,利用测量 SERS 强度随时间变化的关系,能得到吸附速率常数等数据。在生物体系的研究中 SERS 也有很多应用,因为大多数生物工程都是在界面上进行的,例如一些酶催化的氧化还原反应,就是在生物膜和水溶液界面上进行的,所以研究生物分子在界面的性质有很重要的意义。用 SERS 方法研究生物体系的优点是:它有很低的检测限($10^{-6} \sim 10^{-5}$ mol/L);它能在水溶液中测量,且许多生物分子吸附到金属表面时可显著降低其荧光强度,提高拉曼光谱的信号强度。

(1) 表面增强拉曼光谱的特点

除了具有很高的灵敏度以外,表面增强拉曼光谱还具有很多特殊的特点。

① 表面增强拉曼光谱与吸附金属及金属化合物的种类有关,目前发现使吸附分子有表面增强的金属有银、金、铜、锂、钠、钾、铝、汞、铬等;金属化合物有 TiO_2、Ni_2O 等。目前使用最多的是银、金、铜,其中银的增强效应最显著。

② SERS 信号与激光光源频率有关,银基的基底对大多数的激光光源都有较好的 SERS 效应,而对金和铜基底,使用蓝光(514 nm)激光光源时,一般只有很小的 SERS 效应,使用红光(1 064 nm)激光光源时,却有较好的 SERS 效应。

③ SERS 与吸附金属表面的粗糙度有关,当金属表面具有微观(原子尺度)或亚微观(纳米尺度)结构时,才有表面增强效应。当银基底表面粗糙度为 100 nm、铜基体表面粗糙度为 50 nm 时,增强效应较大。

④ SERS 与被吸附分子和基底表面的距离有关,SERS 强度随被吸附分子与金属基底表面的距离增加而迅速降低。

⑤ SERS 效应是在微观尺度上发生的,与基底表面形态及其与被测分子的相互作用密切相关,因此 SERS 信号的稳定性往往不理想,分析检测的重现性不好,这限制了 SERS 用于定量分析。

(2) 常用的 SERS 基底

① 电化学方法制备基底

这种方法特别适用电极表面的 SERS 研究。此方法是通过电极电位的改变,使金属电极表面经历氧化还原循环而粗糙化。以银电极为例,电化学粗糙步骤如下:银电极表面先用 Al_2O_3 和水混合而成的膏状物抛光,超声波清洗后,再用三次蒸馏水淋洗干净,放入装有电解液的电化学池中。一般使用双电位阶跃法使电极粗糙化,即银电极的初始电位被调到不发生氧化的电位(稳定电位),然后使电位跃迁到发生氧化的电位,保持 $1 \sim 5$ s,使银电极表面迅速氧化后,电极电位跃迁回稳定电位,使氧化的银还原而完成粗糙化过程。

② 金属溶胶基底

常见的金属溶胶基底有银溶胶和金溶胶,尽管其制备的可重复性及存储的稳定性仍然有待提高，但其易于制备且有较好的增强性能，在 SERS 领域至今应用广泛。银溶胶基底典型制备方法如下：取一定量硝酸银溶液转移至 250 mL 圆底烧瓶中，油浴加热，并不断搅拌。待溶液沸腾后将一定量的柠檬酸三钠溶液逐滴加入硝酸银溶液中，滴加完成后，继续加热搅拌 60 min，之后停止加热，自然冷却，将得到灰色的银溶胶倒入棕色的广口瓶中避光保存。金溶胶基底典型制备方法如下：一定量氯金酸溶液加入三口烧瓶中，搅拌，油浴加热回流至沸腾，滴加柠檬酸三钠溶液，之后继续加热，搅拌 15 min，将油浴撤去，继续搅拌 10 min，反应完成后，停止搅拌，自然冷却，得到紫红色的金溶胶，将其倒入棕色的广口瓶中避光保存。

　　此外，还可以通过一些固定化技术（如自组装法、原位生长法、L－B 技术、丝网印刷法）将水相金、银纳米颗粒固定至一定形态的材料表面，提高基底的重复性和稳定性。

　　③ 银镜反应法制备基底

　　用银镜反应原理也能在玻璃片上镀一层具有 SERS 效应的表面粗糙银膜。制备方法是：把 10 滴新配的 5% 的 NaOH 加入 2%～3% AgNO$_3$ 溶液中，得到深棕色的 AgOH 沉淀后，加入浓的 NH$_4$OH 使沉淀溶解，把溶液冷却到 0℃ 左右，然后把干净的玻璃片放入溶液，再加入 3 mL 10% 的 d-葡萄糖。最后将盛有溶液的烧杯在 55℃ 的水浴中加热 1 min、用超声波处理 1 min，在玻璃片上就沉淀上一层粗糙的有显著 SERS 效应的银膜。

　　④ 化学腐蚀法制备基底

　　利用化学腐蚀的方法也能使金属基体粗糙化，例如用丙酮和蒸馏水将银片洗净，然后在 2.5 mol/L 的硝酸溶液中浸泡 15 min，就能得到表面粗糙化的银片。

5. 拉曼成像

　　拉曼成像是一种能同时获取拉曼光谱信息和空间分布信息的技术。不同位置的拉曼光谱被采集之后，特定化学位移的信息被提取出来，通常是以其强度信息生成相应的灰度或伪彩的拉曼图像。共聚焦拉曼光谱仪还可以探究样品的深度剖析信息和 3D 拉曼成像。图 4-17 为非处方药 Adalat®-L 的拉曼成像图片。

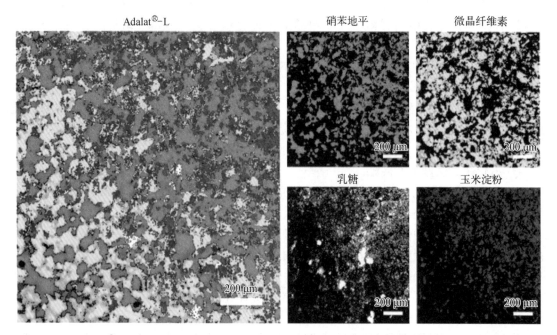

图 4-17　Adalat®-L 药片的拉曼成像，四种主要成分（硝苯地平、微晶纤维素、乳糖和玉米淀粉）的分布情况

4.5　分子荧光光谱

　　分子或原子吸收了电磁辐射而被激发,返回基态时发出一定波长的光,这种现象称为光致发光,荧光和磷光是最常见的两种分子产生的光致发光现象。由测量荧光强度和磷光强度建立起来的分析方法分别称为分子荧光分析法和磷光分析法。分子荧光分析法最突出的优点是灵敏度极高,比分子吸收光谱法的灵敏度高1~3个数量级,对于某些化合物,使用分子荧光技术甚至可以实现单分子检测,这一优点对于分析工作者极具吸引力。然而,适合于检测的荧光物质和荧光体系比较少,因此与分子吸收光谱法相比,分子荧光光谱的应用范围要窄得多。尽管如此,分子荧光分析法在生物大分子和有机大分子分析方面的重要应用使之成为21世纪备受关注的分析方法之一。

4.5.1　分子荧光光谱基本原理

1. 分子荧光的产生

　　分子荧光光谱涉及分子内部电子能级的跃迁。当分子吸收了特定波长的电磁辐射,其电子能级由基态(S_0)跃迁到激发态(S_i, $i=1$, 2, $\cdots$)的各振动能级上,如图4-18所示。

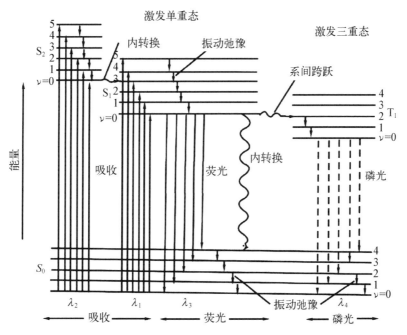

图 4-18　分子的部分电子能级示意图

　　多重态定义为$M=2s+1$, s为电子自旋量子数的代数和,其数值为0或1。根据泡利(Pauli)不相容原理,分子中同一轨道所占据的两个电子必须具有相反的自旋方向,即自旋配对,此时$s=1/2+(-1/2)=0$, $M=1$,分子体系处于单重态,用S表示。大多数有机物分子的基态处于单重态。当分子吸收能量后,如果电子在跃迁过程中并不发生自旋方向的改变,则分子处于激发的单重态,如能级S_1、S_2等;如果电子在跃迁过程中还伴随自旋方向的改变,则分子具有两个自旋不配对的电子,即 $s=1/2+1/2=1$,$M=3$,此时,分子处于激发的三重态,用 T 表示,如 T_1、T_2 等。由于平行自旋比成对自旋状态稳定,因此三重态能级总比相对应的单重态能级略低。根据跃迁定则,分子由基态直接跃迁至激发三重态是被禁阻的,因此发生的概率很小。

当分子吸收了辐射而被激发到较高能级后,处于激发态的分子是不稳定的,它可通过辐射方式或无辐射方式去活化后返回基态,其中速度最快、激发态寿命最短的途径占有优势,常见的去活化过程有以下几种(图 4-18)。

(1) 振动弛豫:当溶质分子与溶剂分子发生碰撞时,溶质的激发态分子可将过剩的振动能量以热能方式传递给周围的溶剂分子,而自身从激发态的高振动能级失活,跃迁至同一电子能级激发态的较低振动能级。这一失活过程速度极快,只需 $10^{-14} \sim 10^{-12}$ s,称为振动弛豫。

(2) 内转换:与振动弛豫类似,激发态分子释放热能后,在同一多重态内部,从较高电子能级的较低振动能级失活,跃迁至较低电子能级的较高振动能级。当两电子能级很靠近以至其振动能级有重叠时,内转换极易发生,S_2 以上激发单重态之间的内转换一般只需要 $10^{-13} \sim 10^{-11}$ s,这一过程称为内转换。

(3) 系间跨越:系间跨越是指不同多重态的两个电子能态之间的非辐射跃迁过程,如 $S_1 \rightarrow T_1$。该跃迁涉及电子自旋状态的改变是禁阻的,可通过自旋轨道耦合进行,因此去活化的速度要小得多,一般需要 $10^{-6} \sim 10^{-2}$ s。

(4) 荧光发射:当激发态分子从第一激发单重态(S_1)的最低振动能级,通过发射光量子去活,回到基态的各振动能级时产生荧光发射。荧光发射时间约为 $10^{-9} \sim 10^{-7}$ s。

(5) 磷光发射:当激发态分子从第一激发三重态(T_1)的最低振动能级,发射光量子回到基态的各振动能级时产生磷光发射。磷光发射时间约 $10^{-4} \sim 10$ s。当没有其他过程与之竞争时(如 T_1 至 S_0 的系间跨越),该过程有可能发生。由此可见,荧光和磷光的根本区别在于荧光是由单重-单重态跃迁产生,而磷光则由三重-单重态跃迁产生。

基态分子吸收辐射受激发后,可能跃迁至高电子能级的各振动能级。由上述去活化途径可知,由于激发态分子发生振动弛豫和内转换的过程非常快,因此迅速下降至 S_1 激发单重态的最低振动能级。处于该最低振动能级的分子,可以通过以下几种可能的去活化过程回到基态:① 荧光发射;② 内转换;③ 激发单重态 S_1 至激发三重态 T_1 间的系间跨越。当 S_1 最低振动能级与 S_0 能级之间的能量间隔较大,内转换的速度相对较小时($10^{-9} \sim 10^{-6}$ s),荧光现象可能产生。

2. 激发光谱和发射光谱

任何荧光(磷光)物质都具有两种特征光谱:激发光谱和发射光谱,发射光谱也称为荧光光谱。典型的荧光光谱如图 4-19 所示。

发射光谱:当激发光的强度和波长固定不变时(通常固定在最大激发波长处),扫描记录不同发射波长下的荧光强度,获得荧光强度与发射光波长的关系曲线,即得荧光物质的发射光谱。

激发光谱:当固定荧光的测定波长(通常固定在最大发射波长处),不断改变激发光(即入射光)波长,记录荧光强度与激发光波长的关系曲线,即得荧光物质的激发光谱。激发光谱实际上与被测物质的吸收光谱相对应。

3. 荧光光谱的特性

荧光光谱分析主要针对溶液样品,溶液中物质的荧光光谱通常具有如下特性:

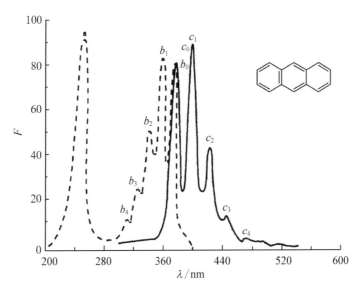

图 4-19   蒽的荧光特征光谱：激发光谱(虚线)和发射光谱(实线)

（1）斯托克斯位移：荧光波长总是大于激发光的波长，这种波长移动的现象称为斯托克斯位移。产生斯托克斯位移的主要原因是激发态分子在发射荧光之前，通过振动弛豫和内转换去活过程损失了部分激发能；此外，溶剂与激发态分子发生碰撞导致能量损失，这些能量损失也将引起斯托克斯位移。

（2）发射光谱的形状与激发波长无关：激发波长不同，荧光分子吸收的辐射能不同，可能被激发到不同激发态的振动能级上。但是无论位于哪个激发态，荧光分子都会通过极其快速的振动弛豫和内转换过程下降到 S_1 激发态的最低振动能级，然后才发射荧光。因此发射光谱只有一个发射带，其形状只与基态振动能级的分布情况与跃迁回到各振动能级的概率有关，而与激发波长无关。采用不同波长的激发光照射荧光分子，可获得形状相同的发射光谱。

（3）发射光谱与激发光谱（或吸收光谱）成镜像对称：激发光谱（或吸收光谱）是分子由基态跃迁至第一激发态的各振动能级所致，其光谱形状与第一激发态的振动能级分布有关；而发射光谱是物质由第一激发态的最低振动能级跃迁回基态各振动能级所致，其光谱形状与基态的振动能级分布有关。由于基态各振动能级的能级结构与第一激发态各振动能级的能级结构相似，因此发射光谱与激发光谱（或吸收光谱）互成镜像对称。

4. 荧光物质结构和环境因素对荧光光谱的影响

许多能吸收光的物质并不一定会发出荧光，这是由于发射荧光只是分子处于 S_1 激发态最低振动能级时去活化途径之一，还存在多种非辐射跃迁与之竞争，如内转换，这些非辐射跃迁出现的概率可能比荧光发射的概率要高得多。因此，分子能否发射荧光取决于以下两个条件：一是能吸收激发光，这要求分子具有一定的结构（参考紫外-可见光谱的吸收条件）；二是吸收了与其本身特征频率相同的辐射后，具有一定的荧光量子产率。

荧光量子产率是用来度量荧光物质发射荧光能力的参数，也称为荧光效率，其定义为

$$荧光量子产率(\varphi) = \frac{发射荧光的分子数}{吸收激发光的分子数}$$

分子的荧光效率一般小于1，例如荧光素水溶液的 φ 为 0.65，而非荧光物质的 φ 近乎0，

通常 φ 在 $0.1 \sim 1$ 时具有分析应用价值。

荧光物质一般具有以下结构特征。

(1) 具有共轭双键体系：存在 $\pi^* \rightarrow \pi$、$\pi^* \rightarrow n$ 跃迁的分子荧光效率高,因此,共轭双键结构有利于发光。共轭度越大,分子的荧光效率也就越大,且发射光谱向长波方向移动。因此绝大多数能发荧光的物质都具有芳香环或杂环结构。

(2) 具有刚性平面结构：具有刚性平面结构的分子,其荧光量子产率高。例如酚酞和荧光素的结构十分相近,但荧光素在乙醇溶液中的 φ 接近于 1,而酚酞只有约 0.2,这主要是由于荧光素中的氧桥使分子具有刚性平面构型,这种构型可以减少分子振动,也就减少了系间跨越至三重态及碰撞去活的可能性。

酚酞　　　　　　　　　　　荧光素

(3) 取代基的影响：芳香环上不同取代基对该化合物的荧光强度和荧光光谱有很大影响。给电子基团如—OH、—OR、—NR$_2$ 等常常使荧光增强,这是由于产生的 p-π 共轭作用(多电子共轭效应)增强了 π 电子的共轭程度。相反,吸电子基团如—COOH、—C=O、—NO$_2$ 等会减弱甚至猝灭荧光。如果是卤素原子取代,则原子序数越大,荧光越弱。取代基如果可以增加分子的平面刚性,则荧光增强,例如吡啶是不发荧光的,而喹啉却能发射荧光。

荧光量子效率不仅与分子结构有关,还与所处的环境密切相关。其中主要的影响因素有温度、溶剂及共存物质等。

荧光物质与溶剂分子或其他溶质分子相互作用,引起荧光强度下降或消失的现象称为荧光猝灭,能引起荧光猝灭的物质称为猝灭剂。荧光猝灭的形式有多种,机理也比较复杂,其中最常见的是碰撞猝灭,它是单重激发态的荧光分子与猝灭剂碰撞后,以无辐射跃迁返回基态,引起荧光强度的下降。另外,某些猝灭剂分子与荧光分子发生作用,形成配合物或发生电子转移反应,也会引起荧光猝灭,称为静态猝灭。O$_2$ 是最常见的猝灭剂,因此荧光分析时需要除去溶液中的氧。

4.5.2　分子荧光光谱分析的定量依据

根据分子荧光发生的机理可知,荧光强度 F 与该物质所吸收的激发光的强度成正比,即

$$F = \varphi \cdot (I_0 - I) \tag{4-11}$$

式中,I_0 为入射光强度；I 为被测物质吸收光之后的出射光强度；φ 为被测物质的荧光量子产率。根据比尔定律,溶液的透光率为

$$\frac{I}{I_0} = 10^{-\epsilon bc} \tag{4-12}$$

式中,ε 为被测物质的摩尔吸光系数;b 为样品池光程;c 为样品浓度。

对式(4-11)和式(4-12)进行整理,并按泰勒展开,得

$$F = \varphi \cdot I_0 \cdot \left[2.3\varepsilon bc - \frac{(2.3\varepsilon bc)^2}{2!} - \frac{(2.3\varepsilon bc)^3}{3!} - \cdots \right] \qquad (4-13)$$

对于稀溶液,c 非常小,当 εbc=A 小于 0.05 时,可省略高阶项,只保留 1 次项,即

$$F = 2.3\varphi I_0 \varepsilon bc \qquad (4-14)$$

式(4-14)即为荧光光谱分析的定量关系式。当入射光强度、样品池长度不变时,稀溶液的荧光强度与溶液浓度成正比,因此通过标准曲线法可对溶液的浓度进行测定。

当吸光度大于 0.05 或透光率小于 0.9 时,即被测溶液浓度较高时,式(4-14)的关系不再成立,荧光强度和溶液浓度之间的线性关系将发生偏离,标准曲线向下弯曲。这是由于浓度过高时,单重激发态分子在发射荧光之前与基态荧光物质分子发生碰撞的概率增加,通过无辐射方式去活,导致荧光强度下降。另一个导致线性偏离的原因是:当物质的荧光发射波长与吸收波长有部分重叠的情况下,物质发出的荧光可有部分被自身吸收,导致荧光强度下降,这种现象称为内滤效应。

4.5.3　分子荧光光谱仪

利用荧光进行分析的仪器有多种类型,其中荧光分光光度计是最常见的,典型的单光束仪器光路图如图 4-20 所示。荧光分光光度计由四个基本部分构成,即激发光源、样品池、激发单色器和发射单色器、检测器。与其他分光光度仪器不同的是它具有两个单色器,且光源与检测器的位置呈直角关系。

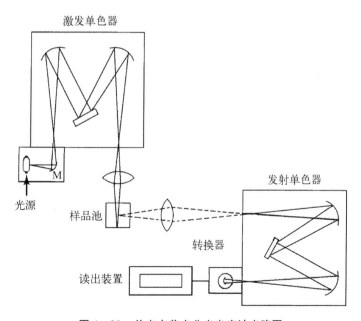

图 4-20　单光束荧光分光光度计光路图

由式(4-14)可见,荧光强度与入射光的强度成正比,因此荧光仪器中通常采用高发射强度的光源,如高压氙灯、高压汞灯以及激光光源等。样品池采用弱荧光的石英材质制成。

荧光分析仪具有两个单色器,第一个单色器用于选择所需的激发波长,使之照射于被测试样上;第二个单色器用于选择所需检测的荧光发射波长。如果用滤光片代替激发单色器和发射单色器中的光栅,则这类仪器称为荧光计。荧光分光光度计通常采用光电倍增管作为检测器。

4.5.4　分子荧光光谱的应用

分子荧光光谱由于其灵敏度高、选择性好、信息量丰富而得到了广泛的应用。分子荧光分析法的灵敏度通常比紫外-可见分光光度法高 $2 \sim 4$ 个数量级,检测限可达 $0.1 \sim 0.001\ \mu g/mL$。荧光光谱分析可同时采用激发光谱和荧光发射光谱进行定性分析,因此选择性优于紫外-可见分光光度法。但分子荧光光谱很少用于化合物的结构鉴定,主要原因是在室温下,荧光光谱的谱带较宽,且结构有微小差异的物质,其荧光光谱极为相近。但荧光光谱可以提供如激发光谱、发射光谱、荧光强度、荧光效率、荧光和磷光寿命等信息,这些参数反映了分子的各种特性,扩展了分子荧光光谱的应用范围。

然而,由于本身能发荧光的物质相对较少,且增强被测物质荧光的方法和体系到目前为止还很有限,荧光分析法的应用范围还比较有限。另外,外界环境对荧光量子效率影响大、干扰测量的因素较多。

荧光分析法主要可以用于定量分析、分子结构性能测定以及作为其他分析技术的检测器。

荧光分析法的灵敏度很高,特别适合于微量及痕量物质的定量分析。它可应用于无机物、有机物及生物分子的分析。无机化合物本身并不发荧光,但可以与有机荧光试剂配位后构成发光体系进行间接测定。荧光试剂种类很多,比如常用的 8-羟基喹啉、2-羟基-3-萘甲酸、苯偶姻(安息香)等,可测定铝、硼、镁等多种元素。另外一种测定无机化合物的方法是间接法,例如氧气、氟离子、钴离子等能使荧光减弱,其减弱的程度与猝灭剂的浓度有关,因此可以利用荧光猝灭法测定这些无机物。

荧光分析法和紫外-可见光谱法一样,可以用于化学平衡和化学动力学研究。且荧光激发光谱、发射光谱及荧光强度等荧光参数与分子结构及其所处环境密切相关,因此荧光分析法不仅可以进行定量测定,而且能为分子结构及分子间相互作用的研究提供有用的信息。例如,将蛋白质与一些荧光探针结合生成发荧光的蛋白质衍生物,使蛋白质分子的荧光强度发生改变,激发光谱和发射光谱产生位移,荧光偏振也可能发生变化,根据这些参数的变化,可以推测蛋白质分子的极性和构象变化等。

荧光分光光度计被广泛地用作高效液相色谱、毛细管电泳、流动分析等分析方法的检测器(称为荧光检测器)。例如,食品中黄曲霉素的测定通常采用高效液相色谱分离,荧光检测器检测。由于荧光分析法灵敏度极高、选择性好,因此成为微型化分析方法如基因芯片、微流控芯片的理想检测手段。

4.5.5　三维荧光光谱分析

三维荧光光谱(excitation-emission matrix, EEM)是将荧光强度以等高线方式投影在以激发光波长和发射光波长为横纵坐标的平面上获得的谱图,图像形象直观,所含信息丰富。譬如采用三维荧光光谱分析技术可对水体中的溶解有机质(DOM)的组成进行分析,图 4-21 为两种不同水体的三维荧光光谱图。从图 4-21(a)可知 DOM 的含量较高,可能含有大量腐殖酸类有机物,而从图4-21(b)可知DOM含量低,无明显溶解性有机物的存在。

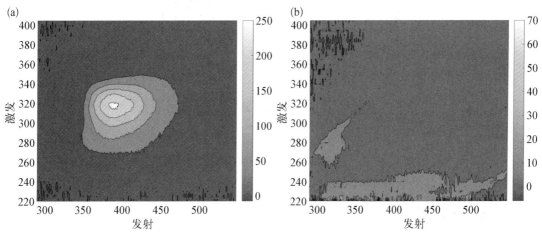

图4-21　两种水体中溶解有机质的三维荧光光谱图

4.5.6　荧光显微镜

荧光显微镜是利用物质发出的荧光,在显微镜下观察物体的形状及其所在位置的一种仪器,主要用于研究细胞内物质的吸收、运输、化学物质的分布及定位等,该技术也称为荧光成像,或显微荧光。20世纪80年代出现的激光扫描共聚焦显微镜是荧光显微镜的一大进步,因为其极大地改善了横向和纵向分辨率,在近几十年得到了越来越广泛的使用。

激光扫描共聚焦显微镜的光路图如图4-22所示。它利用激光作为光源,激光扫描束经照明针孔对样品内焦平面上的每一点进行点扫描,然后经过探测针孔成像。其最大的特点为照明针孔与探测针孔相对于物镜焦平面是共轭的,只有焦平面上的光才能通过针孔,焦平面外的光不会通过探测针孔成像,相当于是样品的一个横断面,从而显著提高了图像的分辨率。

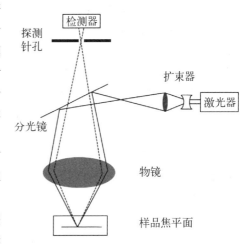

图4-22　激光扫描共聚焦显微镜的光路图

近年来新兴的超分辨率荧光显微技术从原理上打破了原有的光学远场衍射极限对光学系统极限分辨率的限制,在荧光分子帮助下能超过光学分辨率的极限,达到纳米级分辨率。美国科学家埃里克·白兹格、威廉姆·艾斯科·莫尔纳尔和德国科学家斯特凡·W. 赫尔三人因此获得2014年诺贝尔化学奖。

目前发展出来的超分辨荧光显微技术主要包括受激发射耗损显微术(STED)、光激活定位显微技术(PALM)、随机光学重构显微术(STORM)、荧光活化定位显微术(fPALM)、饱和结构照明显微技术(SSIM)等。越来越多的超分辨荧光技术得到了发展,并已经在生物学领域逐渐应用起来。

第5章 色谱分析

色谱法是分析化学中发展最快、应用最广的分析方法之一,在化学、化工、轻工、石油、环保和医药等很多科学领域都有广泛应用,为信息科学、生命科学、材料科学、环境科学等新兴学科的发展不断做出重要贡献。

5.1 色谱法概述

5.1.1 色谱法定义

色谱法又名层析法、色层法,距今已有一百多年的发展历史。1903 年,俄国植物学家茨维特(M. S. Tswett)在华沙自然科学学会会议上,提出题目为"一种新型吸附现象及其在生化分析上的应用"论文,描述了采用吸附剂分离植物色素的新方法。他使用一根充填碳酸钙的竖直玻璃管,将叶绿体色素的石油醚浸取液由柱的顶端加入,并继续用石油醚淋洗。结果,不同色素在柱内得到分离而形成不同颜色的谱带。茨维特在 1906 年的《德国植物学杂志》上发表的论文中将柱中出现的有颜色的色带称为色谱图,把填充 $CaCO_3$ 的玻璃柱管称为色谱柱、$CaCO_3$ 固体颗粒称为固定相(stationary phase)、石油醚称为流动相(mobile phase)。茨维特开创的方法是"液固色谱法",是现代色谱法的起源。1941 年,英国科学家 Martin 和 Synge 提出了液液分配色谱法,他们以水饱和的硅胶为固定相,以氯仿和乙醇混合液为流动相,分离乙酰基氨基酸。在基于分配原理的分配色谱法研究基础上,预言了采用气体为流动相的气液色谱法。色谱法真正作为一种分析技术在 20 世纪 50 年代有了重大进展。Martin 和 James 在 1952 年的 Biochemical Journal 上连续发表了 3 篇论文,报道了用气相色谱分离低碳数脂肪酸、挥发性胺和吡啶类同系物的方法,标志着气相色谱法(gas chromatography, GC)正式进入历史舞台。20 世纪 60 年代,细粒度高效填充色谱柱被成功研制出来,极大地提高了液相色谱的分离性能,标志着高效液相色谱(HPLC)时代的开始。近年来,为了满足复杂样品分离分析的需要,采用亚微米粒径固定相的超高效液相色谱仪(ultrahigh-performance liquid chromatography, UPLC)的问世,进一步拓展了液相色谱的应用领域。

IUPAC(国际纯粹与应用化学联合会)将色谱法定义为"Chromatography is a physical method of separation in which the components to be separated are distributed between two phases, one of which is stationary phase while the other moves in a definite direction"。因此,色谱法是一种物理分离方法,它具有两相,一相相对固定不动,为固定相;另一相则相对固定相按规定的方向流动,为流动相。混合物之所以能被分离,是由于它们在两相之间进行了多次分配,即当流动相中携带混合物经过固定相时,就会与固定相发生作用,由于各组分的结构和性质有差异,与固定相发生作用的作用力大小不同,在两相间的分配系数不同,在同一推动力作用下,各组分在两相间经过反复多次的分配平衡后,在固定相中的滞留时间有长有短,从而按先后不同的次序流出色谱柱,实现混合物的分离。

分析化学中很多样品都是由多种组分组成的混合体系,将样品进行分离往往是分析检测的重要步骤。将色谱法应用于复杂样品的分离分析中,称为色谱分析法。

5.1.2 色谱法分类

色谱法根据不同的标准可以分为不同的种类。根据流动相状态,色谱法可分为气相色谱法(流动相为气体)、液相色谱法(流动相为液体)和超临界流体色谱法;按照固定相状态,又可分为气固色谱法、气液色谱法、液固色谱法和液液色谱法等。

气相色谱法中,固定相为固体吸附剂的色谱方法称为气固吸附色谱;固定相为附着在惰性担体上的液体时,称为气液色谱。其中,气液色谱是比较通用的分离模式。液相色谱法中,固定相可以是固体、液体或胶束。超临界流体色谱中,流动相采用超临界流体,固定相可以是固体也可以是不流动的液体。超临界流体对多种物质具有良好的溶解性,可用于气相色谱过程中稳定性较差而在液相色谱中难以分离的化合物。

按照组分在流动相和固定相之间的分离原理不同,可将色谱法分为吸附色谱法、分配色谱法、离子交换色谱法、体积排阻色谱法、离子色谱法等十余种方法。吸附色谱利用吸附剂对样品的吸附能力强弱进行分离,可细分为气固吸附色谱和液固吸附色谱。分配色谱利用不同组分在流动相与固定相(涂覆在固体载体表面的液体)中溶解度差异所导致的溶质在两相间分配系数不同达到分离目的。液液分配色谱中,固定相极性大于流动相极性时称为正相分配色谱;反之,当流动相极性大于固定相极性时,称为反相分配色谱。值得一提的是,正相色谱和反相色谱的概念已推广到其他类型的液相色谱法中。一般来说,文献中的正相色谱指液固色谱和化学键合相正相色谱,反相色谱则指化学键合相反相色谱。离子交换色谱法中,作为固定相的离子交换树脂上可电离的离子与流动相中具有相同电荷的样品离子进行可逆交换,根据这些离子对离子交换剂亲和力不同进行分离。体积排阻色谱法的分离机理与其他色谱法不同,样品依据分子大小进行分离。作为固定相的凝胶具有类似分子筛的作用,但凝胶的孔径较分子筛大得多,一般为几个纳米到几百纳米之间。利用蛋白质或其他生物大分子与固定相上修饰的配体之间的特异亲和力进行分离的方法称为亲和色谱。

按照固定相形态和操作方式不同,可将色谱法分为柱色谱、纸色谱和薄层色谱法。柱色谱指将固定相填装在玻璃、不锈钢或石英管中进行色谱分离的色谱法,其流动相可以是气体、液体或超临界流体。装填固定相的管子称为色谱柱。纸色谱采用具有多孔性和强渗透能力的滤纸或纤维素薄膜作为固定相。将固定相均匀地涂在玻璃或其他材料的平板上形成一个薄层的色谱法称为薄层色谱法。纸色谱和薄层色谱的固定相均为平板状态,又统称为平面色谱法。平面色谱法的流动相为液体,通过扩散或者重力作用从平板的一端流向另一端。

除了以上提到的分类方法外,为提高组分的分离效能和分离选择性,又发展了多种新型色谱分离法,如气相色谱法可以进一步分为程序升温气相色谱法、反应气相色谱法、裂解气相色谱法、顶空气相色谱法、多维气相色谱法等。

5.1.3 色谱分析相关术语

用以完成色谱分离、分析过程的仪器称为色谱仪,色谱仪的一般工作流程如图5-1所示。

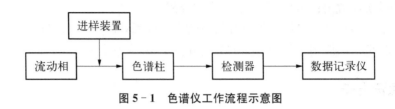

图 5-1 色谱仪工作流程示意图

流动相携带从进样装置引入的混合试样进入色谱柱,在色谱柱中进行分离后,各组分依次流出色谱柱并进入检测器,检测器输出的组分浓度信号由数据记录仪记录下来。

从进样开始,记录仪记录下来的检测器响应信号随时间或流动相流出体积而变化的曲线图称为色谱图(chromatogram),也称为色谱流出曲线,现以某组分的流出曲线示意图 5-2来说明相关色谱术语。

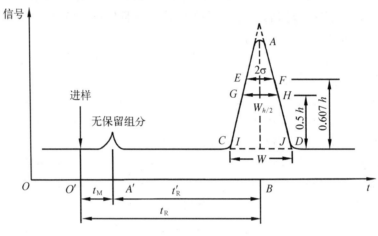

图 5-2 色谱流出曲线示意图

1. 基线(baseline)

当没有组分进入,仅有流动相流入检测器时,色谱流出曲线是一条只反映了仪器噪声随时间变化的线,称为基线。稳定的基线是一条直线,如图 5-2 中所示的直线段。

当基线随时间定向的缓慢变化,称为基线漂移。由各种因素所引起的基线上下起伏,称为基线噪声。

2. 色谱峰(peak)

当组分进入检测器并产生响应信号时,色谱流出曲线就会偏离基线,直至该组分完全流出检测器。该组分通过检测器所产生的响应信号称为色谱峰,如图 5-2 中所示的 CAD 曲线段。

曲线 CAD 与峰底(CD 连线)所包围的面积称为峰面积。色谱峰最高点到峰底的垂直距离,称为峰高。

3. 峰宽(peak width)

色谱峰宽度是色谱流出曲线中的重要参数。度量色谱峰宽度通常有以下三种方法。

(1)峰底宽度 W

又称为峰宽,为色谱峰两侧拐点所作切线在基线上的截距,如图 5-2 中所示的 IJ,峰底宽度是标准偏差的 4 倍。

（2）半峰宽 $W_{h/2}$

又称半高峰宽，即峰高为一半处的宽度，如图 5-2 中所示的 GH，它是标准偏差的 2.35 倍。相比于峰底宽度，$W_{h/2}$ 更易于测量，因此常用它表示色谱峰的区域宽度。

（3）标准偏差 σ

在组分流出曲线上二阶导数等于零的点，称为峰拐点，如图 5-2 中所示的 E 点和 F 点，EF 位于峰高的 0.607 处。EF 之间的宽度为拐点宽度，拐点宽度的一半称为标准偏差。

4. 保留值(retention value)

保留值是表示试样中各组分在色谱柱中滞留时间的数值。通常用时间或用将组分带出色谱柱所需流动相的体积表示。

（1）保留时间(retention time) t_R

指被测组分从进样开始到检测器检测到信号达到最大值所需的时间，如图 5-2 中所示的 $O'B$。

（2）死时间 t_M

指不与固定相发生相互作用的组分（如气液色谱中的空气）从进样开始到检测器检测到信号达到最大值时所需的时间，如图 5-2 中所示的 $O'A'$ 所示。

（3）调整保留时间 t'_R

指扣除死时间后的保留时间，如图 5-2 中所示的 $A'B$，即某组分由于与固定相发生相互作用，比不发生相互作用组分在色谱柱中多滞留的时间。

$$t'_R = t_R - t_M \tag{5-1}$$

（4）保留体积(retention volume) V_R

指从进样开始到检测器检测到信号达到最大值时所通过的流动相体积，即

$$V_R = t_R \cdot F_0 \tag{5-2}$$

式中，F_0 为色谱柱出口处流动相的体积流速，F_0 大，保留时间相应降低，两者乘积仍为常数，因此 V_R 与流动相流速无关。

（5）死体积 V_M

指色谱柱在填充后柱管内固定相颗粒间空隙所占空间、色谱仪中管路空间以及检测器空间的总和。当后两项可忽略不计时，死体积可由死时间和流动相流速 F_0 计算

$$V_M = t_M \cdot F_0 \tag{5-3}$$

（6）调整保留体积 V'_R

指扣除死体积后的保留体积，即

$$V'_R = t'_R F_0 \quad 或 \quad V'_R = V_R - V_M \tag{5-4}$$

死体积反映了柱和仪器系统的几何特性，它与被测物的性质无关，故保留体积值中扣除死体积后将更合理地反映被测组分的保留特性。

（7）相对保留值 $r_{i,s}$

指某组分 i 的调整保留值与另一组分（标准物质）s 的调整保留值之比：

$$r_{i,s} = \frac{t'_{R(i)}}{t'_{R(s)}} = \frac{V'_{R(i)}}{V'_{R(s)}} \tag{5-5}$$

相对保留值只与柱温、固定相种类有关,不受其他色谱操作参数的影响,因此它是色谱定性分析的重要参数。

(8) 选择性因子 α

又称分离因子,是指两个相邻色谱峰的调整保留时间(或体积)的比值。

$$\alpha = \frac{t'_{R(i)}}{t'_{R(s)}} = \frac{V'_{R(i)}}{V'_{R(s)}} \tag{5-6}$$

选择性因子 α 的计算公式与相对保留值 $r_{i,s}$ 相似,但规定以先流出的色谱峰为 s 组分,因此计算得到的 $\alpha \geqslant 1$。α 值越大,相邻两组分保留时间相差越大,分离得越好,当 $\alpha = 1$ 时,两组分不能被分离。

利用色谱流出曲线可以解决以下问题:

① 根据色谱峰的保留值可以进行定性分析;

② 根据色谱峰的面积或峰高可以进行定量测定;

③ 根据色谱峰的保留值及其宽度,可以对色谱柱分离情况进行评价。

5.2　色谱理论基础

色谱分离理论通常从以下两个方面进行研究:一是试样中各组分在两相间的分配情况,组分的保留值反映了这种分配情况,它由色谱过程中的热力学因素所控制;二是各组分在色谱柱中的运动情况,组分的峰宽与之在两相间的传质有关,它由色谱过程的动力学因素所控制。

因此色谱分离理论包括热力学和动力学两方面内容,应用多种数学方法建立描述色谱分离过程的模型并对其求解,以获得色谱基本参数与色谱分离体系及条件的关系,实现色谱分离条件的优化。

5.2.1　色谱热力学理论

1. 分子间作用力

目标组分的分离情况取决于其在两相间的分配系数,而分配系数根本上取决于组分与两相间的作用力。分子间的作用力有多种形式,如色散力、诱导力、取向力、氢键力等。

(1) 色散力

色散力是在分子之间普遍存在的一种作用力。色散力的产生是由于分子中电子运动造成电子云分布的变化,从而使它与原子核之间出现瞬时相对位移,产生了瞬时偶极。瞬时偶极可使其相邻的另一分子产生瞬时诱导偶极,且两个瞬时偶极总处于异极相邻状态,使分子之间产生更大的电子云重叠,这种作用即为色散力。不同类型分子之间色散力的大小可以采用下式进行描述:

$$\epsilon_L = \frac{3\alpha_1 \alpha_2 I_1 I_2}{2r^6(I_1 + I_2)} \tag{5-7}$$

式中,ϵ_L 为色散力的作用能;α 为分子的极化率;I 为分子的第一电离能;r 为分子作用半径;下标 1、2 分别代表了两类分子。

（2）诱导力

诱导力存在于极性分子和非极性分子之间以及极性分子和极性分子之间。在极性分子和非极性分子之间，由于极性分子偶极所产生的电场对非极性分子发生影响，使非极性分子电子云变形，正、负电荷重心相对位移，产生诱导偶极，诱导偶极和极性分子的固有偶极相互吸引，这种作用力称为诱导力。极性分子和非极性分子之间诱导作用力的大小 ϵ_I 可表示为

$$\epsilon_I = -\frac{\mu_1 \alpha_2}{r^6} \tag{5-8}$$

式中，ϵ_I 为诱导力的作用能；μ_1 为极性分子的偶极距；α_2 为非极性分子的极化率。

（3）取向力

取向力存在于极性分子与极性分子之间，是永久偶极相互作用的结果。由于取向力的存在，使极性分子更加靠近，在相邻分子的永久偶极作用下，分子的正、负电荷中心位移增大，产生了诱导偶极，因此极性分子之间还存在着诱导力。取向力的大小可描述为

$$\epsilon_D = -\left(\frac{2\mu_1^2 \mu_2^2}{r^6 kT}\right) \tag{5-9}$$

式中，ϵ_D 为取向力的作用能；T 为热力学温度；μ_1 和 μ_2 分别为两个极性分子的偶极距。

（4）氢键力

氢键的形成是由于氢原子和电负性较大的 X 原子（如 F、O、N）以共价键结合后，共用电子对强烈地偏向 X 原子，此时氢核还能吸引另一个电负性较大的 Y 原子中的独对电子云而形成氢键。氢键力的大小与周围原子或基团的立体化学结构、电子效应及酸碱性能有关，并受溶剂体系的影响。

在气相色谱中，由于被分析物与流动相均为气态，其分子作用半径大，分子间的相互作用力较小，因此主要考虑溶质与固定相之间作用力的差异。例如苯和环己烷的沸点很相近，若选用非极性固定液，由于两者与固定液之间的色散力相近，故难以分离。但苯比环己烷容易极化，如选用极性固定液，固定液对苯的诱导力远大于环己烷，两者很容易分离。

在液相色谱中，由于被分析物与固定相和流动相间的分子作用力对其保留行为均有影响，因此流动相的性质也是液相色谱热力学中的重要参数。

2. 重要的热力学参数

被分离组分在固定相和流动相之间的分配系数 K 定义为一定温度、压力下组分在两相间分配达平衡后，其在固定相和流动相中浓度的比值：

$$K = \frac{c_S}{c_M} \tag{5-10}$$

式中，c_S 为组分在固定相中的浓度；c_M 为组分在流动相中的浓度。

在色谱分离体系中，组分的分配系数不便测定，因此常使用容量因子 k（capacity factor）这一重要的热力学参数。容量因子又称为质量分配比，是指在一定温度、压力下，组分在两相间达到分配平衡时，其在两相中的质量比：

$$k = \frac{m_S}{m_M} = \frac{c_S \cdot V_S}{c_M \cdot V_M} = \frac{K}{\beta} \tag{5-11}$$

式中，m_S 为组分分配在固定相中的分子数或质量；m_M 为组分分配在流动相中的分子数或质

量；V_M 为色谱柱的死体积；V_S 为色谱柱中固定相体积。V_M 与 V_S 之比称为相比，以 β 表示，它是反映色谱柱柱型及其结构的重要参数。

容量因子是对固定相保留能力的度量，它与保留值之间的关系为

$$k=\frac{m_S}{m_M}=\frac{V'_R}{V_M}=\frac{V_R-V_M}{V_M}=\frac{t_R-t_M}{t_M} \tag{5-12}$$

$$t_R=t_M(1+k) \tag{5-13}$$

某组分的容量因子可以利用其保留值进行计算，保留值反映了热力学属性，容量因子（或保留值）与热力学因素之间的关系是色谱过程热力学的重要研究内容。

3. 气相色谱保留值的热力学方程及保留规律

（1）保留值的热力学方程

净保留体积 V_g 是气相色谱中一个重要的保留值参数，它定义为单位重量的固定液上，在热力学温度为 273.16 K 时，组分流出色谱柱时所通过的流动相体积。

$$V_g=\frac{t'_R}{W}\times\frac{273.16}{T_c}\times\overline{F} \tag{5-14}$$

式中，W 为固定液的重量；T_c 为色谱柱热力学温度；$\overline{F}$ 为载气在色谱柱中的平均流速（不等于柱后流速 F_0）。由于 V_g 将不同固定液重量、不同柱温下测得的保留体积校正为单位质量固定液和 273.16 K 下的保留体积，有利于热力学函数之间的换算。

可以证明，净保留体积与热力学参数之间的关系为

$$V_g=\frac{273.16R}{\gamma P_2^* M_1} \tag{5-15}$$

式中，γ 为组分在固定液中的活度系数；P_2^* 是组分在柱温下的饱和蒸气压；M_1 为固定液的摩尔质量。式（5-15）即为气液色谱中保留值的热力学方程。

由式（5-15）可见，对于同系物，由于结构相近，各组分的活度系数差别不大，因此从色谱柱中流出的次序主要取决于饱和蒸气压的大小，即取决于沸点的高低，沸点低的组分饱和蒸气压大，V_g 小，先出峰；反之，沸点高的后出峰。对于沸点相近的物质对（非同系物），或沸点相近的异构体，其保留值的大小与活度系数成反比，活度系数与固定相的性质有关，可以通过选择合适的固定相，使物质对的活度系数产生较大差异而达到分离的目的，因此改变固定相是改善分离的有效途径。

（2）保留值与柱温的关系

温度是重要的热力学参数，但上述保留值的热力学方程并没有给出保留值与柱温之间的关系。Van't hoff 方程表达了平衡常数在恒压下随温度变化规律，其变形公式为

$$\ln K=-\frac{\Delta H_s}{RT}+\frac{\Delta S_s}{R} \tag{5-16}$$

式中，K 为分配系数；ΔH_s 和 ΔS_s 分别为溶质在固定液中的溶解焓和溶解熵；T 为柱温。将式（5-11）代入式（5-16）得

$$\ln k=-\frac{\Delta H_s}{RT}+\frac{\Delta S_s}{R}-\ln\beta \tag{5-17}$$

当固定相不变时,ΔH_s 和 ΔS_s 为常数,可改写成:

$$\ln k = \frac{B}{T} + A \qquad (5-18)$$

因此,在一定温度下,被分离物质对的选择性与柱温的关系为

$$\ln \alpha = \ln \frac{k_1}{k_2} = \frac{B_1 - B_2}{T} + (A_1 - A_2) \qquad (5-19)$$

式中,下标 1,2 分别对应于分离的两种组分。式(5-18)和式(5-19)表明,改变柱温可以改变保留值、选择性和混合物的分离,这是柱温选择的理论依据。

（3）气相色谱的保留规律

通过实验研究和理论推导发现,气相色谱中的保留值具有以下规律。

① 同系物保留值的碳数规律

在一定的色谱条件下,同系物调整保留体积（或调整保留时间）的对数值与分子中的碳数呈线性关系,这一规律称为同系物的碳数规律。以 k 取代 V'_R,此线性关系式可写为

$$\ln k_n = A_1 n + C_1 \qquad (5-20)$$

式中,k_n 为同系物中某一组分的容量因子;n 为该组分的碳数;A_1 和 C_1 为常数。碳数规律在气相色谱中占有重要地位,它是保留指数（Kovats 指数）定性的基础。

② 同系物的双柱规律

同系物的双柱规律是指同系物在两根不同色谱柱上的保留值间存在线性关系。不同类型官能团化合物在两根色谱柱上得到的线性关系的斜率不同,如图 5-3 所示。如果将不同固定相上的同系物保留值的对数作图,则可以得到一系列截距不同的平行线,这一规律可以通过碳数规律加以推导。

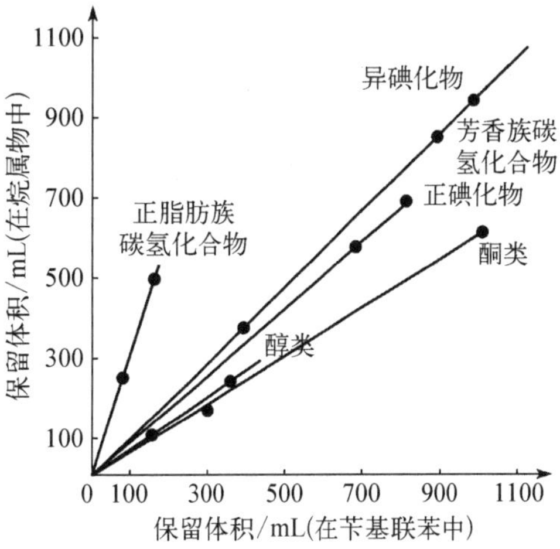

图 5-3　不同类型的化合物在双柱规律

4. 液相色谱保留值方程

根据流动相和固定相相对极性的不同,液相色谱的分离模式可分为正相液相色谱和反相液相色谱,其中以流动相极性大于固定相极性的反相液相色谱应用最为广泛,其保留值规律的研究最深入、最具代表性。因此本书以反相液相色谱为例介绍保留值基本规律。

液相色谱中,除固定相外,流动相与组分间的相互作用也是影响保留值的重要因素。反相色谱通常以水为弱洗脱溶剂,甲醇、乙腈等有机溶剂为强洗脱溶剂,将两者混合成一定强度的流动相对混合样品进行洗脱。液相色谱保留值方程正是描述了洗脱溶剂浓度的变化对组分保留值的影响:

$$\ln k = a + c \cdot C_B \qquad (5-21)$$

式中,a,c 为保留值方程系数;C_B 为有机相的浓度。c 为负值,因此保留值随强洗脱溶剂浓度的增加而减小。由于大分子试样如蛋白质、多肽等的空间构型会随着流动相的疏水性发生改

变,因此其保留值并不符合式(5-21)。

与气相色谱相同,液相色谱中保留值与温度之间的关系满足 Van't hoff 方程,即

$$\ln k = -\frac{\Delta H}{RT} + \frac{\Delta S}{R} \qquad (5-22)$$

式中,ΔH 和 ΔS 分别为流动相和固定相中溶解焓和溶解熵的差值。在同一根色谱柱上,指定溶质与流动相,以及较小变化的温度范围内(如室温约为 25℃),流动相的表面张力等物理化学性质变化可忽略,此时 ΔH 和 ΔS 均为常数,$\ln k$ 与 $1/T$ 呈线性关系。

与气相色谱不同的是,由于 ΔH 与固定相和流动相中焓的差值相关,它有可能为正值,也有可能为负值。因此在液相色谱中,当分离体系确定后,柱温升高;保留值的变化规律(增大还是减小)与组分的性质有关;而在气相色谱中,不论何种物质,其保留值总是随着柱温的升高而减小。

5.2.2 色谱动力学理论

1. 塔板理论

为了解释色谱分离过程,Martin 和 Synge 于 1941 年提出了塔板理论(plate theory),该理论的核心是将色谱分离过程比拟为蒸馏过程,采用概率论的方法推导出色谱流出曲线方程,以及理论塔板高度和理论塔板数的计算公式。

塔板理论是建立在四点假设基础之上的:① 色谱柱内存在多级塔板,组分在塔板间隔(即塔板高度)内完全服从分配定律,并很快达到分配平衡;② 流动相以脉动式进入色谱柱,不是连续的;③ 忽略试样沿色谱柱方向的扩散(纵向扩散);④ 分配系数在各塔板上是常数。

根据以上假设,可以采用概率论的方法推导出试样分子在第 n 块塔板上(即柱出口)的浓度,即

$$c(r, n) = c_0 k^{r-n} r! / [(1+k)^r (r-n)!]$$

式中,r 为流动相流过色谱柱的总体积与一块塔板的体积之比,也可以看作分子在色谱柱内发生分配平衡的次数;c_0 为进样浓度。将上述公式通过泰勒级数在其极大值处展开,并略去第 3 项之后的各项,得到以下描述色谱流出曲线的公式:

$$c = \frac{m}{b\sqrt{\pi}} e^{-\frac{(V-V_R)^2}{b^2}} \qquad (5-23)$$

式中,c 为流动相流过体积 V 时组分在柱出口的浓度;m 为进样量;b 为与塔板高度、柱长、容量因子等有关的参数。由上式可见,当色谱条件保持不变时,在 $V=V_R$ 处,进样量 m 越大,$c_{\max}$ 越大,这是利用色谱峰高定量的理论依据。

式(5-23)描述的色谱流出曲线为正态分布曲线,因此色谱峰应该是对称的。然而,由于上述公式是在取泰勒级数展开式前 3 项的基础上推导出的近似公式,从数学上可以证明,如果不做此近似处理,色谱流出曲线是略微拖尾的,这与实验现象一致。

由塔板理论还可导出 n 与色谱峰半峰宽度或峰底宽度的关系:

$$n = 5.54 \left(\frac{t_R}{W_{h/2}}\right)^2 = 16 \left(\frac{t_R}{W}\right)^2 \qquad (5-24)$$

$$n = \frac{L}{H} \tag{5-25}$$

式中,t_R 及 $W_{h/2}$ 或 W 用同一物理量的单位(时间或距离的单位)。可见,色谱峰区域宽度越小,塔板数 n 越多,理论塔板高度 H 就越小,此时柱效能越高,因而 n 或 H 可作为描述柱效的指标。

由于组分在 t_M 这段时间内并不参与柱内的分配,与分离无关,因此,使用调整保留时间计算得到的有效塔板数 $n_{有效}$ 和有效塔板高度 $H_{有效}$ 更能反映色谱柱分离性能的好坏。

$$n_{有效} = 5.54 \left(\frac{t_R - t_M}{W_{h/2}} \right)^2 = 16 \left(\frac{t'_R}{W} \right)^2 \tag{5-26}$$

$$H_{有效} = \frac{L}{n_{有效}} \tag{5-27}$$

有效塔板数和理论塔板数之间的关系为

$$n_{有效} = n \cdot \left(\frac{k}{1+k} \right)^2 \tag{5-28}$$

塔板理论给出了衡量色谱柱分离效能的指标,但柱效并不能表示被分离物质的实际分离效果,组分是否能分离决定于组分在两相中分配系数的差别,如果两组分的分配系数完全相同,无论用多大塔板数的色谱柱也无法将它们分开。

塔板理论是一个半经验理论,它从分配平衡出发,导出流出曲线方程,与色谱热力学过程相关。但更重要的是该理论模型提出了理论塔板高度 H 与色谱峰区域宽度之间的关系,并探讨了某些色谱参数对区域宽度的影响,这些属于色谱动力学过程的研究范畴。

塔板理论在色谱理论研究的初期解决了一些问题,但也存在较大不足。首先是某些假设不当,例如纵向扩散是不能忽略的,分配系数与浓度无关只在有限的浓度范围内成立,而且色谱体系几乎没有真正的平衡状态。另外,该理论还无法解释重要的动力学因素——流速对塔板数的影响。尽管如此,由于以此理论导出的 n 或 H 作为柱效能指标很直观,至今仍被色谱工作者广泛使用。

2. 速率理论

1956 年荷兰学者范·第姆特(Van Deemter)等人,在总结前人研究成果的基础上提出了速率理论,其理论的核心是速率方程(也称为范氏方程)。该方程主要讨论了组分在色谱柱内的运动过程引起的色谱峰展宽,并将理论塔板高度与重要的动力学参数流速之间的关系通过数学模型进行描述。速率方程的简化表达式如下:

$$H = A + \frac{B}{u} + Cu \tag{5-29}$$

式中,H 的定义是被测组分分子在色谱柱中进行无轨行走时单位步长的离散程度,是色谱峰变宽程度的度量,而并非塔板理论中塔板高度的意义,它是一个统计学的概念,但其值可按式(5-24)和式(5-25)进行计算;u 为流动相的线速度(单位:cm/s);A、B、C 为三个常数,其中 A 为涡流扩散项,B 为分子扩散系数,C 为传质阻力系数。

(1)涡流扩散项(A)

流动相携带组分分子在色谱柱中向前运动时,碰到色谱柱中填充的固定相颗粒,其流动方向

会发生改变,使试样组分在流动相中形成紊乱的类似"涡流"的流动,如图 5-4 所示。由于同一
组分的各分子走过的路径不同,有的分子碰到的阻碍少,路径短,先到达色谱柱出口;有的碰到的颗粒多,路径长,后到达色谱柱的出口。这些分子的流出时间将产生一个统计分布,色谱峰产生一定的展宽。

图 5-4 涡流扩散示意图

根据随机理论模型,在单位柱长内组分分子由涡流扩散引起的行走距离的偏差,即涡流扩散项 A 的大小为

$$A = 2\lambda d_p \qquad (5-30)$$

式中,d_p 为填充物的平均直径;λ 为填充不均匀性因子。因此对于填充柱,使用适当细粒度和颗粒均匀的载体,并尽量填充均匀,是减少涡流扩散,降低 H,提高柱效的有效途径。当一根色谱柱制备完成后,其 A 即为常数,不受流动相流速的影响。

(2) 分子扩散项(B/u)

当试样注入色谱柱后,是以"塞子"的形式存在于柱的很小一段空间中,在"塞子"的前后(轴向)存在浓度梯度和分子扩散,即使组分分子随流动相向前流动时,也会产生轴向扩散,导致色谱峰展宽。这种扩散作用亦称为纵向扩散。由于组分分子的扩散程度与它在流动相中的停留时间成正比,因此分子扩散项受流动相线速度的影响。分子扩散项系数 B 的大小为

$$B = 2\gamma D \qquad (5-31)$$

式中,γ 为因柱内填充的固定相颗粒而引起流动相流路的弯曲性(弯曲校正因子),是对流动相线流速 u 的校正;D 为组分在流动相中的扩散系数,当流动相为气体时,用 D_g 表示,当流动相为液体时,用 D_m 表示。

分子扩散项与组分在流动相中的分子扩散系数 D 的大小成正比,组分在气体中的扩散系数远大于在液体中的扩散系数,因此气相色谱中的分子扩散比液相色谱中的要大得多。D 与组分的性质有关,相对分子质量大的组分,其 D 小;D 随着柱温增高而增加,但反比于柱压。D 还与流动相的性质有关,在气相色谱中,$D \propto \dfrac{1}{\sqrt{M_{气体}}}$,所以采用相对分子质量较大的气体(如氮气)作流动相,可使 B 项降低;在液相色谱中,D 主要与流动相的黏度有关,流动相黏度越小,扩散系数越大。

弯曲因子 γ 为与填充物有关的因素。它的物理意义可理解为由于固定相颗粒的存在,使分子不能自由扩散,从而使扩散程度降低。若组分通过空心毛细管柱,由于没有填充物的阻碍,扩散程度最大,$\gamma = 1$;在填充柱中,由于填充物的阻碍,使扩散路径弯曲,扩散程度降低,$\gamma < 1$,因此填充柱的分子扩散比空心柱的小。γ 与前述 A 项中的 λ 虽同样是与填充物有关的因素,但两者是有区别的。γ 是指因填充物的存在,造成扩散阻碍而引入的校正系数;λ 则是指填充物的不均匀性造成路径的不同。可以设想,填充物填充得很均匀时,λ 可显著降低,而扩散阻碍并不会显著减小。

(3) 传质阻力项 Cu

以气液色谱为例,传质阻力包括气相传质阻力 $C_g u$ 和液相传质阻力 $C_l u$。

所谓传质阻力指试样分子滞留于某相内的倾向。例如,在气相色谱中,试样分子从气相移

动到固定相表面并完成质量交换需要一定的时间,即扩散速率比较小,它具有滞留在气相的倾向。若这种质量交换过程进行缓慢,就引起色谱峰扩张,气相传质阻力系数 C_g 为

$$C_g = \frac{0.01k^2}{(1+k)^2} \cdot \frac{d_p^2}{D_g} \tag{5-32}$$

式中,k 为容量因子。由上式可见,气相传质阻力与填充物粒度 d_p 的平方成正比,与组分在载气流中的扩散系数 D_g 成反比。因此采用粒度小的填充物和分子量小的气体(如氢气)作载气可使 C_g 减小,提高柱效。

所谓液相传质过程是指试样组分从固定相的气液界面移动到液相内部,并发生质量交换,达到分配平衡,然后又返回气液界面的传质过程。这个过程也需要一定时间,在此时间内,气相中组分的其他分子仍随载气不断地向柱口运动,这也造成峰形的扩张。液相传质阻力系数 C_l 为

$$C_l = \frac{2}{3} \cdot \frac{k}{(1+k)^2} \cdot \frac{d_f^2}{D_l} \tag{5-33}$$

式中,D_l 为组分在固定液中的扩散系数;d_f 为固定液的厚度,由固定液的涂渍量决定。固定液的厚度 d_f 小,扩散系数 D_l 大,则液相传质阻力就小。

(4)气相色谱的速率方程

将常数项的关系式代入简化式(5-29)得

$$H = 2\lambda d_p + \frac{2\gamma D_g}{u} + \left[\frac{0.01k^2}{(1+k)^2} \cdot \frac{d_p^2}{D_g} + \frac{2}{3} \cdot \frac{k}{(1+k)^2} \cdot \frac{d_f^2}{D_l}\right]u \tag{5-34}$$

式(5-34)即为气相色谱填充柱的速率方程。早期填充柱的固定液含量较高(一般为20%～30%),当载气流速为中等线速时,塔板高度的主要控制因素是液相传质项,而气相传质项数值很小,可以忽略。然而随着快速色谱的发展,在用低固定液含量柱(3%～5%)、高载气线速进行快速分析时,C_g 对 H 的影响,不但不能忽略,甚至会成为主要控制因素。

由式(5-34)可见,范第姆特方程式对于分离条件的选择具有指导意义。它可以说明,固定相粒度、填充均匀程度、载气种类、载气流速、柱温、固定相液膜厚度等对柱效、峰扩张的影响。

毛细管气相色谱柱与填充柱不同,它将固定相涂覆在毛细管的内壁上而非载体颗粒上,由于色谱柱中没有填充固定相颗粒,柱是中空的,因此不存在涡流扩散项($A=0$)。但毛细管柱中的流动相存在径向扩散,即靠近毛细管壁的流动相的流速低于沿着柱轴心流动的流动相,它将造成色谱谱带展宽,展宽的程度与毛细管柱的内径有关。因此,造成毛细管柱谱带扩展的主要因素是分子扩散、气相传质阻力(径向扩散)及液相传质阻力,毛细管柱速率方程的表达式为

$$H = \frac{2D_g}{u} + \frac{(1+6k+11k^2)}{24(1+k)^2} \cdot \frac{r^2}{D_g} \cdot u + \frac{2}{3} \cdot \frac{k}{(1+k)^2} \cdot \frac{d_f^2}{D_l} \cdot u \tag{5-35}$$

式中,r 是毛细管色谱柱的半径。可见,毛细管柱越细,柱效越高。

(5)液相色谱的速率方程

液相色谱中的传质阻力项包括固定相传质阻力项和流动相传质阻力项。

① 固定相传质阻力项

如果认为液相色谱固定相表面涂有一层厚度为 d_f 的液膜,且液膜的传质是主要控制步骤,把液膜表面视为球面,则试样分子从流动相进入到固定相内进行质量交换的传质过程取决于 d_f 和试样分子在固定相内的扩散系数 D_s:

$$H_s = \frac{C_s d_f^2}{D_s} u \qquad (5-36)$$

式中,C_s 是与 k(容量因子)有关的系数;d_f 与固定相的碳覆盖率有关。由上式可以看出,它与气相色谱法中液相传质项的含义一致。由上式可见,对由固定相的传质所引起的峰扩展,主要从改善传质,加快溶质分子在固定相上的解吸过程着手加以解决。

② 流动相传质阻力项

其又包括流动的流动相中的传质阻力项和滞留的流动相中的传质阻力项。

当流动相流过固定相之间的缝隙时,靠近固定相颗粒的流动相比流路中央的流动相流速要慢些,因此流动相的流速在柱内并不是均匀的,流路中央的试样分子随流动相运动的速度比旁边的会快一些。由该因素引起的传质阻力称为流动的流动相中的传质阻力 $H_m u$,它对塔板高度的影响与线速度 u 以及固定相粒度 d_p 的平方成正比,与试样分子在流动相中的扩散系数 D_m 成反比:

$$H_m = \frac{C_m d_p^2}{D_m} u \qquad (5-37)$$

式中 C_m 为常数,取决于柱直径、形状和填料结构。当填料规则排布并紧密填充时,C_m 降低。

滞留的流动相中的传质阻力项 $H_{sm} u$ 与固定相的多孔性有关。流动相进入固定相的微孔后,几乎滞留不动。流动相中的试样分子要与固定相进行质量交换,必须先从流动相扩散到滞留区。如果固定相的微孔既小又深,传质速率就慢,对峰的扩展影响就大。固定相的粒度越小,孔径越大,传质效率越高;组分的扩散系数越大,传质效率也越高。滞留区传质阻力项为

$$H_{sm} = \frac{C_{sm} d_p^2}{D_m} u \qquad (5-38)$$

式中,C_{sm} 为常数,是与容量因子有关的系数。

因此,液相色谱的速率方程可以表示为

$$H = 2\lambda d_p + \frac{C_d D_m}{u} + \left(\frac{C_m d_p^2}{D_m} + \frac{C_{sm} d_p^2}{D_m} u + \frac{C_s d_f^2}{D_s} \right) u \qquad (5-39)$$

上式与气相色谱的速率方程式在形式是一致的,但由于组分在液体流动相中的扩散系数很小,纵向扩散项 B/u 可以忽略不计,影响柱效的主要因素是涡流扩散项和传质项。

由式(5-39)可见,H 近似正比于 d_p^2,减小粒度是提高柱效能的最有效途径。随着固定相制备技术和装柱技术的不断改进,5 μm 的固定相成为目前广泛应用的高效柱的填料。此外,采用核壳型固定相、小颗粒固定相、整体固定相等新型固定相也可通过降低涡流扩散和/或传质阻力获得高效分离。选用低黏度的流动相,或适当提高柱温以降低流动相黏度,都有利于提高传质速率。

(6) 柱外效应

除了各种传质阻力、分子扩散等柱内动力学因素,柱外动力学因素对色谱峰展宽的影响也

不容忽视,尤其是对流速较低、组分扩散系数较小的液相色谱而言。

柱外展宽(柱外效应)是指色谱柱外各种动力学因素引起的峰扩展。柱外效应主要包括进样过程、连接管线和接头、检测器死体积等因素的影响,因此采用尽可能短、尽可能细的连接管线,小体积的进样定量环,池体积与色谱柱流量匹配的检测器,是减少柱外效应的关键。

5.3 色谱分离条件的优化

在色谱分离中,常常会遇到混合物中含有一对或多对组分,由于其沸点或结构极为相近,而成为难分离物质对,色谱分析的难点在于实现难分离物质对的分离。为此,需要选择合适的色谱分离条件,如固定相、流动相、色谱柱类型和长度、柱温、流速等,使被分析的组分与其相邻组分得以完全分离,以满足分析检测的要求。

5.3.1 分离度

两个组分的分离程度需要用一个指标来定量地描述,这个指标即为分离度 R。对于两个相邻的色谱峰,其分离度的定义如下

$$R = \frac{2(t_{R(2)} - t_{R(1)})}{W_{(2)} + W_{(1)}} \tag{5-40}$$

式中,$t_{R(1)}$ 和 $t_{R(2)}$ 分别为两组分的保留时间(也可采用调整保留时间);$W_{(1)}$ 和 $W_{(2)}$ 为两个相邻色谱峰的峰宽度,计算时 t_R 和 W 需使用同样的单位。

当两组分的色谱峰分离较差、峰底宽度难于测量时,可用半峰宽代替峰底宽,并用下式表示分离度:

$$R' = \frac{2(t_{R(2)} - t_{R(1)})}{W_{h/2(2)} + W_{h/2(1)}} \tag{5-41}$$

R' 与 R 的物理含义是一致的,两者的关系为 $R = 0.59R'$。

R 值越大,就意味着相邻两组分分离得越好。式(5-40)的分子部分是两组分保留值之差,它的大小主要决定于固定相和流动相的性质,反映了热力学因素对分离程度的影响;分母部分为两组分峰底宽之和,色谱峰的宽窄反映了色谱过程中动力学因素对分离程度的影响,柱效能的高低。因此,分离度全面反映了柱效能、选择性的影响,可作为色谱柱总分离效能的评价指标。

若两组分峰高相近,峰形对称且满足于正态分布,从理论上可以证明,当 $R=1$ 时,分离程度可达 98%;当 $R=1.5$ 时,分离程度可达 99.7%。因而通常可用 $R=1.5$ 来作为相邻两峰已完全分开的标准。

5.3.2 色谱分离基本方程式

1960 年 Purnell 导出了柱效能、选择性系数和分离度之间的关系:

$$R = \frac{1}{4} \sqrt{n} \left(\frac{\alpha - 1}{\alpha} \right) \left(\frac{k}{k+1} \right) \tag{5-42}$$

式(5-42)即为色谱分离基本方程式,也称为分离度方程,它表明 R 随体系的热力学性质(选择性因子 α 和容量因子 k)的改变而变化,也与色谱柱条件(理论塔板数 n)有关,增大 n、k、α 均有利于分离度的提高。

将式(5-28)代入式(5-42),则可得用有效塔板数表示的色谱分离基本方程式

$$R = \frac{1}{4} \sqrt{n_{\text{有效}}} \left(\frac{\alpha - 1}{\alpha} \right) \tag{5-43}$$

由式(5-42)可见,分离度与柱效 n 的平方根成正比,因此增加柱长可改进分离度,其缺点是延长了分析时间。另外,在速率方程的指导下选择最优的色谱分析条件,对于减小色谱柱的 H,增大柱效 n 及分离度 R 都是有效的。

容量因子 k 大一些对分离有利,但并非越大越好。当 $k > 10$ 时,$k/(k+1)$ 为 0.91,接近于 1,此时再增大 k 值,R 的改进不明显,反而使分析时间明显延长,因此 k 值的最佳范围是 1～10。在气相色谱中,当色谱柱确定后,主要通过降低柱温增大 k 值;而在液相色谱中,流动相的配比和柱温均对 k 值产生影响。

表 5-1 列出了根据式(5-43)计算得到的一些结果,由表中数据可见,当两相邻峰的 $\alpha <$ 1.05 时,实现分离所需的有效塔板数很大;如果 α 值已经足够大(如 $\alpha > 1.25$ 时),即使色谱柱的有效塔板数较小,也很容易实现分离。因此,热力学因素 α 与动力学因素 n 相比,前者是影响分离的主要因素,增大 α 值是提高分离度最重要的手段。在气相色谱中,增加 α 的方法有改变固定相和柱温,使组分的分配系数发生变化,其中改变固定相更为有效。在液相色谱中,固定相的种类、流动相的组成以及柱温对选择性 α 均有影响,其中最方便且有效的方法是改变流动相的组成。

表 5-1　不同 α 值下,实现分离所需的有效理论塔板数

α	$n_{\text{有效}}$	
	$R = 1.0$	$R = 1.5$
1.00	∞	∞
1.005	650 000	1 450 000
1.01	163 000	367 000
1.02	42 000	94 000
1.05	7 100	16 000
1.10	1 900	4 400
1.25	400	900
1.50	140	320
2.0	65	145

图 5-5 说明了选择性因子和柱效对分离度的影响，图 5-5(a)中的两个色谱峰重叠严重，没有分离。当提高选择性因子后，两色谱峰的间距增大，色谱峰得以分离[图 5-5(b)]。另一种使两组分达到完全分离的方法是减小色谱峰的峰宽度，即提高色谱柱的柱效，如图 5-5(c)所示。

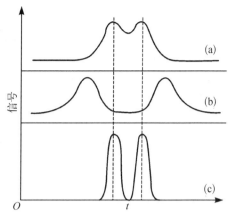

图 5-5　选择性因子及柱效对分离的影响

5.3.3　色谱分离条件的选择

分离度方程和速率方程从理论的角度提出了优化色谱分离条件的基本思路，为一些重要色谱条件的选择奠定了基础，同时也为色谱条件优化和相应数据库提供了数学模型，但是一些经验数据也是色谱分离条件选择时的重要依据，将两者有机结合并灵活运用，才能达到理想的分离分析性能。

1. 所需理论塔板数的计算

在给定的分离条件下，要实现难分离物质对的完全分离，所需色谱柱的理论塔板数可用以下公式计算：

$$n = 16R^2\left(\frac{\alpha}{\alpha-1}\right)^2\left(\frac{k+1}{k}\right)^2 \tag{5-44}$$

为达到计算所需的理论塔板数，首先应该选择最优的色谱条件，如果仍达不到要求，在气相色谱中可以考虑用毛细管柱取代填充柱，或用细口径毛细管柱代替粗口径毛细管柱对试样进行分离；在液相色谱中可以用细颗粒固定相代替粗颗粒固定相的色谱柱，或增加柱长的方法来提高柱效，实现分离。

2. 流动相流速的选择

根据速率方程 $H = A + \dfrac{B}{u} + Cu$，用在不同流速下测得的塔板高度 H 对流速 u 作图，可得 H-u 曲线（图 5-6）。在曲线的最低点，塔板高度 H 最小，此时柱效最高，该点对应的流速即为流动相的最佳流速 $u_{最佳}$，$u_{最佳}$ 可由速率方程取微分并赋零的方法求得（求极值的方法）：

$$\frac{\mathrm{d}H}{\mathrm{d}u} = -\frac{B}{u^2} + C = 0$$

$$u_{最佳} = \sqrt{\frac{B}{C}} \tag{5-45}$$

在实际工作中，为了缩短分析时间，往往使流速稍高于最佳流速。

3. 流动相种类的选择

在气相色谱中，选择载气时首先应考虑检测器的要求，其次考虑载气种类对分离的影响，例如使用热导检测器时，应该选择相对分子质量较小的载气（如 H_2、He），以获得高的灵敏

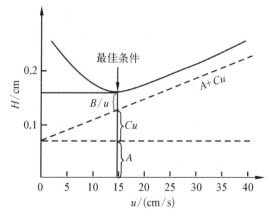

图 5-6　塔板高度与流动相线速的关系

度。载气种类对选择性因子 α 没有影响,但与柱效 n 有关,当流动相流速较小时,由式(5-34)及图 5-6 可见,分子扩散项(B 项)成了色谱峰扩张的主要因素,此时应采用相对分子质量较大的载气(如 N_2、Ar),使组分在载气中有较小的扩散系数,减小分子扩散项。而当流速较大时,传质项为控制因素,宜采用相对分子质量较小的载气(如 H_2、He),此时组分在载气中有较大的扩散系数,可减小气相传质阻力,提高柱效,同时还可以实现高通量分析。

液相色谱中流动相的种类对分离有很大影响,它既影响选择性因子 α,也会影响柱效。根据式(5-39),选择黏度低、扩散系数 D_m 大的流动相有利于传质,提高柱效,降低柱前压力。由于液相色谱流动相种类多,对分离影响大,因此成为液相色谱最重要的操作参数。

4. 柱温的选择

在色谱分离过程中,柱温是一个重要的仪器参数,直接影响分离效能和分析速度。但柱温对分离度的影响很难用方程定量地描述,它可通过影响选择性因子、容量因子及柱效间接影响分离度的大小。

在气相色谱中,当固定相和色谱柱确定后,柱温是改善分离度的最有效手段。选择柱温时,首先要保证柱温不能高于固定液的最高使用温度,否则固定液易挥发流失。根据式(5-18)及式(5-19),提高柱温,分析时间缩短,但分离的选择性下降($B_3 > 0$ 时),不利于分离。从速率方程的角度看,柱温升高,组分在两相间的传质速度加快,传质阻力减小;但同时也使分子扩散项增大,因此温度对柱效的影响难以判断。所以,从分离度的角度考虑,宜采用较低的柱温。但柱温太低时,分配不能迅速达到平衡,峰形变宽且不对称,同时延长了分析时间。因此一般先按经验值选定柱温,再根据实验结果,在理论指导下进行调整。

对于高沸点混合物(如>300℃),需在低于固定相最高使用温度(通常为 200~300℃)下进行分析。此时为了改善液相传质,以提高分析速度,保证良好的色谱峰形,可使用低固定液含量、薄液膜的色谱柱。对于沸点不太高的混合物,如小于 300℃ 的固、液体试样,柱温可选在其平均沸点 2/3 左右。对于气体、气态烃等低沸点混合物,一般采用固体吸附剂作固定相,此时可采用较高的柱温。也可选择厚液膜的色谱柱,并在略高于室温的条件下进行分离。

对于沸点范围较宽的试样,应采用程序升温。所谓程序升温,是让柱温按设定的升温速率,随时间作线性或非线性的增加。其中线性升温最为常用,即单位时间内温度上升的速度是恒定的。在较低的初始温度下,沸点较低的组分得到良好的分离,中等沸点的组分在柱中移动得很慢,而高沸点的组分几乎停留在柱头附近。随柱温增加,低沸点至高沸点组分依次流出,且各组分色谱峰宽度基本一致。图 5-7 为宽沸程试样在恒定柱温及程序升温时的分离结果比较。柱温较低时低沸点组分分离良好[图 5-7(a)],但高沸点组分未出峰;柱温较高时,保留时间缩短,低沸点组分峰密集,分离不好[图 5-7(b)];如果采用程序升温,低沸点及高沸点组分都能获得良好分离[图 5-7(c)]。

液相色谱中,温度对分离选择性有一定影响,同时对保留值、流动相黏度、柱前压力等也会产生影响。提高温度,可降低流动相黏度,有利于加快传质,提高柱效。但液相色谱固定相通常不耐高温,过高的温度会使固定相分解,破坏色谱柱,因此柱温一般选择在室温至 60℃ 之间。

5. 固定相的粒度

填充柱中固定相的粒度主要影响色谱柱的柱效,由速率方程可知,粒度对涡流扩散、传质

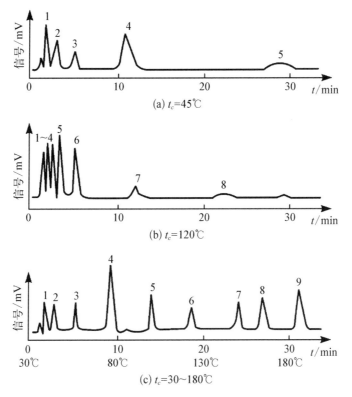

图 5-7　宽沸程试样在恒定柱温及程序升温时的分离结果比较

1—丙烷(−42℃);2—丁烷(−0.5℃);3—戊烷(36℃);4—己烷(68℃);5—庚烷(98℃);
6—辛烷(126℃);7—溴仿(150.5℃);8—间氯甲苯(161.6℃);9—间溴甲苯(183℃)

阻力均有显著影响,颗粒的表面结构和孔径分布决定了固定液的分布以及液相传质的情况。固定相粒度要求均匀、细小,这样有利于提高柱效。但如果粒度过细,不仅使色谱柱的阻力和柱前压力急剧增大,而且不容易填充均匀。

在气相色谱中,对直径为 3~6 mm 的色谱柱,固定相的粒度以 80~120 目较为合适。而在液相色谱中,目前使用的固定相颗粒直径多为 3~5 μm,近年来,出现了固定相粒度为 1~2.1 μm 的超高压液相色谱(UPLC),并展现出良好的应用前景。相关文献还报道了亚微米级甚至纳米尺寸固定相,但目前仍受到反压较高、难于填充均匀等因素的限制。

6. 进样量

色谱分析中,一般用注射器或进样阀快速进样。进样时间过长导致试样初始谱带变宽,引起色谱峰变形,分离度下降。

进样量是色谱分析中的重要操作参数,进样量太多,超过了色谱柱的容量,将导致色谱峰展宽、变形,柱效和分离度均下降。但进样量太少,又会使含量低的组分无法被检测器检出。在实际分析中,最大允许的进样量应控制在使半峰宽基本不变,且峰面积或峰高与进样量呈线性关系的范围内。进样量与固定相的量有关,一般说来,色谱柱长度和直径越大,固定相绝对量越大,允许的进样量越多,制备色谱法正是利用该特性进行设计的。

气相色谱的进样量比较少,液体试样一般为 0.1~5 μL,气体试样一般为 0.1~10 mL。液相色谱采用阀进样,进样体积一般为 1~100 μL,但实际色谱柱的允许进样量并不高,因此需要将样品稀释至质量分数小于 1% 后再进样,防止色谱柱超载。

5.4　色谱定性与定量分析方法

色谱分析的主要目的是为了获取混合试样色谱图中某个色谱峰或某些色谱峰所代表的组分的种类及/或含量信息,即定性与定量的分析结果。

5.4.1　色谱定性分析方法

色谱定性方法可分为两类,一类是利用保留值定性,另外一类是将其他结构鉴定方法(特别是仪器方法)与色谱法相结合定性。

1. 利用保留值定性

各种物质在一定的色谱条件(固定相、操作条件)下均有确定不变的保留值,因此保留值可作为定性指标。利用保留值定性有两种实现方法,其中一种是采用纯物质对照定性;在没有纯物质的情况下,有时也可以利用文献上发表的保留值进行对照定性。

(1) 利用纯物质对照定性的方法

在完全相同色谱条件的情况下,分别对试样和纯物质进行分析,如果试样中有与纯物质相同保留值(保留时间、保留体积或相对保留值等)的色谱峰,则可认为试样中含有该物质。也可以将纯物质加入试样中,依据加入纯物质前后各组分色谱峰的峰高是否变化,来判别与纯物质相同的组分的出峰位置。

这种方法操作简便,但由于不同化合物在相同的色谱条件下可能具有近似甚至完全相同的保留值,定性结果并不十分可靠,因此该方法只适合于对试样的来源及可能组成较为了解的简单混合物。利用保留值定性时,其结果的可靠性与色谱柱的分离效率密切相关,使用高效柱可以提高鉴定结果的可信度;另外,采用双柱或多柱法进行定性分析,即将试样在两根或多根性质(极性)不同的色谱柱进行分离鉴定,如果在两根(多根)色谱柱上均鉴定出该组分,则定性结果的可靠性大为提高。以较少受到操作条件影响的保留值如相对保留值作为定性指标亦有利于提高定性结果的可靠性。

(2) 利用文献保留值对照定性

当缺乏纯物质时,可以利用文献中的保留值数据(相对保留值或保留指数)进行定性分析,该方法大多在气相色谱定性分析中运用。

保留指数又称为 Kovats 指数,是一种重现性较其他保留数据都好的定性参数。保留指数的测定一般采用正构烷烃作为标准,正构烷烃的保留指数规定为其碳原子数乘以 100,被测组分 X 的保留指数通过色谱图中与之相邻、碳原子数为 Z 和 $Z+1$ 的两个正构烷烃的调整保留时间进行计算:

$$I_X = 100\left(\frac{\lg t'_{R(X)} - \lg t'_{R(Z)}}{\lg t'_{R(Z+1)} - \lg t'_{R(Z)}} + Z\right) \tag{5-46}$$

式中, $t'_{R(Z+1)} > t'_{R(X)} > t'_{R(Z)}$。保留指数的准确度和重现性都很好,相对误差小于1%。与相对保留值一样,保留指数仅与固定相性质和柱温有关,因此只要柱温和固定相相同,就可利用文献上发表的保留指数数据进行定性鉴定,而不必用纯物质。同一物质在同一柱上,其 I 值与柱温呈线性关系,因此可用内插法或外推法求出不同柱温下的 I 值,扩展保留指数的数据量。色谱手册中列有多种物质在不同固定液上的保留指数或相对保留值,可作为定性参考。

2. 与其他方法结合定性

对于较复杂的未知混合物,在没有纯物质的情况下,可以采用与其他结构鉴定用的仪器分析方法结合进行定性分析。试样经色谱柱分离为单个组分后,再利用质谱、红外光谱或核磁共振等波谱分析方法进行定性鉴定。定性分析实现的方式可以是离线的,也可以是在线的。所谓离线即将色谱分离得到的单个组分经过预处理后,再利用其他分析方法进行测定。在线方式需要通过联用仪器来完成,是目前复杂试样定性的常用方法,商品化的联用仪器有气相色谱-质谱联用仪(GC-MS)、液相色谱-质谱联用仪(LC-MS)、气相色谱傅里叶变换红外光谱联用仪(GC-FTIR)、液相色谱-核磁共振联用仪(LC-NMR)等。其中色谱-质谱联用仪是目前解决复杂未知物定性问题的最有效工具之一。

带有某些官能团的化合物,经试剂处理发生物理变化或化学反应后,其色谱峰将会消失或发生峰位改变,比较处理前后色谱图的差异,可了解试样所含官能团信息。利用不同类型检测器对各种组分的选择性和灵敏度的差异可以对未知物大致分类定性。例如试样中某组分在氢火焰离子化检测器中出峰很小,而在电子俘获检测器中响应很大,则该组分是电负性物质。

5.4.2　色谱定量分析方法

在一定的色谱分析条件下,进入检测器的组分 i 的质量(m_i)或浓度与检测器的响应信号(即色谱图上的峰面积 A_i 或峰高 h_i)成正比,可写作:

$$m_i = f'_i \cdot A_i \tag{5-47}$$

式中, f'_i 称为定量校正因子。因此定量计算之前要准确测量色谱峰的峰面积和定量校正因子。

1. 峰面积的测量

峰面积的测量直接关系到定量分析的准确度。色谱仪中色谱数据的记录通常由色谱工作站完成,可自动采集数据和进行数据处理,给出峰面积测量结果,精度一般可达 $0.2\% \sim 2\%$,对小峰或不对称峰也能得出较准确的结果。

2. 定量校正因子

定量校正因子 f'_i 是一个与色谱条件有关的参数,其大小主要由仪器的灵敏度所决定。由于灵敏度与色谱仪及其操作条件有关,因此,该校正因子不具备通用性。为了解决这一问题,在定量分析中常用相对校正因子 f_i,即人为规定一个组分为标准物,求出其他组分与该标准物的定量校正因子之比,故有

$$f_i = \frac{f'_i}{f'_s} = \frac{m_i/A_i}{m_s/A_s} = \frac{A_s}{A_i} \cdot \frac{m_i}{m_s} \tag{5-48}$$

式中, A_i、A_s 分别为组分和标准物的峰面积; m_i、m_s 分别为组分和标准物的量。当 m_i、m_s 用质量单位时,所得的相对校正因子称为相对质量校正因子,用 f_W 表示。当 m_i、m_s 用摩尔数表达时,所得相对校正因子称为相对摩尔校正因子,用 f_M 表示。应用时常将"相对"二字省去。式(5-48)中峰面积也可以用峰高代替,称为峰高校正因子。

相对响应值是物质 i 与标准物质 s 的响应值(灵敏度)之比。单位相同时,它与校正因子互为倒数,即:

$$s = \frac{1}{f} \tag{5-49}$$

s 和 f 只与试样、标准物质以及检测器类型有关,而与操作条件如柱温、流动相流速、固定液性质等无关,因而是一个能通用的常数。有些物质的校正因子或相对响应值可从文献查到,当对定量结果要求不高或没有纯物质时,可以使用这些文献值,大多数情况下应该自行测定待测组分的定量校正因子。

3. 几种常用的定量分析方法

由于实际测定中采用(相对)校正因子,因此不能直接使用式(5-47)计算被测组分的绝对量,而需要采用一定的定量计算方法计算其相对含量。常用的定量计算方法有归一化法、内标法和外标法三种。

(1) 归一化法

设试样中有 n 个组分,各组分的质量分别为 m_1,m_2,$\cdots$,m_n,试样中所有组分含量之和为 100%,其中组分 i 的质量百分数 c_i 可按下式计算:

$$c_i = \frac{m_i}{m_1 + m_2 + m_3 + \cdots + m_n} \times 100\% = \frac{f_i A_i}{\sum_{i=1}^{n} f_i A_i} \times 100\% \tag{5-50}$$

式中,f_i 若为质量校正因子,得质量分数;f_i 若为摩尔校正因子,则得摩尔分数。对于尖锐的色谱峰,也可以用峰高代替峰面积进行计算,但需要使用相应的峰高校正因子。

若各组分的校正因子接近(如沸点接近的同系物),则上式可简化为

$$c_i = \frac{A_i}{\sum_{i=1}^{n} A_i} \times 100\% \tag{5-51}$$

此法称为面积归一化法。

归一化法的优点是方法简便,由于计算的是相对值,因此操作条件,如进样量、流速等变化时,对结果影响不大。但该方法只能适用于试样中各组分都能流出色谱柱,并在色谱图上显示出色谱峰的情况。如果试样中含有不出峰物质(如在检测器中没有响应的组分,或气相色谱分析时含不挥发组分),采用该方法进行定量计算,其结果将产生很大误差。

(2) 内标法

内标法是选取一种物质作为内标物,将一定量的内标物加入准确称取的试样中,根据试样和内标物的质量及色谱图上的峰面积,求出某组分的含量。内标物应该是试样中不存在的物质;内标物的色谱峰应位于被测组分色谱峰附近,并与被测组分完全分离;内标物与被测组分的物理及物理化学性质相近;内标物的加入量应接近于被测组分的含量。这样,当操作条件变化时,内标物及被测组分的色谱峰将作类似的变化。

如果质量为 m 的试样中,某组分 i(质量为 m_i)的质量百分数为 c_i,加入内标物的质量为 m_s,则

$$\frac{m_i}{m_s} = \frac{f_i A_i}{f_s A_s}$$

$$m_i = \frac{A_i f_i}{A_s f_s} \cdot m_s$$

$$c_i = \frac{m_i}{m} \times 100\% = \frac{m_s}{m} \cdot \frac{A_i}{A_s} \cdot \frac{f_i}{f_s} \times 100\% \qquad (5-52)$$

一般以内标物为校正因子测定的标准物,则 $f_s = 1$,此时计算公式可简化为

$$c_i = \frac{m_s f_i A_i}{m \cdot A_s} \times 100\% \qquad (5-53)$$

由式(5-52)可以看出,内标法是通过内标物及被测组分峰面积的相对值进行计算的,因此该方法的主要优点是准确度较高,进样量和操作条件的微小变化对定量分析结果的影响不大。内标法的另一个优点是不需要试样中的所有组分都能出峰,避免了归一化法的局限。

内标法的主要缺点是每次分析都要准确称取试样和内标物的质量,比较烦琐,因此不宜于作快速控制分析,且并不是总能找到合适的内标物质。进行常规分析时,可固定试样的取样量和加入内标物的量,此时 $f_i \cdot m_s/m$ 为一常数,则

$$c_i = \frac{A_i}{A_s} \cdot 常数 \% \qquad (5-54)$$

可以配制一系列某组分 i 的标准溶液进行分析后,绘制 c_i 对 A_i/A_s 的标准曲线,由实验测得的未知试样的 A_i/A_s 值,查图得到被测组分的 c_i 值,该方法称为内标标准曲线法。

当没有合适的内标物时,也可以选择试样中某一组分的纯物质作为内标物进行定量,这种方法称为标准加入法,可以看作是内标法的一种特例。具体操作如下:首先对试样进行分析,得色谱图 5-8(a),然后和内标法一样,称取质量为 m 的试样,加入质量为 m_s 的叠加物,混合均匀后在相同的色谱条件下分析,得色谱图 5-8(b)。

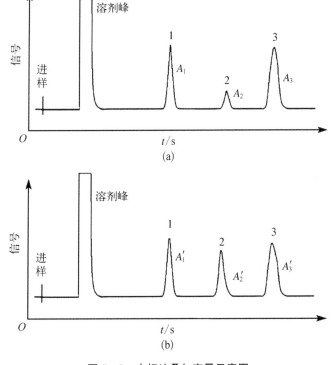

图 5-8 内标法叠加定量示意图

如果图 5-8 中的组分 2 为加入的标准物,组分 1 和组分 2 的峰面积之间有如下关系:

$$\frac{A_1}{A_2} = \frac{A_1'}{A_2' - a'} \tag{5-55}$$

式中,A_1 和 A_2 分别为原样中组分 1 和组分 2 的峰面积;A_1' 和 A_2' 分别为加入标准物后的色谱图中组分 1 和组分 2 的峰面积,a' 为加入标准物后组分 2 增加的峰面积。

故有

$$a' = A_2' - \frac{A_1' A_2}{A_1} \tag{5-56}$$

将加入标准物引起的峰面积增量 a' 带入内标法公式,即可计算组分 1 和组分 2 的百分含量。

$$c_1 = \frac{m_s f_i A_1'}{m \cdot a'} \times 100\% = \frac{m_s f_i A_1'}{m \cdot \left(A_2' - \frac{A_1' A_2}{A_1} \right)} \times 100\% = \frac{m_s}{m} \cdot f_i \cdot \frac{A_1' A_1}{A_2' A_1 - A_1' A_2} \times 100\% \tag{5-57}$$

$$c_2 = \frac{m_s f_i (A_2' - a')}{m \cdot f_i \cdot a'} \times 100\% = \frac{m_s}{m} \cdot \frac{A_1' A_2}{A_2' A_1 - A_1' A_2} \times 100\% \tag{5-58}$$

(3) 外标法

所谓外标法就是比较在相同分析条件下被测组分的纯物质与试样分析所得峰面积或峰高来进行定量的方法,又称标准曲线法。通常的做法是将被测组分的纯物质用合适的溶剂稀释,配成系列浓度的标准溶液,取固定体积的标准溶液在同一分析条件下进样分析,用所测得的峰面积对浓度作图,绘制标准曲线(图 5-9)。分析试样时,取同样体积的试样进行分析,测得被测组分的峰面积,由标准曲线即可查出其浓度。

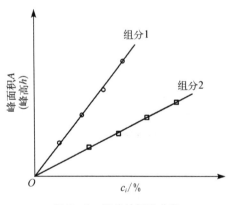

图 5-9　组分的标准曲线

外标法不使用校正因子,操作简便,适合于大批量试样的快速分析。但测量结果的准确度依赖于进样量的重复性和操作条件的稳定性,为了保证结果的准确性,需定时考察标准曲线有无变化。

当被测试样中各组分浓度变化范围不大时,可不必绘制标准曲线,而是配制一个和被测组分含量十分接近的标准溶液 c_s,定量进样,由被测试样中组分的峰面积 A_i 和标准溶液中组分的峰面积 A_s 求得被测组分的浓度 c_i。

$$c_i = \frac{A_i}{A_s} c_s \tag{5-59}$$

此法假定标准曲线是通过坐标原点的直线,因此可由一点决定这条直线,因而又称为单点校正法。

5.5　气相色谱法(GC)

5.5.1　气相色谱仪

气相色谱法是采用气体作为流动相的色谱法,常用的载气有 H_2、N_2、He 等。常规气相色谱仪由气路系统、进样系统、分离系统、检测系统和数据记录系统五部分组成,其结构流程如图 5-10 所示。

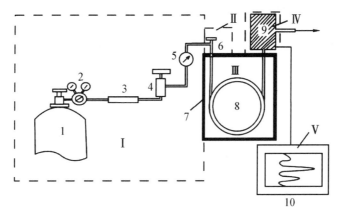

图 5-10　气相色谱结构流程图

1—高压钢瓶;2—减压阀;3—气体净化干燥管;4—稳流阀;5—压力表;
6—气化室;7—柱温箱;8—色谱柱;9—检测器;10—数据记录系统

气路系统 I 由气源、气体净化和气体流速控制等部件组成,其目的是提供稳定、洁净的载气。气源可以由高压钢瓶或者气体发生器提供,减压后的载气通过装有分子筛或催化剂的净化器,以除去水、氧等有害杂质,净化后的载气经稳压阀、稳流阀控制后,以恒定的流量流经气化室、色谱柱及检测器。如采用电子气路控制技术,可以实现气路参数(压力和流量)的数字化调节和程序控制,进而实现气相色谱的全自动化。

进样系统 II 包括进样器、气化室和温度控制部件。进样器可以是定量阀、微量注射器或自动进样器,气体样品一般通过定量阀或注射器进样,液体或固体样品可稀释或溶解后直接用微量注射器或自动进样器进样。试样被注射器注入气化室后,瞬间加热气化,并随载气进入色谱柱分离。在保证试样不分解的情况下,一般选择气化温度比柱温高 30~70℃。

分离系统 III 由色谱柱、柱箱、温度控制等部件组成。样品由载气携带进入色谱柱并分离。温控部件用于控制柱箱的温度,使置于其中的色谱柱温度恒定或按一定的程序变化。

检测系统 IV 包括检测器、放大器和控温装置等。从色谱柱流出的各组分通过检测器时,将样品响应信号转换成电信号,经放大器放大后送到记录装置。

数据记录系统处理检测器输出的信号,给出分析结果。目前气相色谱仪主要采用色谱数据工作站,其具有数据记录和全面的数据处理功能,有些还可以控制仪器参数和操作,是实现气相色谱仪全自动化的必需部件。

5.5.2　气相色谱检测器

检测器的作用是将色谱柱分离后的各组分按其特性及含量转换为相应的电信号并输出，由于输出信号及其大小是组分定性和定量的依据，因此检测器是气相色谱仪的重要部件。目前商品化的气相色谱检测器有 20 多种，其中常用的有热导检测器（thermal conductivity detector，TCD）、氢火焰离子化检测器（flame ionization detector，FID）、电子俘获检测器（electron capture detector，ECD）、火焰光度检测器（flame photometric detector，FPD）和热离子检测器（thermal ion detector，TID）等。

根据检测特性的不同，通常可将检测器分为浓度型检测器和质量型检测器两类。

浓度型检测器的响应值取决于载气中组分的浓度。载气流速改变时，进入检测器的载气和组分的量同时增加，组分浓度在一定范围内基本不变，色谱峰峰高不变，而峰面积 A 随载气流速增大而减小。因此，对于浓度型检测器，采用峰面积定量时要求载气流速恒定。典型的浓度型检测器有热导检测器和电子俘获检测器等。

质量型检测器测量的是载气中某组分进入检测器的速度变化，即检测器的响应值和单位时间内进入检测器的组分质量成正比，当载气流速改变时，色谱峰的峰面积 A 在一定范围内基本不变，而峰高 h 随载气流速增大而增大。典型的质量型检测器有氢火焰离子化检测器和火焰光度检测器等。

此外，根据检测时组分是否被破坏，检测器可分为破坏性和非破坏性两类；根据检测功能也可分为通用型和选择性检测器。

一个好的检测器应该满足以下要求：通用性强，能检测多种化合物；或选择性强，只对某些特殊类别的化合物有高灵敏响应；响应值在宽组分浓度范围内呈线性；稳定性好；死体积小、响应快等。因此需要对检测器的线性范围、灵敏度、噪声、检测限、最小检测量、响应时间等性能指标进行评价。检测器主要性能的评价指标如下。

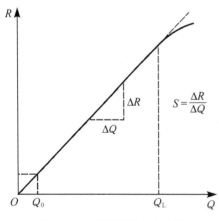

图 5-11　检测器的响应曲线

（1）灵敏度

也称为响应值。当一定浓度或一定质量的试样进入检测器，就产生相应的响应信号 R。如果以进样量 Q 对检测器的响应信号作图，可得到一条曲线，如图 5-11 所示。灵敏度 S 定义为响应信号对进样量的变化率，即图中直线段的斜率。

$$S = \frac{\Delta R}{\Delta Q} \qquad (5-60)$$

对于浓度型检测器，其灵敏度 S_c 的计算公式为

$$S_c = \frac{AF_c}{m} \qquad (5-61)$$

式中，F_c 为校正到检测器温度和大气压时的载气流速，mL/min；A 为峰面积，mV·min；m 为载气中被测组分的质量，mg。因此 S_c 的单位为(mV·mL)/mg。

对于质量型检测器，其灵敏度 S_m 的计算公式为

$$S_m = \frac{A}{m} \qquad (5-62)$$

式中,A 为峰面积,但其单位为 A・s;m 的单位为 g。因此 S_m 的单位为(A・s)/g。

（2）检测限

也称敏感度。由检测器本身及其操作条件的波动引起色谱基线在短时间内产生的信号起伏,称为噪声(图 5-12)。评价检测器应该在相同的噪声水平进行,因此,一般规定以检测器的 3 倍噪声水平来评价检测器的灵敏度,该指标即为检出限 D。

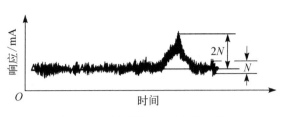

图 5-12 检测器的噪声和检出限

检出限 D 按下式计算:

$$D = \frac{3N}{S} \tag{5-63}$$

式中,N 为检测器的噪声,mV;S 为检测器的灵敏度。检测器的噪声越低,灵敏度越高,检测限也就越小,检测器的性能越好。

（3）最小检测量与最小检测浓度

最小检出量是指检测器恰能产生和噪声相区别的信号(即 3 倍噪声水平)的信号时的试样量(或试样浓度),以 Q_0 表示。对于质量型检测器,其最小检测量为

$$Q_0 = \frac{1.065}{u} w_{h/2} \cdot D \tag{5-64}$$

式中,Q_0 的单位为 g;u 为流动相迁移速度。

对于浓度型,其最小检测浓度为

$$Q_0 = \frac{1.065 F_d}{u} w_{h/2} \cdot D \tag{5-65}$$

式中,Q_0 的单位为 mL 或 mg;F_d 为在检测器温度和大气压下载气流量。

由式(5-64)及式(5-65)可见,Q_0 不仅与检测器的性能 D 有关,还与色谱柱分离效率及操作条件有关。所得色谱峰越窄,Q_0 就越小。

（4）线性范围

线性范围是指组分的量与响应值呈线性关系的范围,通常以响应曲线线性的上限 Q_L 与最小检出量 Q_0 的比值表示,如图 5-11 所示。

（5）响应时间

响应时间是指进入检测器的某一组分的输出信号达到其真值的 63% 所需要的时间。检测器的死体积和电路系统的滞后现象越小,则响应速度越快。响应时间是柱后谱带扩张的主要因素,是检测器设计中的重要指标。检测器的响应时间一般都小于 1 s,高通量分析对响应时间要求更高。

常见的气相色谱检测器主要包括如下几种。

1. 热导检测器

热导检测器根据组分和载气具有不同的热导系数设计而成,是最早出现的气相色谱检测器之一。

（1）检测器的结构和检测原理

热导检测器的关键部件是热导池,热导池由池体和热敏元件两部分构成。常见的双臂与四臂热导池的结构如图 5-13 所示。

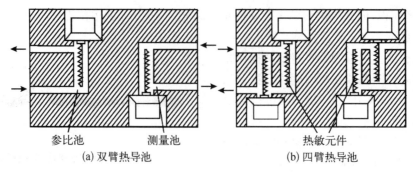

参比池　　　测量池　　　　　　热敏元件
(a) 双臂热导池　　　　　　(b) 四臂热导池

图 5-13　热导检测器的结构示意图

热导池的池体由圆柱形或方形不锈钢构成。池体中钻有孔道,内安装热敏元件。孔道允许气体进出,仅有载气气流通过的孔道称为参比池,而从色谱柱流出的气体所通过的孔道称为测量池。

热敏元件有热丝型和热敏电阻两类,目前 TCD 大多采用电阻温度系数高、电阻率大、机械强度好、耐氧化、价廉的热丝型材料,使用最多的是铼钨合金丝。测量池和参比池中的热敏元件的阻值是相同的。

热导检测器的工作原理是:当有电流通过热丝时,热丝被加热到一定温度,热丝的电阻值也会增大到一定值(一般金属丝的电阻值随温度升高而增加)。在没有被测组分进入测量池时,通过参比池和测量池的都是载气。由于载气的热传导作用,使热丝的温度下降,电阻减小,但此时热导池中各热丝温度的下降和电阻减小的数值是相同的。当有被测组分进入测量池后,由于被测组分与载气组成的混合气体的热导系数和纯载气的热导系数不同,因而测量池中热丝温度的下降程度发生变化,从而使两个池体中的热丝阻值有了差异。这一阻值的差异可以通过惠斯通电桥进行测量,四臂热导池检测器的桥电路如图 5-14 所示。

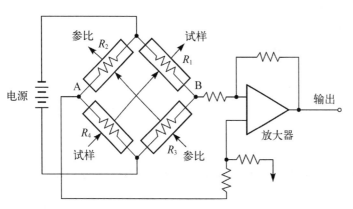

图 5-14　四臂热导池检测器的桥电路

当只有载气通过测量池和参比池时,四根热丝的阻值一样,即满足 $R_1 \cdot R_4 = R_2 \cdot R_3$,电桥处于平衡状态,此时 A、B 两端的输出电压 ΔE 为 0,记录得到的是基线。当载气携带被测组分进入测量池时,由于被测组分与载气组成的二元气体导热系数与纯载气不同,使测量池中热丝的温度发生变化,阻值 R_1 和 R_4 也随之发生改变。即 $R_1 \cdot R_4 \neq R_2 \cdot R_3$,此时,电桥不平衡,A、B 之间有信号输出 ΔE。热导池产生的输出信号 ΔE 通过推导可得

$$\Delta E \propto I^3 \cdot \left(\frac{\lambda_1 - \lambda_2}{\lambda_1}\right) \cdot x_2 \tag{5-66}$$

式中,I 为电桥电流;λ_1 为载气热导系数;λ_2 为被测组分的热导系数;x_2 为被测组分在载气中的摩尔分数。载气中被测组分的浓度越大,测量池钨丝的电阻值改变越显著,因此检测器所产生的响应信号,在一定条件下与载气中组分的浓度存在定量关系。

（2）影响热导检测器灵敏度的因素

① 电桥电流 I

电流增加,热丝温度提高,与热导池体的温差增大,气体容易将热量传出去,灵敏度得以提高。根据式(5-66)可知,$\Delta E \propto I^3$,即增加电流能使响应值迅速增高。但如果电流太大,热丝过于灼热,不仅基线不稳,还可能将热丝烧坏。当 N_2 作载气时,电桥电流控制在 $80 \sim 150\,mA$,H_2 作载气时,电桥电流可设定为 $150 \sim 250\,mA$。

② 热导池温度

池体温度越低,池体和热丝的温差越大,灵敏度越高。但池体温度不应低于柱温,以防组分在热导池中冷凝。

③ 载气的影响

由式(5-66)可见,载气的热导系数 λ_1 与被测组分的热导系数 λ_2 的差值越大,则检测灵敏度愈高。H_2 或 He 的热导系数远大于与其他物质的热导系数,因此采用分子量小的载气时,热导检测器的灵敏度高;另外,由于 H_2 或 He 在通过热导池时带走的热量多,热丝温度较低,桥路电流就可升高,从而使检测器的灵敏度大为提高。如果采用 N_2 作载气,氮和被测组分的热导系数差别小,灵敏度低;有些试样的热导系数比氮大,会出现倒峰;由于热敏元件温度高或池体温度高,导致响应与组分浓度有时不成线性关系,出现"N"或"W"形的色谱峰。因此,使用热导检测器时,绝大多数情况下都采用 H_2 或 He 作载气。

（3）热导检测器的性能与应用

被测组分和载气的热导系数存在差异,因此热导检测器对所有试样组分均有响应,是通用型检测器。它也是一种非破坏性检测器,有利于样品的收集,或与其他仪器联用。由于结构简单、操作方便、价格低廉、性能稳定,而且对所有物质都有响应,因此热导检测器的应用目前仍非常广泛,多用于其他检测器不能直接检测的无机气体,如水、氮氧化合物、惰性气体等的分析。热导检测器的主要缺点是死体积较大,灵敏度较低,为提高灵敏度并能在毛细管柱气相色谱仪上配用,应使用配有微型池体(如 $3\,\mu L$)的热导池。

2. 氢火焰离子化检测器

氢火焰离子化检测器简称氢焰检测器,它以氢气和空气燃烧生成的火焰为能源,将进入火焰中的有机化合物离子化,在电场作用下,生成的正离子和电子定向移动而形成离子流,该离子流经放大器放大后,得到检测信号。

（1）氢火焰离子化检测器的结构和工作原理

氢火焰离子化检测器由离子室和放大器组成。离子室包括气体入口、火焰喷嘴、电极和圆筒状金属外罩,如图 5-15 所示。

FID 的离子室由金属圆筒作外壳,内装有喷嘴,载气(或组分)、氢气和空气在喷嘴处交汇并点燃以形成氢火焰,氢火焰附近设有收集极(正极)和极化极(负极),在此两极之间施加 $90 \sim 300\,V$ 的直流电压,形成直流电

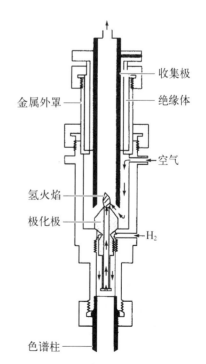

图 5-15　氢火焰离子化检测器的结构示意图

收集极
绝缘体
金属外罩
空气
氢火焰
H_2
极化极
色谱柱

场。组分燃烧产生的离子在收集极和极化极之间的外电场作用下定向运动而形成电流。被测组分电离的程度与其性质有关,一般有机物在氢火焰中电离效率很低,大约每50万个碳原子中有一个碳原子被电离,因此产生的电流很微弱。收集极捕集的离子流经放大器的高阻产生信号,燃烧后的废气及水蒸气由上方的小孔逸出。

组分在氢火焰离子化检测器中的离子化作用机理至今仍不是很清楚,最初认为是热致电离,而目前化学电离机理则为更多的人所接受。该机理认为,在火焰中燃烧的碳氢化合物 C_nH_m 发生裂解而产生含碳自由基·CH,即

$$C_nH_m \longrightarrow \cdot CH(自由基)$$

然后与火焰外面扩散进来的激发态原子或分子氧发生反应,生成 CHO^+ 及 e^-,即

$$\cdot CH + O^* \longrightarrow CHO^+ + e^-$$

形成的 CHO^+ 与火焰中大量水蒸气碰撞发生分子-离子反应,产生 H_3O^+ 离子,即

$$CHO^+ + H_2O \longrightarrow H_3O^+ + CO$$

在电场作用下,化学电离产生的正离子 CHO^+、H_3O^+ 和负电子 e^- 分别向极化极和收集极移动,形成离子流,经放大器放大(放大 $10^7 \sim 10^{10}$ 倍),记录下色谱峰。

(2) 操作条件对灵敏度的影响

① 气体流量

FID使用的气体有载气、燃气氢气和助燃气空气,三者的流速和比例要调节合适,流速太低难以维持连续稳定的火焰,流速太高会导致火焰飘忽,噪声增大。H_2 流量通常为 $30 \sim 40\ mL/min$,在此流量范围内,氢火焰离子化检测器有较佳的信噪比。空气的流量一般为 $200 \sim 400\ mL/min$,在此流量范围内,空气流量的变化对信号的影响不大,一般氢气与空气流量之比约为1:10。常用的载气有 N_2 和 H_2,载气流量的选择主要考虑分离效能。当采用 N_2 做载气时,进入FID的 N_2 和 H_2 的流量比对输出信号亦有影响。N_2 与 H_2 的最佳比例为1:1～1:1.5。当 N_2 流量较低时,或使用 H_2 作载气时,可以在色谱柱后增加一路 N_2 作为补充气,以达到上述氮氢比,实现较高的灵敏度和稳定性。气体中存在机械杂质或载气含微量有机杂质时,对基线的稳定性影响很大,因此要保证管路的干净并使用高纯载气。

② 使用温度

与热导检测器不同,氢火焰离子化检测器的温度对输出信号没有明显的影响,但为了防止燃烧生成的水蒸气冷凝在离子室内,FID的使用温度应高于100℃。

(3) 氢火焰离子化检测器的性能与应用

氢火焰离子化检测器对含碳有机化合物有很高的灵敏度,比热导检测器的灵敏度高几个数量级,能检测至 $10^{-12}\ g/s$ 的痕量物质,故适宜于痕量有机物的分析。而且,该检测器结构简单、响应快、稳定性好、死体积小、线性范围宽($>10^6$),因此是目前应用最广泛的气相色谱检测器。但对在氢火焰中不电离的无机化合物,例如永久性气体、H_2O、CO、CO_2、氮氧化合物、H_2S 等则无法检测。

3. 电子俘获检测器

(1) 电子俘获检测器的结构与工作原理

电子俘获检测器的典型构造如图 5-16 所示。在检测室内有一圆筒状 β 放射源(^{63}Ni 或 ^{3}H),以及一对正负电极。在两电极之间施加一直流或脉冲电压,当载气(一般采用高纯氮)

进入检测器时,在放射源发射的 β 射线粒子碰撞下发生以下电离反应:

$$N_2 \longrightarrow N_2^+ + e^-$$

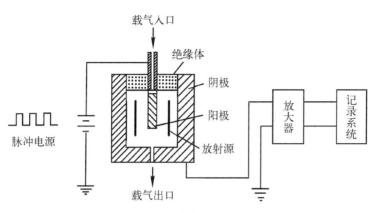

图 5-16 电子俘获检测器的结构示意图

生成的正离子和电子在恒定电场作用下向极性相反的电极运动,形成恒定的基流。当具有电负性的组分进入检测器时,它俘获了检测器中的电子,生成稳定的负离子,即

$$AB + e^- \longrightarrow AB^- + E$$

这些负离子在电场中向正极移动的速度比电子慢,因此更容易与载气电离产生的正离子发生复合反应生成中性化合物,即

$$AB^- + N_2^+ \longrightarrow N_2 + AB$$

结果导致基流降低,产生负信号(倒峰)。组分浓度愈高,倒峰愈大。

(2) 电子俘获检测器的性能与应用

电子俘获检测器是一种应用广泛的高选择性、高灵敏度的浓度型检测器。它只对具有电负性物质(如含卤素、S、P、N、O 的有机物)有响应,电负性愈强的组分,检测灵敏度愈高,能测出 10^{-14} g/mL 的电负性物质。电子俘获检测器的缺点之一是线性范围较窄,只有 10^3 左右,因此进样量不可太大。

电子俘获检测器广泛地应用于具有特殊官能团的痕量组分的分析,如食品、农副产品中农药残留,大气、水中痕量污染物等。

4. 火焰光度检测器

(1) 火焰光度检测器的结构与工作原理

火焰光度检测器主要由离子室、滤光片、光电倍增管三部分组成,见图 5-17。其中离子室的结构与 FID 的离子室结构相似。

当含有硫(或磷)的试样进入离子室,在富氢-空气焰中燃烧时,有机硫化物首先被氧化成 SO_2,然后被氢还原成 S 原子,S 原子在适当温度下生成激发态的 S_2^* 分子,在返回基态的过程中,发射出 350~430 nm 的特征光谱,其中发射强度最大的波长为 394 nm。含磷试样则是先被氧化成 P 的氧化物,然后被氢还原成 HPO,被激发的 HPO 碎片在返回基态时,发射出 480~600 nm 波长的特征光谱,其中发射强度最大的波长为 526 nm。这些发射光通过滤光片照射到光电倍增管上,将光转变为光电流,经放大后在记录系统上记录下硫或磷化合物的色谱图。

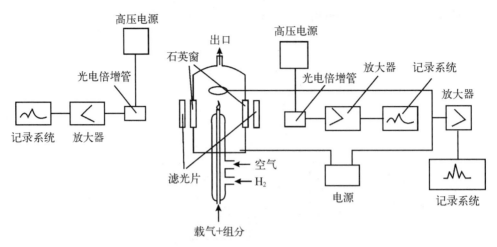

图 5 - 17 火焰光度检测器的结构示意图

（2）火焰光度检测器的性能与应用

火焰光度检测器是对含磷、含硫的化合物具有高选择性和高灵敏度的一种质量型检测器。含磷、硫的化合物产生的信号比碳氢化合物的响应信号高约 4 个数量级，有利于排除碳氢化合物的干扰，因此该检测器广泛地用于石油产品中微量硫化合物的测定及食品和环境试样中有机磷农药残留的分析。

5. 热离子检测器

（1）热离子检测器的结构与工作原理

热离子检测器也称为氮磷检测器，其结构（图 5 - 18）与氢火焰离子化检测器很相似，两者的主要区别在于：热离子检测器在火焰喷嘴与收集极之间装有一个含硅酸铷的玻璃球，称为铷珠，铷珠以白金丝作支架，且可以加热。铷珠是热离子检测器的电离源。

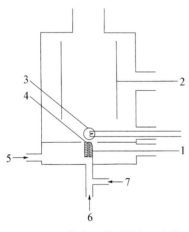

图 5 - 18 热离子检测器离子室的
结构示意图

1—喷口接线；2—收集极；3—碱盐珠；
4—喷嘴；5—空气入口；5—载气入口；
7—空气入口

热离子检测器通常在较小的空气（150 mL/min）和氢气流量（4～9 mL/min）条件下工作，电离源被电加热至红热，氢气在电离源周围形成冷焰，含 N、P 的有机化合物在此发生裂解和激发反应，形成对 N、P 的选择性检测。热离子检测器的响应机理有多种解释，其中气相电离理论被大多数人所接受，该机理认为电离源铷珠被加热后，挥发出激发态铷原子，铷原子与火焰中各基团反应生成 Rb^+，Rb^+ 被电离源（作为负极）吸收还原；火焰中各基团获得电子成为负离子，形成基流。当含 N、P 元素的化合物进入电离源的冷焰区，生成稳定的电负性基团（CN 和 PO 或 PO_2），电负性基团从气化的铷原子上获得电子生成 Rb^+ 与负离子 CN^- 或 PO^-、PO^{2-}。负离子迁移到作为正极的收集极上，并释放出一个电子，同时产生电信号。Rb^+ 又回到负电位的铷珠电离源表面，被吸收还原，以维持电离源的长期使用。

（2）热离子检测器的性能与应用

热离子检测器对含氮、磷的化合物有极高的选择性和灵敏度，其对氮、磷化合物检出限是所有气相色谱检测器中最低的,且氮、磷化合物的响应值为烃类化合物的 $10^4 \sim 10^6$ 倍。热离子检测器为质量型检测器,线性范围可达 10^5。由于以上优点,热离子检测器近年来广泛地应用于环保、医药、临床、生物化学、食品等领域。

6. 其他类型检测器

(1) 光离子化检测器

光离子化检测器(PID)对大部分的有机物都有响应,在烷烃等饱和烃存在时对芳烃和烯烃化合物有选择性。它是利用密封的 UV 灯发射的紫外线使色谱柱流出的电离电位低于紫外线能量的分子电离。检测限可为 pg 级,线性范围可达 10^6。由于对 S 的灵敏度很高,对 CH_4 无输出信号,在环保和药物分析领域引起人们的很大兴趣。

(2) 霍尔微电解电导检测器

霍尔(Hall)微电解电导检测器(HECD 或 HallD)是电导检测器的一种。它是对 N、P 和卤素化合物高选择性、高灵敏度的专用检测器,其线性范围和选择性可以和 NPC、FPD、ECD 媲美。

化合物经色谱分离后进入反应炉,在高温催化作用下发生反应,生成小分子化合物,经涤气器除去干扰物质,再进入电导池并发生电离反应,改变电导池的电导值,输出检测信号。

HallD 是湿式化学式检测器,应用受到较多限制。常用来测定农药。

(3) 原子发射检测器

原子发射检测器(AED)是一种多元素检测器,可在挥发性化合物中检测除氯(即载气)之外的所有元素,同时具有优良的选择性。

AED 属于光度检测法,它将等离子体作为激发光源,使进入检测器的组分蒸发、解离成气态原子,并将原子激发至激发态,再跃迁回基态,同时发射出原子光谱,通过测定每种化学元素的特征光谱的波长及强度确定物质中元素组成和含量。

AED 可以利用选择性和通用性两种方式工作。由于大多数元素(除氢)在任何化合物里的响应因子几乎恒定,AED 可以用响应因子在一定误差范围内定量任何化合物,甚至可以使用任何含有一个或多个相同元素的化合物作为标样。AED 近年来广泛用于石化、环保、食品、药物代谢等领域的研究。

(4) 化学发光检测器

化学发光检测器(CLD)是一种分子发射光谱检测器。其检测原理是物质进行化学反应时,吸收了反应产生的化学能,生成处于激发态的反应中间体或反应产物,当它们由激发态回到基态时,发出一定波长的光,光强度与物质的浓度成正比。

硫化学发光检测器和氮化学发光检测器较常与气相色谱联用,具有灵敏度高、选择性好、等摩尔响应、线性响应等优点,是用于分析石油、环境、制药等领域的样品中硫化物和氮化物的专用检测器。

(5) 氦离子化检测器

氦离子化检测器(HID)是唯一能检测至 ng/g 级的通用检测器,也是一种非破坏性的、放射性的浓度检测器。除氦以外,对其他无机和有机化合物均有响应。

HID 的工作原理是比较复杂的电离过程,即电子与氦气碰撞形成亚稳态原子,其激发能传递到样品分子或原子,样品通过碰撞被电离产生微弱电流,其值在一定范围内与含量呈线性关系。

HID 通常使用放射性氚源为激发能源,其能量随时间变化,导致仪器稳定性变化。氚源放射的 β 射线污染载气后也危及人体健康,近年来逐渐被非放射性氦离子化检测器取代,如脉冲放电氯离子化检测器(PDHID),利用氦气中稳定的低功率脉冲放电作为电离源,使被测组分产生信号。对于气体来说,PDHID 是通用检测器。它也是非破坏型、浓度型检测器,主要用于测定各种气体中的痕量杂质。

5.5.3　气相色谱固定相

气相色谱固定相分为两类,一类是用于气固色谱的固体吸附剂,另一类是用于气液色谱的液体固定相,它由固定液和载体(也称为担体)构成。

1. 气固色谱固定相

在气相色谱分析中,气液色谱法的应用范围广、选择性好,但在分离、分析永久性气体及气态烃类时,分离效果并不好。若采用吸附剂作固定相,利用其对气体吸附性能的差别进行分离,可达到较好的分离效果。

常用的固体吸附剂有碳素、分子筛、硅胶和氧化铝等无机材料,也有用有机化合物聚合而成的高分子多孔小球。它们对各种气体吸附能力的强弱不同,因此分离性能各不相同,应根据分析对象选择合适的吸附剂。

大多数无机固体吸附剂的吸附性能受预处理条件的影响很大,使用的操作条件和环境也常改变其吸附性能;吸附等温线一般为非线性,因此进样量要小,否则色谱峰峰形会很差;吸附剂在高温下有催化活性,在应用时需注意。

高分子多孔微球是以苯乙烯、二乙烯基苯为单体共聚得到的交联多孔聚合物,由于不同单体和不同聚合条件下,可以获得不同极性和孔结构的小球,因此高分子多孔小球吸附剂的品种多,可分离化合物的类型广。例如有机物或气体中微量水的测定,若采用一般的吸附剂,由于对水的吸附系数太大,导致色谱峰严重拖尾或不出峰;而高分子多孔小球与羟基化合物的亲和力极小,故相对分子质量较小的水分子可在一般的有机物之前出峰,峰形对称,特别适于试样中痕量水含量的测定,也可用于多元醇、脂肪酸、腈类等强极性物质以及 HCl、Cl_2、SO_2 等腐蚀性气体的分析。

2. 气液色谱固定相

气相色谱分析中大多数情况下都采用液体固定相。这是由于采用气液色谱法可以获得对称性较好的峰形;且担体与固定液的质量稳定,色谱分离性能的重复性好;特别是固定液种类很多,选择范围广,能解决大多数分析任务。

1) 担体

担体用于支持固定液,使固定液以薄膜状态分布于其表面上。理想的担体应符合以下要求:① 多孔性,孔径分布均匀,比表面积大,有利于组分在两相之间的传质;② 表面化学惰性好,在操作条件下无吸附性和催化性;③ 热稳定性好,有一定的机械强度,不易破碎;④ 粒度均匀、细小,颗粒接近球状,有利于提高柱效和色谱柱的渗透性。气相色谱中最常用的担体是硅藻土型担体,在特殊情况下使用氟担体、玻璃微球等。

(1) 硅藻土型担体

其以硅藻土为原料煅烧制成,分为红色担体和白色担体两种。红色担体是硅藻土在900℃左右煅烧的产物,其红色为硅藻土中所含氧化铁所致。如果在硅藻土原料中加入少量助熔剂,如碳酸钠,并于 1 100℃左右煅烧,由于氧化铁在高温下与碳酸钠反应,生成无色的硅酸钠铁盐,担体变为白色,则得白色担体。这两种硅藻土担体的化学组成基本相似,但它们的孔结构和表面特性却不相同。红色担体为细孔结构,孔径为 $0.4 \sim 1~\mu m$,表面积大(4.0 ～

6.0 m²/g），涂固定液量多（可达 30%～40%），但液膜厚度并不大，液相传质阻力小，柱效高。但分析极性组分时，由于担体表面存在大量的极性中心，极性组分易拖尾。白色担体则相反，它的孔径较大，为 8～9 μm，表面积小（1.0～3.5 m²/g），能负载的固定液少。但由于表面极性中心显著减少，吸附性小，分析极性组分时拖尾小，故比红色担体更为常用。

由于硅藻土担体中存在酸性、碱性的活性基团，如氧化铁、氧化铝等，这些基团会吸附胺类、氮杂环类、酚类、羧酸类化合物，造成色谱峰严重拖尾，并引起萜烯、缩醛等发生催化反应，造成不可逆吸附。硅藻土的表面还存在硅醇基团，它们与醇、胺、酸等形成氢键，发生吸附作用，引起色谱峰拖尾。红色担体中含大量直径小于 1 μm 的微孔，会产生毛细管凝聚现象（物理吸附）。在分析上述试样时，担体需加以处理，以改进孔隙结构，消除活性中心。处理方法有酸洗、碱洗、硅烷化、釉化等。

（2）氟担体

氟担体有两类：聚四氟乙烯和聚三氟氯乙烯。这类载体的特点是耐腐蚀性强，适合分析腐蚀性气体或强极性化合物，但必须在 180℃ 以下使用，固定液负荷量小，柱效比较低。

（3）玻璃微球担体

玻璃微球担体的主要特点是渗透性好，此外它的比表面积小，负荷的固定液很少，传质阻力小。因此可以提高载气线性流速，在较低的温度下实现高沸点、强极性化合物的分析。

一般按以下原则选择合适的担体：① 分析非极性组分用红色硅藻土担体；分析极性组分宜用白色硅藻土担体；② 要求进样量大、色谱柱负荷固定液多时，选用红色担体；③ 对于高沸点、强极性组分，可选用玻璃微球担体；④ 对于强腐蚀性组分，可选用氟担体；⑤ 分析具有酸性、碱性、极性及活泼性的组分，应选择处理过的红色或白色担体。

2）固定液

固定液应具备以下条件：① 蒸气压低，在操作温度挥发度小，以免流失；但在操作温度下呈液体状态，且黏度小；② 热稳定性好，在操作温度下不发生分解或聚合；③ 对试样各组分有适当的溶解性，且对不同组分的溶解能力（分配系数）有差别，即具有良好的选择性；④ 化学稳定性好，不与载气、担体、被测物质发生不可逆反应；⑤ 润湿性好，固定液能均匀地涂布于担体表面或空心毛细管的内壁上。

根据以上要求，固定液一般都是低熔点、高沸点的有机化合物，现已开发出上千种商品化的固定液。在色谱手册上，通常按照化学结构将固定液分为烃类、醇类、酯类、聚硅氧烷类、醚类以及特殊固定液等。为防止固定液的流失，每种固定液都规定了最高使用温度，使用时需要特别注意。

新开发的固定相集中于常温离子液体和各种环糊精的衍生物。离子液体（ionic liquid，IL）是由正负离子组成的盐类，在室温或室温附近呈液体状态。离子液体是一种优良的有机溶剂，可以溶解无机物、金属有机物、高分子材料等，且溶解度较大；在室温下呈液态，稳定，不易燃，可传热，可流动却无显著的蒸气压，不挥发，不会造成污染，在 -70℃ 到 300～400℃ 的温度下可以作为液体使用。1999 年开始，离子液体应用于色谱分析中。环糊精及其衍生物于 20世纪 80 年代开始应用于对映异构体的分离，目前的工作主要集中于合成新的环糊精衍生物和探索环糊精衍生物固定相的保留机理。由于固定液的种类繁多，因此在试样分析之前选择合适的固定液是非常关键的。选择固定液遵循的一条基本原则是"相似相溶"。固定液的性质与被分离组分之间有某些相似性，如官能团、化学键、极性、某些化学性质等。性质相似时，两种分子间的作用力（色散力、诱导力、定向力或者氢键作用力等）就强，被分离组分在固定液上的溶解度就大,分配系数就大,保留更强。极性是区分和表征固定液特性的重要参数,也是选择固定液的重要参考依据。根据色谱热力学原理,如果组分与固定液分子极性相似,固定液和被测组分间的作用力强,被测组分在固定液中的溶解度大,分配系数就大。因此,可以运用"相似相溶"的原则初步选择固定液的大致类型并判断色谱出峰规律。

① 分离非极性物质,一般选用非极性固定液,这时试样中各组分按沸点次序先后流出色谱柱,沸点低的先出峰,沸点高的后出峰。

② 分离极性物质,选用极性固定液,这时试样中各组分主要按极性顺序分离,极性小的先流出色谱柱,极性大的后流出色谱柱。

③ 分离非极性和极性混合物,一般选用极性固定液,这时非极性组分先出峰,极性组分(或易被极化的组分)后出峰。

④ 对于能形成氢键的试样,一般选择极性或氢键型固定液,这时试样中各组分按与固定液分子间形成氢键力的大小先后流出,不易形成氢键的先流出,易形成氢键的后流出。

对于高沸点或者挥发性较差的物质,因其流出困难,实际上不宜选择与样品很相似的固定相,否则将造成出峰时间过长、操作温度过高等一系列问题。

上述规律在固定相选择时具有一定的参考价值,但比较粗略。由于固定液的分离特征是选择固定液的基础,为了在众多固定液中选择出更为合适、具体的固定液,需要对各固定液的分离特性进行研究和表征。早期使用相对极性 P_x 来表征固定液的分离特性,即规定非极性固定液角鲨烷(异三十烷)的相对极性为零,强极性固定液 β,β'-氧二丙腈的相对极性为 100,被测固定液的相对极性 P_x 由物质对(探针)"环己烷-苯"在各固定液上的相对保留值进行计算。

$$P_x = 100 - \frac{100(q_1 - q_x)}{q_1 - q_2} \tag{5-67}$$

式中,$q = \lg \dfrac{t'_R(苯)}{t'_R(环己烷)}$,下标 1、2、$x$ 分别代表 β,β'-氧二丙腈、角鲨烷和被测固定液。这样测得的各种固定液的相对极性分布于 0~100,设每 20 为一级,按照极性可将所有固定液分成 5 级,级数越高,极性越大。

由于相对极性 P_x 采用物质对"环己烷-苯"作为探针,主要反映了被测组分和固定液之间的诱导作用力,而未能反映两者之间的全部作用力。罗胥耐特(Rohrschneiher)及麦克雷诺(McReynolds)提出了两种改进的固定液特征常数。采用多种不同性质化合物为探针全面地反映固定相的分离特征。例如,麦克雷诺常数 X' 的计算方法为

$$X' = I_P^{苯} - I_S^{苯} \tag{5-68}$$

式中,下标 P 为待测固定液;S 为角鲨烷固定液;$I_P^{苯}$ 为以苯作为探测物时在待测固定液上的保留指数;$I_S^{苯}$ 为以苯作探针时在角鲨烷固定液上的保留指数,其他特征常数的计算方法类同。将探针测得的 ΔI 值(即 X')之和 $\sum \Delta I$ 称为总极性,其平均值称为平均极性。固定液的总极性值越大,则极性越强;麦克雷诺常数中某单项值越大,则表明该探针所表征的作用力越强。因此利用麦克雷诺常数将有助于固定液的评价、分类和选择。现在人们广泛采用麦克雷诺常数来比较固定液的性质,不同固定液的麦克雷诺常数可从气相色谱手册中查找。

为了简化固定液的选择,李拉(Leary)提出用"最相邻距离"来表示两种固定液的相似程度,即利用麦克雷诺常数计算出不同固定相之间总极性的差异度。根据计算结果,从品种繁多

的固定液中选出分离效果好、热稳定性好、使用温度范围宽,有一定差异度间距的12种典型固定液,借以解决大部分分离问题。

如果采用毛细管气相色谱法进行分析,由于毛细管柱的柱效很高,大部分分析任务可用三根毛细管柱完成:甲基硅橡胶柱(非极性,$\sum \Delta I = 217$)、三氟丙基甲基聚硅氧烷柱(中等极性,$\sum \Delta I = 1\,500$)、聚乙二醇-20M柱(中强极性,$\sum \Delta I = 2\,308$)。但还有少数分析问题,如高沸点多组分试样、性质非常相似的手性异构体等的分离,还需选用特殊的耐高温固定相如碳硼烷类,以及高选择性固定液如化学修饰的β-环糊精等。

5.5.4 毛细管气相色谱法

1957年,戈雷(Golays)制备了第一根内壁涂渍一层固定液膜的毛细管柱(capillary column),这种色谱柱的中心是空的,因此也称为开管柱(open tubular column),适用于分离复杂试样。目前气相色谱中使用较多的是毛细管柱,其制柱工艺已经是一个成熟的技术,研究和改进集中在色谱柱厂家进行,并形成商品。

1. 毛细管色谱柱的分类

毛细管柱通常以石英为材料拉制而成,为了提高毛细管柱的柔韧性,外层涂上一层黄色的聚酰亚胺保护层,该保护层可耐温至330℃。当需要在更高温度下进行分析时,可采用金属材料制作的毛细管柱,如铝、不锈钢等。

按照制备方法的不同,可将毛细管柱分成以下类型。

(1)涂壁开管柱(WCOT)

将固定液直接涂在毛细管内壁上,或先对毛细管柱内壁进行表面处理,以增加内表面的粗糙度和润湿性,再涂固定液。

(2)多孔层开管柱(PLOT)

在管壁上修饰一层多孔性吸附剂固体微粒,用于气固色谱分离。

(3)载体涂渍开管柱(SCOT)

为了增大开管柱内固定液的涂渍量,先在毛细管内壁上修饰一层很细的多孔颗粒,然后再在多孔颗粒层上涂渍固定液,这种毛细管柱液膜较厚,柱容量较高。

(4)化学键合相毛细管柱

用化学键合的方法将固定相结合在毛细管内壁上。经过化学键合,提高了柱的热稳定性。

(5)交联毛细管柱

将固定液(如硅氧烷)注入毛细管内进行聚合交联,有极少量的固定液与柱内壁进行化学键合。这类毛细管柱具有耐高温、柱效高、柱寿命长等优点,因此应用最为广泛。

2. 毛细管柱的特点

毛细管柱与填充柱相比有以下特点。

(1)柱效高

由于毛细管柱中没有填充固定相颗粒,速率方程中的涡流扩散项A为零,从而减小了色谱峰扩展,提高了单位柱长的柱效。毛细管柱的每米理论塔板数为2\,000~5\,000,而填充柱的每米理论塔板数约为1\,000。另外,由于毛细管柱是中空的,载气流动阻力小,在最佳的载气线速下,可以使用100 m以上的柱子,而柱前压力并不会太大。因此,一根长为10~200 m的毛细管柱,总柱效可达10^5~10^6,分离能力比填充柱大为提高。

（2）相比（β）大，有利于实现快速分析

毛细管柱的相比很大（β 为 50～1 500），其容量因子 k 比填充柱小，出峰时间短。另外，由于固定液液膜（d_f）薄，有利于降低速率方程中的液相传质阻力系数，加上空心柱的气阻很小，可以采用高的载气线性流速，而不至于使柱效明显下降。因此尽管毛细管色谱柱很长，亦可实现快速分析。

（3）柱容量小，允许进样量少

进样量取决于柱内固定液的含量。毛细管柱涂渍的固定液液膜厚度为 0.35～1.5 μm，固定液仅几十毫克，柱容量小，因此进样量不能太大，否则将导致过载而使柱效率降低、色谱峰变宽、拖尾。进样量过小则会导致进样相对误差过大影响分析准确度。对液体试样，进样量通常为 10^{-3}～10^{-2} μL，在进样时需要采用分流进样技术。

由于毛细管柱具有总柱效高、相比大、分析速度快等优点，它的出现为复杂混合物如石油、天然产物、环境污染物以及生物样品的分析开辟了广阔的前景。图 5-19 为在相同固定相的毛细管色谱柱和填充柱上，对同一香精试样分别进行分析得到的色谱图。由图可见，在填充柱上未能分离的物质在毛细管柱上得到了很好的分离。

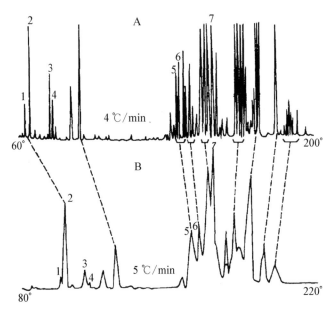

图 5-19 最佳色谱条件下菖蒲油色谱图

A：使用 50 m×0.3 mm 内径，OV-1 玻璃毛细管柱；B：使用 4 m×3 mm
内径填充柱，内填 5%OV-1 固定相涂在 60/80 目 Gaschrom Q 担体上

3. 毛细管气相色谱仪

毛细管气相色谱仪的流程与填充柱气相色谱仪相比有两点不同（图 5-20），一是在色谱柱之前增加了一个分流装置；二是在色谱柱尾部与检测器之间增加了一路尾吹气。在常规的填充柱气相色谱仪上，按以上流程对仪器进行简单的修改，也可以实现毛细管柱气相色谱分离。

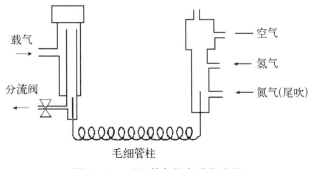

图 5-20 毛细管气相色谱仪流程

在柱前增加分流装置有两个原因,一是毛细管柱的柱容量很小,即使使用微量注射器进样也可能引起进样量超过色谱柱的负荷,必须采用分流技术。样品在气化室中瞬间气化,当打开分流阀时,大部分载气和试样放空,仅有少量进入色谱柱,从而实现小的进样量。放空的试样量与进入毛细管柱试样量的比值称分流比。二是虽然毛细管柱的实用最佳线性流速很高(高于填充柱),但由于毛细管柱内径小(0.1~0.53 mm),载气的体积流速很小(1~5 mL/min)。如果气化室、检测器的死体积大,就会使试样组分在这些位置发生滞留,引起色谱峰的扩展(柱外效应),降低柱效和分离度。采用分流技术,既能实现毛细管柱内小的载气流量,又能保证在分流之前,通过气化室的载气流量很大,从而减少了气化室死体积的影响。

在色谱系统中增加一路尾吹气的主要目的是增加柱出口到检测器的载气流量,减少这段死体积的影响,减少组分的柱后扩散。尾吹气的另一个作用是提高氢火焰离子化检测器的灵敏度,这是由于毛细管柱内的载气 N_2 流量低,使检测器所需氮/氢比过小而影响灵敏度。

4. 进样技术

(1) 分流进样

分流进样是毛细管气相色谱法中最常用的进样方式。分流比的大小应根据柱内径及样品浓度进行调节,通常为30∶1至500∶1。分流进样的优点是操作方便,死体积影响小。但载气消耗量大,进样器温度高(蒸发进样),不利于热稳定性差的试样分析。另外,分流进样会产生进样歧视,即轻组分由于扩散系数大,导致分流比大,使得定量结果偏低,而重组分定量结果偏高。

(2) 不分流进样

由于毛细管柱的允许进样量比较小,如果被测组分在试样中的浓度很低,采用分流进样可能导致组分无法检出。此时可使用不分流进样方式。不分流进样是指试样被注入气化室后全部转移进毛细管柱中进行分离,这种进样方式可以在分流进样器上实施。进样时关闭分流阀,缓慢将大体积试样注入气化室,经过30~80 s,90%以上的试样迁移进色谱柱后,再打开分流阀,使气化室中的残余试样随载气放空。

为了防止慢速、大体积的样品蒸气引起溶剂及被测组分的初始谱带展宽,可采用程序升温进样。程序升温的起始温度要低于溶剂沸点,使试样在柱头实现冷聚焦。所谓冷聚焦,是指当样品被引入温度比溶剂沸点低的柱入口时,样品中的溶剂首先沿载气方向在柱入口冷凝成一层临时性液膜(冷凝溶剂谱带),造成该区域的相比随液膜厚度增加而减小,从而使分配比明显增大。溶质蒸气塞在向前移动的过程中,前沿部分在溶剂膜上的保留较强,后部在一个相对薄的溶剂液膜上移动,保留小,移动比前沿部分快,最终被测组分谱带被压缩变窄。

无分流进样适合于极性大、沸点大于 150℃ 的痕量组分分析。该方法的定量相对误差比分流法小,但线性比较差;需要使用耐溶剂冲洗的交联柱;如果对常量试样进行分析,要用适当的溶剂稀释试样。

(3) 柱上进样

将试样由注射器针头直接送入色谱柱中,试样不需要蒸发。柱上进样装置比较复杂,注射试样的针头为石英毛细管。柱上进样的主要优点是消除了进样歧视,由于是冷进样,试样不会受热分解或重排,分析的精度很高,适用于对定量结果要求较高的情况。该方法的主要缺点是允许的最大进样量小,无法测定溶剂峰之前的色谱峰,色谱柱容易受到难挥发组分的污染等。

(4) 程序升温气化进样

程序升温气化(programmed temperature vaporization, PTV)是近年来出现的一种多功能的进样装置,它可以实现气化室的快速程序升温和冷却,完成程序升温的分流进样、不分流进样及柱上进样操作。由于这种进样器既可低温捕集试样又可将样品快速气化,完全消除了宽沸程样品的分流失真;可在气化室实现对样品的浓缩;同时使不挥发物滞留在内衬管中,保护了毛细管柱。但该进样器价格较贵。

5.5.5 气相色谱常用辅助技术

气相色谱除了可对易气化、热稳定的试样进行分析外,如果与一些辅助技术相结合还可进行一些特殊试样的分析。常见的辅助技术有针对部分难挥发、热不稳定物质的衍生化气相色谱法;用于高分子聚合物试样结构分析的裂解气相色谱分析法;适用于固体或液体试样中易挥发性物质直接分析的顶空气相色谱分析法。以上这些辅助技术(或称为样品预处理技术)的运用,显著扩展了气相色谱的应用范围。

1. 衍生化气相色谱法

在气相色谱分析中,将被测组分通过化学反应转化为另一种化合物,即衍生物,然后对衍生物进行分析的方法,称为衍生化气相色谱法(derivatization gas chromatography)。衍生化的目的如下。

(1) 提高被测组分的挥发性和热稳定性,使之能在气相色谱条件下进行分析。

(2) 改善峰型和分离。有些试样制成衍生物后,由于极性的变化,色谱峰对称性和分离度都有所改善。

(3) 衍生物适用高灵敏检测器,提高检测灵敏度。

气相色谱中常用的衍生化方法有硅烷化反应法、酰化反应法及酯化反应法。

2. 顶空气相色谱分析法

顶空气相色谱分析法(headspace gas chromatography,HS-GC)简称顶空分析。该方法将待测液体或固体试样置于密闭容器中,然后通过一定的方式将该容器气相空间中的挥发性成分定量转移到色谱仪中进行分析,根据气相中组分 i 的峰面积计算试样中该组分的含量。

根据操作方式的不同,顶空分析法可分为静态顶空法与动态顶空法两类。静态顶空分析是将试样置于密闭的恒温系统中,当气液(或气固)两相达到热力学平衡后,移取顶部空间的气体,用气相色谱分析法测定气相组成。该方法适用于被测组分浓度较高的情况。当被测组分浓度较低时,热力学平衡的气相中被测组分的浓度很低,不足以被检测器检出,此时可以采用动态顶空分析(又称为吹扫-捕集法)。该方法不断地向液体试样中通入载气,将挥发性成分连续吹赶出来,并利用吸附剂吸附,再将吸附管连接到色谱仪的进样阀上,加热解吸,组分被载气携带进入色谱柱进行分析。

近年来又出现将固相微萃取技术与顶空分析相结合的顶空-固相微萃取方法,这种方法将有吸附作用的纤维置于被测试样的上方空间,待纤维对试样中挥发性成分的吸附达到平衡后,将纤维直接送入气相色谱仪的进样器系统进行热脱附进样。

顶空气相色谱分析法的主要优点是减少了复杂的试样前处理过程,因此也避免了由此引起的样品损失和污染,提高了分析数据的可靠性,节省了分析时间。另外,由于只有挥发性的组分被注入气相色谱仪,因此选择性好,基体干扰小,同时避免了不气化的基体物质对气化室和色谱柱的污染。

静态顶空主要用于分析沸点在 200℃ 以下的组分,以及较难进行前处理的样品。例如,对血样中的酒精含量进行测定时,直接将试样在温度为 50℃ 的恒温器中平衡 30 min 后,取一定量顶空的气体进行毛细管气相色谱分析,该方法广泛用于司机是否酒后驾车的司法鉴定。又如，美国药典中规定采用静态顶空法测定药品的残留溶剂。动态顶空不仅适用于复杂基质中挥发性较高的组分的分析，也适用于较难挥发及浓度较低的组分的分析。

顶空气相色谱分析法已普遍用于土壤及水中的挥发性污染物，食品、药品、包装材料、生物样品、天然产物中的有机挥发物等的快速测定。

3. 裂解气相色谱分析法

裂解气相色谱分析法（pyrolysis gas chromatography，PyGC）是热裂解技术和气相色谱法结合产生的一种分析方法。该方法是在一定条件下，将未知的固体大分子化合物加热分解，生成分子量较小的易挥发组分，然后再进行气相色谱分析。将未知试样裂解得到的色谱图（通常称为裂解指纹图）与大分子标准样品的裂解指纹图进行比较；或者将裂解气相色谱与质谱联用，得到裂解产物的组成和含量信息，即可推测未知大分子的种类与性质。

在一定条件下，大分子有机化合物的裂解遵循一定规律，即特定的试样能够产生特征的裂解产物及产物分布，裂解产物的组成和相对含量与被测物的组成和结构有一定的对应关系。裂解温度是裂解气相色谱法的关键参数，通常控制在 $450 \sim 800 ℃$。裂解器是用于实现大分子化合物热裂解的部件。通常将裂解器安装于气相色谱仪的气体进样装置（六通阀）上，用裂解器取代六通阀上的样品定量管。在严格控制的条件下，裂解器快速加热试样，使之迅速热解成为挥发性的小分子产物，并由载气直接将裂解产物送入色谱柱中进行分离。

裂解器的结构和性能直接影响分析的准确度和重现性。对裂解器的基本要求是：加热速度快，受热均匀，能够精确地控制裂解温度；裂解温度范围可调，以满足不同试样的需求；裂解器与接口的死体积小，减少色谱峰展宽等。常用的裂解器有管式炉裂解器、热丝裂解器、居里点裂解器、激光裂解器等。

与常规的高分子化合物定性分析方法相比，裂解气相色谱法具有如下特点。

（1）灵敏度高，样品用量极少，一般只需要微克至毫克级。

（2）试样不需要预处理就可以直接分析，适合于各种形态的试样，特别适用于不溶性固体样品，扩展了气相色谱的分析范围。

（3）设备简单，操作方便。

裂解气相色谱法主要用于高分子化合物的定性分析以及裂解机理、裂解反应动力学过程的研究。裂解气相色谱还可以应用于其他研究领域，例如不同种类微生物的裂解指纹图有许多共同的特征峰，但其相对峰高和峰面积具有明显区别，因此，在一定的裂解条件下对未知的微生物进行分析，对比标准裂解谱图就可以对微生物进行分类鉴定。目前，裂解气相色谱分析法（包括裂解气相色谱-质谱联用技术）在聚合物材料、生物、医学、食品、天然产物、地球化学、炸药等领域应用广泛。

5.5.6　气相色谱联用技术

色谱和谱学技术联用已成为复杂体系分析最为有效的手段。在联用系统中，色谱相当于谱学仪器的进样装置，谱学仪器相当于色谱的检测器。在气相色谱联用技术中，气相色谱-质谱联用技术应用最为广泛，气相色谱与光谱的联用相对较少，但在某些领域具有不可替代的作用。

1. 气相色谱-质谱联用技术（GC - MS）

气相色谱-质谱联用仪由一台气相色谱和一台质谱仪组合而成，两者之间通过接口连接。通常气相色谱仪出口的压力为 10^5 Pa，而质谱仪则需在高真空度下运行。接口的功能主要是解决色谱单元和质谱单元的压力不匹配性。接口方式有开口分流法、分子分离器和直接连接法，其中直接连接法在传输过程中没有物质损失，具有较高的检测灵敏度，同时随着真空技术的发展，对流量的限制也显著降低。这一接口结构简单、维护操作方便，已成为最主流的方式。

与质谱联用的色谱单元与常规的色谱在使用要求上略有不同。首先，载气应具有较高的电离能级，不影响离子的检测，不干扰样品谱图，一般使用高纯度氦气。气质联用中通常使用细内径毛细管柱。为防止污染质谱系统，还应尽可能降低色谱柱流失，需使用质谱专用柱，并在使用前充分老化，其使用温度不应高于老化温度。气质联用仪使用 Vespel/石墨复合材料密封垫，质谱仪的进样垫也应使用低流失种类。

质谱单元由离子源、质量分析器、检测器和真空系统组成。质谱仪相关的详细介绍见第 6 章质谱分析部分。

2. 气相色谱-傅里叶变换红外光谱联用技术(GC-FTIR)

红外光谱能够提供极为丰富的分子结构信息，是十分理想的定性分析工具。样品经气相色谱分析后，各个馏分依次进入光管，干涉仪调制的干涉光通过光管，与光管内的组分作用后干涉信号被汞镉碲低温光电检测器接收，获取的干涉信息经傅里叶变换得到组分的红外光谱图。各 GC-FTIR 厂家均提供红外光谱图库，但一般只有几千张，远少于 GC-MS。

物质在不同状态下获得的红外光谱图是不同的，相对于目前已有的大量用固态和液态物质获得的谱图数据，GC-FTIR 在气态条件下获得谱图有所区别，为解释图谱带来一定的困难。分辨率和灵敏度也是制约其推广的因素。

5.5.7　多维气相色谱

色谱技术的发展，为天然产物、环境样品等复杂体系的分离分析提供了新的手段。然而一维分离模式所能提供的分辨率和峰容量仍十分有限，难于满足对复杂样品进行高效分离与高灵敏检测的要求。多维分离是近年来发展起来的一种新型复合分离技术，与一维分离模式相比，这种技术可以极大地提高峰容量，便捷地调整分离选择性，已成为近期分析化学领域的重要研究热点。

1. 传统多维气相色谱(GC+GC)法

传统多维气相色谱使用多通阀或调节串联双柱前后压力的方法来改变载气在柱内的流向，使样品中感兴趣的组分流过第二柱进行再次分离。通过柱切换系统完成样品切割与反吹，包括平面阀切换系统、压力管柱切换系统。

传统二维气相色谱的最大峰容量是两维各自峰容量的加和，一般采用中心切割法。第一根色谱柱分离后的部分组分被再次进样到第二根色谱柱进一步分离；样品中其他组分被放空。

2. 全二维气相色谱(GC×GC)法

全二维气相色谱是 20 世纪 90 年代初出现的新方法。早期的两维气相色谱一般采用中心切割法，即将第一根色谱柱分离出来的部分馏分转移到第二根色谱柱中作进一步的分离。由于组分流出第一根柱时，谱带已较宽，因此第二维的分辨率不高。全二维气相色谱法是将分离机理不同而又互相独立的两根色谱柱以串联的方式结合成二维气相色谱，其关键是在两根色谱柱之间装有一个调制器，调制器的主要作用是捕集第一根色谱柱流出的馏分，使之聚焦后再以脉冲方式送入第二根色谱柱中作进一步的分离。各组分从第二根色谱柱进入检测器，信号由计算机处理，得到以第一根柱上的保留时间为第一横坐标，第二根柱上的保留时间为第二横坐标，信号强度为纵坐标的三维色谱图或二维轮廓图。由于调制器的聚焦作用，进入第二根色谱柱的组分初始谱带很窄，使得第二维峰容量很高。又由于第一根色谱柱的分离时间较长，而第二根色谱柱是快速分析柱(通常分析时间只有几秒),从第一根色谱柱流出的每一馏分都能及时转移到第二根色谱柱进行分离,因此,全二维气相色谱分析所需时间等于第一根色谱柱的分析时间,峰容量为两根色谱柱峰容量的乘积。全二维气相色谱法的峰容量大,分离效率高,分析速度快,且由于聚焦作用提高了组分在检测器中的浓度,从而提高了检测灵敏度。利用该技术,已从航空煤油中分离出一万多个组分。因此全二维气相色谱法自出现以来就极受重视,并得到了迅速的发展,已应用于石油、环境样品以及天然产物等特别复杂的试样分析。典型的全二维气相色谱图如图 5 - 21 所示。

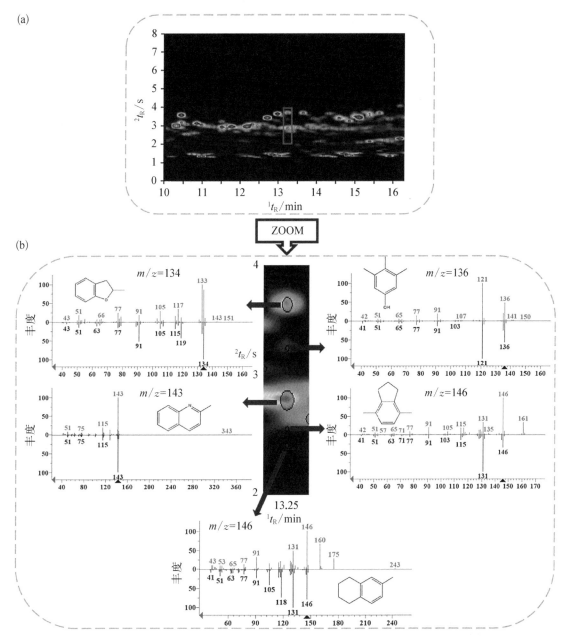

图 5 - 21　全二维气相色谱分离示例: (a) 二维分离谱图;(b) $^1t_R = 13.25$ min 处部分放大谱图及其中 5 个组分质谱图与 NIST 11.0 数据库中相关质谱图比较图(*Fuel Processing Technology*, 2022(227), 107125)

全二维气相色谱仪调制器的功能为：

(1) 定时捕集第一柱后流出的分析物；

(2) 能转移很窄的区带到第二柱的柱头，实现再次进样；

(3) 聚焦和再进样的操作是再现的、非歧视性的。

目前主要的调制方式包括阀调制和热调制。其中热调制是 GC×GC 中最常用的调制技术。

阀调制不仅需要很高的载气流速，样品中的大多数被放空，限制了其应用。热调制是 GC×GC 最常用的调制技术。热调制在两维色谱柱之间增加一个具有涂层的吸附管，改变温度可以使几乎所有挥发性组分在固定相上吸附和脱附。但由于使用温度较高，涂层常常被烧坏，需要频繁更换。基于移动加热技术的热调制可以实现局部加热，可稳定控制温度，但仍存在使用温度高于炉温的问题。冷阱系统也被用作调制器。第一根柱的馏分以很窄的区带宽度保留在冷阱调制器中，每隔几秒，调制器从捕集位切换到释放位，加热冷却的毛细管，释放被捕集的馏分并以很窄的区带在第二根色谱柱开始分离。冷阱调制器中毛细管只需加热到炉温即可完成脱附，但调制器中的固定相处于低达 $-50℃$ 的低温。在上述调制器基础上，又开发了双喷液氮冷阱调制器、双喷 CO_2 调制器、CO_2 环形调制器等。

GC×GC 中的第二维分离非常快，在调制器的一个脉冲周期内完成，这就要求检测器的响应时间很短，数据处理机的采集速度至少应是 $50～100\ Hz$。GC×GC 使用的检测器应具有死体积小、响应快的特征，如 FID、ECD、质谱等。

与一维分离模式相比，多维分离技术的最大特点是能够极大地提高峰容量。对多维分离系统的理论研究工作已取得了一定的成就，但尚有诸多基本理论问题有待于解决。发展多维分离系统理论研究的基本方法应基于不同分离模式的分离机理，充分考虑到接口和柱外效应的影响，建立能够描述溶质在不同多维系统中输运过程的理论模型，从理论上阐述谱图的特征与样品性质、分离模式及操作条件的关系。

5.5.8　微型气相色谱仪

气相色谱仪的微型化是近年来受到广泛重视的研究领域之一，进入 20 世纪 90 年代，许多著名的仪器公司相继推出了商品化的微型气相色谱仪以及微型气质联用仪器。微型化气相色谱仪的重要特征是采用一体化的加热系统取代大体积的炉温箱，例如，将加热元件镍合金丝、毛细管柱、热敏元件并排插入聚四氟乙烯套管内，然后绕制在耐高温绝缘圆筒上再放进绝缘盒内，系统体积很小，加热和冷却速率都很快，且电能消耗少。加之微型化的检测器和气路系统，使整个仪器的质量仅为几到十几千克，可方便地应用于环境检测、工业、卫生、战地、石油勘探、空间科学等领域。我国在微型气相色谱仪领域也有重大进展，中国空间站的天和核心舱采用了由中国科学院大连化学物理研究所研制的双通道气相色谱仪，用于舱内空气中微量挥发性有机物的在线监测，一次采样可同时分析 50 多种有机组分，也可与质谱仪联用，其是保障航天员在轨安全生存不可或缺的仪器。

5.6　高效液相色谱法(HPLC)

高效液相色谱法以液体为流动相，采用高压输液系统，将具有不同极性的单一溶剂或不同比例的混合溶剂、缓冲液等流动相泵入装有固定相的色谱柱,在柱内各成分被分离后,进入检测器进行检测,从而实现对试样的分析。它利用物质吸附或分配系数的微小差异达到分离的目的。当两相作相对移动时,被测物质在两相之间进行反复多次的质量交换,使溶质间微小的性质差异产生放大的效果,达到分离、分析及测定的目的。液相色谱与气相色谱相比,其最大特点是可以分离不可挥发且具有一定溶解性的物质或受热后不稳定的物质,这类物质在已知化合物中占有相当大的比例,这也确定了液相色谱在应用领域中的重要地位。

5.6.1　高效液相色谱仪

高效液相色谱仪基本单元组成如图 5-22 所示,主要包括输液系统、进样器、分离柱、检测器,以及系统控制与数据处理系统等单元,此外也包括辅助的在线脱气、柱温控制、自动进样等组件,以及相应的连接管路、接头等。

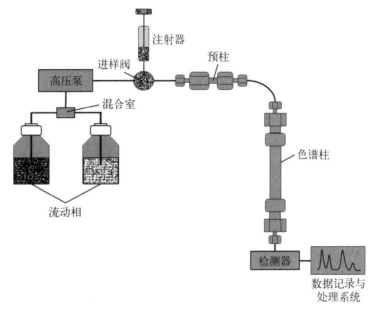

图 5-22　高效液相色谱仪的组成

1. 输液系统

高效液相色谱柱填料颗粒较小,通过柱子的流动相受到的流动阻力很大,因此需要采用高压泵输送流动相携带样品在色谱柱中实现分离,并最后到达检测器进行检测。对高压输液泵的要求包括:流量稳定;输出的流动相基本无脉冲;流量范围宽;输出压力高;密封性能好;死体积小;流动相易于更换等。分析生物样品时,流动相常用腐蚀性较大的缓冲液,这种情况对于泵材料的耐腐蚀性能要求较高,通常需要采用 PEEK 材料的泵体。对液相色谱输液系统的综合评价涉及许多方面,包括基本功能、基本参数、耐用性、使用方便性、组合和扩展性等,通常可以用流量的准确度、流量的稳定性、压力的准确性、压力脉动性、系统密封性、梯度重复性和准确性等基本指标来衡量其性能。

传统 HPLC 泵的最高工作压力一般为 6 000 psi 左右。对于填料粒径 3~5 μm,色谱柱内径 3~5 mm 的情况,可以保证流动相流速在 1~3 mL/min;对于小于 2 μm 的小粒径色谱填料,输液系统的工作压力须达 10 000 psi 以上。

　　液相色谱高压泵按输液性能可分为恒压泵和恒流泵两类。恒流泵在液相色谱分析中应用较广泛,而恒压泵在色谱柱装填中应用较多。按机械结构的不同,输液泵也可分为液压隔膜泵、气动放大泵、螺旋注射泵和往复柱塞泵四种,其中往复式柱塞泵在高效液相色谱中应用最多。往复式柱塞泵主要由单向阀、柱塞杆、密封圈、凸轮及驱动部分组成。电机驱动凸轮运转使柱塞杆在液缸内往复运动,周期性地将储存在泵腔内的液体以高压排出。凸轮运转一周,柱塞杆往复运动一次,完成一次吸液和排液过程。流量可通过改变柱塞杆直径、柱塞运动频率加以调节。按照柱塞和输液的流路结构不同,双柱塞泵又可以分为并联式和串联式结构两种。并联式往复泵的两个泵头分别从溶剂瓶吸液,而串联式泵只有主泵头从溶剂瓶吸液。

　　除高压泵外,输液系统还包括贮液及脱气装置和梯度洗脱装置。贮液装置用于存贮足够量、符合 HPLC 要求的流动相。流动相通过色谱柱时其中的气泡受压而收缩,流入检测器中时,因压力骤降而被释放出来,可造成基线不稳,噪声增大,甚至使仪器不能正常工作。这种情况在梯度淋洗时尤为突出,因此流动相在进入高压泵前必须经过脱气处理。

　　梯度洗脱是采用两种(或多种)不同洗脱能力的溶剂,在分离过程中按一定程序连续改变流动相的组成和浓度配比的一种洗脱模式。梯度洗脱技术能够有效提高分离度,缩短分析时间,改善峰型,降低最小检测量并提高分析精度。按照流动相混合的状态,梯度洗脱装置可以分为高压梯度和低压梯度两种模式。高压梯度洗脱采用两个或多个高压泵将不同种类的溶剂增压后分别输送到同一个梯度混合器中进行混合,混合后的流动相再进入进样阀和色谱柱完成分离。流动相中需要改变几种组分就需要几台高压输液泵,通过设定的程序,不同输液泵在特定时间将几种组分按照特定比例进行混合,形成流动相组成的变化曲线,即梯度洗脱曲线。低压梯度在常压下将不同组分的溶剂混合后再用高压输液泵送入进样阀和色谱柱,利用一个可编程控制器操作电磁比例阀控制不同溶剂的流量变化,溶剂按不同比例被输送到混合器中混合,最后由一台高压输液泵将混合好的流动相输送到系统中。

2. 进样器

　　进样系统是将待分析样品引入色谱柱的装置。液相色谱进样装置需满足重复性好、死体积小、保证柱中心进样、进样时流量波动小、便于实现自动化等多项要求。通常采用六通阀实现取样(load)、进样(inject)两种功能(图 5 - 23)。自动进样器可自动完成取样、进样、清洗等一系列操作。

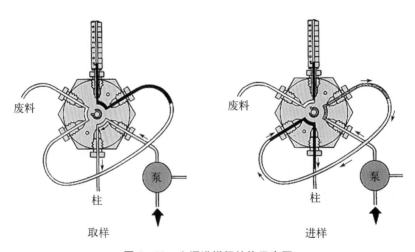

图 5 - 23　六通进样阀结构示意图

3. 色谱柱

色谱柱是色谱仪的心脏。柱效高、选择性好、分析速度快是对色谱柱的基本要求。基于不同原理,高效液相色谱柱和固定相可以有不同的分类方式。液固色谱固定相按基质材料可分为无机氧化物、聚合物等主要类型;按结构和形状分为薄壳型和全孔型、无定型和球型,整体柱等;按填料表面改性与否分吸附型和化学键合型;按照分离模式大致可以分为正相、反相、离子交换、疏水作用、体积排阻、亲和、手性等类型;按照分离规模及色谱柱的几何参数,HPLC 也可以分为制备柱、分析柱、微型柱等类型。

在分析型高效液相色谱中,采用的固定相粒度通常为 $3\ \mu m$、$5\ \mu m$、$7\ \mu m$ 及 $10\ \mu m$,甚至可达 $1\ \mu m$,而制备色谱所采用的固定相粒度通常大于 $10\ \mu m$。现代高效液相色谱大多采用小粒径填料以获得高柱效,因阻力较大需要在高压下运行,这也要求色谱柱及其连接必须满足耐高压、不泄漏、接头死体积小等条件。为了保证色谱柱具有良好的密封性能,通常使用带锥套的线密封连接方式。图 5 - 24 给出了常见的高效液相色谱柱结构图。

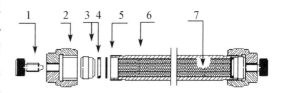

图 5 - 24　高效液相色谱柱结构
1—保护堵头;2—柱头螺丝;3—刃环;4—密封圈;
5—筛板;6—色谱柱管;7—填料

色谱柱的类型和构型(固定相粒度、柱长、柱内径等)的选择通常由分离目的决定,对于特定类型的色谱柱,不同的品牌之间可能存在很大的差异。通常评价色谱柱主要指标包括:某指定容量因子(k 值)目标化合物的理论塔板数 N;峰不对称因子(A_s);两种不同溶质的选择性(α);色谱柱的反压;k 的重现性;键合相浓度;色谱柱的稳定性等。

理论塔板数(N)是色谱柱的一个重要特性指标,一支色谱柱的理论塔板数越高,则溶质从色谱柱上流出曲线的方差或峰宽越小,色谱峰越尖锐,表明色谱柱对溶质的分离能力强,即柱效高。提高色谱柱理论板数的因素包括:色谱柱填充均匀;增加色谱柱长度;在最佳流速下运行;采用较小粒度填料;采用低黏度流动相;升高色谱柱温度;采用小分子化合物测定。HPLC 填充柱的柱效的理论值通常在 40 000/m 理论塔板数以上。色谱柱的柱效随着使用时间的延长会有一定程度的降低,通常在柱效不低于 20 000/m 理论塔板数的情况下,即可满足一般样品分析的要求,对于较难分离样品的分离可能需要更高理论塔板数的柱子。采用 $100\sim300$ mm 的柱长可满足大多数样品分析的需要。由于柱效受柱内、外多种因素的影响,因此为使色谱柱达到其应有的效率,应尽量减小系统的死体积。

不对称的色谱峰可能导致塔板数与分离度测定不准确、定量不准确、分离度降低与检测不出峰尾中的小峰、保留值的重现性不好等问题。实际工作中,通常采用峰不对称因子 A_s 表示峰形的不对称或拖尾长度,理想色谱峰的 A_s 为 $0.95\sim1.1$(绝对的对称峰为 $A_s=1.0$),实际分析中被测样品的 A_s 值一般应小于 1.5。美国药典、中国药典等规定用 5% 峰高处峰宽与峰顶点至前沿的距离(拖尾因子,T)表示色谱峰的对称性。

此外,样品中难洗脱组分常会对色谱柱造成污染,降低其寿命。在日常使用中尤其是成分复杂的实际样品分析中常需使用保护柱对色谱柱进行保护。保护柱安装在进样器和分析柱之间,通过流动相和样品溶液,预先捕集能被分析柱牢固吸附、不能被流动相所洗脱的物质,保护并延长分析柱使用寿命。保护柱通常较短($1\sim2$ cm),价格便宜,便于清洗或更换。其中所填充的固定相一般与分析柱的相同但粒度较大,以避免增加柱压。

4. 检测器

HPLC 检测器可分为通用型和专用型两类。通用型检测器包括示差折光检测器、介电常数检测器、电导检测器、磁光旋转检测器和电雾式检测器等,其适用范围广,但由于对流动相有响应,易受温度变化、流动相流速和组成变化的影响,噪声和漂移都较大,检测灵敏度较低,不能用于梯度洗脱的分离模式。专用型检测器对样品中组分的某种物理或化学性质敏感,而这一性质为流动相所不具备,至少在操作条件下不响应,因此可以用于测量被分离组分。这类检测器包括紫外检测器、荧光检测器、质谱检测器、放射性检测器等。部分常用检测器特点如下。

（1）紫外检测器

紫外(UV)检测器是通过紫外-可见光对组分进行响应的一种检测器,属于非破坏型、浓度敏感型检测器。由于紫外检测器结构简单,使用维修方便,一直是 HPLC 中应用最为广泛的检测器。紫外检测器既可检测紫外光区(190～350 nm)的光强度变化,也可向可见光范围(350～900 nm)延伸。紫外检测器灵敏度高,可达 0.001 AUFS;对于具有中等强度紫外吸收的溶质,最低检测浓度甚至可达 μg/L 级;线性范围宽;受操作条件变化和外界环境影响很小,对流速和温度变化不敏感,可用于梯度洗脱分离。

与紫外-可见分光光度计相同,紫外检测器主要由光源、分光系统、流通池和检测系统四部分组成。从光源和分光系统得到的特定波长的单色光通过流通池时,一部分光被溶液中的吸光性溶质吸收,剩余的透射光到达检测系统的光电转换组件。光电转换组件将接收到的光信号转换成电信号,再经过电子线路放大等步骤,最终得到与待测吸光物质浓度呈正相关的输出信号。

当由光源产生的单色光通过样品池中的溶液时,如果溶剂不吸收光,则流通池中被测物的浓度 c、吸收值 A、被测物摩尔吸收系数 ε 和流通池长度 L 的关系符合朗伯-比尔定律:

$$A = c\varepsilon L \tag{5-69}$$

由于吸光度与吸光系数、溶质浓度和光路长度成正比,因此在固定波长和固定流通池条件下,紫外检测器的输出信号强度与样品浓度成正比。这也是紫外检测器进行定量分析的基础。

紫外检测器要求被检测样品组分有紫外吸收,而使用的流动相在测定波长下无紫外吸收。

（2）二极管阵列检测器

与传统紫外检测器相比,二极管阵列检测器(diode array detector,DAD)可以在一次运行中同时采集不同波长的紫外光谱,而获得多波长下的色谱图,便于组分的定性和定量。DAD运行结束后,能显示任一所需波长的(通常为 190～400 nm)色谱图。因此,DAD 与单一波长紫外检测器相比,能够提供更多的样品组成信息,而且每个峰的紫外光谱图可作为最终 HPLC 方法选择最佳波长的重要依据,也可以通过比较一个峰中不同位置的 UV 光谱,估算峰纯度。

DAD 硬件系统由光学系统、数据采集电路、数据采集接口三部分组成,其原理见图 5-25。

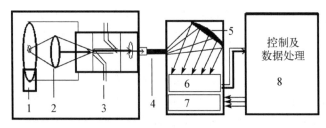

图 5-25　DAD230 主机组成原理图

1—光源;2—透镜组;3—流通池;4—光导纤维;5—凹面全息光栅;
6—二极管阵列;7—放大器;8—数据采集接口

从光源发出的光通过透镜进入流通池,通过流通池的光线照射到凹面全息光栅上,分光后经过二极管阵列和放大电路、控制电路进行信号处理后发送给计算机系统。

DAD 数据处理软件是 DAD 系统最重要的组成部分。一般 DAD 数据处理软件由方法设置、数据采集、色谱数据处理、光谱数据处理、三维谱图显示、色谱峰纯度检测、谱图库管理、谱图库检索、报告输出以及仪器诊断等功能模块组成。

（3）荧光检测器

荧光检测器(fluorescence detector，FD)具有极高的检测灵敏度和良好的选择性。荧光检测器比紫外检测器的灵敏度一般高 10～1 000 倍,可达微克/升(μg/L)级,甚至可用于低至皮克/升级样品的定量分析。荧光检测器对痕量分析与复杂样品基质都很理想,在药物和生化分析中有着广泛的应用。

芳香族化合物、生化物质,如有机胺、维生素、激素、酶等被入射的紫外光照射后,能吸收一定波长的光,使原子中的某些电子从基态中的最低振动能级跃迁到较高电子能态的某些振动能级。电子在消耗一定的能量后回到第一电子激发态的最低振动能级,再跃迁回到基态中的某些振动能级,发射出比原来所吸收的频率较低、波长较长的光,即荧光。被这些物质吸收的光称为激发光(λ_{ex}),产生的荧光称为发射光(λ_{em})。荧光强度与荧光物质溶液浓度、摩尔吸光系数、流通池厚度、入射光强度、荧光的量子效率及荧光的收集效率等成正比,即

$$F = 2.3QKI_0\varepsilon cL \tag{5-70}$$

式中,K 为荧光收集效率;Q 为光量子效率,一般为 $0.1～0.9$;I_0 为入射光强度;c 为荧光物质溶液浓度。

由式(5-70)可见,在固定的实验条件下,样品的荧光强度与其在溶液中的浓度成正比。任何荧光化合物都有两种特征的光谱:激发光谱和发射光谱,选择合适的激发和发射波长能够有效改善检测灵敏度和选择性。激发波长可通过荧光化合物的激发光谱来确定,在激发光谱曲线的最大波长处处于激发态的分子数目最多,能产生最强的荧光,因此在只考虑灵敏度的情况下,应选择在最大激发波长处进行检测。

只要选作流动相的溶剂不会发射荧光,荧光检测器就能用于梯度洗脱。

（4）激光诱导荧光检测器

与传统光源相比,激光光源具有光照密度大、方向性强、谱线宽度小、单色性好等诸多优点。在荧光检测技术中,检测灵敏度正比于激发光强度。通过简单的聚焦,激光光强比普通光源高出几个数量级,因此激光诱导荧光检测器(laser induced fluorescence detector，LIFD)检测灵敏度要比普通荧光检测器(FD)通常高出 2～3 个数量级,是目前检测器灵敏度最高的 HPLC 检测器。

激光诱导荧光检测器主要由光源(激光器)、光学系统、流通池及光检测元器件等组成。激光作为相干光源具有较高的光子流量(photo flux),极大地增强了荧光检测的信噪比,有利于提高分析检测的灵敏度。

（5）示差折光检测器

示差折光检测器(refractive Index detector，RID)也称光折射检测器,是一种最先使用且用途广泛的通用型检测器。由于折射率是所有化合物都具有的一个重要物理性质,理论上讲,任一化合物都可在浓度不很低的情况下采用示差折光检测器进行检测。示差折光检测器按结构可分为反射式、折射式、干涉式和克里斯琴效应等类型。其共同特点是检测器的响应信号反

映了样品流通池和参比池之间的折射率之差。

示差折光检测器通过连续测定色谱柱流出液折射率的变化对样品浓度进行检测。溶有溶质的流动相和流动相本身的折射率之差反映了流动相中溶质的浓度,示差折光检测器的响应信号 R 与溶质浓度 c_i 成正比,属于浓度型检测器,其检测限可达 $10^{-6} \sim 10^{-7}$ g/mL。示差检测器要求系统的操作参数,如温度、压力、流速等恒定,避免由于系统操作参数的变化而产生测量误差。由于流动相组成变化会造成折射率变化,这一检测器不适于进行梯度洗脱分析。

（6）蒸发光散射检测器

蒸发光散射检测器(evaporative light scattering detector,ELSD)是一种通用型 HPLC 检测器,可检测挥发性低于流动相的样品,尤其适合无发色基团样品的分析。ELSD 对各种物质具有几乎相同的响应,使浓度测定更加简单易行。目前,ELSD 主要用于碳水化合物、类脂、表面活性剂、聚合物、药物、氨基酸和天然产物的检测,而且其应用领域仍在进一步拓展。

蒸发光散射检测器利用流动相与被检测物质之间蒸气压的差异,将洗脱液雾化成气溶胶,溶剂在加热的漂移管中被挥发掉后,不挥发组分粒子经过光散射流通池,使从光源发出的光发生散射而被检测。在气溶胶中散射光可以用 Rayleigh 公式描述:

$$I = K \frac{UV^2}{\lambda^4} \left(\frac{n_1^2 - n_2^2}{n_1^2 + 2n_2^2} \right) I_0 \qquad (5-71)$$

式中,λ 为入射光波长;U 为单位体积内的粒子数;V 为单个粒子的体积;n_1、n_2 分别为分散相和分散介质的折射率;I_0 为入射光强度;K 为与粒子形状、观察视线同入射光线的夹角及其距离有关的常数。

蒸发光散射检测器主要由雾化器、加热漂移管和光散射池三部分组成(图 5-26)。雾化器与分析柱出口直接相连,洗脱液进入雾化器针管,并在针的末端和充入的气体(通常为氮气)混合形成均匀的微小液滴。通过调节气体和流动相的流速来调节雾化器产生的液滴大小。漂移管的作用在于使气溶胶中的易挥发组分挥发,而不挥发组分经过漂移管进入光散射池。受到散射后的光信号被光电转换系统记录并输出。

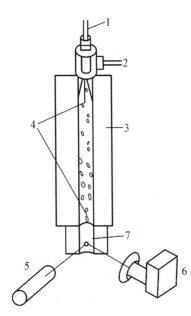

图 5-26　蒸发光散射检测器
工作原理示意图

1—色谱柱;2—雾化器;3—加热漂移管;
4—样品液滴;5—激光光源;
6—光二极管;7—光散射池

（7）电化学检测器

电化学检测器根据电化学原理,通过测定被测物质的各种电化学性质,如电极电位、电流、电量、电导或电阻等,确定样品组成及含量。电化学检测器主要包括安培检测器、极谱检测器、库仑检测器和电导检测器等四种。前三种统称为伏安检测器,以测量电极电流的大小为基础;而电导检测器则以测量液体的电阻变化为依据。其中以安培检测器的应用最多。

（8）化学发光检测器

化学发光检测不需要外部光源,消除了由于光源不稳定而导致波动的缺陷,从而使噪声下降、信噪比提高,配合灵敏的光检测技术,使此种检测技术具有灵敏度高、线性范围宽、仪器结构简单等优点。

（9）手性检测器

检测手性化合物的检测器主要有旋光检测器和圆二色检测器。旋光检测器对手性化合物检测的专属性好。采用高激光功率（300 W）的二极管激光器作为光源，由于激光束的发散度小，因而可以采用小孔径长光程的流通池，使检测灵敏度大幅提高。光学活性物质对左、右旋圆偏振光的吸收率不同，两者之差称为光学活性物质的圆二色性。圆二色检测器较旋光检测器具有更高的选择性。

（10）电雾式检测器

电雾式检测器（charged aerosol detector，CAD）是基于雾化检测器的原理，洗脱液经雾化后形成颗粒，经过漂移管干燥后与带电氮气碰撞，使得目标化合物带上正电荷，最后，通过静电计测量电荷的量，该测量值与目标化合物的质量成一定的比例关系。电雾式检测器完全不依赖于化合物的分子结构，能检测到大部分非挥发性和半挥发性的有机物，达到了通用性目的。且电雾式检测器能对大多数化合物提供一致响应性，同时能达到较高的灵敏度和低检测极限，很容易检测到纳克数量级的化合物，其重现性、稳定性很好，因此能准确地用于定量分析或半定量分析。

5. 数据处理系统

高效液相色谱数据处理系统除了完成色谱数据处理任务，还可实现仪器的控制功能。

5.6.2 高效液相色谱固定相

1. 固定相基质

由于 HPLC 分离过程涉及物理化学作用、流体动力学、热力学过程等，所以对固定相基质材料的物理化学性质有比较严格的要求。液相色谱固定相基质按其化学组成主要分为硅胶、有机聚合物、石墨化碳和有机-无机杂化基质。

（1）硅胶基质

硅胶及键合硅胶是开发最早、研究深入、应用广泛的 HPLC 固定相，这主要是基于硅胶基质良好的物理特性与完善的制备工艺，通过控制全多孔硅胶微粒的制作工艺，能够得到平均孔径变化范围宽（如 8 μm、30 μm、100 μm）、粒度选择性范围较大（如 10 μm、5 μm、3 μm）、孔径分布范围窄、孔结构理想的填料，能满足大、小分子的分析及制备。硅胶颗粒具有高机械强度和高的比表面积，可利用广泛的表面键合反应来满足正相、反相、离子交换、疏水作用和亲和色谱等多种不同分离模式的需求。采用硅胶基质作为固定相能获得较高的柱效，重现性也较好。但是，硅胶基质通常只能在 pH 2～8 内使用，pH 过高 Si—O 键易断裂，造成硅胶基体的溶解流失，导致色谱峰形变差，分离度下降，色谱柱寿命短等不良后果；流动相酸性过强，键合相则易水解。

利用键合反应制备改性硅胶的 HPLC 固定相，需要对硅胶表面进行活化，完全羟基化，这时硅胶表面硅羟基最大浓度约为 8 $\mu mol/m^2$，使用效果最佳。游离硅羟基酸性很强，能与碱性溶质产生强相互作用，因此该类硅胶固定相往往使碱性化合物保留值增加、峰变宽、拖尾。完全羟基化的硅胶基质固定相氢化硅羟基浓度较高，有时可达总数的 25%～30%，氢化硅羟基的酸性比游离硅羟基弱，有利于碱性化合物的色谱分离。

硅胶基质的纯度对许多极性化合物的分离也极为重要，硅胶中的 Fe、Al、Ni、Zn 等金属杂质能与溶质络合，引起不对称或拖尾峰，甚至化合物完全被固定相吸附，不能洗脱。硅胶晶格中的其他金属（尤其是铝）能使表面硅羟基活性增强，酸性增强。HPLC 分离，尤其是碱性与强极性化合物的 HPLC 分离需用高纯硅胶。

（2）多孔聚合物

聚合物填料在氨基酸、有机酸、多糖以及无机离子分离中应用较多。大多数多孔聚合物在 pH 1~13 内具有良好的稳定性，可以在高 pH 条件下使强碱性溶质以自由态或非电离态存在，得到较好的分离。

用 C18、NH$_2$ 和 CN 等功能团对多孔聚合物微粒加以改性能够得到不同选择性的正相或反相色谱固定相，—COOH、—SO$_3$H、—NH$_2$ 和—NR$_3$ 等改性多孔二乙烯基苯交联的聚苯乙烯聚合物可以得到离子交换色谱固定相，这些固定性广泛用于生物样品的分离、提纯。

与硅胶基质的离子交换剂比较，聚合物基质离子交换剂有柱效低、分离慢的缺点，并且这种基质在不同有机改性剂中溶胀程度不同，柱床会因微粒溶胀不同而变化，在梯度洗脱中溶胀现象的影响更加明显，使重现性变差。

（3）石墨化碳基质

不经过特殊衍生处理的石墨化碳可以作为正相、反相、离子交换等不同分离模式的色谱固定相。石墨化碳的表面与溶质存在偶极作用，对极性化合物的保留比普通的烷基键合硅胶或多孔聚合物强，因此可用于分离强亲水性化合物。此外，石墨化碳固定相 pH 稳定性非常好，可以在低或高 pH 条件下使用，还可用于高温快速分离。

相对于硅胶基质固定相，多孔石墨化碳具有特殊的性质，在极性化合物和非极性化合物的同时分离、二糖和糖肽的分离中表现出独特的优势。

（4）有机-无机杂化基质

Waters 公司采用甲基三乙氧基硅烷和四乙氧基硅烷混合前体，制备了含有无机硅与有机硅氧烷单元的高纯杂化微球，其中有机硅烷单元分布于颗粒内部及表面，甲基取代了约 1/3 的表面硅羟基，相对纯硅胶基质，杂化基质表面硅羟基的分布更加有序，通过键合反应引入烷基链的空间位阻作用相对减少，所以键合反应得到的固定相在表面均匀性和残留硅羟基两方面均有明显的改善。杂化硅胶微球在一定程度上结合了聚合物基质稳定性好及硅胶基质高效和机械强度高的特点，能够改善碱性化合物分离的拖尾现象，在 pH 1~12 的流动相条件下具有较好的稳定性。

（5）新型固定相基质

金属有机框架（metal organic frameworks，MOFs）和共价有机框架（covalent organic frameworks，COFs）等晶型多孔材料作为新型液相色谱固定相基质，近年来发展较快，但大多仍处于研究阶段。

金属有机框架材料是由金属与有机配体自组装形成的一类固体多孔材料，具有组成和结构丰富、比表面大、孔径可调控和便于后修饰等特点。共价有机框架材料是一种由轻元素（B、C、N、O、Si）组成，且骨架之间有很强共价作用力的新型的延展共轭的有机多孔材料。其具有良好的晶型结构、规整的孔结构、低密度、大的比表面积、易于修饰等性质。这些晶型材料作为色谱分离介质和样品前处理吸附介质具有巨大的潜力，是目前固定相研究热点。

2. 固定相形态

目前，HPLC 分析中常用的几种填料类型如图 5-27 所示，主要包括全多孔微球、薄壳型微球、灌流色谱填料和整体材料，其中由于全多孔微球填料能够很好地兼顾柱效、样品容量、使用寿命、灵活性以及有效利用率等众多理想的性质，应用最为普遍。但是，全多孔微球微孔中分子传质较慢,尤其是对于体积较大的蛋白质等生物大分子,导致峰展宽严重,柱效降低。薄壳型微球在无孔微球表面生成多孔薄壳,实现了高速传质,也可通过降低填料粒径,获得更高的柱效。

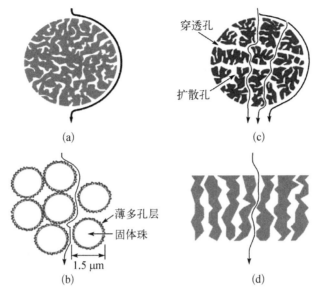

图 5‑27　HPLC 的微粒类型

(a) 全多孔微球；(b) 薄壳型微球；(c) 灌流色谱填料；(d) 整体材料

灌流色谱(perfusion chromatography)所采用的固定相中存在两种孔结构:一种是孔径在 600～800 nm 内的特大孔,称为通孔或穿透孔;另一种是孔径在 50～150 nm 内连接特大孔的较小的孔,称为扩散孔。贯通的大孔,可以允许流动相直接进入填料颗粒的内部并贯穿而过。

整体柱(monolithic column),又称为连续固定相,是用原位聚合的方法,在色谱柱空柱管内所形成的整体、连续的分离介质。整体柱基质主要有聚合物、硅胶基质和有机无机杂化基质三种。相对而言,聚合物基质的整体柱应用更多,主要有聚丙烯酰胺、聚苯乙烯和聚甲基丙烯酸酯等类型。可用于多肽、低聚核苷酸、合成聚合物和小分子化合物的分析。整体柱具有独特的双孔结构,既有微米级的通孔,又有便于溶质进行传质的介孔,比常规填充柱具有更好的多孔性和渗透性,具有传质快、反压低等优点,可实现快速、高效分离。整体固定相被誉为第四代分离介质,已成功实现了商品化。

3. 固定相种类

将特定的官能团键合到基质表面,所形成的固定相称为化学键合相。采用化学键合相的色谱方法称为化学键合相色谱法。化学键合相可作为分配色谱、离子交换色谱、手性拆分色谱及亲和色谱等多种分离模式的固定相。由于化学键合相的官能团不易流失,在高效液相色谱的整个应用中占 80% 以上。高效液相色谱中的应用化学键合相的优越性包括:减弱了表面活性作用点,清除了某些可能的催化活性;耐溶剂冲洗;热稳定性好;表面改性灵活。高效液相色谱中包括多种分离模式。按色谱过程的分离机制可将液相色谱分为正相色谱、反相色谱、离子交换色谱、体积排阻色谱、亲水作用色谱及亲和色谱等类别,其固定相特点如下文所示。

(1) 正相色谱固定相

正相色谱是最常用的 HPLC 分离方法之一,固定相一般采用硅胶、氧化铝和极性基团键合的硅胶等。正相色谱固定相极性大于流动相,样品的保留值随流动相极性降低而增加。正相色谱中,溶质在柱中固定相上不断进行吸附-解吸循环,由于不同被测物在吸附剂上吸附作用的差异而获得分离。溶质和固定相间的吸附作用有两类:① 溶质和溶剂分子对吸附剂表面特定位置的竞争作用,这使得溶剂组成的改变往往会引起分离情况发生很大变化;② 溶质所带官能团与吸附剂表面相应的活性中心之间的相互作用,这种作用与溶质分子的几何形状有关,当官能团的位置与吸附中心匹配时,作用较强,反之,则作用较弱。

溶质所带官能团的性质是决定其吸附作用的主要因素,若溶质分子所带官能团的极性强、数目多,则保留也强。不同异构体的相对吸附作用常有较大差异,因而,正相色谱法分离异构体比其他色谱法更为优越。

硅胶是最常用的正相色谱固定相。由于硅胶能溶解在高 pH 溶液中,为延长使用寿命,硅胶基质的色谱柱的使用环境不应在 pH 8 以上。此外,硅胶基质表面的酸性,使其不适宜分离碱性化合物。

Al_2O_3 作为正相色谱固定相,对于不饱和化合物,特别是芳香族化合物、多环芳烃,具有较强的保留能力,可以将芳烃异构体很好地分离;也适用于碱性化合物的分离。

极性键合相的表面能量分布相对均匀,吸附活性一般比硅胶低。最常用的有氰基(—CN)、二醇基(DIOL)、氨基(—NH_3)等极性键合相,适于对中等极性组分的分离。—NH_2基具有强的氢键结合能力,对某些多官能团化合物,如甾体、强心苷等有较强的分离能力。在酸性介质中,这种键合相作为一种离子交换剂,可用于分离酚、羧酸、核苷酸等。氨基可与糖类分子中的羟基发生选择性相互作用,因而当用乙腈/水做流动相时可以分离单、双和多糖,这已成为一种糖类分析的常规方法。此时尽管从流动相角度看这是反相色谱,但从机理上讲为正相色谱,因为流动相中水含量的增加使溶质的保留值减少。氰基键合相的分离选择性与硅胶相似,但可与某些含有双键的化合物发生选择性相互作用,因而对双键异构体或含有不等量双键数的环状化合物有更好的分离能力。二醇基键合相是缩甘油氧丙基硅烷键合相的水解产物[Si—$(CH_2)_3$—O—CH_2CHOH—CH_2OH],对有机酸和某些低聚物可获得好的分离,二醇基的另一个用途是进行某些蛋白质的水系体积排斥色谱分离。

(2) 反相色谱固定相

反相色谱固定相的极性弱于流动相,样品在极性流动相和非极性固定相间分配,疏水性强(非极性)的化合物保留较强,流动相组成一定时,样品按照其疏水性由弱到强的顺序流出色谱柱。用于反相色谱分离的固定相一般通过在基质(包括高纯硅胶、有机聚合物、石墨化碳及有机-无机杂化材料等)表面共价键合有机硅烷或沉积聚合物有机涂层,其中应用最为广泛的为硅胶基质的化学键合相固定相。化学键合反相固定相借助于化学反应的方法将烷基、苯基等基团以共价键连接在基质上制得,样品的保留值与键合相性质直接相关,随着键合相疏水基团的链长的增加或疏水性的增加而增大。烷基链长可以是 C2、C4、C6、C8、C16、C18 和 C22 等,应用最广的是 C18 又称 ODS,即十八烷基硅烷键合硅胶。长链烷基键合相(ODS)有较高的碳含量和好的疏水性,对各种类型的样品分子有较强的适应能力,从非极性的芳烃到氨基酸、肽、儿茶酚胺和许多药物的分析皆可使用。如果采用更短的烷基(如 C6、C8)或苯基取代十八烷基,制备的固定相具有与 C18 不同的保留性质和稳定性。多环芳烃键合相与 C18 性质接近,适用于芳香族化合物的分离。键合短链烷基(C3、C4)的大孔硅胶(20~40 nm)和含氟硅烷键合相的发展,满足了蛋白质、酶等生物大分子分离的需要。由于碳氟键的极性比碳氢键更强,氟的引入使卤代化合物或其他极性化合物在固定相上保留更强,分离选择性也会发生变化。全氟烷基键合固定相可以应用于表面活性剂分析、超临界流体色谱、离子对分离等方面。

（3）离子交换色谱固定相

离子交换色谱采用离子交换树脂作为固定相，依样品离子与固定相表面离子交换基团的交换能力（交换系数）的差别而分离。其分离机理建立在样品分子与固定相表面基团之间电荷相互作用的基础上，这种相互作用可能表现为离子与离子、偶极与离子或者其他动态平衡作用力的形式。按所使用的离子交换剂的不同，离子交换色谱可分强阴、强阳、弱阴、弱阳离子交换色谱四种模式。

离子交换固定相也称离子交换剂，其基质主要有键合硅胶和聚合物两类。离子交换剂上的活性离子交换基团决定着其性质和功能。

离子交换键合相通过化学键合带有离子交换基团的有机硅烷分子得到，带磺酸基、羧酸基者为阳离子交换剂；带季铵基（—R_4N^+）或氨基（—NH_2）者为阴离子交换剂。硅胶基质离子交换键合相具有刚性强、耐压及没有树脂那种固有的溶胀和收缩现象等优点。此外，硅胶基质粒度小、均匀性好、表面传质过程快，因而柱效比离子交换树脂柱高。离子交换键合相柱的操作比树脂柱简单，通常在室温下操作即可获得良好的分离。

有机高分子类离子交换固定相如纤维素、葡萄糖、琼脂糖的衍生物等具有全 pH 范围适用（1~14）、可以选择各种缓冲液流动相体系、使用寿命长、色谱柱易于再生、填料色谱容量高、非特性吸附少有利于保持样品生物活性等特点，因此在离子交换色谱固定相中占据主要地位。通常用聚苯乙烯和二乙烯基苯进行交联共聚生成不溶性的聚合物基质，再对芳环进行磺化制成强酸性阳离子交换剂；或对芳环进行季铵盐化，制成带有烷基胺官能团的强碱性阴离子交换剂。

两性离子交换剂是一类具有特殊结构的离子交换剂，在其基质中既含有阳离子交换基团，又含有阴离子交换基团。这类离子交换剂在与电解质接触时可形成内盐，用水洗的办法很容易使其再生。偶极子型离子交换剂作为两性离子交换剂的一种特殊类型，通过氨基酸键合到葡聚糖或琼脂糖上制得，其在水溶液中可形成偶极子，这种离子交换剂非常适合于能与偶极子发生相互作用的生物大分子的分离。

（4）体积排阻色谱固定相

体积排除色谱最广泛的用途是测定合成聚合物的分子量分布；对于某些大分子样品如蛋白质、核酸等，也是一种很有效的分离纯化手段。此外，能简便快速地分离样品中分子量相差较大的简单混合物，因而非常适合于未知样品的初步探索性分离，无须进行复杂实验就能较为全面地了解样品组成分布的概况。按淋洗体系通常分为两大类，即适合于分离水溶性样品的凝胶过滤色谱（gel filtration chromatography，GFC），以及适合于分离油溶性样品的凝胶渗透色谱（gel permeation chromatography，GPC），两种方法的分离原理虽然相同，但柱填料及其分离对象和使用技术完全不同。

凝胶色谱固定相包括具有确定孔径的半刚性的交联聚合物凝胶和刚性的无机凝胶两大类，不同的凝胶在性能、使用及装柱方法等方面存在明显差异。常用的聚合物凝胶包括葡聚糖或琼脂糖凝胶、二乙烯基苯、丙烯酸酯、聚苯乙烯等。其中交联苯乙烯或聚甲基丙烯酸酯凝胶，多用于合成高分子的分离；联苯乙烯主要用于油溶性化合物的分离；而交联甲基丙烯酸酯柱则多用于水溶性合成高聚物的分离。无机凝胶主要是硅胶，硅胶粒径通常为 5~10 μm，孔径为 50 nm~0.1 μm，能够在含水流动相和极性有机溶剂中使用，一般用于生物大分子的分离。无机凝胶在高压或高流速下柱床稳定，热稳定性好，能够长期使用。

改性硅胶和未改性硅胶均可作为体积排阻色谱固定相,既可用于非水溶剂,又可以水溶液为流动相。经改性的多孔硅胶或可控孔径玻璃,可以直接用于中性糖的寡聚物和聚合物的分离,硅胶在作为 GFC 固定相用于生物高分子分离时,往往需要对其表面加以改性增加其亲水性。硅胶表面残余硅羟基的极性可能导致样品不可逆吸附,改性硅胶通过键合小分子硅烷化试剂屏蔽硅羟基。此外,调整流动相性质也可降低硅胶表面对溶质的非特异性吸附。传统的 GFC 分离介质都是软质凝胶,软质凝胶的粒度分布范围宽,颗粒强度低,不能经受高压操作,分离速度慢,只适于普通柱层析。此外还发展出多系列颗粒分布范围较窄、机械强度良好和化学稳定性高的交联结构的多糖型凝胶。除了可以在较高流速下进行操作外,也能够实现宽 pH 范围内使用。

用于 GPC 分离的高聚物型 SEC 固定相多采用交联共聚的苯乙烯-二乙烯苯多孔微球,其孔的形态与大小因致孔方法而异,单纯由交联度控制的孔一般是均匀的微孔,排除极限可达 5×10^5 聚苯乙烯分子量;结构非均匀的固定相通常采用不良溶剂致孔,排除极限可高达 10^7 聚苯乙烯分子量。

(5) 亲水作用色谱固定相

强极性样品在反相固定相上保留很弱,正相分离条件下保留过强,难以洗脱。此外,强极性样品在正相色谱中常用的非水相流动相中溶解度极低,难以发展出普适的方法。亲水作用色谱(HILIC)是具有不同酸碱特性且可电离化合物分离的有效手段。HILIC 这个词指的是与水的亲和作用。HILIC 柱使用亲水固定相,而且通常在一定 pH 范围内带电荷。一般情况下,亲水性越强的化合物,被保留的时间越长。和大多数其他液相色谱技术不同的是,HILIC 的部分流动相是作为固定相的一部分来起作用的,因此在流动相中保持一定量的水十分关键。一般情况下,水的比例应保持在 3%~60% 的水平。

在 HILIC 工作条件下,固定相表面会首先建立一个富集水的液体层,待分析物在流动相和该亲水层之间进行分配,从而实现分离。这是一个典型的放热过程,氢键作用和偶极间的相互作用是影响保留强弱的主要因素。氢键作用的大小会取决于物质的酸碱度,而偶极-偶极相互作用会取决于物质的偶极矩与极化性。HILIC 固定相的主要作用是固定水,但如果固定相是带电荷的,离子静电作用也会影响化合物在色谱柱上的保留。带电荷的固定相往往还提供第二个十分重要的、有选择性的保留作用,也就是它的选择性大小还取决于待分析物和固定相上电荷之间的静电作用。降低静电作用可以通过提高流动相中盐或缓冲盐的浓度来调节。

纯硅胶表面的硅羟基具有很好的极性和亲水性,可以直接用作固定相;纯硅胶固定相在 HILIC 模式下对强极性化合物(特别是碱性化合物)具有一定的分离选择性。硅羟基的酸性还使硅胶固定相表现出一定的离子交换作用。但是,纯硅胶的表面吸附活性、表面结构不均匀性和硅羟基的酸性使色谱峰形和分离重复性产生一定的问题。另外,由于缺乏修饰层的保护,纯硅胶固定相在 HILIC 模式下的使用寿命较短。乙基桥杂化硅胶也可应用于 HILIC,其使用寿命比纯硅胶柱有了很大提高。二醇基固定相用作 HILIC 固定相可用于分离蛋白质、低分子量的酚类化合物等。环糊精多用于手性分离,也可以用于 HILIC 模式,分离糖醇类、单糖和寡聚糖,分离机理是样品与环糊精分子外部富水层相互作用,而非进入带有相对疏水的孔洞。商品化的两性离子固定相有默克公司的 ZIC - HILIC(硅胶基质)和 ZIC - pHILIC(聚合物基质)等。

(6) 亲和色谱固定相

亲和色谱(affinity chromatography, AFC)是利用生物分子之间特异性相互作用实现分离的液相色谱分离模式,亲和色谱是一种特异性的分离技术,这种特异性相互作用是活性生物大分子固有的特征,例如酶能与底物、抑制物、辅酶等结合;抗体能与互补的抗原相结合;凝集素能与细胞的表面抗原以及某些糖类相结合;激素能与蛋白及细胞受体形成复合物;基因可与核酸和阻遏蛋白相互作用等。亲和色谱以其极高的选择性不可代替地应用于复杂生物体系的分离分析中。

传统亲和色谱,多使用天然或合成高分子载体(葡聚糖糖凝胶、琼脂糖凝胶等),机械强度差,难以提高淋洗速度。高效亲和色谱采用可控孔径硅胶、可控孔径玻璃等无机基质,机械强度高且易于通过各种化学键合增加配基牢度,具有很好的应用前景。有机聚合物基质主要有多糖型和高聚物型两大类。无机基质的主要缺陷为耐受 pH 范围较窄(2～8),并且残余硅羟基可造成非特异吸附而降低收率,甚至导致产品失活。

按照亲和色谱配体性能即填料所携带配体对被分离物质的选择性特征,可分为专用性和通用性两大类。就亲和配体的连接方式而言,既可以将配体与基质直接耦联,也可以在基质与配体之间插入一适当长度的链状间隔臂间接连接。由于适当的间隔臂可以有效地克服基质表面的几何位阻效应,使得配体更容易与被分离物结合,通常带有间隔臂的 AFC 填料往往具有更为优异的色谱性能。对于以小分子为配体分离大分子的亲和填料来说,间隔臂的作用显得更为重要。AFC 填料的间隔臂按其结构类型,主要包括烃类、链状的聚胺类、肽类、链状聚醚类等。

(7) 疏水相互作用固定相

疏水相互作用色谱填料的表面具有弱疏水性特征,在高离子强度流动相条件下,蛋白质分子中的疏水性部分与填料表面产生疏水性相互作用而被吸附,当流动相的离子强度逐渐降低时,蛋白样品则按其疏水性特征被依次洗脱,疏水性越强,洗脱的时间越长,进而实现分离。与反相色谱比较,疏水相互作用色谱方法避免了流动相中使用大量有机溶剂,能有效地保持被分离物质的生物活性,因此在生化样品的分离纯化方面被广泛采用。

(8) 手性色谱固定相

手性固定相拆分的基础在于未消旋的手性固定相和手性溶质之间的对映体分子作用力的差别。手性固定相一般可分为配体交换手性固定相、高分子型手性固定相、键合及涂敷型手性固定相(chiral stationary phase,CSP)、分子印迹固定相等类型。

配体交换色谱是指在形成离子络合物的空间内形成络合键的同时,固定相与被拆分的分子之间发生内部相互作用,这种相互作用是通过金属络合物的络合空间来完成的,是连于中心金属离子上的配位体的交换过程。

键合及涂敷型手性固定相是将具有手性识别作用的配基通过稳定的共价键连接或以物理方法涂敷于适当的固相载体上,制备出手性固定相。按照配基的不同,也可以分为 Prikle 型固定相、多糖类手性固定相、环糊精类手性固定相、蛋白类手性固定相、抗生素手性固定相等。

Prikle 型固定相是键合手性异构体固定相,有二硝基苯甲酰胺基酸 CSPs、乙内酰脲衍生 CSPs、N-芳基氨基酸衍生 CSPs、二苯并(c)呋喃酮衍生 CSPs 以及 DNB-氨基酸 CSPs 等手性填料。其配基分子中的羟基是自由的和离子化的,可以通过 π-π、氢键,以及静电相互作用,进行手性拆分。

5.6.3　液相色谱流动相

与气相色谱不同,液相色谱流动相不仅可选择的种类多,而且它参与色谱分离过程,是影响分离效果的一个非常重要的可调因素。通过对流动相的调整,可便捷地改变分离选择性。在实际分离分析工作中,流动相的选择和优化是液相色谱分离分析方法建立的重要内容。

1. 流动相选择的一般要求

液相色谱所采用的流动相通常为各种低沸点有机溶剂与水或缓冲溶液的混合物,对流动相选择的一般要求包括:

(1) 化学稳定性好,不与固定相和样品组分发生化学反应;

(2) 与所用检测器相匹配,不影响检测器的正常工作;

(3) 对待分析样品要有足够的溶解能力,有利于提高检测灵敏度;

(4) 黏度小,以保证合适的柱压降;

(5) 沸点低,以有利于制备分离时样品的回收。

选择液相色谱流动相溶剂的基本步骤为:

(1) 选择具有合适物理性质的溶剂,如沸点、黏度、紫外光吸收波长范围等;

(2) 选择具有合适洗脱强度的溶剂。分离简单样品,$2 \leqslant k' \leqslant 5$;复杂样品,$0.5 \leqslant k' \leqslant 20$。

(3) 考虑溶剂的分离能力,所选流动相溶剂对于被分离组分具有较高的 α 值。

2. 液相色谱流动相的性质

流动相所采用溶剂的性质与分析方法直接相关,其物理和化学性质确定了方法所采用的条件。

大多数情况下,高效液相色谱的分析方法采用紫外检测器,因此必须考虑所用溶剂在紫外波段的吸收。通常要求流动相应有较弱的紫外吸收,相反地,如采用间接紫外检测则应选用紫外吸收较强的溶剂。当使用示差折光检测器时,需考虑溶剂的折射率。示差折光检测器的灵敏度与流动相和样品折射率的差值成正比。高效液相色谱-质谱联用技术逐渐得到普及,为了保证系统的正常运行,并有较高的检测灵敏度,要求流动相中不应含有难分解、难挥发的盐类。

可能与样品或固定相发生化学反应的溶剂不能作为色谱流动相使用。在高效液相色谱中几乎不用醛、烯及含硫化合物作为溶剂;酮和硝基化合物也很少使用。溶剂在使用前必须经纯化处理,如醚类长期存放会产生过氧化物,使用前必须除去溶剂中的过氧化物,以保证流动相溶剂的惰性。

溶剂的沸点和其黏度密切相关,低沸点溶剂的黏度通常较低。通常选用沸点高于柱温 $20 \sim 50℃$、黏度不大于 5×10^{-4} Pa·s 的溶剂作为流动相。由低沸点溶剂组成的混合流动相也会因蒸发而导致组成随时间改变。使用高沸点溶剂会因其高黏度引起的流动相线速度限制和传质阻力而损失柱效。如要使用黏度较大的溶剂,可以加入一定比例的稀释剂,或适当升高柱温。

液相色谱流动相对分离选择性的影响不仅涉及流动相与固定相的相互作用,也涉及流动相和被分离物质之间的相互作用。为了对流动相的综合作用力给出定量的描述,通常采用"极性"来表示溶剂与溶质的相互作用强度。

Snyder 根据 Rohrschneider 的溶解度数据提出了计算总的溶剂极性参数 P' 的方法,以溶剂与乙醇、二氧六环、硝基甲烷等几种极性溶质的作用量度流动相的极性。纯溶剂的极性参数 P' 定义为

$$P' = \lg(K_g'')_{乙醇} + \lg(K_g'')_{二氧六环} + \lg(K_g'')_{硝基甲烷} \tag{5-72}$$

式中,K_g'' 为溶剂在乙醇、二氧六环、硝基甲烷中的极性分配系数。

混合溶剂的极性被定义为

$$P' = \varphi_a P'_a + \varphi_b P'_b \tag{5-73}$$

式中，P'_a、P'_b 分别为纯溶剂 a、b 的极性参数；φ_a、φ_b 分别为溶剂 a、b 在混合溶剂中的体积分数。

Synder 也提出了一种根据溶剂与溶质分子间作用力的大小对溶剂的选择性进行分类的方法。将溶剂的选择性参数分为静电力（由偶极矩决定，X_n）、给质子力（X_d）和受质子力（X_e），分别表示溶剂的偶极作用、给予质子和接受质子的能力，三者之和为 1。定义为

$$X_n = \frac{\lg(K''_g)_{硝基甲烷}}{P'}; X_d = \frac{\lg(K''_g)_{二氧六环}}{P'}; X_e = \frac{\lg(K''_g)_{乙醇}}{P'} \tag{5-74}$$

液相色谱流动相经常采用混合溶剂，如甲醇-水、乙腈-水等，对于所选择的溶剂，必须首先了解其相互混溶性。梯度洗脱时，溶剂的混溶性会影响到实际的分离效果。

3. 正相色谱流动相

在正相色谱中，由于固定相的极性大于流动相的极性，所以增加流动相的极性（P' 值增大），洗脱能力增强，同时样品的 k' 将降低。一般选择具有合适 P' 值的溶剂，使样品的 k' 值在 1～10 内。

在饱和烷烃（如正己烷）中加入一种极性较大的溶剂（如异丙醇）作为极性调节剂构成的混合溶剂是正相色谱常用的流动相。调节极性溶剂的浓度可以改变流动相洗脱强度。确定溶剂的极性参数 P' 值后，若分离选择性不好，可以改用其他类型的强溶剂。对于难以达到所需要分离选择性的情况，也可以考虑使用三元或四元溶剂体系。

正相色谱中常用的溶剂可按其对于固定相的吸附强度进行分类。通常以溶剂强度参数 ε^0 值作为衡量溶剂强度的指标。ε^0 被定义为

$$\varepsilon^0 = \frac{E}{A} \tag{5-75}$$

式中，E 为吸附能；A 为吸附剂的表面积。显然，ε^0 表示溶剂分子在单位吸附剂表面上的吸附自由能，ε^0 越大，固定相对溶剂的吸附能力越强，则溶质的 k' 值越小，即溶剂的洗脱能力越强。

在正相色谱中，二元以上的混合溶剂比纯溶剂更实用。混合溶剂系统的溶剂强度可随其组成连续变化，很容易找出具有适宜溶剂强度的溶剂系统。混合溶剂也可以保持溶剂的低黏度以降低柱压和提高柱效，提高选择性改善分离。可以通过选择具有等溶剂强度但性质不同的溶剂来改善分离选择性。正相色谱分离的选择性不仅取决于 ε^0，而且也受溶质与溶剂分子间的氢键作用等二次效应的影响。

4. 反相色谱流动相

在反相色谱中，溶质按其疏水性大小进行分离，极性越大或疏水性越小的溶质，与非极性固定相的结合越弱，越先被洗脱。

反相色谱流动相通常以水作为基础溶剂，加入一定量的能与水互溶的极性调整剂如甲醇、乙腈、四氢呋喃等配制成混合流动相。极性溶剂所占比例对溶质的保留值和分离选择性有显著影响。一般情况下，甲醇-水系统已能满足多数样品的分离要求，是反相色谱最常用的流动相。一般推荐采用乙腈-水系统做初始实验，因为与甲醇相比，乙腈的溶剂强度较高且黏度低，同时满足紫外检测器在 $185～205$ nm 的要求。

反相液相色谱中的流动相洗脱强度由有机溶剂的浓度和类型共同决定,常用溶剂洗脱强度的强弱顺序为

水(最弱)<甲醇<乙腈<乙醇<四氢呋喃<丙醇<二氯甲烷(最强)

溶剂的强度随着其极性的增加而降低。除二氯甲烷与水无法混溶外,其他溶剂都可与水混溶。二氯甲烷常用来清洗被强保留样品污染的反相色谱柱。

反相色谱中有机调节剂的浓度与溶质的容量因子之间满足对数线性关系。可表示为

$$\ln k' = a + cC \tag{5-76}$$

式中,C 为有机调节剂浓度;a、c 分别为与流动相性质、固定相性质有关的常数。

反相高效液相色谱分离极性和离子型化合物时常采用缓冲溶液作为流动相。缓冲溶液应具有足够高的离子强度,这样可避免出现不对称峰和峰分裂。

流动相的 pH 对可解离溶质的影响很大,在分离肽类和蛋白质等生物大分子时,经常要加入修饰性的离子对试剂。三氟乙酸(TFA)是最常用的离子对试剂,使用浓度为 0.1%,使流动相的 pH 为 2~3,以有效地抑制氨基酸上 α-羧基的解离,增加溶质的疏水性,改善分离效果。

5. 离子交换色谱流动相

离子交换色谱常用缓冲溶液作为流动相。被分离组分在离子交换柱中的保留除与样品离子和树脂上的离子交换基团作用的强弱有关外,也受流动相的 pH、离子强度等的影响。pH 可改变化合物的解离程度,流动相的离子强度越高,越不利于样品的解离。

离子交换色谱多以水溶液为流动相。水不仅是理想的溶剂,同时还具有使样品离子化的特性。在以水为流动相的离子交换色谱中,溶质保留值和分离度主要通过流动相的 pH 和离子强度来调节。在流动相中有时也加入少量的乙醇、四氢呋喃、乙腈等有机溶剂,以增加样品的溶解度,减少峰拖尾现象。

改变 pH 可以改变离子交换基团上可解离的 H^+ 或 OH^- 的数目,因此流动相 pH 直接影响固定相的离子交换容量。对阳离子交换剂而言,pH 降低,交换剂的离子化受到抑制,交换容量降低,组分的保留值减小。对于阴离子交换剂而言,则恰好相反。

改变流动相的 pH,也会影响弱电离的酸性或碱性溶质的形态分布,进而改变其保留值。pH 增大,在阴离子交换色谱中带负电组分的保留值增大,在阳离子交换色谱中带正电组分的保留值将减小。流动相 pH 的变化也能改变分离的选择性。使用阳离子交换剂时,常选用含磷酸根离子、甲酸根离子、醋酸根离子或柠檬酸根离子的缓冲液;使用阴离子交换剂时,则常选用含氨水、吡啶等的缓冲液。

在离子交换色谱中,溶剂的强度主要取决于流动相中盐的总浓度即离子强度,增加流动相中盐的浓度,样品离子与所加盐的离子争夺离子交换基团上反电荷位点的能力降低,保留值降低。

由于不同种类的离子与离子交换剂作用强度不同,因此流动相中所加盐的类型对样品离子的保留值有很大影响,常用 $NaNO_3$ 来控制离子交换色谱中流动相的离子强度。

6. 体积排阻色谱流动相

体积排阻色谱法依据凝胶的孔容及孔径分布、样品分子量大小及其分布以及相互匹配情况实现样品的分离。由于分离效果与样品、流动相之间的相互作用无关,因此改变流动相的组成一般不会改善分离度。

体积排阻色谱法中流动相的选择除需满足一般的流动相选择原则外,还必须与凝胶固

相相匹配,能浸润凝胶。当采用软质凝胶时,流动相应能使凝胶溶胀。为增加样品溶解度而采用高柱温操作时,应选用高沸点溶剂。二甲基甲酰胺、邻二氯苯、间甲酚等溶剂可在高柱温条件下使用;强极性的六氟异丙醇、三氟乙醇等,可用于粒度小于 $10~\mu m$ 的凝胶柱。

目前凝胶渗透色谱多采用示差折光检测器,应使流动相的折光指数与被测样品的折光指数有尽可能大的差别,以提高检测灵敏度。凝胶渗透色谱主要用于高聚物分子量的测定。四氢呋喃对于样品一般有良好的溶解性能和适宜的黏度,且可使小孔径聚苯乙烯凝胶溶胀,因此被广泛使用。四氢呋喃在储运过程中特别是在光照射条件下,容易生成过氧化物,使用前应去除。

在凝胶过滤色谱中,通常使用不同 pH 的缓冲水溶液作为流动相。当使用亲水性有机凝胶(葡聚糖、琼脂糖、聚丙烯酰胺等)、硅胶或改性硅胶作固定相时,为消除吸附作用,以及样品与基体的疏水作用,通常在流动相中添加少量无机盐,如 $NaCl$、KCl、NH_4Cl 等,维持流动相的离子强度为 $0.1\sim0.5$。

5.6.4 液相色谱定性定量方法

液相色谱是色谱分析的一种,色谱的基本定性定量方法(参见 5.4 节)基本上适用于液相色谱,但液相色谱也有一些特殊的定性定量方法。

1. 液相色谱定性分析

液相色谱与气相色谱相比,定性的难度更大。液相色谱过程中影响溶质迁移的因素较多,同一组分在不同色谱条件下的保留值可能相差很大。即便在相同的操作条件下,同一组分在不同色谱柱上的保留也可能有很大差别。

(1) 利用检测器的选择性定性

样品经色谱柱分离后进入并联或串联的几种检测器(两种或两种以上),视其响应情况可以初步判别未知化合物的具体类别。

对于烃类及其衍生物,在紫外光谱区(190~400 nm)的吸收很小。以共轭双键结合的分子如芳香烃等有较强的吸收,分子中苯环的数量越多,吸收愈强。对于包含几种烃类组分的混合物样品,将色谱柱中的流出物同时引入并联的两种检测器,或按顺序依次引入串联的两种检测器,可以得到两张色谱图,对比各组分在不同谱图上的相对峰高可初步判别组分所属化合物的类型。

(2) 反相色谱中的 a、c 指数定性

理论研究表明,在以硅胶为固定相的反相色谱中,溶质保留值与流动相组成关系式中的系数能够反映溶质的结构特征,因此可用于溶质的辅助定性。基于式(5-76),卢佩章等给出了 460 种化合物在 C18 柱上不同条件下的 a、c 指数,并提出了不同柱系统、不同冲洗剂浓度组成时 a、c 指数之间的换算方法。在相同的色谱条件下,如果样品中某一组分的 a、c 指数与一已知标样相同,即可认定两者为同一种化合物。

此外,溶质的容量因子作为一种结构型物性参量,其对数值与同系物碳数之间存在良好的线性关系。

$$\ln k' = a + bn \tag{5-77}$$

式中,a、b 为常数;n 为同系物中的碳数。对于包含有同系物组分的样品,如果已知部分同系物在色谱图中的位置,可以根据碳数规律推测其他同系组分。

最近,一系列推测保留值变化与溶质分子结构关系的软件被发展起来,可用于辅助定性,但精度十分有限。

2. 液相色谱定量分析方法

(1)标准加入法

标准加入法中采用的校正标准液应该在空白基体中制备以便对实际样品提供最好的校正。例如,对于药物中有效成分的测定,基体可以选用不含药物的本底来配制,而研究药物在动物体内的代谢,可以以饲料中不加药物的动物体液作为空白本底。在这些情况下,标准加入法可以用来绘制定量校正曲线。痕量分析时标准加入法有较多应用。

(2)痕量组分定量分析方法

痕量分析的目的不同于混合物中主成分的定量检测,需要解决的问题是测定混合物中一种或几种组分的低浓度。痕量分析的主要目的在于准确求出痕量组分的浓度,通常由于本身低浓度的限制,一般只要求精密度在 $5\% \sim 15\%$ 内。

痕量组分在分析之前常需要经过固相萃取、液液萃取、过滤、组合柱和柱后反冲技术等处理步骤,以使其浓度达到可以检测的范围,或去除一些可能影响分离、检测的组分。为最大限度地消除干扰并得到最佳的准确度,痕量组分峰必须与邻近峰完全分开。两峰靠得很近且痕量组分峰较主成分先流出时,测量结果较精确。相反地,痕量组分峰在主成分峰拖尾的边缘上洗脱时,精确定量将很困难。

痕量组分的定量分析常采用峰高定量法。这种方法受峰重叠影响较小(准确度最好)且具有足够的精密度。为了在痕量分析中得到最好的灵敏度,一般尽可能加大进样量。假若样品量有限,使用较小内径的色谱柱可以有效提高检测灵敏度。

痕量分析通常采用等度洗脱的分离模式,外标校正法定量。大多数痕量组分的校正均是在样品基体中进行。在空白溶液中加入校正标准物,并进行正常的样品制备。在精心设计的痕量分析方法中,校正曲线应该能外延至纵坐标的零点。如果外延至零点以下,说明在分离中已有部分样品损失。如果校正线外延至零点以上,说明基线干扰或样品中的其他组分产生干扰。在痕量分析中大多数系统分析物的绝对回收率至少有 75%。当回收率太低或不稳定时,适当的内标能改善痕量分析的精度。假若空白样品无法得到也可采用标准加入法。

5.6.5 超高效液相色谱

液相色谱固定相面临的主要问题是传质,为了解决因为传质阻力带来的峰变宽,研究人员开发了无孔固定相,但无孔固定相存在比表面积较小导致进样量小的缺点。采用亚 $2~\mu m$ 颗粒、核-壳颗粒等固定相能够在降低传质阻力的同时兼顾柱容量,但颗粒尺寸降低带来的高柱压又对色谱系统提出了新的挑战,必须采用提供更高压力的色谱泵或者在高温下进行色谱分离。

近年来,色谱分析技术已经达到了非常高的水平,高性能、高通量、高度自动化的高效液相色谱仪已经出现,且在不同的领域发挥着重要作用。早在 1964 年,Giddings 指出最大理论塔板数和分离速度与色谱系统的操作压力有关,并提出增高色谱柱压力改善分离度的方法。使用亚 $2~\mu m$ 填料,色谱柱的孔隙率低,相同流速下压力大,因此产生了超高压液相色谱。超高压液相色谱(UPLC)使用压力一般超过 $40~MPa$。与通常采用的 $5~\mu m$ 填料色谱柱相比,使用亚 $2~\mu m$ 填料不仅柱效更高,而且通过改进仪器条件,可以使分离时间更短,峰容量更大,能够更好地满足复杂样品对分离分析的要求。Waters 公司在 2003 年首先推出了 Acquity UPLC

系统,采用小颗粒填料,在高压下运行,揭开了商品化超高效液相色谱仪器的序幕。基于同样原理,Thermo 公司和 Jasco 公司也相继推出了耐压超过 100 MPa 的液相色谱系统。而 Aligent 和岛津则通过升高温度来降低柱压,尽管同样使用小颗粒填料,系统压力只有 60 MPa。在超高压液相色谱系统中,对于最常用的紫外-可见检测器,除了提高采样频率之外,还需要降低噪声,减小流通池体积,采用无光损耗的检测池等技术,以保持高柱效和高灵敏度。

超高效液相色谱具有以下优点:① 超高分离度,采用小颗粒固定相显著提高柱效从而提高分离能力;② 超高速度,填充小颗粒固定相的色谱柱柱长较短而柱效不变,分离在高流速下进行,消耗时间更少而分离度不变;③ 超高灵敏度,小颗粒技术可以得到更高的柱效、更窄的色谱峰,即更高的灵敏度。

5.6.6 液相色谱-质谱联用

高效液相色谱-质谱(HPLC-MS)联用技术充分结合 HPLC 的高分离能力和质谱的强定性能力。质谱的正常工作需要高真空环境,而 HPLC 常规分析在常温常压下进行,为实现二者联用,接口技术最为关键。理想的接口装置需要能够使来自液相的连续流动相迅速气化,在保障质谱真空工作环境的前提下,去除流动相中基质对质谱的污染,使待测样品电离后进入质量分析器分析。HPLC 通常与电喷雾离子化(electrospray ionization,ESI)、大气压化学离子化(atmospheric pressure chemical ionization,APCI)以及大气压光离子化(atmospheric pressure photoionization ionization,APPI)等离子源的质谱仪联用,质量分析器类型可以是任意种单独或串联的质谱仪。离子回旋共振(ion cyclotron resonance,ICR)类质谱具有最高的质量准确度,其次为 Orbitrap 和 TOF 类质谱。更多质谱相关内容见本书第 6 章质谱分析部分。

5.6.7 多维液相色谱

二维液相色谱是将分离机理不同而又相互独立的两根色谱柱串联起来构成的分离系统。样品经过第一根柱子进入接口中,通过浓缩、捕集或切割进一步被切换进入二维及后续的监测器中。二维分离采用两种不同的分离机理分析样品,即利用样品的两种不同特性把复杂混合物(如肽)分成单一组分,这些特性包括分子尺寸、等电点、亲水性、疏水性、电荷、特殊分子内作用(亲和)等,在一维分离系统中不能完全分离的组分,可能在二维系统中得到更好的分离。目前多维 HPLC 在蛋白组学等复杂样品体系研究中占有非常重要的地位。由于反相液相色谱具有分析速度快、分离效率高、流动相组分与 MS 匹配等优点,通常被选为多维色谱分离中最后一维的分离模式。而尺寸排阻色谱、离子交换色谱、亲和色谱等可以作为样品的预分离模式。对于两种分离模式的结合,不仅应考虑分离选择性、分辨率、峰容量、柱载容量、分析速度等因素,对于生物样品的分离,样品回收率、活性等因素也可能非常重要。在实际多维分离系统的构建过程中,必须综合考虑不同因素的影响,选择合理的分离模式和柱系统。

接口是二维液相色谱的核心,接口的设计决定了系统的实际分离效能。按连接方式不同可将接口分为定量环接口、捕集柱接口、平行柱接口、真空辅助溶剂蒸发接口、连续二维系统等。

(1)定量环接口
定量环接口通常由两个相同体积的样品环和两位十通阀或两位八通阀组成,也可组合使用多个六通阀。一个样品环收集储存第一维洗脱产物,另一个储存的馏分转移到第二维进行分离,两个样品环交替进行收集馏分和再进样操作。定量环接口结构简单,操作方便,通用性强,是应用最为广泛的一种接口。

（2）平行柱接口

平行柱接口使用两支(或两支以上)色谱柱平行进行第二维分析,只有平行柱上分离时间和效率一致时,才能进行色谱图整合。这一接口的运行困难在于几支色谱柱的协调运行。平行柱接口可将第一维洗脱产物直接转移到第二维分析柱的柱头并实现样品富集。

（3）捕集柱接口

捕集柱接口通常由两个相同的捕集柱和多通切换阀组成,从第一维洗脱下来的馏分到达捕集柱后,馏分中的组分在捕集柱柱头富集,完成后反冲捕集柱上的样品到第二维进行分离。捕集柱起到在两维间形成溶质"重新聚焦"的作用。捕集柱接口克服了样品环接口的缺点,但受限于捕集柱固定相的选择和两维流动相。

（4）真空辅助溶剂蒸发接口

真空辅助溶剂蒸发接口的第一维洗脱产物到达接口时,溶剂在真空辅助下蒸发,而样品在样品环中得以保留,进一步通过第二维流动相将样品环中保留的馏分导入第二维进行分离。真空辅助溶剂蒸发接口实现了正相/反相两维流动相快速转换,解决了流动相不兼容的问题。同时由于样品在样品环中被浓缩,减少了第一维分离组分进入第二维的体积和峰宽。但是这种接口操作难度较高,重复性难以保证。

（5）连续二维系统

连续二维模式不用接口,两维色谱柱直接连接,第一维的流出物直接、连续地进入第二维。连续二维模式仅需要一套梯度泵,是最简单的二维液相色谱系统。但是,这种二维分离除了流动相选择受到较大限制外,两维都必须进行梯度洗脱,否则第一维已经分离的组分会在第二维重新混合。

第6章 质谱分析

质谱分析法(mass spectrometry)是20世纪初由英国学者约瑟夫·汤姆森在研究正电荷离子束的基础上发展起来的。早期质谱法主要用于分析分离同位素,随着科技的不断进步,质谱分析法的应用已经拓展到了有机物、生物大分子等多个领域。现在质谱有四个主要分支:有机质谱、同位素质谱、无机质谱和生物质谱。质谱法是化合物分子结构分析的重要手段,它不仅能测定化合物的分子量,还能提供碎片结构信息,且灵敏度高、分析速度快、分析范围广,可对气体、液体和固体样品进行分析,既可用于定性分析,又可用于定量分析,被广泛应用于化学化工、医药、地质资源、石油、环境、农业和食品、材料等众多领域。

6.1　质谱分析基础

6.1.1　概述

质谱分析是一种测量离子质荷比(质量-电荷比)的分析方法,其基本原理是使样品分子(或原子)在离子源中以某种方式电离形成各种质荷比(m/z)的离子,然后按其质荷比大小分离,记录其相对强度并排列成谱的分析方法。质谱中通常用统一原子质量单位($[u]$)来表示离子的质量,u被定义为^{12}C原子质量的1/12。在生物医学领域中人们还喜欢用道尔顿($[Da]$)代替原子质量单位($[u]$)作为质量单位。

大多数的质谱仪主要由六个部分组成:进样系统、离子源、质量分析器、检测器、计算机数据处理系统以及真空系统,如图6-1所示。待测样品由进样系统以不同方式导入离子源,在离子源中样品分子电离成不同质荷比的离子,经质量分析器分离,检测器检测并经计算机数据处理得到化合物的质谱图。整个仪器由计算机系统控制,真空系统维持仪器处于高真空状态运行。

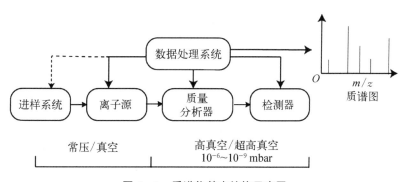

图6-1　质谱仪基本结构示意图

质谱图是质谱仪记录下来的以离子的质荷比为横坐标,以信号强度为纵坐标的二维谱图。对单电荷离子而言,质荷比即为离子的质量;纵坐标一般采用离子的相对丰度,以谱图中离子强度最大的为100%,其他离子强度用与它的相对比值来表示,谱图中离子丰度100%的峰称为基峰。图6-2是化合物间二甲苯采用电子电离质谱仪采集的质谱图,图中最高峰91为基峰,106为间二甲苯分子失去一个电子后的分子离子峰,谱图中106左侧的所有峰均为间二甲苯的碎片离子峰。

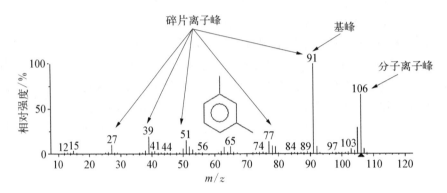

图 6 - 2 间二甲苯电子电离质谱图

6.1.2 同位素分布与精确质量

通常情况下,我们用元素周期表中的相对原子质量来计算一个分子的分子量。然而在质谱中我们测定的是离子的质荷比信息,因此需要更精确地了解每一种同位素的质量。譬如,通过元素周期表计算得到苯(C_6H_6)的分子量为78.11,但是在质谱图中无法找到78.11所对应的质荷比,取而代之的是78.05、79.05和80.05三个丰度依次降低的峰。

为了更好地解析质谱图中的信息,需要对原子的同位素质量、同位素丰度,同位素分布等有准确的认识和理解。元素的同位素是指原子核中质子数相同,但是中子数不同的原子,譬如^{12}C、^{13}C为C元素的两种不同同位素,其中的上标12和13为C的两种同位素原子的质量数,即质子和中子数之和。自然界中稳定存在的元素有单同位素元素、双同位素元素以及多同位素元素三大类。单同位素元素主要有^{19}F、^{23}N、^{31}P、^{127}I,^{9}Be、^{27}Al、^{55}Mn、^{59}Co、^{75}As、^{93}Nb、^{103}Rh、^{133}Cs、^{197}Au。双同位素元素中有X+1、X+2、X-1三种类型,譬如氢元素(^{1}H、^{2}H)、碳元素(^{12}C、^{13}C)、氮元素(^{14}N、^{15}N)为X+1型元素的典型代表;氯元素(^{35}Cl、^{37}Cl)、溴元素(^{79}Br、^{81}Br)、铜元素(^{63}Cu、^{65}Cu)、镓元素(^{69}Ga、^{71}Ga)、银元素(^{107}Ag、^{109}Ag)、铟元素(^{113}In、^{115}In)和锑元素(^{121}Sb、^{123}Sb)属于X+2型双同位素元素;锂元素(^{6}Li、^{7}Li)、硼元素(^{10}B、^{11}B)和钒元素(^{50}V、^{51}V)由于重同位素丰度高于轻同位素,归属于X-1型双同位素元素。绝大多数的元素都属于多同位素元素,由三种或更多种同位素原子构成其更复杂的同位素分布。

在质谱中,对于一种特定的分子我们采集到的往往是由不同同位素原子所构成的多种同位素离子,每种同位素离子的质量和丰度与其组成该离子的同位素的质量和丰度有着直接的关系。因此,质谱中检测的同位素质量(isotopic mass)为某一种同位素离子的精确质量,并不是其丰度最高的同位素的整数质量之和的名义质量(nominal mass)。在质谱中,通常采用统一原子质量单位[u]作为离子的质量单位,其定义为^{12}C质量(12 u)的1/12,因此

1 u＝1.660 538×10^{-27} kg。丰度最高的同位素峰的精确质量被定义为单同位素质量（monoisotopic mass），也是质谱检测中最关注的同位素质量。需要注意的是，并不是所有的单同位素质量都是质量最小的同位素，只是由于有机化合物中主要含有的元素 C、H、O、N、S 等基本上是单同位素质量均为最低质量的同位素，因此在质谱检测中我们更多关注的是质量最小的同位素峰。图 6-3 为二甲亚砜（C_2H_6OS）正离子的单同位素质量、平均质量，以及其余同位素质量的质谱图。

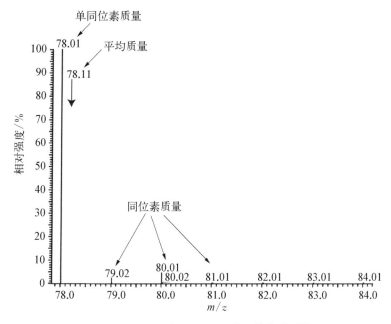

图 6-3　二甲亚砜正离子（$C_2H_6OS^{+\cdot}$）的多种质量图示

图中 $C_2H_6OS^{+\cdot}$ 的单同位素质量为 12.000 000 u×2＋1.007 825 u×6＋15.994 915 u＋31.972 071 u－0.000 548 u＝78.013 388 u（以^{12}C、^{1}H、^{16}O、^{32}S 精确质量计算）。名义质量为 12 u×2＋1 u×6＋16 u＋32 u＝78 u（以^{12}C、^{1}H、^{16}O、^{32}S 的整数位计算）。需要注意的是，在计算离子的单同位素精确质量时应该减去失去的电子的质量。在实际的质谱检测时，电子的质量是否需要考虑进去取决于质谱仪器所能提供的质量准确度，对于像傅里叶变换-离子回旋共振（FT-ICR）、静电场轨道阱（orbitrap）等质量误差＜10^{-3} u 的质谱仪器，电子的质量通常需要考虑进去。

当采集一个化合物的质谱图时，即使这个化合物纯度极高，我们往往看到的也不是一个单一的离子所对应质谱图，而是包含所有可能同位素离子的质谱图。因此，了解化合物在质谱中的同位素分布非常有必要。同时，对于一些含特殊同位素的离子来说同位素分布能帮助识别化合物中的元素组成，譬如图 6-4 为多个 Cl 和 Br 原子的同位素分布图，由于 Cl 和 Br 为 X＋2 型同位素，且 X＋2 同位素具有可观的丰度，因此其同位素分布可以作为 Cl 和 Br 原子个数判断的依据之一。其他元素，如 S 和 Si 的 X＋2 同位素也常常用来判断分子的元素组成。

6.1.3　分辨率和分辨能力

质谱中对于质量的分辨能力称为质量分辨率（R），即对于一个给定的 m/z 对应的离子能分辨的最小差异的 m/z 值是多少，可以用式（6-1）来表示。

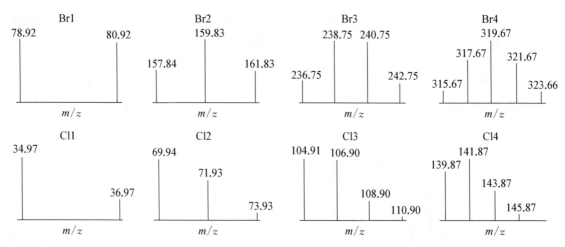

图 6 - 4 Cl 和 Br 的同位素分布图

$$R = \frac{m}{\Delta m} = \frac{m/z}{\Delta(m/z)} \qquad (6-1)$$

当分辨率 $R=1\,000$ 时,对于 m/z 92 的离子来讲其峰宽为 0.092 u;当分辨率增加至 $R=10\,000$ 时,质谱峰宽为 $0.009\,2$ u;当分辨率 $R=20\,000$ 时,质谱峰宽降低为 $0.004\,5$ u,此时足以识别质量相差 $0.004\,5$ u 的两种物质[图 6 - 5(a)]。对于分子量更大的化合物,分辨率的提升更多的影响的是能否分辨出其同位素分布[图 6 - 5(b)]。质谱分辨率的高低是由质谱仪的硬件(主要是质量分析器的性能)决定的,分辨率越高意味着所采集的质量的准确度越高。

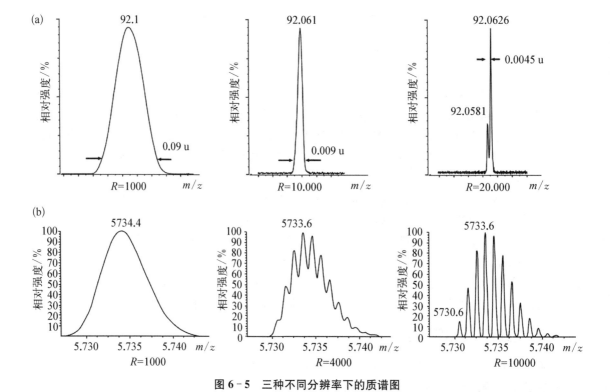

图 6 - 5 三种不同分辨率下的质谱图

通常,绝对质量准确度 $\Delta(m/z)$ 定义为实验测得的精确质量与理论计算的精确质量之差,即

$$\Delta(m/z) = m/z_{实验} - m/z_{理论} \qquad (6-2)$$

相对质量准确度 $\delta m/m$ 定义为绝对质量准确度与所测质量的比值,即

$$\delta m/m = \Delta(m/z)/(m/z) \qquad (6-3)$$

相对质量准确度通常用百万分之几(ppm, $1\text{ ppm} = 10^{-6}$)来表述,现代高分辨率的质谱仪常常能达到相对质量准确度小于 5 ppm,即对于 m/z 1 000 的物质来说绝对误差小于 0.005 u,对于 m/z 50 的物质来说绝对误差小于 0.000 25 u。

准确的精确质量的测定是推测准确的化学分子式的关键。一般来说,分子量越小的化合物采用准确度越高的质谱仪来获取质量的时候模拟出可能的化学式越少,得到准确化学式的可能性越高。

6.1.4　质量校准

为了获取准确的质量准确度,除了应采用高分辨率的质谱仪来采集离子质量外,还应该采用正确的方法对仪器进行质量校准。高分辨率的质谱仪如果不进行质量校准只能确保区分分子量很接近的离子,并不能保证 m/z 值的准确性。正确的质量校准应保证在所采集的质量范围内数个已知 m/z 值的质量准确性达到仪器能达到的误差范围内。外部校准一般是独立采集校正液的质谱图与已知的质量列表(mass reference list)进行匹配来实现。内部校准通常建议采用将校正液通过单独的入口和样品同时进入质谱仪进行采集。通常,内部校准的准确性高于外部校准,内部校准的准确度对于 FT-ICR 可达到 0.1~0.5 ppm,静电场轨道肼可达 0.5~1 ppm,飞行时间质量分析器可达 1~10 ppm。针对不同的离子源和质量分析器,应选择不同的标准物质来进行校准。譬如,全氟三丁胺(PFTBA)通常用于电子电离源质谱(EI-MS)的质量校准。

6.1.5　分子式的计算

当获取了离子的准确精确质量,准确分子式的推导成为可能,但是下面几个规则也需要同时考虑才能更准确地获得化合物的分子式。譬如,应把所有可能的元素种类考虑进去;根据离子源类型考虑形成的离子是奇电子离子还是偶电子离子;根据离子化方式考虑合理的加和离子,如 $M^{+\cdot}$、$[M+H]^+$、$[M+NH_4]^+$、$[M+碱金属]^+$ 等;对比推导出的分子式所对应的同位素分布应与实验观测到的同位素分布吻合;分子式应符合 N 规则等。

6.1.6　电荷状态

质谱检测中大部分情况下得到的离子是单电荷离子,但是有些化合物在某些离子源下可能会有双电荷、三电荷甚至多电荷的情况出现。随着电荷数的增加,m/z 的值相应变化,质谱图中的同位素峰的差值相应变为 $1/z$,$(\Delta(m/z) = 1/z)$。譬如图 6-6 所示的同位素峰的 $\Delta(m/z)$ 为 1/3,可知该离子所带电荷数 $z=3$。

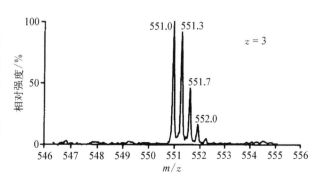

图 6-6　多电荷离子的同位素分布情况

6.2 质谱仪主要部件

6.2.1 离子源

质谱分析是针对具有不同质荷比的离子进行分离实现的,因此对分子进行电离是质谱分析的重要步骤。离子源的作用是使样品分子电离成离子,不同性质的样品需要不同的电离方式,目前已发展了很多的电离方式,此处介绍几种主要的离子源。

1. 电子电离(electron ionization, EI)

电子电离(EI)是质谱分析中应用最广泛、发展最成熟的一种离子化方式。用钨或铼制成的灯丝在高真空中被电流炙热,发射出电子,电子经电离电压加速后经入口狭缝进入电离区。气化后的样品分子在电离区与电子相互作用,一些分子获得足够能量后丢失一个电子形成正离子,即分子离子,用 $M^{+\cdot}$ 表示。分子离子的质荷比与其分子量几乎相等,所以分子离子产生的分子离子峰是确定分子量的重要依据。有机化合物需要的电离电压通常为 $7 \sim 15$ eV,而在 $50 \sim 70$ eV 时电离效率最高,灵敏度接近最大值,且重复性较好,因此电子电离质谱常用的电离电压为 70 eV,分子电离后多余的能量使生成的分子离子进一步碎裂产生碎片离子。这些碎片离子能反映分子丰富的结构信息,是有机分子结构分析的重要依据。EI 通常得到正离子,且质谱图具有很好的重现性。目前通用的有机化合物 EI 标准谱都是在 70 eV 获得的。

EI 离子源因其能量高能使被分析物解离而被认为是一种硬电离的离子源。EI 质谱主要用于挥发性好且热稳定的非极性至中等极性有机化合物的分析,如饱和与不饱和脂肪族、芳香族烃类及其衍生物(卤代、醚、酸、酯、胺、酰胺等);杂环化合物;黄酮;类固醇;萜烯等。由于 EI 质谱要求样品能气化,因此通常用于分析分子量小于 600 u 的小分子化合物。但电子电离也有它的局限性,一些结构不太稳定的样品在 70 eV 时得不到分子量的信息,通过降低电离电压有时可以获得更强的分子离子信号,但同时灵敏度也急剧下降;另外,对一些不能气化或遇热分解的样品则不能得到质谱信号。

电子电离质谱常常采用直接进样或气相色谱进样等方式引入样品,对于固体、蜡状或高沸点的液体一般采用直接插入式进样,对于挥发性的混合物一般采用气相色谱进样。

谱库检索是通过电子电离质谱(EI)获取未知化合物信息的最直接的方法。目前 EI 质谱已经积累了丰富的标准谱图,最全面的谱库为 NIST/EPA/NIH 质谱数据库和 Wiley/NBS 质谱数据库,其中 2023 版的 NIST 库已经收录了 347 100 个化合物的 EI 谱图。

图 6-7 为 NIST 库中收录的丁酮的 EI 质谱图,图中可以清晰地看到丁酮的分子离子峰 72 以及主要的碎片离子峰 43 和 57。

2. 化学电离(chemical ionization, CI)

电子电离往往会使一些结构不太稳定的化合物分子产生大量的碎片离子,而分子离子信号很小甚至检测不到,化学电离(CI)正是解决这一问题的"软电离"方式。化学电离源的结构与 EI 源基本相似,不同的是在离子源中引入大量的反应气体,样品直接导入离子源并气化,在大量反应气体的气氛中,灯丝发射的电子不是直接轰击样品分子,而是首先与反应气体分子发生作用并产生反应离子,这些离子再与样品分子发生离子-分子反应实现电离。通常使用的反

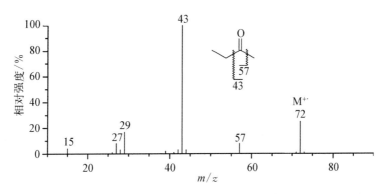

图 6-7 丁酮的 EI 质谱图(NIST 库)

应气体有甲烷、异丁烷、氨等。

化学电离质谱属于软电离技术,由于产生的准分子离子$[M+H]^+$过剩的能量小,又是偶电子离子,比较稳定,较少进行碎裂反应,因此准分子离子的强度较高,便于推算分子量,对分子结构不太稳定的化合物,化学电离质谱与电子电离质谱形成较好的互补关系,但 CI 质谱图不能用于峰的匹配性比较。

3. 电喷雾质谱(electrospary mass spectrometry, ESI)

电喷雾质谱也是一种"软电离"技术,主要用于难挥发、热稳定性较差的极性化合物的质谱分析。其电离原理如图 6-8 所示。

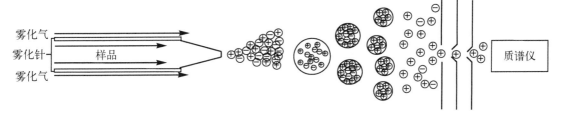

图 6-8 电喷雾离子源示意图

电喷雾电离是一种大气压电离源。不锈钢毛细管安装于一个同轴的氮气(雾化气)腔体中,被测样品溶液通过不锈钢毛细管到达喷口,由于喷口被加以 $3\sim5$ kV 的高电压,且管壁保持适当的温度,在加热温度、雾化气和强电场的作用下形成高密度荷电的雾状小液滴进入离子源,在向质量分析器移动的过程中,液滴因溶剂的迅速挥发而不断变小,其表面的电荷密度不断增大。当电荷之间的排斥力足以克服表面张力时,液滴发生分裂;经过这样不断的溶剂挥发-液滴分裂的过程,最后以离子形式进入气相,产生单电荷或多电荷离子,聚焦后进入质量分析器。

通常小分子化合物的电喷雾质谱(ESI)容易得到$[M+H]^+$、$[M+Na]^+$、$[M+K]^+$、$[2M+H]^+$、$[2M+Na]^+$、$[2M+K]^+$、$[M+NH_4]^+$或$[M-H]^-$等单电荷离子,选择相应的正离子或负离子检测,就可得到物质的分子量。生物大分子如蛋白质、肽类、氨基酸和核酸则容易得到多电荷离子,如$[M+nH]^{n+}$、$[M+nNa]^{n+}$、$[M-nH]^{n-}$,并且所带电荷数随分子量的增大而增加。通过数据处理系统或通过公式计算能够得到样品的分子量。图 6-9 为电喷雾质谱正离子模式采集的奥司他韦($C_{16}H_{28}N_2O_4$,商品名为

Tamiflu,一种抗病毒药物)的[M＋H]⁺的准分子离子峰。

　　ESI具有极为广泛的应用领域,如小分子药物及其代谢产物的测定,农药及化工产品的中间体和杂质测定,大分子的蛋白质、肽类、核酸和多糖的分子量测定,氨基酸测序及结构研究以及分子生物学等许多重要的研究和生产领域。

4. 大气压电离(atmospheric pressure chemical ionization, APCI)

　　和电喷雾电离相类似,样品溶液从具有雾化气套管的不锈钢毛细管中流出,被大流量的氮气流雾化,加热管加以较高温

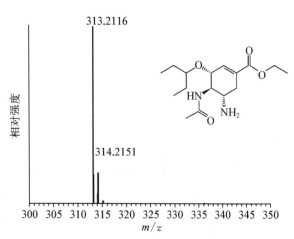

图 6 - 9　奥司他韦的电喷雾质谱
正离子谱图([M＋H]⁺)

度使样品溶液通过加热管时被气化。在加热管端口进行电晕尖端放电,溶剂分子首先被电离,与化学电离类似形成反应气等离子体。样品分子在穿过等离子体时通过质子转移被电离形成[M＋H]⁺或[M－H]⁻离子,并进入质量分析器。

　　大气压化学电离也是一种"软电离"技术,较易得到样品分子量信息,且只产生单电荷离子。主要用于分析非极性或中等极性的小分子有机化合物,如农药、除草剂、临床药物及染料等。

5. 基质辅助激光解吸电离(matrix-assisted laser desorption Ionization, MALDI)

　　基质辅助激光解吸电离(MALDI)是20世纪80年代后期发展起来的一种新型的软电离技术,它的原理是将样品分散于基质中形成共结晶薄膜,用一定波长的脉冲式激光照射样品与基质。基质分子从激光中吸收能量传递给样品分子,使样品分子瞬间进入气相并电离。MALDI主要通过质子转移得到单电荷离子 M⁺· 和[M＋H]⁺,也会与基质产生加合离子,有时也会得到多电荷离子,由于这些离子的过剩能量很少,因此较少产生碎片离子。

　　基质的选择主要取决于所用激光的波长(基质的吸收波长应与激光的波长吻合),当采用 355 nm 激光时,应用最多的基质是 α-氰基-4-羟基肉桂酸(α-Cyano-4-hydroxycinnamic acid)、芥子酸(Sinapinic acid)、2,5-二羟基苯甲酸(2,5-dihydroxybenzoic acid)等。

　　基质辅助激光解吸电离(MALDI)能使一些难电离的化合物电离,特别是生物大分子化合物(如蛋白质、核酸和多肽类化合物)和合成聚合物的分析。另外,MALDI 很少产生碎片离子,可用于混合物的直接分析。由于应用脉冲式激光,MALDI 特别适合与飞行时间质谱(TOF)相配,也可以与傅里叶变换质谱(FT-ICR)联用。MALDI 的缺点是由于使用基质,会在小分子量范围产生背景干扰。

　　图 6-10 为尼龙 11 聚合物采用 MALDI 质谱采集到的正离子的谱图,图中可见一系列间隔 183 u 不同聚合度的尼龙 11 的[M＋Na]⁺峰。

6. 二次离子质谱(secondary ion mass spectroscopy, SIMS)

　　二次离子质谱是一种用来分析固体表面的化学成分的质谱技术,其原理是用一束聚焦的离子束溅射待测品表面,并通过检测轰击出的二次离子的荷质比确定距表面深度

1~2 nm 厚的薄层的元素、同位素与分子的组成。它的原理除了采用离子枪轰击激发以外，其余与质谱仪完全相同。SIMS 也是一种软电离技术，一般检测的相对分子质量范围仅限于几千以下。SIMS 是一种非常灵敏的表面分析方法，它在材料表征方面的应用越来越广泛。

7. 常压敞开式离子源（ambient ionization）

前述的离子源均需要样品在一定的条件下才能离子化，有些需要在高真空下离子化（如 EI、CI 等），有些需要将样品溶解在溶液中并通过产生气相离子进入质谱仪

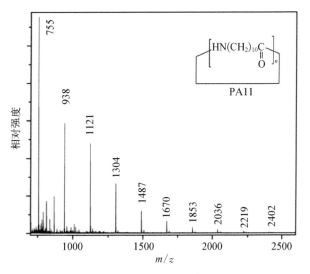

图 6-10　尼龙 11 的 MALDI 质谱图

（如 MALDI、ESI 等），常压敞开式离子源可用于样品的直接分析，不需要经过复杂的样品前处理，也无需在高真空下离子化。

解吸电喷雾（DESI）（图 6-11）和实时直接分析（DART）是目前已经商品化的两种新型的常压敞开式离子源，也是目前发明的 30 多种常压敞开式离子源中的先驱者。其最主要的优势在于完全无需样品前处理，且可以在敞开式大气压下实现样品的离子化。DESI 除了可以进行常规的质谱谱图采集，还可以进行质谱成像分析。

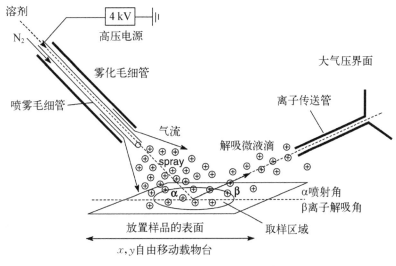

图 6-11　解吸电喷雾离子化示意图

6.2.2　质量分析器

质量分析器是质谱仪的核心部分，质谱仪的类型就是按质量分析器来划分的。它的作用是将离子源内得到的离子按质荷比分离并送入检测器检测。这里介绍几种目前使用较广的质量分析器。

1. 四极杆质量分析器(quadrupole mass analyzer, QMA)

四极杆质量分析器是由两组对称,四根平行圆形棒状电极或双曲面电极组成。在一对电极上加电压 $U+V\cos\omega t$,另一对电极上加电压 $-(U+V\cos\omega t)$,其中 U 是直流电压,$V\cos\omega t$ 是射频电压(图 6-12)。从离子源出来的具有一定能的离子从四级杆质量分析器的一端进入,在直流电压和射频电压的作用下沿四级杆的中心轴线波动前行,在场半径 r_0 固定的情况下,保持 U/V 为常数,对于一定的直流电压和射频频率只有特定 m/z 的离子才能沿四级杆的中心轴线运动前行并到达检测器,其他 m/z 的离子在通过时会撞击在四级质量分析器上而不能到达检测器,这样就会被"过滤"掉。

四极杆质量分析器的优点是体积小、结构简单、重量轻、价格低,是应用最广的质量分析器。四极杆离子传输效率高,所需的离子加速电压低。因为它扫描速度快,特别适合与色谱联用。另外,四级杆质量分析器可以自身串联,或与其他质量分析器串联构成串联质谱仪。它的缺点是分辨率不够高,一般检测的 $m/z<2\,000$ u。

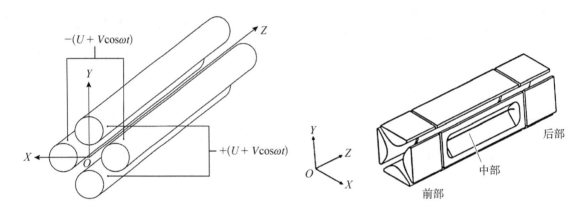

图 6-12   四极杆质量分析器示意图

$(U+V\cos\omega t)$—高频电压(V 为电压幅值,U 为直流分量,ω 为圆频率,t 为时间)

图 6-13   线性离子阱的结构示意图

2. 线性离子阱质量分析器(linear ion trap, LIT)

线性离子阱的结构与四极杆质谱的结构类似,由两组双曲线极杆和两端的两个极板组成,在其中一组极杆上开有窄缝,通过改变交变电压驱动离子从窄缝射出(图 6-13)。

在线性离子阱中,仅在四极杆上施加交变电压。离子不被选择地全部限定在空间中。在其中开窄缝的极杆上,加有另外一组交变电压。也就是有三个交变电压。通过协调三个交变电压,使离子进入不稳定状态继而从窄缝中射出。

线性离子阱常用于多级质谱分析(MS^n),首先限定目标质量的离子,通过调整交变电压,将大于以及小于目标质量的离子射出,从而使得仅有一个质量的离子存在于离子阱中。之后通过向离子阱内注入气体(通常为氦气或氮气),与离子发生碰撞使其被打成碎片。

3. 四极离子阱质量分析器(quadrupole ion trap, QIT)

四极离子阱质量分析器与四极质量分析器有些相似,是一种三维离子阱。它一般由三个电极组成,上下两端是一对双曲面状的环形电极,左右两端是双曲面状的端盖电极,环形电极加射频交流电压,端盖电极则有三种工作方式,使用最多的是二端盖电极间加直流电压,适当的电压使在一定阈值范围的质荷比的离子被"束缚"于阱中,它可使少到只有一种质荷比的离子被选择。

离子阱质量分析器具有结构简单、价格低、灵敏度高的特点,检测的质量范围大,可达 6 000 u。若采用外部离子源,所得谱图便于与标准谱比较,还可与色谱仪联用。它的缺点是若采用阱内直接电离方式,得到的质谱图与标准谱有一定差别,难于比较。

4. 飞行时间质量分析器(time of flight, TOF)

飞行时间质量分析器的原理非常简单,离子源中产生的离子经一脉冲电压同时引出离子源,由加速电压 V 加速后具有相同的动能到达漂移管,不同质量的离子的运动速度为

$$\nu = \sqrt{\frac{2zeV}{m_i}} \qquad (6-4)$$

经过长度为 L 的漂移管需要的时间为

$$t = \frac{L}{\sqrt{\frac{2zeV}{m_i}}} = \frac{L}{\sqrt{2eV}}\sqrt{\frac{m_i}{z}} \qquad (6-5)$$

质荷比不同的离子因飞行速度不同,经过同一距离后到达检测器所需时间也不同,从而把不同质荷比的离子分离。越轻的离子越早到达检测器。

TOF 分析器的优势在于飞行时间质谱对检测离子的质量理论上没有上限,特别适用于生物大分子的测定。TOF 分析器能获得从离子源产生的所有离子的完整质谱图。由于没有狭缝,因而灵敏度高,而且不同质荷比的离子同时检测,适合作串联质谱的第二级,扫描速度快,适合于研究极快的过程,也适合与色谱联用。另外,飞行时间质量分析不需要磁场又不需要电场,只需直线漂移空间,因此仪器结构简单,便于维护。

飞行时间分析器分为线性和反射两种。在反射分析器中,由于飞行距离的增加可以改善质谱的分辨率和质量准确度。在基质辅助激光解吸-飞行时间质谱仪(MALDI-TOF)中,为了改善 MALDI 离子源导致的能量扩散通常在提取离子之前引入延迟过程来改善分辨率。譬如,布鲁克公司的全景脉冲离子提取技术(PAN)可以利用时间调制的提取脉冲确保在较宽的 m/z 范围内均能获得最优分辨率。

5. 傅里叶变换离子回旋共振质量分析器(Fourier transform ion cyclotron resonance, FT-ICR)

傅里叶变换离子回旋共振质量分析器置于强磁场(现多为超导磁场)中,离子源中产生的离子沿垂直于磁场方向进入分析器,并被加在垂直于磁场方向的"俘获"电压作用而被限制于分析室中。由于磁场的作用,离子沿垂直于磁场的圆形轨道回旋,回旋频率(ω)仅与磁场强度和离子的质荷比有关而和离子的运动速度无关,因此,在不同位置的相同 m/z 的离子都以相同的频率回旋运动,其运动速度只影响其回旋半径。

傅里叶变换离子回旋共振具有很高的分辨率,在 $m=1\,000$ u 时,仪器的分辨率可达 1×10^6,远远超过其他质谱仪器。在一定的频率范围内,只要有足够长的时间采样,就能获得高分辨结果。傅里叶变换质谱仪一般采用外电离源,可采用各种电离方式,也便于与色谱联用。另外,傅里叶变换质谱仪的质量范围与磁场强度成正比,可分析分子量非常大的化合物。

FT-ICR 质谱仪器需要采用高场超导磁体和高真空,导致其体积较大,笨重且昂贵,这些因素都限制了它的发展和普及。然而,在实际应用中有些分析难题只能采用 FT-ICR 才能解决,譬如采用 FT-ICR 的超高分辨率和质量准确度才能确保原油或溶解有机物等复杂体系的

分析。

6. 静电场轨道阱质量分析器(Orbitrap)

静电场轨道阱质量分析器是 2000 年由俄罗斯科学家 Makarov 发明的一种新型的质量分析器,由赛默飞(Thermo Fisher Scientific)公司于 2005 年用于商品化质谱仪器中。

Orbitrap 形状如同纺锤体,由纺锤形中心内电极和左右 2 个外纺锤半电极组成(图

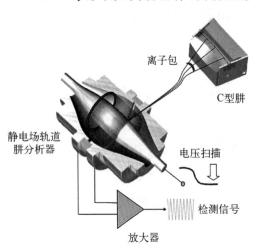

6-14)。中心电极加上直流高压,在 Orbitrap 内产生特殊几何结构的静电场。离子进入 Orbitrap 室内后,受到中心电场的引力,即开始围绕中心电极作圆周轨道运动,同时离子受到垂直方向的离心力和水平方向的推力,而沿中心内电极作水平和垂直方向的振荡。振荡频率与离子的质荷比有关,因此可以借助傅里叶变换将其转换为质谱图。外电极除限制离子的运行轨道范围外,同时还能检测由离子振荡产生的感应电势。由于 Orbitrap 操作简单,质量分辨率高,容易维护等优点,已广泛应用于大、小分子化合物的分析中,如蛋白质组学和代谢组学的研究。

图 6-14   静电场轨道阱分析器的示意图

离子在 Z 轴方向的振荡频率 ω_z 可表示为

$$\omega_z = \sqrt{\frac{k}{m/z}} \qquad\qquad (6-6)$$

由式(6-6)可知,离子在 Z 轴上的振荡频率与质荷比有关,可通过测量 Z 轴方向的频率,利用傅里叶变换方式将振荡频率转化为离子的质荷比,从而获得相应的质谱图。

Orbitrap 有着可和 FT-ICR 相比拟的超高分辨率,可达 $R=10^5 \sim 10^6$,但其无须超大磁场,因此在价格和场地要求上比 FT-ICR 更有优势。同时,Orbitrap 还具有高检测灵敏度、宽动态范围、仪器维护费用低等优点,使得其在各个领域都得到了很好的应用。

7. 非对称轨道无损质量分析器(Astral)

非对称轨道无损质量分析器(Astral)是赛默飞公司于 2023 年发布的全新的质量分析器,其示意图见图 6-15。在 Astral 中,离子首先从离子导向多极杆传输到离子处理器(ion processor)中,该处理器以高达 200 Hz 的速度捕获并碎裂离子。然后,所得离子通过一系列注入透镜(injection optics)使其准确地对齐离子束并提高灵敏度。离子进入一个开放式的静电阱,并通过无网格的非对称离子镜(ion mirrors)和离子箔(ion foil)的组合进行非对称横向振荡,该离子镜可产生 27 m 的非对称轨道,分辨率高达 $80\,000(@\ m/z\ 524)$,离子箔则能在三个维度上使离子束保持形态和聚焦,以提高分辨率和灵敏度。离子的检测是由一个新型的高动态范围检测器进行检测,该检测器能够实现超高灵敏度的单个离子检测以及超过 $1\,000:1$ 的高动态范围检测,并且低噪声和长寿命。Astral 质量分析器的传输效率非常高,超过 90% 的离子进入质量分析器后到达检测器,实现超高灵敏度的同时不损失扫描速度和高分辨率。

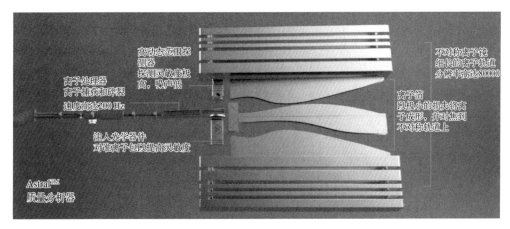

图 6 - 15 非对称轨道无损质量分析器的示意图

6.2.3 离子淌度质谱

离子淌度技术(ion mobility spectrometry，IMS)最早出现于 20 世纪 70 年代，该技术虽然具有多样的分析能力和实时的检测能力，但是由于其分辨率低且不能给出离子质量信息而一度被忽视。直到将质谱技术和离子淌度技术进行联用，出现了新型的二维分离质谱技术，才使得离子淌度技术重新被关注并得到了新的发展。

离子淌度技术是一种有效的分离气态离子的方式，离子受到电场力的加速向前运动，在飘移管中与缓冲气体分子发生碰撞，根据碰撞截面(collision cross section，CCS)的不同，可将离子按大小和形状不同进行分离(图 6 - 16)。

离子淌度质谱仪与常规质谱仪的不同在于它在离子源和质量分析器之间增加了一个离子漂移

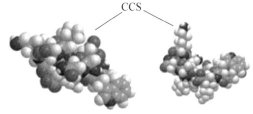

图 6 - 16 不同离子的碰撞截面示意图

管，增加了新一维的分离功能，离子淌度分离主要是基于离子的形状和大小。因此，对于用常规质谱方法不能区分的异构体或复合物等分析，这种分离手段具有独特优势。

离子淌度质谱结合了离子淌度技术灵敏、快速、能够提供离子结构信息和质谱能够提供准确质量信息的特点，在化合物异构体分析、生物大分子相互作用分析等方面正显示出越来越多的优越性。

6.2.4 串联质谱

前面提到电子电离源(EI)可以在离子源发生化学键的断裂，从而实现有机分子的结构解析。但是，对于目前更常用的大部分软电离的离子源来说，离子源形成的离子主要是加和离子的形式，很少能看到碎片离子，虽然得到的谱图简单，但是没有碎片离子进行现有机物的结构解析极大地限制了软电离技术的应用。因此，串联质谱技术应运而生。

串联质谱(MS/MS)，顾名思义是指多个质谱仪进行串联，在离子源中产生的离子由第一级质谱分离检测，并从中选出感兴趣的离子作为"母离子"引入碰撞室，诱导碰撞活化使之进一步碎裂，产生的"子离子"由第二级质谱分离检测，得到更精细的结构信息。理论上可以实现 2～9 级的串联，但在实际应用中多为 2～3 级，尤以二级串联质谱(MS/MS)为最多。其原理是：由于质量分析器有多种类型，为利用各种质量分析器的特点和满足不同研究的需要，组成的质谱/质谱仪器的结构也越来越多。譬如具有质量筛选功能的四极杆质量分析器常常位于串联质谱仪的第一环用于离子的筛选,具有高质量分辨能力的 TOF 质谱、Orbitrap 质谱及 FT - ICR 质谱等用于后续的质量分析(见表 6 - 1)。

表 6 - 1　几种常见的组合型质谱仪

MS^1	MS^1 的性能	MS^2	MS^2 的性能
Qq	低分辨率,低能 CID	Q	低分辨率
Qq	低分辨率,低能 CID	TOF	较高分辨率,较高质量准确度,高灵敏度
Qq	低分辨率,低能 CID	Orbitrap	高分辨率,高质量准确度,高灵敏度
Qq	低分辨率,低能 CID	ICR	极高分辨率,极高质量准确度,低灵敏度

串联质谱在已知化合物和未知化合物的研究中应用越来越广泛。通常,串联质谱仪器包含至少两级质荷比分析,分别可获得一级质谱(MS^1)和二级质谱图(MS^2)。一级质谱图中呈现的是待测样品的准分子离子峰,二级质谱图中为特定母离子碎裂之后的子离子。通过子离子提供的结构信息为判断某一化合物的存在或推测未知化合物的解构提供依据,另外,也可在样品未经预先分离的情况下直接进行分析,是一种非常有用的筛选手段。

在串联质谱中形成碎片离子的方式多种多样,有碰撞诱导解离(collision-induced dissociation,CID)、高能碰撞解离(high energy collision dissociation,HCD),及表面诱导解离(surface induceddissociation,SID)等。其中最常见的解离方式为 CID 和 HCD。

图 6 - 17 为奥司他韦的 HCD 二级质谱图。图中可见环上 C—O、C—N 键在 HCD 碰撞中发生了断裂,产生了相应的碎片离子,很好地验证了该化合物的结构。

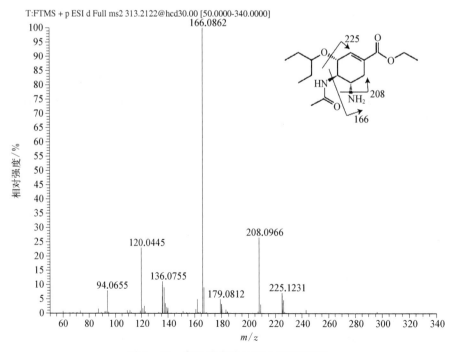

图 6 - 17　奥司他韦的 HCD 二级质谱图

6.3　有机质谱及分子结构解析

有机质谱是有机化合物结构分析的重要手段,它能提供化合物分子量、元素组成、结构等信息,通过碎片离子并结合其他分析手段,来推测化合物的分子结构。有机质谱仪器是目前所有质谱仪中种类最多、应用最广的一类。

1. 分子量的测定

通常情况下,分子量不是很大、气化温度不是很高、分子结构比较稳定的有机化合物的分子量通过电子电离质谱(EI)得到,但有些有机化合物的 EI 谱中分子离子峰很小甚至不出现,难以确认,还有些有机化合物的分子结构不太稳定或气化温度较高难以通过 EI 质谱得到分子量的信息,这时就需要根据分子结构选择合适的其他软电离技术或制备衍生物的方式获得分子量信息。

2. 分子式的确定

(1) 用高分辨质谱推测可能的分子式

由于低分辨质谱推测分子量的方法费时且准确度较差,在高分辨质谱已经普遍存在的情况下已不常采用。在自然界中,任何一种元素及其同位素的原子量都不是整数,规定了 ^{12}C 的原子量为 12.000 0,其他元素的原子质量和 ^{12}C 的质量之比即为该元素的原子量。不同元素不同数目的原子组成的化合物的整数质量可以相同,但小数位却是不同的,如:N_2、CO、C_2H_4 的分子量的整数位都是 28,但精确的质量是分别为 28.006 14(N_2)、27.994 91(CO)和 28.031 32(C_2H_4),用高分辨质谱测得的实验误差一般小于 5 ppm,就可以把上述三个化合物区别开来。

利用高分辨质谱测定,在一定的误差内通常会给出一些分子离子及碎片离子可能的元素组成,这些都能帮助我们来确定分子式和推测分子结构。

(2) 不饱和度的计算

不饱和度(degree of unsaturation,DoU)是指化合物或离子中所有环和双键数的总和,也称作环加双键值,如环氧乙醚的不饱和度值为 1、苯的不饱和度值为 4。对分子式 $C_xH_yN_zO_n$ 的化合物,不饱和度可用式(6-7)计算:

$$DoU = 1 + (2x - y + z)/2 \qquad (6-7)$$

式中,x、y、z 分别是分子或离子中 C、H、N 原子的数目(若化合物中含有其他杂原子的话,Si 原子的数目应加在 C 上,P 原子的数目加在 N 上,硫原子的数目加在 O 上,卤族元素的原子数目加在 H 上)。不饱和度的数值可帮助我们来判断离子的奇偶性:不饱和度数值为整数,则该离子是奇电子离子,不饱和度数值为半整数,则该离子是偶电子离子。另外,不饱和度还可以帮助我们推测化合物的类型:双键和环的不饱和度为 1,炔基为 2,苯环为 4,若不饱和度值大于 4,则可推测分子中可能有苯环,萘的不饱和度为 7。

3. 化合物的结构信息

由质谱图一般可以获得化合物分子量、元素组成和分子碎片结构信息,但单凭这些信息去推测未知化合物的分子结构,特别是分子量较大的未知物,还是相当困难的。质谱分析中还有很多规律,产生碎片离子的分子裂解也有特定的机理和规律,这些都有助于分子结构的准确解析。对于复杂化合物,单独依靠质谱还难以完成结构解析的任务,必须尽可能多获取化合物的其他结构信息,如红外光谱、核磁共振波谱等。因此,未知化合物的结构剖析经常需要多种谱图的联合解析。

化合物结构质谱解析的一般步骤如下。

(1) 用高分辨质谱获得分子的精密质量,计算并确定分子的元素组成,即化合物的分子式。

(2) 由化学式计算"不饱和度",即"环加双键值",获得化合物的骨架结构信息。

如果是通过 EI 质谱获取的数据,可在谱图中寻找主要的碎片离子,根据丢失的中性碎片可推测化合物分子中存在的官能团,例如,有$[M-18]$峰则分子中可能有羟基,有$[M-30]$和$[M-46]$峰则分子中可能有硝基等。通过寻找低质量端的离子系列,如有 m/z 29、43,57,71……离子系列,提示分子中可能有烷基,而有 m/z 30、44,58,72……离子系列,化合物可能为脂肪胺。

如果是通过软电离技术获得的质谱数据,通常需要进一步采集串联质谱的数据,通过分析二级或多级质谱图中的母离子和子离子的关系来进一步推导化合物的结构。

(3) 数据库检索是化合物结构解析中非常方便且准确度较高的方法,将化合物的质谱图与标准谱库比对,根据相似度高的谱图可推测化合物的类型及结构。但是由于数据库中谱图数量有限,并不能实现所有化合物的数据库比对。目前,电子电离质谱的数据库主要是 NIST 库(347 100 种化合物,2023 年),电喷雾质谱的二级数据库主要有 HMDB、Metline、MzCloud 等。

(4) 当依据质谱谱图的分析结果锁定了可能的化合物结构之后,仍需要通过标准品验证或结合其他的分析手段(如核磁共振波谱、红外光谱等)来进一步验证化合物的结构。

6.4　色谱-质谱联用

色谱法能把混合物中的各组分进行有效的分离,但很难对各个组分进行定性分析,质谱法能对纯组分进行定性鉴定,但不能直接对混合物进行定性分析。随着两种分析仪器接口技术的发展,色谱-质谱联用技术在复杂混合物分析中的运用越来越广泛,已经成为非常重要的分析手段,不仅能对混合物中各组分进行定性分析,还能进行定量分析。

(1) 气相色谱-质谱联用(GC‑MS)

随着气相色谱仪普遍使用高柱效、高分离能力、低载气流量的毛细管色谱柱,不需要其他接口,毛细管色谱柱能直接伸入离子源而不破坏质谱仪的高真空工作状态,使气相色谱和质谱仪直接联用。

气相色谱对沸点不是很高的混合物能进行有效分离,经气相色谱分离后的各组分依次进入质谱仪,经电离、检测后得到各组分的质谱图,根据质谱图获得的分子量和结构信息,与标准谱库比对进行定性分析。和气相色谱相似,利用内标法和外标法能对化合物进行定量分析,也可用面积归一法大致定量。

(2) 液相色谱-质谱联用(HPLC‑MS)

对一些难挥发、强极性、热不稳定、大分子的有机混合物用气相色谱难以有效分离,必须使用液相色谱。目前,液相色谱与电喷雾(ESI)、大气压电离(APCI)等离子源接口技术日益成熟,液相色谱-质谱联用仪在药物和药物代谢物分析、农药等化合物的分析方面广泛使用。

　　由于液相色谱-质谱联用仪使用的是电喷雾、大气压电离等软电离方式,一般只能得到化合物的分子量信息,而很少有结构信息,给化合物的定性带来困难,现在,越来越多的液相色谱-质谱联用仪采用液相色谱-串联质谱联用的配置。在串联质谱技术的运用中,第一级质谱通常采用软电离方式,使化合物生成分子离子或准分子离子,得到分子量信息。在第一级质谱和第二级质谱之间通常设有碰撞室,使用碰撞诱导活化技术使进入的离子碎裂,经第二级质谱检测得到"母离子"的碎片离子信息,给定性分析提供依据。因此,在获得的液质联用谱图中不仅可以获得总离子流图,还可以查看每个保留时间下的一级质谱图(MS)和特定母离子的二级质谱图(MS/MS)(图6-18)。

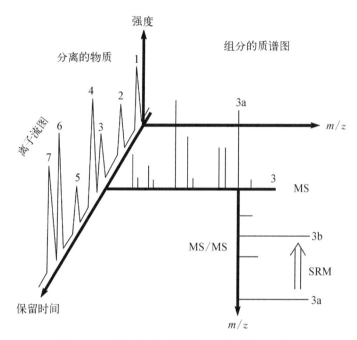

图6-18　液相色谱-质谱联用的谱图解析示意图

　　在色谱-质谱联用分析中,在解决定性和定量分析需求的时候通常采用非靶向分析和靶向分析两种策略。在非靶向分析中,需要对完全未知化合物进行定性分析,需要采用高分辨率的串联质谱仪来采集数据,在获得准确分子量的同时获得碎片离子的信息,从而对未知物的定性。非靶向分析通常采用的是四极杆-飞行时间串联质谱(Q-TOF),四极杆-静电场轨道肼串联质谱(Q-Orbitrap),四极杆-傅里叶变换离子回旋共振串联质谱(Q-FT ICR)等高分辨质谱仪来实现。在靶向分析中,针对的是已知化合物的含量测定,更多关注的是仪器的灵敏度,通常采用三重四极杆(QQQ)类的仪器来实现。

6.5　质谱技术的应用

6.5.1　蛋白质组学

　　蛋白质组学是对生物体中所有蛋白质进行全面的研究。而质谱技术是目前蛋白质组学研究中的最主流也是最有力的工具。质谱作为其余的蛋白质研究方法(如核磁共振波谱、X 射线衍射等)的重要补充,表现出了其独特的优势,如高自动化程度、高灵敏度、高重现性,且方便与其他技术联用(色谱-质谱联用),能实现复杂体系的常规分析等。

蛋白质组学研究的目的是对蛋白质及其翻译后修饰进行鉴定和定量。目前基于质谱的蛋白质组学分析策略主要有自下而上(botton-up)、自中而下(middle-down)和自上而下(top-down)三种(图 6–19)。自下而上的研究策略是蛋白质组学研究中最成熟也最常用的方法,其

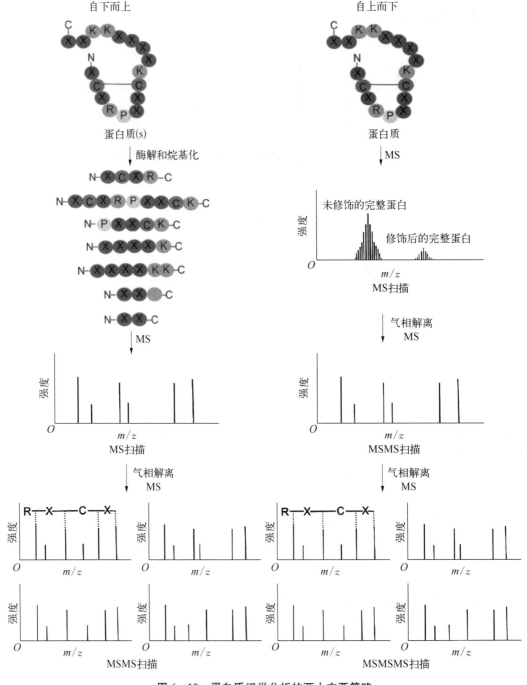

图 6–19 蛋白质组学分析的两大主要策略

首先将蛋白酶解成多肽,利用质谱检测酶解后的多肽混合液的一级和二级质谱图,再通过软件对质谱图进行数据库检索从而获得蛋白质的名称和结构。自中而下的策略和自下而上基本一致,不同的是该方法采用化学或酶切的方法得到的多肽片段比胰蛋白酶酶切的多肽片段长(如Lys-C 酶切分析蛋白质组分析)。然而在自上而下的策略中,质谱检测的是完整的蛋白质,通常针对少数的几个蛋白进行分析,无法同时分析特别复杂的体系。蛋白质组学常说的鸟枪法(shotgun)采用的是自下而上的策略来分析蛋白质组成,不同之处在于鸟枪法在质谱分析前加入了液相甚至多维液相的分离。

蛋白质的翻译后修饰分析是基于质谱的蛋白质组学分析的另一个重要方向。磷酸化、糖基化、乙酰化、甲基化、泛素化等各类蛋白质翻译后修饰的研究均利用质谱技术取得了很大的进展,在修饰位点分析方法以及富集材料的开发等方面均已有了诸多的成果。

质谱技术除了在定性鉴定蛋白质方面有着广泛的应用,也涌现出众多定量分析的方法。质谱定量蛋白质时用质谱峰的信号强度来表示肽段的丰度,分为基于内标法的标记定量(labeling quantitation)和基于质谱数据统计分析的非标记定量技术(label-free quantitation)。标记定量技术的策略是对来自不同样品的多肽掺入一个内标,便于质谱识别不同样品来源的肽段,并进行相对或绝对定量。而对于一个肽来说,最适合的内标是标记有同位素的同一个肽,因而开发出来了很多的同位素标记技术用于蛋白质定量分析。ITRAQ、ICAT、SILAC等是目前开发并应用起来的几种同位素标记技术。而非标记技术不依赖于同位素标记,而是基于液相色谱串联质谱中的一级质谱或二级质谱信息。标记定量技术已经较为成熟,但非标记技术比较依赖仪器的状态、样品的复杂性等,还在不断发展中。

6.5.2　代谢组学

代谢组学分析的研究对象通常为某一特定生物样本中的所有代谢物,种类复杂且含量差异大。基于质谱技术的代谢组学分析是目前生物学研究和临床研究的有力工具。色谱-质谱联用技术,特别是高分辨串联质谱在代谢组学分析中的应用,为全面解析生命体中代谢物变化提供了强有力的手段。其中 GC-MS 通常只适合分子量小于 400 Da 的代谢物的分析;使用 ESI 和 APCI 离子源的 LC-MS 能实现更宽范围代谢物的质谱检测;而毛细管电泳-质谱联用技术(CE-MS)的出现,可以实现更微量的代谢物,如单细胞中代谢物(pL-nL)的分析。

质谱技术研究代谢组学的难点在于对代谢物结构的确证,虽然目前的高分辨质谱仪能提供较准确的分子量信息并获得准确度较高的分子式,但是仍然无法确证代谢物的结构,因为经常有多种代谢物具有相同的分子式。对于代谢物结构的确证通常需要依靠购买标准品来实现,但是标准品的选择和购买并不总是那么幸运。因此,通过质谱数据库对代谢物进行检索成为一种更容易实现的结构确认方式,现有的含有代谢物二级质谱图的数据库主要有 NIST、METLIN、MoNA、mzCloud、HMDB 以及 LipidBlast 等。其中 METLIN、MoNA、mzCloud、HMDB 均可以免费检索。由于标准品购买的限制,人们还可以通过与化合物的理论二级碎片进行比对来预测代谢物的结构,如 CFM-ID、MetFrag、MS-FINDER 以及 CSI:FingerID 等。

代谢组学的研究通常都包含不同组别大量样本的对比研究,无法通过对单个数据的分析来获取最终的结果,好的结果离不开具有综合分析功能的组学数据处理工具。譬如MetaboAnalyst(www.metaboanalyst.ca)就是一个集数据处理,统计学分析,功能解释以及整合其余组学数据等功能为一体的免费网页版工具。更多的数据处理方法的原理和应用可参考本书第2章的内容。当通过软件对代谢组学数据进行数据处理和统计学分析获取了可能的差异代谢物之后,代谢通路的分析就是连接代谢组学数据和相关的生物学功能和疾病机制的桥梁了。代谢通路分析的工具包括 Mummichog、MetScape 等。图 6-20 总结了基于质谱技术的代谢组学分析的基本工作流程。几种常见的用于代谢组学的统计学结果见图 6-21。

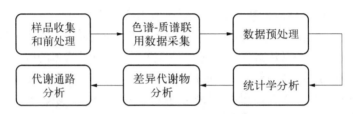

图 6-20　基于质谱技术的代谢组学分析基本工作流程

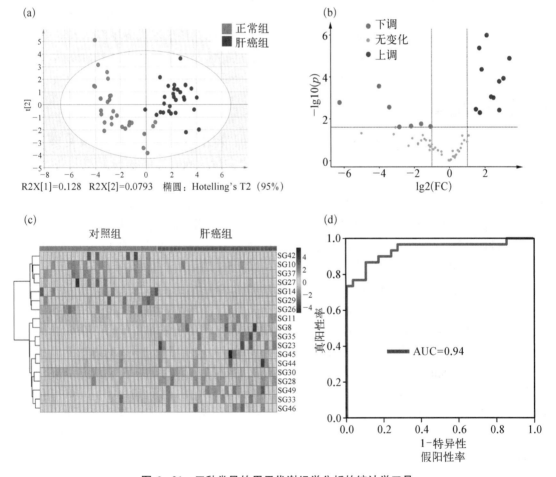

图 6-21　三种常见的用于代谢组学分析的统计学工具

(a) PLS-DA 得分散点图;(b) 灿图;(c) 热图;(d) 受试者工作曲线

6.5.3　其他组学

1. 脂质组学

脂质是一类完全或者部分由硫酯的碳负离子缩合（脂肪酸、聚酮化合物等）或由异戊二烯的碳正离子缩合（异戊烯醇、固醇类等）产生的疏水性或两亲性的小分子。脂质组学是利用现代质谱技术来分析生命体脂质内在化学性质的一门学科，主要关注脂质的结构、功能，以及相互作用等。通过脂质组学分析研究某种病理状态的脂质变化来揭示脂质代谢、转运和稳态的变化。脂质的种类丰富，通常可根据脂质疏水性的不同分为极性脂质〔包含一个极性头基，如磷脂酰胆碱（PC）〕和非极性脂质（包含脂肪酸及其衍生物、甘油衍生脂质和类固醇）。

利用质谱对脂质进行定性和定量分析会产生大量的数据，需要依赖生物信息学的帮助，对获得的数据进行数据库的检索，系统地分析和建模处理，从而深入理解这些数据的生物学意义。Lipid MAPS 是目前世界上最大的用于脂质分析的公共数据库，截至 2023 年年底，Lipid MAPS 结构数据库（LMSD）共收录了 48 205 种特征的脂质结构。除了 Lipid MAPS，其他的脂质数据库（如 MDMS-SL、LipidBlast、METLIN、LipidBank）等也可以提供理论模拟数据库或实验室实测的数据库。许多自动化脂质数据处理的生物信息学工具（如 LipidView、LipidSearch、SimLipid、MZmine 等）也不断被开发出来，用于谱图的预处理，生物统计分析和可视化，以及脂质结构解析等。

近年来脂质组学中关于不饱和双键位置的确定成为脂质研究的热点，其中一种方法为使用 Paternò-Büchi 反应使 PB 试剂中的羰基与碳碳双键发生加成反应，产生的四元环张力较大，能在串联质谱中产生碎裂，得到 PB 试剂的特征碎片。图 6-22 为使用 2-乙酰吡啶（2-AP）作为 PB 试剂与脂肪酸发生 Paternò-Büchi 反应在质谱中获取不饱和双键位置的示意图。

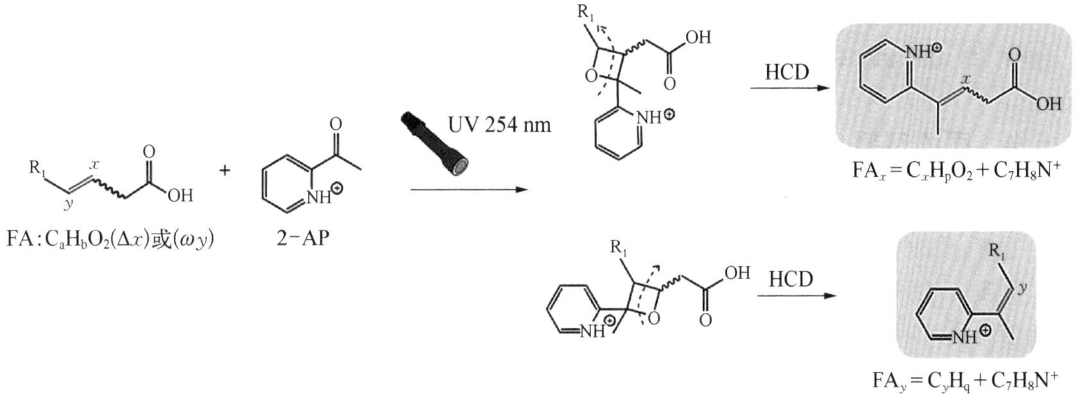

图 6-22　脂肪酸与 2-乙酰吡啶（2-AP）发生 PB 反应后分析不饱和双键位置示意图

2. 糖组学

糖组学（glycomics）是主要研究聚糖的糖链组成及其功能的一个学科分支。生物体中的聚糖类型非常丰富，它们参与了很多的生物学行为，如免疫反应、细胞发育、细菌或病毒感染，以及肿瘤的发生与转移等。糖组学又可以分为结构糖组学和功能糖组学，前者侧重对寡糖的结构进行全面解析，后者侧重于对蛋白质糖基化机制的探索。目前，液相色谱-质谱联用技术是结构糖组学分析的最主要的手段之一。具体的策略一般包括如下几个步骤：① 糖蛋白/糖肽/寡糖的富集和分离；② 寡糖的释放（特异酶的酶解或酸解等）；③ 液相色谱-质谱数据的采集；④ 寡糖结构的解析；⑤ 寡糖生物学功能的挖掘。

在寡糖结构解析中对单糖组成的分析是最基础也尤为重要的，采用人工逐一解析寡糖结构不仅效率低，准确性也无法保证。因此一般采用一些自动标注的算法，现有文献中报道了多种寡糖结构解析的工具，如 SimGlycan、GlycoNote、pGlycan 等。图 6-23 为 2-AB 标记的 $HexNAc_4 Hex_5 NeuAc_2$（m/z 1 172.429 8，+2）的 MS/MS 质谱图及其结构解析结果。

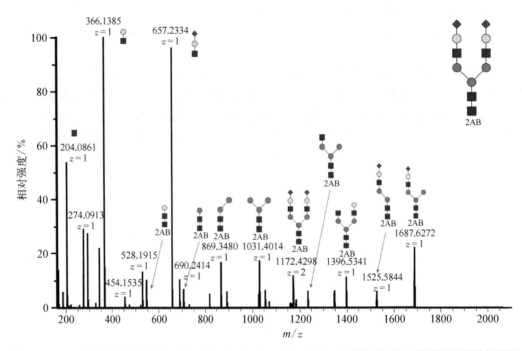

图 6-23　2-AB 标记的 $HexNAc_4 Hex_5 NeuAc_2$（m/z 1 172.429 8，+2）的 MS/MS 质谱图及其结构解析

6.5.4　质谱成像

质谱成像是一项新兴的非常有效的质谱技术，通过将生物质谱技术配上专门的质谱成像软件控制，获取生物分子在组织中的空间分布信息。基质辅助激光解吸质谱（MALDI）、解吸电喷雾质谱（DESI）和二次离子质谱（SIMS）是目前应用较成熟的完成成像的质谱技术。譬如基质辅助激光解吸电离飞行时间质谱（MALDI-TOF-MS）可对直接来源于组织切片中的小分子、肽和蛋白质进行剖析和成像，以便获得有关这些物质局部相对丰度和空间分布的精确信息。通过分析成像实验的结果，可以测量和比较切片的许多重要组分，以便对药物分子的药理研究及涉及的生物分子过程有更深一步的了解。图 6-24 中清晰地展示了两种脂质〔胆固醇酯 CE(22:5)和甘油三酯 TAG(52:2)〕在小鼠肾脏上的不同分布情况。

6.5.5　生物药分析

生物药的开发是如今药物研发的热点方向，涉及形状、大小各异并且复杂程度各不相同的一系列物质，包括寡聚核苷酸、肽、合成肽、治疗性蛋白、单克隆抗体（mAb）、融合蛋白、双特异性抗体、抗体耦联药物（ADCs）等，了解和规范这些药物的结构特点和各项理化指标是保证药

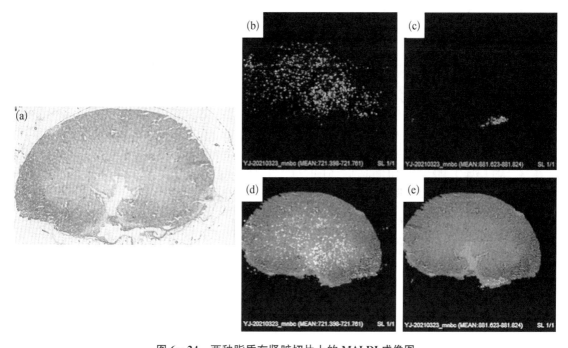

图 6 – 24　两种脂质在肾脏切片上的 MALDI 成像图

(a) 光学显微镜成像;(b)和(c) 分别为 CE(22∶5)和 TAG(52∶2)的分布图;
(e)和(f) 分别为 CE(22∶5)和 TAG(52∶2)的质谱成像与光学成像叠加图

物安全的必要条件。质谱技术在生物药早期的开发和生产阶段的 QC 放行中均有着重要的作用,为生物药的产品关键质量属性(critical quality attributes,CQA)提供关键的数据,在生物药的分子量分析、肽图分析、二硫键分析、糖基化分析、ADCs 的药物/抗体比率(DAR)分析等方面均能提供完善的实验方案和结果。图 6 – 25 为贝伐珠单抗(Bevacizumab,商品名为 Avastin)的高分辨电喷雾质谱图以及去卷积后的原始分子量结果。原始谱图采集到的是带 10～50 个电荷的复杂谱图,通过去卷积之后获得该药物中不同糖型单抗的分子量信息。贝伐珠单抗的典型肽图以及多肽 STAYLQMNSLR(m/z 428.5516)的二级质谱图分别见图 6 – 26 和图 6 – 27。

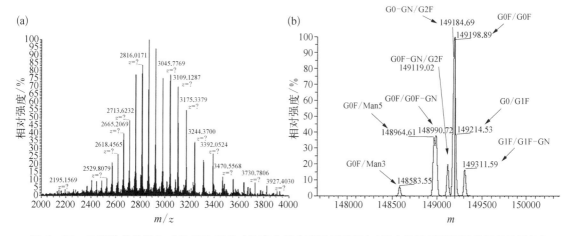

图 6 – 25　贝伐珠单抗(M = 149 197.20 Da)的高分辨电喷雾质谱图(a)及去卷积后的原始分子量结果(b)

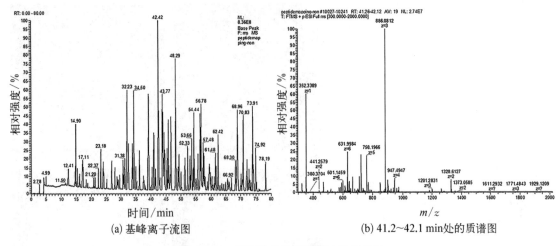

(a) 基峰离子流图　　　　　　　(b) 41.2~42.1 min处的质谱图

图 6-26　贝伐珠单抗酶解液的肽图分析

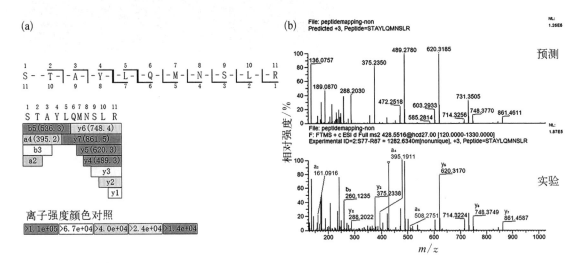

图 6-27　(a)贝伐珠单抗酶解液中 m/z 428.551 6 的多肽的序列分析;(b) m/z 428.551 6 的二级质谱图

6.5.6　聚合物分析

　　裂解气相色谱-质谱联用(Py-GC-MS)和基质辅助激光解吸质谱(MALDI)是聚合物分子量和结构分析的重要手段。基质辅助激光解吸质谱提供的主要是和聚合物重复单元、端基、分子量分布相关的信息,在谱图中可见间隔相差一个重复单元分子量的一系列质谱峰[图6-28(a)为聚对苯二甲酸乙二醇酯(PET)的 MALDI 谱图,RU=192 Da]。裂解气相色谱-质谱联用技术无需样品前处理,在特定的温度下对聚合物进行热裂解,再通过气相色谱-质谱联用仪对裂解产物进行鉴定,可以获得聚合物特征的裂解碎片[图6-28(b~c)为聚对苯二甲酸乙二醇酯(PET)裂解后的总离子流图和特征碎片]。

　　与聚合物分子量测定最常用的凝胶色谱相比,质谱测定的分子量为每种聚合度的绝对分子量,凝胶色谱测定的是平均分子量。当采用质谱方法测定了每个组分的分子量后,可以根据式(6-8)、式(6-9)和式(6-10)分别计算相应的数均分子量 M_n、重均分子量 M_w 以及多分散系数 PD。

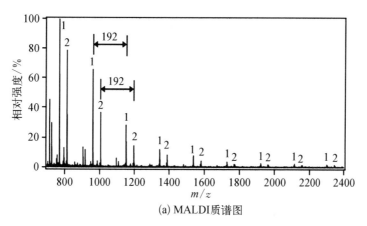

(a) MALDI质谱图

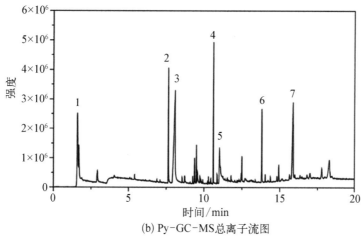

(b) Py-GC-MS总离子流图

编号	保留时间/min	推测化合物	分子结构
1	1.594	二氧化碳	CO_2
2	7.640	乙烯基苯甲酸酯	
3	8.091	苯甲酸	
4	10.611	对苯二甲酸二乙烯基酯	
5	11.022	4-乙烯氧基碳基苯甲酸	
6	13.794	1,2-二苯甲酸乙酯	
7	15.873	2-(苯甲酸基)乙烯基对苯二甲酸乙酯	

(c) Py-GC-MS中的特征色谱峰所对应的结构信息

图 6-28 聚对苯二甲酸乙二酯(PET)的 MALDI 和 Py-GC-MS 谱图及特征碎片结构

$$M_n = \frac{\sum n_i M_i}{\sum n_i} \qquad (6-8)$$

$$M_w = \frac{\sum n_i M_i^2}{\sum n_i M_i} \qquad (6-9)$$

$$PD = \frac{M_w}{M_n} \qquad (6-10)$$

6.5.7 环境污染物的筛查

环境中不断涌现的各类环境污染物对环境科学、环境工程和环境监管提出了挑战。各类质谱技术,特别是高分辨质谱技术,在各类环境污染物,特别是新型污染物的非靶向筛查和新发现中发挥了重要的作用。基于高分辨质谱联用技术,包括气相色谱-高分辨质谱和液相色谱-高分辨质谱极大地丰富了环境污染物筛选的策略,提高了非靶向筛查的准确性和高效性。图 6-29 是基于高分辨质谱的环境污染物非靶向筛查的流程,包括取样、分析、数据预处理、统计学分析、结构确定等多个步骤。其中分析步骤主要依赖于高分辨质谱与气相或液相的联用,用于复杂环境基质中污染物的分离和检测。数据预处理和统计学数据分析均需要依赖商业化或自建的数据处理软件,如各仪器厂商提供的软件(Compound Discoverer、Masshunter、Progenesis QI 等)。而针对环境污染物的结构鉴定则依赖于已有的实验二级质谱数据库(如 Metlin、HMDB、mzCloud 等)以及依据算法获得的模拟数据库。针对污染物结构鉴定的准确性,目前大家比较认可的一般分为五个等级,具体见表 6-2。

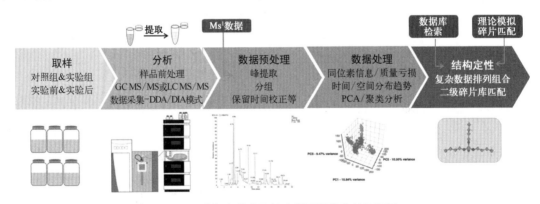

图 6-29 非靶向筛查环境中新型污染物的流程图

表 6-2 非靶筛查流程中环境污染物结构鉴定准确度等级

等 级	需 达 到 的 标 准	等 级	需 达 到 的 标 准
等级 1	**有确认的结构:** 通过标准品验证结构	等级 4	**仅有明确的分子式:** 未采集 MS/MS,缺乏足够的结构信息
等级 2	**有可能的结构:** 通过数据库检索或明确诊断证据	等级 5	**仅有确定的分子量:** 疑似目标类型化合物
等级 3	**有推测的候选分子:** 通过嫌疑筛查,子结构和类型进行推断		

目前,环境中新兴污染物的非靶筛查是环境研究的热点和环境保护工作中的重点,近年来关注的热点包括卤代阻燃剂、全氟化合物、药物和个人护理品、农药和兽药残留等。质谱技术将持续在环境污染物的筛查中承担着不可或缺的重任。

6.5.8 质谱定量分析

由于不同类型物质的离子化效率截然不同,因此在质谱分析中无法直接依据所检测物质的质谱响应来进行定量分析。通常,在利用质谱进行定量分析时,会利用色谱-质谱联用技术中的色谱峰峰高或峰面积来进行定量,定量的方法主要有外标法、内标法和同位素稀释法三种。

(1)外标法是基于一条以待测标准物质信号强度与物质浓度的关系构建的标准曲线来实现物质的定量分析。通常采用标准曲线的线性范围段来进行物质的定量分析,现在的色谱-质谱仪器的线性范围一般能达到2~4个数量级。外标法容易实现,但是由于离子源污染导致的灵敏度变化会严重影响复杂样品的定量准确度。

(2)内标法需要在待测体系中加入一种和待测物物理化学性质相近的物质作为内标。内标应该在样品前处理之前加入,使样品和内标经过相同的前处理再进行分析。该方法可以规避因时间变化导致的仪器响应问题,但是由于内标物和待测物性质并不完全一致,两者离子化效果的差异带来的定量误差无法避免。

(3)同位素稀释法是利用待测物的同位素标记物来充当内标,从而实现待测物的准确定量的方法。该方法的原理是基于待测物和其同位素标记物的质谱离子化效率几乎一致,在样品前处理和质谱检测过程中所受到的影响完全一样,从而最大限度地补偿待测物在分析过程中受到的影响。通过构建一系列不同浓度待测物和固定浓度同位素内标物的强度比值与浓度之间的相关曲线,从而获得实际样品中的待测物浓度。

以上三种方法可以根据实验的需求来选择使用。总的来说,外标法成本低,容易实现,但是仅适合简单体系中的定量分析,基质干扰较严重;内标法可以一定程度上降低基质效应,提高定量准确度,但是内标物的选择比较困难,且定量准确度还是会受到离子化效率的影响;同位素稀释法是三种方法中定量准确度最高的方法,主要的缺点是同位素内标价格昂贵且不易获取,普及程度较低。

四极杆气质联用和三重四极杆液质联用仪是最常用的用于定量分析的色谱质谱联用仪器。四极杆气质联用主要用于挥发性有机物的定量分析,三重四极杆液质联用仪则主要用于非挥发性有机物的定量。表6-3为采用三重四极杆液质联用仪定量部分有机磷酸酯(OPEs)的质谱参数的实例。该实验采用多反应监测(MRM)模式对7种有机磷酸酯进行了定量,为了避免假阳性,分别采集了定性离子对和定量离子对,并加入TBP-d27作为同位素内标对TBP进行绝对定量,对其余6种有机磷酸酯进行半定量分析。

表6-3 代表性有机磷酸酯的液相色谱-质谱定量分析参数

简　称	英　文　名	离　子　对	锥孔电压/V	碰撞能量/eV
TCEP	*Tris* -(2 - chloroethyl)phosphate	304>99[a]	20	30
		285>99[b]	40	35

续　表

简　称	英　文　名	离子对	锥孔电压/V	碰撞能量/eV
TCPP	*Tris* -(2 - chloropropyl)phosphate	329＞99[a]	33	30
		327＞99[b]	33	28
TPhP	Triphenyl phosphate	344＞77[a]	17	40
		327＞77[b]	40	40
TDCP	*Tris* -（1，3 - dichloro - 2 - propyl）phosphate	448＞99[a]	20	20
		431＞99[b]	40	18
TBP	Tributyl phosphate	267＞99[a]	25	20
		285＞99[b]	40	35
TBEP	*Tris* -(2 - butoxyethyl)phosphate	399＞199[a]	17	16
		399＞299[b]	20	13
TCP	Tritolyl phosphate（*o*-，*m*-，*p*-Tricresyl phosphate）	386＞91[a]	22	37
		369＞91[b]	40	43
TBP - *d*27	Tributyl phosphate - *d*27	294＞102	27	22

　　a：定性离子对；b：定量离子对。

6.6　质谱技术的展望

　　现代质谱技术的发展日新月异,人们对质谱高分辨率和高灵敏度的追求从未停止。质谱仪器种类繁多,分辨率从几千到上百万,灵敏度从 $\mu g/L$ 到 ng/L 甚至 pg/L 的质谱仪器均可以在市场中找到它们的身影。质谱仪器的应用领域也不断被挖掘和拓展,食品、医学、药学、环境、材料、化学、化工等几乎所有理工科均有可能是质谱仪器的应用场景。质谱技术的发展在推动科研的进展和社会的进步中发挥了不可磨灭的作用。但是值得深思的是,目前高端质谱仪器的国产化还在路上,需要每一位质谱人的点滴贡献和持续钻研。

第7章 核磁共振波谱分析

核磁共振波谱学(nuclear magnetic resonance spectroscopy，NMR)是一门通过测量电磁波与外磁场中原子核之间的相互作用来研究物质结构特性的学科。自 1946 年美国斯坦福大学的 F. Bloch 和哈佛大学 E. M. Purcell 领导的两个研究小组首次独立观察到核磁共振现象而荣获 1952 年诺贝尔物理学奖以来，核磁共振作为一种重要的研究物质结构特性的现代分析手段，无论在仪器设备和实验技术上，还是在谱学理论和实际应用上都得到了迅速的发展，在有机化学、药物化学、分子生物学、临床医学和地学等学科中发挥着重要的作用。

7.1 核磁共振基本原理

核磁共振现象产生的基本条件之一是外磁场中存在着具有磁矩的原子核。众所周知，原子核是由质子和中子组成的，质子带正电荷，中子不带电，所以原子核是一种带正电荷的粒子。在核磁共振波谱学中常以在元素符号左上角标出质量数的方法来标明各种同位素核(质子数相同，中子数不同)，如 ^1H、^2D(或 ^2H)、^{12}C、^{13}C 等。原子核除具有质量和电荷外，还做自旋运动，其自旋运动将产生磁矩，但并非所有原子核都具有磁矩。不同的原子核，自旋现象不同。原子核的自旋现象可用自旋量子数 I 表示，它与原子核中的质子数和中子数有关。只有 $I \neq 0$ 的原子核，才具有磁矩。表 7-1 列出了常见的能产生核磁共振的原子核。表 7-2 列出了核磁共振研究较多的原子核的信息。

表 7-1 常见原子核的自旋量子数和核磁共振表现

质量数	原子序数	自旋量子数 I	常 见 核	备 注
奇数	奇数或偶数	1/2	$^1H_1$、$^{13}C_6$、$^{19}F_9$、$^{31}P_{15}$	电荷在原子核表面球形对称分布，最适合核磁检测，谱线窄
		3/2	$^{11}B_5$	谱线宽
		5/2……	$^{25}Al_{13}$等	
偶数	奇数	1, 2……	$^2H_1$、$^{14}N_7$ 等	情况复杂
	偶数	0	$^{12}C_6$、$^{16}O_8$、$^{32}S_{16}$	无磁矩

表 7-2 核磁共振研究较多的原子核

同位素	天然丰度	质子数	中子数	质量数	自旋量子数
^1H	99.98	1	0	1	1/2
^2H	0.011	1	1	2	1

续　表

同位素	天然丰度	质子数	中子数	质量数	自旋量子数
^{13}C	1.07	6	7	13	1/2
^{14}N	99.64	7	7	14	1
^{15}N	0.36	7	8	15	1/2
^{17}O	0.038	8	9	17	5/2
^{19}F	100	9	10	19	1/2
^{27}Al	100	13	14	27	5/2
^{29}Si	4.7	14	15	29	1/2
^{31}P	100	15	16	31	1/2

1. 核磁共振的产生

核磁共振现象的产生通常可从拉莫尔进动(Larmor precess)和能级跃迁的角度来描述。

当 $I \neq 0$ 的原子核处于外磁场 B_0 中时，一方面由于外磁场与原子核磁矩 μ 之间的相互作用，所产生的扭矩使得原子核磁矩向外磁场 B_0 方向倾倒，另一方面，因为原子核的自旋运动，使得核磁矩不再向外磁场 B_0 方向倾倒，而是与外磁场保持着某一夹角 θ，绕外磁场进动(precess)，这种运动方式称为拉莫尔进动，类似于陀螺在地球重力场中的进动。核磁矩 μ 在外磁场 B_0 中的进动频率由式(7-1)决定：

$$\nu_0 = \frac{\gamma}{2\pi}B_0 \tag{7-1}$$

式中，γ 为核的磁旋比，不同的原子核具有不同的磁旋比，其值可正可负，是原子核的基本属性之一；B_0 为外磁场强度；ν_0 为核的进动频率。可见核的进动频率 ν_0 与外磁场强度 B_0 以及 γ 成正比，因此在同一外磁场中，不同核因 γ 值的不同而有不同的进动频率。

此时若在垂直于外磁场 B_0 的平面上加上一个与磁矩 μ 的旋转方向相同的偏振磁场 B_1，磁矩 μ 将与 B_1 产生相互作用，当 B_1 的旋转频率为 $\nu(\nu \neq \nu_0)$ 时，则磁矩 μ 与外磁场 B_0 的夹角 θ 将有稍微晃动；当 B_1 的旋转频率为 $\nu_0(\nu = \nu_0)$ 时，则磁矩 μ 将同时受到外磁场 B_0 与 B_1 的影响，其与外磁场之间的夹角将发生大幅振荡，使磁矩 μ 的方向发生了"翻转"(改变了进动夹角 θ)，即原子核吸收了能量，使其核磁矩 μ 在外磁场中从一种取向变到了另一种取向，这种当 $\nu = \nu_0$ 时而产生的能量吸收现象就是核磁共振现象。

原子核不同能级之间的能量差为

$$\Delta E = -\gamma \Delta m \hbar B_0 \tag{7-2}$$

由量子力学选律可知，只有 $\Delta m = 1$ 的跃迁才是允许的，所以相邻能级之间发生跃迁所对应的能量差为

$$\Delta E = -\gamma \hbar B_0 \tag{7-3}$$

当用一定频率电磁波 ν 照射某一原子核时，如其能量刚好满足该核相邻能级间的能量差，

该原子核吸收电磁波的能量,而从低一级的能级跃迁到高一级的能级,实现能级间的跃迁,这种跃迁会产生核磁共振。因此产生核磁共振的条件为

$$h\nu = \gamma \hbar B_0 \tag{7-4}$$

由式(7-4)可知,对于相同的原子核,外磁场强度越大,产生核磁共振所需的能量就越大,即共振频率越大;而当外磁场强度相同时,相同的原子核产生核磁共振所需的能量相同,即共振频率相同,不同的原子核产生核磁共振所需的能量不同,也就是说共振频率不同。

当 $B_0 = 1.409$ T 时,^{1}H 的吸收频率为

$$\nu = 26.753 \times 10^7 \text{ T}^{-1} \cdot \text{S}^{-1} \times 1.409 \text{ T}/(2\pi) \approx 60 \text{ MHz}$$

当 $B_0 = 11.75$ T 时,^{1}H 的吸收频率为

$$\nu = 26.753 \times 10^7 \text{ T}^{-1} \cdot \text{S}^{-1} \times 11.75 \text{ T}/(2\pi) \approx 500 \text{ MHz}$$

2. 弛豫过程(relaxation)

外磁场中具有磁矩的原子核会产生 $2I+1$ 个取向(I 为自旋量子数),裂分成 $2I+1$ 个能级,不同能级上的原子核的数目符合 Boltzmann 分布。在室温(300 K)下,当外磁场强度为 1.409 T 时,处于低能态上的质子数目与高能态上的质子数目之比为

$$\frac{N_{(+1/2)}}{N_{(-1/2)}} = \text{e}^{\Delta E_i/kT} = \text{e}^{\gamma \hbar B_0/2\pi kT} = 1.000\ 009\ 9$$

该比值非常接近于1,说明低能态上的原子核的数目略多于高能态上的原子核的数目。当照射原子核的电磁波的频率 ν 满足核磁共振产生的条件时,低能态上原子核吸收该频率的电磁波跃迁到高能态,其结果使得低能态上的原子核的数目逐渐减少,而高能态上的原子核的数目逐渐增加,因此能量的净吸收逐渐减少,如高低能态上的原子核的数目相等,则能量的净吸收为零,此时核磁共振信号消失,这种状态称为“饱和(saturation)”状态。

为了要持续接收到核磁共振信号,必须保持低能态上原子核的数目始终多于高能态上的原子核的数目。在核磁共振波谱中,因为外磁场作用造成能级分裂的能量差 ΔE 是很小的,因此高能态原子核不可能像其他光谱中的高能态的原子或分子(如原子发射光谱、红外光谱、紫外光谱等)通过自发辐射放出能量从而回到低能态,而是通过另一种能量传递的过程失去能量回到低能态,这个过程就是弛豫过程。原子核的弛豫经历两个过程,即自旋-晶格弛豫(spin-lattice relaxation)和自旋-自旋弛豫(spin-spin relaxation)。

处于高能态的原子核将能量传递给周围环境(溶剂分子、添加物或其他同类分子等)而回到低能态的过程称为自旋-晶格弛豫或纵向弛豫。纵向弛豫过程越快、弛豫效率就越高,测定核磁共振谱的时间越少,对检测就越有利。纵向弛豫时间因原子核以及原子核周围化学环境不同而有所差别。^{1}H 核的纵向弛豫时间一般小于 ^{13}C 核和其他杂核。液体和气体样品的纵向弛豫时间较小,而固体或黏度大的液体样品纵向弛豫时间较大,测定时间较长。

核与核之间进行能量传递的过程称为自旋-自旋弛豫或横向弛豫。它是相邻核之间由于核磁矩的相互作用而使得彼此交换自旋取向。在这一过程中,各种能级的核数目不变,体系的总能量不变,对恢复 Boltzmann 平衡没有贡献。核磁共振谱线的宽度与横向弛豫时间有关,时间越小,谱线越宽。一般情况下,气体及液体样品值的横向弛豫时间为 1 s 左右,而固体及黏度大的液体试样由于核与核之间比较靠近,有利于磁核间能量的转移,因此该时间很短,只有

$10^{-4} \sim 10^{-5}$ s，故固体谱线较宽。

3. 化学位移(chemical shift, δ)

20世纪50年代，W. G. Proctor等在研究硝酸铵(NH_4NO_3)的^{14}N核磁共振时，发现有两条共振谱线产生。显然这两条谱线分别来自铵离子中的氮和硝酸根中的氮，因而认为处于不同化学环境的同一种同位素核具有不同的共振条件，即产生了化学位移。

在核磁共振波谱学中，通常用化学位移常数δ值来表示化学位移，并规定核磁谱图的横坐标为化学位移，而且从左至右的化学位移常数δ值是从大到小的，相对应的磁场强度(当固定照射频率时)是从小到大的，或者频率(当固定磁场强度时)是从大到小的。在谱图右端的谱线，场强高(常称为高场)、频率低(称为低频)，δ值小；反之，左端的谱线处于低场、高频，δ值大。

产生化学位移现象的原因是核外电子云的屏蔽作用，不同化学环境原子核的核外电子云产生的屏蔽作用不同，化学位移就不同。因而，通过化学位移就可以知道原子核的化学环境，进而确定化学结构，这就是核磁共振波谱方法能鉴别化学结构的原因。这种屏蔽作用是相对于"裸核"而言的，因为自然界中不存在任何一个"裸核"，故不可能测得任何一个核的化学位移常数δ的绝对值。因此在实践中常选择一个基准物质，以它的谱线位置作为核磁谱图的坐标原点，人为定义其δ值为零，将被测样品与基准物质的谱线位置相比较来计算δ的相对值。

$$\delta = \frac{\nu_{样品} - \nu_{标准}}{\nu_{标准}} \times 10^6 \tag{7-5}$$

式中，$\nu_{样品}$、$\nu_{标准}$分别为样品中磁核与基准物中磁核的共振频率。δ是一个无量纲单位的相对值。由于$\nu_{样品}$和$\nu_{标准}$的数值都很大(MHz级)，它们的差值却很小(通常不过几十至几千Hz)，为方便，乘以10^6，用ppm(百万分之一)表示。

核不同，采用的基准物一般也不同。在^1H、^{13}C、$^{29}Si - NMR$的检测中，当样品可溶于有机溶剂中时，最常用的基准物是四甲基硅烷(tetramethylsilane, TMS)。其他核的基准物为：$^{27}Al - NMR$，三氯化铝($AlCl_3$)；$^{31}P - NMR$，80％的磷酸(H_3PO_4)。在样品检测中，基准物可作为内标使用，也可用作外标。一般在用TMS作为基准物时，常作为内标使用。

采用TMS作为基准物的优点如下。

(1) TMS化学性质不活泼，与样品之间不发生化学反应和分子间缔合。

(2) TMS是一个对称结构，四个甲基有相同的化学环境，因此无论在氢谱还是在碳谱中都只有一个吸收峰。

(3) 因为Si的电负性(1.9)比C的电负性(2.5)小，TMS中的氢核和碳核处在高电子密度区，产生大的屏蔽效应。它产生NMR信号所需的磁场强度比一般有机物中的氢核和碳核的都大，因此出现在谱图的最右端，与样品信号之间不会互相重叠而造成干扰。

(4) TMS沸点很低(27℃)，因此在作为内标时容易去除，有利于回收样品。

4. 屏蔽常数(shielding constant, σ)

核外电子云对原子核屏蔽作用的大小用屏蔽常数σ表示。屏蔽常数σ与原子核所处的化学环境有关，其中主要包括抗磁(diamagnetic)屏蔽(σ_d)、顺磁(paramagnetic)屏蔽(σ_p)、相邻核的各向异性(anisotropic)(σ_a)，溶剂、介质等其他因素也有影响(σ_s)。

由于屏蔽作用的存在，原子核所感受到的实际磁场强度B与B_0略有差别，可用下式

表示:

$$B = B_0(1-\sigma) \tag{7-6}$$

用 B 修正式(7-1),则核磁共振条件为

$$\nu = \frac{\gamma}{2\pi}B_0(1-\sigma) \tag{7-7}$$

由式(7-7)可知,当固定照射频率时,若要使共振发生则必须增加磁场强度;同样当固定磁场强度时,则必须降低照射频率。

5. 自旋-自旋耦合

W. G. Proctor 等发现自旋核的共振频率与核周围的化学环境有关之后,Gutowsty 等在1951 年又发现 $POCl_2F$ 溶液中的 ^{19}F 核磁共振谱中也存在两条谱线。该分子中只有一个 F 原子,不能用化学位移来解释,发现产生的原因是自旋-自旋耦合裂分现象。

我们知道,分子中的原子核并不是一个个孤立的裸核,一方面,在核外有电子云存在,另一方面,每个原子核还与分子中其他的原子核相连(或相邻)。事实上,相邻原子核可以相互作用,不仅使核外电子云密度和形状发生变化,而且核本身的自旋作用也会产生一个微弱的附加磁场干扰与它相邻的核。原子核的磁矩在外磁场 B_0 作用下,会产生 $m = 2I+1$ 个取向(I 为自旋量子数),每种取向的自旋作用都将产生一个附加的弱磁场(ΔB),因此共产生 $2I+1$ 个弱磁场,它们场强相同但方向不同。因此,相邻的原子核将受到 $2I+1$ 个弱磁场的干扰,实际磁场强度不再是 $B_0(1-\sigma)$,而要叠加 $2I+1$ 个 ΔB,因此共振条件进一步修正为

$$\nu_i = \frac{\gamma}{2\pi}[B_0(1-\sigma) + \Delta B_i] \tag{7-8}$$

式中,$i = -I, -I+1, -I+2, \cdots, 0, \cdots, I-2, I-1, I$,共有 $2I+1$ 个取向。得到的 $2I+1$ 个不同的共振频率,就使得谱线发生了裂分,出现 $2I+1$ 条共振谱线。

6. 耦合裂分

相邻核的自旋-自旋耦合作用产生了共振谱线分裂,称为耦合裂分,谱线之间的裂距称为耦合常数 J,常表示为 $^kJ_{A-X}$,A 和 X 表示原子核,k 表示两核之间的化学键的数目,如 $^2J_{H-H}$ 表示相距两个键的 H 核的耦合常数,$^1J_{C-H}$ 表示 C—H 键上 C 和 H 的耦合常数。当一个核(A核)邻近有 n 个核(X核)与其相耦合,且耦合作用均相同时,每个 X 核的磁矩均有 $2I+1$ 个取向,则 n 个 X 核共有 $2nI+1$ 种"分布"情况($2I+1$ 个取向中为 0 的取向不产生附加磁场,$\Delta B_0 = 0$,因此有 $2nI+1$ 种"分布",而不是 $2nI+n$),因此 A 核的共振谱线分裂为 $2nI+1$ 条。对于 $I=1/2$ 的核,如 ^1H、^{31}P 以及 ^{19}F 核等来说,自旋-自旋耦合产生的谱线分裂为 $n+1$ 条,称为 $n+1$ 规律。

7.2 核磁共振波谱仪

核磁共振仪按其用途可分为波谱仪、成像仪、测井仪等类型。用于检测和记录核磁共振波谱图的仪器称为核磁共振波谱仪,主要用于测定物质的分子结构和构型等。目前使用的核磁共振波谱仪根据射频的照射方式不同可分为两种,连续波核磁共振波谱仪(CW-NMR)和脉冲傅里

叶变换核磁共振波谱仪(PFT－NMR)。但无论何种波谱仪均由磁体、探头、前置放大器、射频发射器以及射频接收器等组成(图7－1)。

1. 连续波核磁共振波谱仪(CW－NMR)

一些老式的核磁共振波谱仪多为连续波(continuous wave)核磁共振波谱仪。连续波核磁共振波谱仪是一种单通道仪器,只有依次逐个扫过设定的磁场范围(即所有的时间单元)才能得到一张完整的谱图。为了记录无畸变的核磁共振谱图,扫描磁场的速度必须很慢,以使核的自旋体系与环境始终保持平衡。这样扫描一张谱图需要 100～500 s。由于核磁共振信号很弱,为了提高信噪比,通常采用重

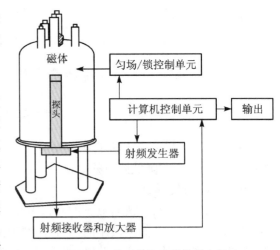

图7－1　核磁共振波谱仪示意图

复扫描再累加的方法,因此在 CW－NMR 仪器上,要获得一张信噪比较好的图谱,往往需要花费很长时间。随着脉冲傅里叶变换核磁共振波谱仪的兴起,连续波核磁共振波谱仪已逐步被取代。

2. 脉冲傅里叶变换核磁共振谱仪(PFT－NMR)

脉冲傅里叶变换核磁共振波谱仪不再采用逐个扫描的方式,而是在外磁场保持不变的条件下,使用一个强而短的射频脉冲照射样品,使样品中不同化学环境下的所有同位素核同时发生共振。这个强而短的射频脉冲相当于是一个多通道的发射机,而傅里叶变换则相当于是一个多通道的接收机。在这个过程中,射频接收线圈中接收到的是一个随时间衰减的信号,称为自由感应衰减信号(free induction decay,FID)。自由感应衰减信号属于时间函数,为时间域信号,经快速傅里叶变换计算后便可得到以频率为横坐标的谱图,即频率域信号。

与 CW－NMR 相比,PFT－NMR 具有检测速度快、灵敏度高、检测方法多等优点。

3. 液体高分辨核磁共振波谱

进行物质结构分析,需要高质量的核磁共振谱图,以便能分辨出精细的化学结构,往往要采用液体高分辨核磁共振波谱。被测物质为溶液,一般是将固体或液体样品溶解于氘代溶剂中进行检测,由于液体样品的均匀性要比用固体样品好,因此所获得的图谱分辨率显著优于固体谱。在液体高分辨核磁共振波谱中常用的有核磁共振氢谱(^{1}H－NMR)和碳谱(^{13}C－NMR)。

7.3　核磁共振谱氢谱(^{1}H－NMR)

核磁共振氢谱是发展最早、研究得最多的一种核磁共振波谱。氢谱所测定的是质子(^{1}H)的共振信号,因此也称为质子磁共振谱。氢谱的测定具有操作简便、测定速度快等优点,而且一般有机化合物都含有氢原子,氢谱反映的化学结构信息丰富,因此它是应用最广泛的一种核磁共振波谱。

图7－2是一张典型的核磁共振氢谱。图中为全谱,谱图下方的数字是峰的强度(积分面积)。从图中可以获得峰位置(化学位移值δ)、不同化学环境下质子的共振峰的峰形(耦合裂分以及耦合常数),以及峰强度(积分面积)等信息,这三项是^{1}H NMR 最重要的参数。

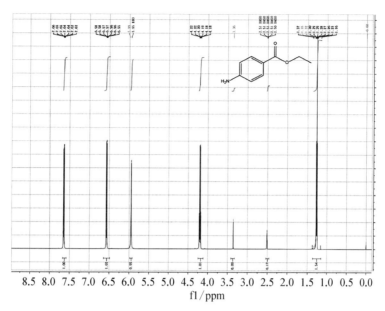

图 7-2　对氨基苯甲酸乙酯的核磁共振氢谱

1. 峰的位置(化学位移值 δ)

氢谱的化学位移 δ 一般在 0~20 内,不同的化学位移反映了不同的质子类型及其所处的不同化学环境,它与分子结构密切相关。影响化学位移的主要因素有邻近原子或基团的电负性、各向异性效应、溶剂效应以及氢键等。图 7-3 为各种类型质子的化学位移 δ 的大致范围。

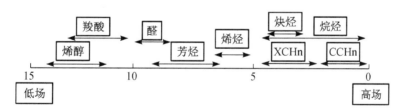

图 7-3　各种类型质子的化学位移 δ 的范围

2. 氢谱中的自旋耦合作用

在氢谱中常见的自旋耦合作用是发生在相同碳原子上的 2 个质子之间的耦合($^2 J_{H-H}$)以及相邻碳原子上 2 个质子之间的耦合($^3 J_{H-H}$)。如使用分辨率较高的仪器,有时可观察到相距 3 个化学键以上的远程耦合。质子与质子之间的耦合裂分符合 $n+1$ 规律,各裂分峰的强度比为二项式 $(a+b)^n$ 展开式的系数之比。

J 值的大小与分子的类型、构型以及相隔化学键的数目等有着密切关系。因此通常可根据氢谱中各峰组的耦合裂分峰的数目以及耦合常数来判断分子的构型以及邻近的基团。

氢核除了与邻近的氢核有耦合作用外,还会与分子中其他邻近的磁核发生耦合作用,但在氢谱中,由于种种原因,有些耦合现象能被观察到,而有些则较难观察到。如在分子中虽然大部分氢核是与碳原子直接相连的,但在常规的氢谱中却看不到碳与氢的耦合裂分峰。这是因为在自然界中,绝大多数的碳原子为 ^{12}C 同位素核,而 ^{13}C 同位素核仅为 1.1%,因此其耦合裂分峰很弱。相反,在测定核磁共振碳谱时,如不使用特殊技术去除 ^1H 核与 ^{13}C 核的耦合作用,便可观察到 ^1H 核与 ^{13}C 核的耦合裂分峰。在氢谱中,只有当对样品中的 ^{13}C 同位素核进行富

集后才能观察到 ^{1}H 核与 ^{13}C 核的耦合裂分峰。另外当样品分子中含有氟原子时,在氢谱中可观察到 ^{1}H 核与 ^{19}F 核之间强烈的耦合作用,甚至相隔 4~5 个化学键仍能观察到。^{1}H 核与 ^{19}F 核之间耦合裂分同样符合 $n+1$ 规律。

3. 峰强度(积分面积或积分高度)

在氢谱图中一般都会对谱图中出现的各组峰进行积分,以获得相应的峰面积或峰强度数据。图 7-2 中各峰组下面对应的数字即为积分值,代表了该峰组的相对面积,称为积分面积或积分高度,它与相应基团中的氢原子个数成正比。因此根据图谱中各峰组的积分值之比,便能确定各相应基团中氢原子的数目。图 7-2 中各峰组积分值之比为 1∶1∶2∶1∶1∶3∶3∶1 因此可确定各峰组所代表的基团中氢原子的个数之比为 1∶1∶2∶1∶1∶3∶3∶1。

4. 谱图解析

^{1}H-NMR 谱图解析实际上就是利用图谱中给出的三种主要参数(化学位移、耦合常数及耦合裂分、积分值)与分子结构和构型等的对应关系,进行综合分析,推出未知化合物的分子结构。

^{1}H-NMR 谱图解析的一般步骤如下:

① 根据各组峰的积分值(面积或高度),确定各峰组对应的质子数目;

② 参照化学位移范围,根据每一个峰组的化学位移值、质子数目以及峰组裂分的情况,找出特征峰,以此推测出其他对应的结构单元;

③ 将结构单元组合成可能的结构式;

④ 对所有可能结构进行指认,排除不合理的结构;

⑤ 如果依然不能得出明确的结论,则需借助于其他波谱分析方法。

为便于解析,有时还采用一些特殊的实验技术来简化图谱,常用的有同核去耦法(双照射技术),即通过照射某一核,使之达到饱和,从而消除该核与其他核之间的耦合,使与之耦合核的共振峰变为一单峰,由此可推出两核之间的耦合关系。

^{1}H-NMR 解析中还需要特别注意杂质峰、溶剂峰和旋转边带等非样品峰的区分以及分子中活泼氢产生的信号。由于核磁共振检测一般都将样品溶解在某种氘代溶剂中,但是氘代试剂中微量的同位素氢会出现相应的吸收峰,如氘代氯仿中微量的氯仿会在化学位移 7.27 处出现吸收峰。而 OH、SH、NH 等活泼氢的 ^{1}H-NMR 信号比较特殊,可能会因为形成氢键而导致化学位移值不固定。当体系中存在多种活泼氢时可能会在溶液中发生交换反应,核磁共振谱图中只显示一个平均的活泼氢信号,且不与邻近的含氢基团的谱峰发生耦合裂分。由于活泼氢的 ^{1}H-NMR 的特殊性,所以可以通过实验将其与其他氢区分开来。

7.4 核磁共振碳谱(^{13}C-NMR)

众所周知,有机物主要是由 C、H、O、N、S 等元素组成的,其中碳原子构成了有机物的骨架。^{1}H-NMR 谱仅能给出一些取代基或有氢基团的信息,不能充分给出化合物的碳架结构特征。而碳谱中每个 C 原子都有一条与之对应的谱线,碳谱结合氢谱可更好地表征化合物的结构信息,因此碳原子的核磁共振信号对研究有机物有着非常重要的意义。

自然界中含有丰富的碳原子,只有 ^{13}C 核具有核磁共振信号,其 $I=1/2$,天然丰度仅为 1.1%。与氢谱相比,碳谱具有信号强度低、化学位移范围宽、耦合常数大、弛豫时间长、共振方法多、图谱简单等特点。

1. 碳谱的化学位移

碳谱中化学位移(δ_C)是最重要的参数,它直接反映了所观察核周围的基团、电子分布的情况。碳谱的化学位移对其化学环境很敏感,它的范围比氢谱宽得多,一般在 0~250,特殊情况下会再加宽 50~100。不同结构与化学环境的碳原子,它们的 δ_C 从高场到低场的顺序与和它们相连的氢原子的 δ_H 有一定的对应性,但并非完全相同。如饱和碳在较高场、炔碳次之、烯碳和芳碳在较低场,而羰基碳在更低场。碳谱化学位移值 δ_C 的大致范围如下(图 7 - 4)。

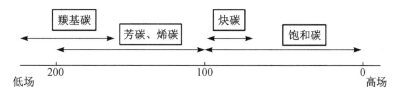

图 7 - 4   各种类型碳原子的化学位移值 δ_C 的大致范围

影响碳谱化学位移值 δ_C 的因素很多,杂化的影响较大,其影响次序基本上与 δ_H 平行。其次,电负性基团会使邻近 ^{13}C 核去屏蔽(吸电子诱导效应),取代基的电负性越强,去屏蔽效应越大,这种影响一般在相隔三个化学键以内,且随相隔化学键的数目增大而减小,超过三个键时,取代效应一般都很小。苯环取代因有共轭系统的电子环流,取代基对邻位及对位的影响较大,对间位的影响较小。碳原子上取代基数目的增加,它的化学位移值向低场的偏移也相应增加。分子的构型对碳谱化学位移值 δ_C 也有不同程度影响。另外,溶剂、介质、浓度以及 pH 等都会引起碳谱化学位移的改变,变化范围一般为几到十左右。

2. 碳谱的自旋耦合作用

由于 ^{13}C 的天然丰度为 1.1%,因此 ^{13}C-^{13}C 之间的耦合概率仅为万分之一,导致谱图中很难观察到由此引起的耦合裂分现象。只有当对样品进行 ^{13}C 富集时,才考虑 ^{13}C-^{13}C 之间的耦合作用。碳谱的耦合作用主要体现在 ^{13}C 和其他相邻核之间的耦合,谱线裂分数目与氢谱一样决定于相邻耦合原子的自旋量子数 I 和原子数目 n,同样可用 $2nI+1$ 规律来计算。

(1) ^{13}C-^{1}H 耦合常数

由于有机物中最主要的元素是 C 和 H,而 ^{1}H 的天然丰度为 99.98%,因此,在 ^{13}C - NMR 谱中 ^{13}C-^{1}H 的耦合是最突出的。^{13}C-^{1}H 耦合同样符合 $n+1$ 的峰裂分规律。

在 ^{13}C-^{1}H 的耦合中,直接相连的 C—H 键的耦合常数 $^{1}J_{C-H}$ 最为重要,约为 120~300 Hz;$^{2}J_{C-H}=-5\sim60$ Hz;$^{3}J_{C-H}$ 值在十几赫兹之内。^{13}C-^{1}H 耦合 $^{n}J_{C-H}$ 较 ^{1}H-^{1}H 耦合 $^{n}J_{H-H}$ 大很多,尤其是 $^{1}J_{C-H}$,因此在测定碳谱时,若不消除碳与质子的耦合作用,谱图会很复杂,难以分辨,故在测定 ^{13}C - NMR 谱图时一般都会对 ^{1}H 进行去耦。

(2) ^{13}C 与其他核的耦合常数

当化合物中含有其他丰核如 ^{19}F、^{31}P 或使用氘代试剂时,^{13}C 谱中还含有碳与这些核之间的耦合信息。^{13}C 与 ^{19}F 之间的耦合作用较强,$^{1}J_{C-F}$ 一般数值很大,并且多为负值,为 $-150\sim-350$ Hz,$^{2}J_{C-F}$ 为 20~60 Hz,$^{3}J_{C-F}$ 为 4~20 Hz,$^{4}J_{C-F}$ 为 0~5 Hz。而 ^{13}C 与 D 核(^{2}H)之间的耦合作用则比 ^{13}C 与 ^{1}H 核之间的耦合作用小得多,$^{1}J_{C-D}$ 约为 $^{1}J_{C-H}$ 的 1/6.5。^{13}C 与 ^{31}P 核之间的耦合作用与磷的价态有关,五价磷的 $^{1}J_{C-P}$ 为 50~180 Hz,三价磷的 $^{1}J_{C-P}<$ 50 Hz。^{14}N 核虽然是丰度较大,但由于其四极矩影响严重、弛豫很快,故谱线很宽,NMR 谱图

分辨不好,与^{14}N的耦合常数也表现不出来。而^{15}N核虽然$I=1/2$,没有四极矩,但其丰度很小,只有0.37%,因此与^{13}C的耦合一般也不易观察到。

3. 碳谱中的积分值

碳谱的种类很多,一般来说大部分碳谱中谱线的积分值(强度)与相应的碳原子个数无关。这是因为大部分的碳谱都对质子去耦而使得邻近碳原子谱线有不同程度的增加的缘故。由于不同的碳原子 NOE 不同(当照射一个核并使之"饱和",而使得与其相邻的其他核共振谱线增强的现象称为核 Overhause 效应,即 NOE),因此,各谱线强度的增量也不相同,此时对各谱线峰面积进行积分便毫无意义。只有当采用门控去耦方式获得碳谱时,其谱线的积分值才与碳原子个数成正比。

4. 核磁共振碳谱的解析

与氢谱不同,碳谱的测定方法较多,每种方法获得的谱图形状和用途也有较大的差别。常见的方法包括质子噪声去耦谱、反转门控去耦谱、无畸变极化转移技术(DEPT)谱。

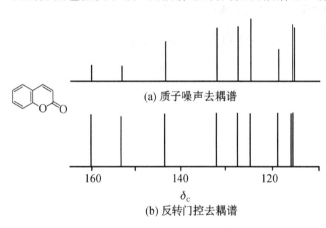

(a) 质子噪声去耦谱

(b) 反转门控去耦谱

图 7-5 香豆精的核磁共振碳谱

(1) 质子噪声去耦谱(proton noise decoupling)

质子噪声去耦谱是碳谱中最常用的一种。质子噪声去耦谱也称作宽带去耦谱(broadband decoupling)。它的实验方法是在用高功率脉冲照射碳原子的同时,对质子发射一相当宽的低功率脉冲(包括样品分子中所有质子的共振频率),使质子达到"饱和",由此去除^{13}C和^1H之间的全部耦合,使每个碳原子仅出一条共振谱线。图 7-5(a)为香豆精($C_9H_6O_2$)^{13}C-NMR 质子噪声去耦谱,9 个不同化学环境的碳对应 9 条谱线。

(2) 反转门控去耦谱(inverse gated decoupling)

在脉冲傅里叶变换核磁共振谱仪中有发射门(用以控制射频脉冲的发射时间)和接受门(用以控制接收器的工作时间)。门控去耦是指用发射门及接受门来控制去耦的实验方法。反转门控去耦是用加长脉冲间隔,增加延迟时间,尽可能抑制 NOE,使谱线强度能够代表碳数的多少的方法,由此方法测得的碳谱称为反转门控去耦谱,亦可称为定量碳谱。图 7-5(b)为香豆精($C_9H_6O_2$)的反转门控去耦谱。与图 7-5(a)比较可见采用反转门控去耦法测得的图谱谱线强度基本一致。因此在这类谱中除化学位移值外,积分值也是一个重要的参数,可通过对各谱线分别积分的方法来获得各谱线所代表的碳原子个数的信息。但由于在这类谱图中增加了脉冲重复扫描的时间间隔,故测定一张谱图耗时较长(约为质子噪声去耦谱 5 倍以上的时间),因此通常不太使用,一般只有在测定未知物时,或需根据谱图测定某种化合物含量时才采用。

(3) 无畸变极化转移技术(distortionless enhancement by polarization Transfer,DEPT)谱

质子噪声去耦谱可以使碳谱简化,但是它损失了^{13}C和^1H之间的耦合信息,因此无法确定谱线所属的碳原子的级数。在碳谱发展的早期,常采用偏共振技术来解决这一问题,偏共振技术既保留了^{13}C和^1H之间的耦合裂分,又由于耦合裂距较小而使得谱图较为简化。但对于一些较复杂的有机分子或生物高分子等,多重峰仍将彼此交叠,再加上有些核的次级效应以及

碳谱的信号较低,更是难以分辨各种碳的级数。随着现代脉冲技术的进展,已发展了多种确定碳原子级数的方法,其中 DEPT 法是最常用的一种,所得谱图称为 DEPT 谱。DEPT 谱共有 DEPT45、DEPT90 以及 DEPT135 三种谱,由于在 DEPT45 谱中除季碳不出峰外,其余的 CH_3、CH_2 和 CH 都出峰,并皆为正峰;在 DEPT90 谱中除 CH 出正峰外,其余的碳均不出峰;而在 DEPT135 谱中 CH_3 和 CH 出正峰,CH_2 则出负峰,季碳不出峰,因此可根据化合物的结构选择测定其中的一种或几种,并结合质子噪声去耦谱,来确定各碳原子级数。图 7-6 为对氨基苯甲酸乙酯的质子噪声去耦碳谱、DEPT90 和 DEPT135 谱。从质子噪声去偶碳谱中我们可以看到所有碳原子对应的峰,根据仅在 DEPT90 中出正峰的 CH,在 DEPT135 中出正峰的 CH 和 CH_3,出负峰的 CH_2 的信息可对每种碳原子的级数进行归属。

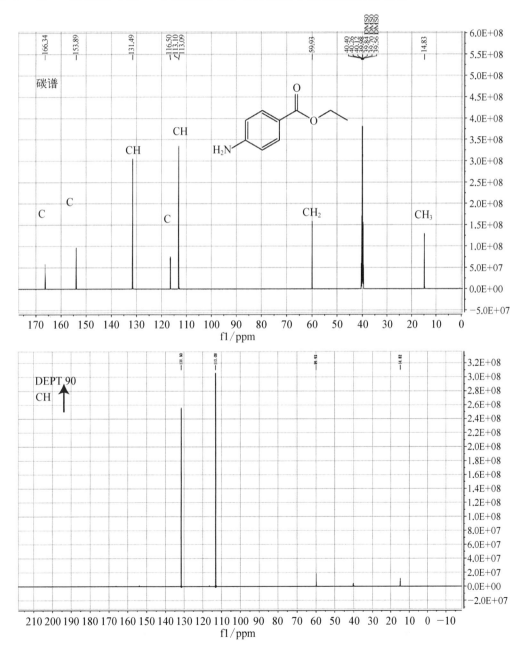

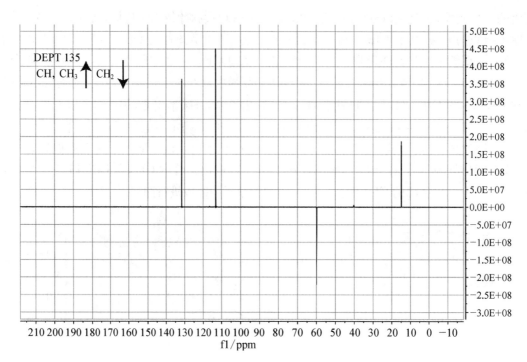

图 7 – 6　对氨基苯甲酸乙酯的 DEPT 谱

　　^{13}C – NMR 谱图的解析主要就是利用分子中各类基团所对应的化学位移范围,并根据 DEPT 谱给出的碳原子级数,以及反门控定量碳谱给出的各谱线积分值(必要时)等,结合氢谱给出的结构信息,以此推出未知物的分子结构等或对已知物的分子结构等进行鉴定。碳谱的解析主要包括如下步骤。

　　① 参照化学位移范围,结合氢谱给出的信息,找出一些特征峰。

　　② 根据 DEPT 谱,确定各谱线相应的碳原子级数。

　　③ 根据谱线中的谱线数目或反门控去耦谱的积分值判断分子的对称性以及分子中碳原子个数。

　　④ 结合氢谱推出未知物可能的结构片段或对已知物的分子结构等进行鉴定。

　　⑤ 如果依然不能得出明确的结论,则需借助于其他波谱分析方法。

7.5　二维核磁

　　二维核磁是指在两个时间变量下经两次傅里叶变换获得的两个独立频率变量的谱图,主要有同核位移相关谱(^1H – ^1H 相关谱)和异核位移相关谱(^{13}C – ^1H 相关谱)。在一维谱图中如果分子结构复杂会造成谱峰拥挤复杂,无法获得全部信息,二维谱图可以简化谱峰,以获得更多的信息。

　　^1H – ^1H 相关二维 NMR 谱图为正方形,正方形有一条对角线(一般为左下-右上),对角线上的峰称为对角峰,对角线外的峰称为交叉峰或相关峰。对角峰的信号与一维氢谱提供的化学位移一致,交叉峰指示了哪些氢核之间存在耦合关系。由于谱图是对称的,因此,在对角线左上方和右下方区域提供的信息是相同的。从交叉峰出发,分别画水平线和垂直线,她们与对

角线产生两个交点,两个交点所对应的两个质子之间存在耦合关系。COSY 谱一般研究的是相邻碳上氢核的耦合关系。如图 7-7(a)中对氨基苯甲酸乙酯的 $^1H-^1H$ 相关二维 COSY 谱中有两个交叉峰,分别为甲基和亚甲基的耦合关系以及苯环上次甲基与次甲基的耦合关系。另一种 $^1H-^1H$ 相关二维核磁谱图为 2D NOE 谱(即 NOESY 谱),用来观察核极化效应(NOE 效应),通常研究的是化合物空间上相互靠近的氢核(距离小于 0.5 nm)之间的 NOE 效应,可推测化合物的立体空间结构。

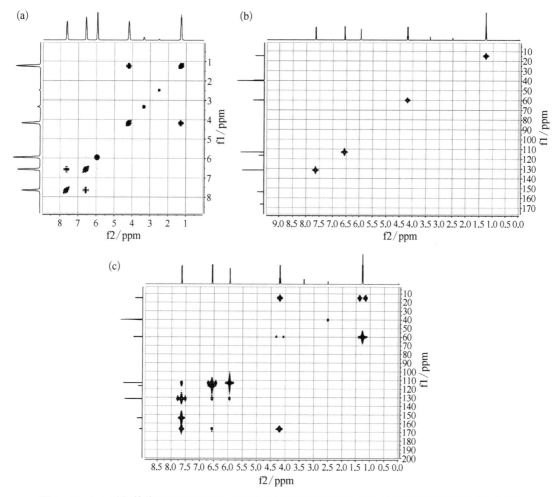

图 7-7 (a) 对氨基苯甲酸乙酯的 $^1H-^1H$ 相关二维 COSY 谱图;(b) 对氨基苯甲酸乙酯的 $^{13}C-^1H$
相关二维 HMQC 谱图;(c) 对氨基苯甲酸乙酯的 $^{13}C-^1H$ 相关二维 HMBC 谱图

$^{13}C-^1H$ 相关二维 NMR 谱图为矩形,水平轴为氢谱,垂直轴为碳谱。HMQC 或 HSQC 谱图反映的是直接相连的碳氢之间的耦合关系,指示的是除季碳外其余碳原子及其相连的氢核的相关峰。HSQC 的灵敏度较 HMQC 高,样品量需求少,更适合于中药和天然产物的分析。图 7-7(b)为对氨基苯甲酸乙酯的 HMQC 谱图,图中共有四对直接相连的碳氢相关峰,分别为甲基和乙基上的碳氢相关以及苯环上两组不同的碳氢相关峰。HMBC 谱图反映的是间接相连的碳氢之间的耦合关系,可以用于获取化合物中碳原子的连接关系,主要出现相隔两个键($^2J_{C-H}$)和相隔三个键($^3J_{C-H}$)的碳氢之间的耦合信号相关峰,其中烷烃链上 $^2J_{C-H}$ 大于 $^3J_{C-H}$ 的信号,苯环上的碳氢因为共轭使得 $^3J_{C-H}$ 大于 $^2J_{C-H}$ 的信号。HMQC 的峰也会出现

在 HMBC 谱图中,表现为以相应氢峰为对称中心的两个相关信号峰。图 7-7(c)为对氨基苯甲酸乙酯的 HMBC 谱图,图中除了可明显看到四组 HMQC 峰以相应的氢峰为对称中心出现外,还出现了 $^2J_{C-H}$ 和 $^3J_{C-H}$ 的多个峰,如 CH_3 中的氢与 CH_2 中碳的 $^2J_{C-H}$ 耦合峰,CH_2 中的氢与 CH_3 中碳的 $^2J_{C-H}$ 耦合峰,NH_2 中氢与苯环上碳的 $^3J_{C-H}$ 耦合峰等。通过对各相关碳氢进行指认,可进一步确定化合物的结构。

除核磁共振氢谱和碳谱外,还有一些其他核的核磁共振谱,如 ^{19}F、^{31}P、^{15}N 等,主要反映相关原子的结构信息。

固体高分辨核磁共振波谱是核磁共振波谱学的另一个重要部分。20 世纪 70 年代初,随着核磁共振技术和理论的发展,尤其是快速魔角旋转技术和脉冲傅里叶技术的发展和应用,使得直接测定固体状态下高分辨核磁共振波谱成为可能。虽然固体 NMR 的应用目前还远远少于液体 NMR,但也已被越来越广泛地应用于研究高分子聚合物、煤、分子筛催化剂、陶瓷、玻璃、木头、纤维以及生物细胞膜等。

液相色谱-核磁共振(LC-NMR)联用技术是一种高效、快速获得混合物中未知化合物结构信息的技术,它可将经色谱分离后的峰通过接口直接进行 NMR 检测。LC-NMR 的应用范围很广,如聚合物、药物及临床化学、食品工业、合成化学、环境保护、天然产物分析等。LC-NMR 为混合物中各组分的准确定性分析提供了强有力的工具,但由于 NMR 本身检测灵敏度较低(尤其对一些天然丰度较低的核),有时色谱中使用的溶剂对 NMR 测定有影响,LC-NMR 在许多应用方面受到了一定的限制,还有待进一步改进。

第8章 电分析化学及其应用

8.1 电分析化学基础

电化学是将化学变化与电的现象紧密联系起来的学科,应用电化学的基本原理和实验技术发展建立了各种电化学分析方法,称为电化学分析或泛称为电分析化学。20 世纪 80 年代以来,由于各种伏安技术的发展,以及极谱电流理论的不断完善,使得电化学分析法从一门实验技术逐渐发展成为一门具有较强独立性的学科——电分析化学(electroanalytical chemistry)。电分析化学是利用物质的电学和电化学性质进行表征和测量的科学,是分析化学的重要组成部分,与其他学科,如物理学、电子学、计算机科学、材料科学以及生物学等有着密切的关系,已经建立了比较完整的理论体系。研究领域包括了成分和形态分析、动力学和机理分析、表面和界面分析等。

8.1.1 电分析化学基本概念

1. 电化学电池

电化学电池是由两组导体-溶液体系组成的体系,是电能与化学能相互转换的装置,化学能转换为电能的装置称为原电池,反之称为电解池。在电化学中通常将发生氧化反应的电极称为阳极;而发生还原反应的电极称为阴极。对原电池而言,电极电位相对较高的为正极,较低的为负极。原电池放电过程中,电极电位高的正极通常发生还原反应为阴极,负极发生氧化反应为阳极;原电池充电过程和放电过程相反,电位高的正极通常发生氧化反应为阳极,负极发生还原反应为阴极。

2. 电极电位、液体接界电位和电池电动势

当金属电极放在含有该金属离子的溶液中,由于金属和溶液界面间存在着双电层,因而产生一定的电位差,其大小决定于金属的溶解压和溶液中金属离子的渗透压。当这两种方向相反的作用达到平衡时,称为平衡相间电位即平衡电极电位。在一定的温度(25℃)、一定的离子活度($a_{M^{n+}}=1$)下的平衡电极电位称为标准电位,用 E^0 表示。单个电极电位无法直接测量,必须和另一个电极相连,组成一个电池,并用补偿法在没有电流通过的情况下测量其电动势,所得数值是相对于另一电极(参比电极)的电位差。

习惯上选用标准氢电极作参比电极,规定在 1 atm① 下氢离子活度等于 1 时,任何温度下氢电极的电极电位为零。根据 IUPAC 的建议,定义任何电极的相对平衡电位为以下电池的平衡电动势:

$$\text{Pt},\ \text{H}_2(\text{atm})\,|\,\text{H}^+(a_{H^+}=1)\,\|\,\text{M}^{n+}(a_{M^{n+}})\,|\,\text{M}$$

---

① 1 atm$=101\ 325$ Pa。

并规定电子从外电路由标准氢电极流向此电极的电极电位为正号,而电子通过外电路由此电极流向标准氢电极的电极电位为负号。所以电极电位是一个测得的物理量,只决定于电极的界面反应的性质,它的符号是不变的。

对原电池来说,电池电动势 emf 是两个半电池电位差和液接电位(E_i)三者的代数和。即:

$$\text{emf} = E_正 - E_负 + E_i$$

液接电位是由于两个组成或浓度不同的电解质溶液直接接触时,在界面间因不同的正、负离子越过相界的扩散速率不同而引起的电位差。实际的液接电位往往难以准确计算和测量,通常是在两个溶液之间用盐桥相连接,使液接电位减小到可以忽略不计的地步。

3. 能斯特(Nernst)方程——电极电位和活度的关系

电位分析法的理论建立在电化学电池热力学的基础上,其中电化学位的概念在建立界面电势、膜电势以及电极电势的理论中具有重要意义。电化学位是针对带电粒子在电场中的行为而言,对于中性分子,其电化学位与化学位相等。电位分析法的定量关系式是能斯特(Nernst)方程:

$$E = E^0 + \frac{RT}{nF} \ln \frac{a_{Ox}}{a_{Red}} \tag{8-1}$$

式中,E 为指示电极的电极电位;E^0 为指示电极的标准电极电位;R 为气体常数;T 为热力学温度;n 为电极反应中传递的电子数;F 为法拉第常数;a_{Ox}、a_{Red} 分别为氧化态 Ox 和还原态 Red 的活度。

4. 法拉第电解定律

当电流通过电极/溶液界面时,发生电极反应物质的量与通过的电量,可以用法拉第电解定律表示,即:

(1) 于电极上发生反应的物质的质量与通过该体系的电量成正比;

(2) 通过同量的电量时电极上所沉积的各物质的质量与各该物质的 M/n 成正比。

上述关系亦可用下式表示:

$$m = \frac{MQ}{nF} = \frac{M}{nF} \int_0^T i_t \, dt \tag{8-2}$$

式中,m 为电解时于电极上析出物质的质量,g;M 为析出物质的摩尔质量,mol/g;Q 为通过的电量,C;n 为 1 mol 电活性物质发生电极反应时得失电子的摩尔数;i_t 为电解时为 t 时的电流强度,A;t 为电解时间,s;F 为法拉第常数,即 1 mol 电子所带的电量,$1F = 96\,485$ C/mol。

法拉第电解定律为库仑分析法的理论依据。

5. 极化和过电位

当电极/溶液界面有电流通过时,电极电位偏离其平衡电位的现象称为极化。当电子从外电路大量流入电极时,破坏了原来电极/溶液相界面的平衡,使界面的氧化态浓度降低或还原态物质浓度升高,导致电位变得更负,这就是阴极极化;如果电极的电子通过外电路流出,同样破坏了原来的平衡使电极/溶液界面的氧化态浓度升高或还原态浓度降低,使电极电位高于平衡电位,这就是阳极极化。实际电极电位和平衡电极电位之间的差值称为过电位,阳极过电位 η_a 和阴极过电位 η_c 之和称为电池的过(超)电压。过电位的大小与极化程度有关,极化越严重,过电位的绝对值越大。

发生在金属和溶液相界面的电极反应是一个比较复杂的过程,相应的极化现象也有多种类型,下面主要介绍浓差极化和电化学极化两种。

(1) 浓差极化

实际电位决定于电极表面电活性物质的瞬时浓度,平衡电位决定于电活性物质的平衡浓度。当电极/溶液界面有明显的电流通过时,电极表面电活性物质的瞬时浓度就会发生改变,此时,如果电极反应物和产物又来不及得以补充和扩散,反应物和产物在电极表面的浓度就会与溶液的平衡浓度相偏离,就会导致实际电位与平衡电位不一致。这种由于电极反应的发生,导致电活性物质在电极表面和溶液本体浓度差异的现象称为浓差极化。在阳极,浓差极化会导致电极表面氧化态物质浓度的升高和还原态物质浓度的下降,即实际电位会高于平衡电位;在阴极,电极表面的氧化态物质浓度降低而还原态物质浓度会升高,实际电位会低于平衡电位。可见,浓差极化导致阳极的过电位大于零,阴极的过电位小于零。

(2) 电化学极化

对于反应比较迟缓的电极而言,为加快电极反应速度,必须提高阳极电位或降低阴极电位,以相对增加反应物的活化能,这种人为导致的实际电位偏离平衡电位的现象称为电化学极化。同样道理,电化学极化的结果,同样使阳极的实际电位高于阳极的平衡电位,阴极的实际电位低于其平衡电位,即阳极的过电位大于零,阴极的过电位小于零。

实际上电极过程包括一系列的步骤,一个电极反应往往会有几种影响过电位的因素同时存在。

(3) 影响过电位的因素

① 电极材料:在一定电流密度下,金属电极表面的过电位与金属材料的热力学函数有关。Hg 对原子氢的吸附热较小,放电反应迟缓,因此当 H^+ 在其上放电时过电位绝对值较大;而 Fe 对原子氢的吸附热较大,放电反应较快,故氢在铁电极放电的过电位绝对值较小。氢在较软的金属(如 Zn、Pb、Sn,特别是 Hg)上的过电位绝对值均较大。

② 电流密度:过电位随电流密度增加而增加。电流密度增加,表明单位时间单位面积的电极上发生反应的速度加快,导致极化加剧,从而过电位绝对值增加。若相同电流通过相同几何尺寸但表面状态不同的电极,过电位大小不同,表面光亮电极的过电位比表面粗糙的要大,这是因为表面粗糙的电极表面积要大一些,实际电流密度较低。

③ 温度:通常温度升高,扩散速度加快,极化减轻,过电位绝对值随之减小。

④ 析出物形态:析出物为气体时的过电位一般较大,析出物为金属时的较小。通常在电流密度较小时,金属更容易从溶液中析出。

8.1.2 电分析方法的分类

电化学分析法是根据电化学基本原理和技术建立起来的一类分析方法,是研究电能和化学能相互转换的科学,其共同特点是:测定时将待测试液作为化学电池的一个组成部分,研究在化学电池内发生的特定现象,测定电池的某些参数如电位、电导、电流和电量等,利用试液中待测组分的含量与电化学参数的关系,进行定量或定性分析。

按 IUPAC 的建议,电分析化学方法可分为以下 5 大类:

(1) 不考虑双电层和电极反应,如电导测定等;

(2) 有双电层现象但不考虑电极反应,如表面张力测定、非法拉第阻抗测量等;

（3）有电极反应，并于工作电极上施加恒定的激励信号，电流 $i=0$，为电位分析法；电流 $i\neq0$，如计时电流法、计时电势法、电解分析法等；

（4）有电极反应，并于工作电极上施加可变的大振幅激励信号，如线性扫描伏安法、快速极谱法等；

（5）有电极反应，并于工作电极上施加可变的小振幅激发信号，如脉冲极谱、交流极谱、方波极谱等。

目前大多数教科书中，将电分析化学法按电导分析法、电解和库仑分析法、电位分析法、伏安分析法等进行分类。

1. 电导分析法(conductometry)

在外电场的作用下，携带不同电荷的微粒向相反的方向移动形成电流的现象称为导电。以电解质溶液中正负离子迁移为基础的电化学分析法，称为电导分析法。溶液的导电能力与溶液中正负离子的数目、离子所带的电荷量、离子在溶液中的迁移速率等因素有关。

电导分析法是将被分析溶液放在固定面积、固定距离的两个电极所构成的电导池中，通过测定电导池中电解质溶液的电导来确定物质的含量，分为直接电导法和电导滴定法。电导分析的灵敏度很高，而且装置简单。这种方法是根据电解质溶液中离子导电的性能来测定离子浓度的一种方法，测定的溶液电导是溶液中各种离子单独电导的总和，是非特征的，即对不同离子没有选择性。因此直接电导法只能测量离子的总量，不能鉴别和测定某一离子含量，不能测定非电解质溶液。电导滴定是指在容量滴定的过程中伴随的化学反应引起溶液电导率的变化，利用测量被滴溶液的电导来确定等当点的滴定方法，化学反应可以是中和反应、配合反应、沉淀反应和氧化还原反应等。

电导分析法主要用于监测水的纯度、测定大气中有害气体及某些物理常数等。

2. 电解(electrolysis)和库仑分析法(Coulometry)

电解过程是在电池中有电流通过的情况下进行的。通过称量沉积在电极上的物质重量来进行测定的称为电重量法，通过电解进行定量分离的称为电解分离法。电重量分析是经典的电分析化学方法，它是在电池中有电流通过的情况下进行电解过程，称量沉积在电极上的物质质量来进行测定的。通常采用圆筒形铂网电极作为工作电极，在搅拌的溶液中进行电解。电重量分析法能用于物质的分离和测定。

库仑分析是建立在电解过程上的一种电化学分析方法，通过电化学反应中消耗的电量，由法拉第定律来确定被测物质含量的方法，属于电量分析法。库仑分析法分为恒电流库仑分析法和控制电位库仑分析法两种。恒电流库仑分析法是在恒定电流的条件下电解，由电极反应产生的电生"滴定剂"与被测物质发生反应，用化学指示剂或电化学的方法确定"滴定"的终点，由恒电流的大小和到达终点需要的时间算出消耗的电量，由此求得被测物质的含量。这种滴定方法与滴定分析中用标准溶液滴定被测物质的方法相似，因此恒电流库仑分析法也称库仑滴定法。库仑分析法与滴定分析法相比，它不需要制备标准溶液，不稳定试剂可以就地产生，样品量小，电流和时间能准确测定。它具有准确、灵敏、简便和易于实现自动化等优点。控制电位库仑分析法以控制电极电位的方式电解，当电流趋近于零时表示电解完成，由测得电解时消耗的电量求出被测物质的含量。库仑分析法的基本要求是 100% 的电流效率。

库仑分析法可以测定微量水、硫、碳、氮、氧和卤素等，用途较广，不仅可用于石油化工、环保、食品检验等方面的微量或常量成分分析，而且还能用于化学反应动力学及电极反应机理等的研究。

3. 电位分析法(potentiometry)

电位分析法是电分析化学方法的重要分支,它是通过测定原电池电动势(零电流)进行分析测定的一种方法,包括直接电位法和电位滴定法两种方法。

电极电位的测量需要构造一个电化学电池,该电池包括一个电位不随待测离子浓度变化的参比电极和一个电位与待测离子有定量关系的指示电极,两个电极与测定溶液构成电化学电池。以酸的测量为例,电极系统结构示意图如图 8 - 1 所示,目前多使用复合 pH 电极,其结构见图 8 - 2。

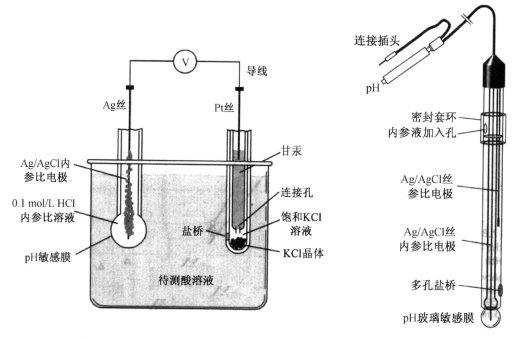

图 8 - 1　用作测定溶液 pH 电极系统　　　图 8 - 2　复合 pH 电极结构

1) 电位分析定量法

电位分析法定量的理论基础是能斯特方程。在由选择性电极(ion selective electrode, ISE)、参比电极、被测溶液组成的原电池中,电动势 E 与待测离子浓度 c_x 满足能斯特方程。

$$E = E_{ISE} - E_{ref} = E^0_{ISE} \pm s \lg c_x - E_{ref} = k \pm s \lg c_x = k \mp s \text{pM} \qquad (8-3)$$

式中,E_{ISE} 为选择性电极的电极电位;E^0_{ISE} 为选择性电极的标准电极电位;s 为选择性电极的实际响应斜率;E_{ref} 为参比电极的电位;$\text{pM} = -\lg c_x$。显然 E 与 pM 呈线性关系。

电位分析定量方法包括直接电位法和电位滴定法两种。

(1) 直接电位法

直接电位法就是通过测量电动势 E,并利用能斯特方程得出待测离子浓度的方法。常用的直接电位法有直读法、标准曲线法和标准加入法三种。

① 直读法采用双标准溶液测定离子活度。配制两个 pM 不同的标准溶液,使被测溶液的 pM 置于两个标准溶液之间,且三者均在电极的线性响应范围内。将仪器预热后,将选择性旋钮调至 pM 档,调节仪器零点,置温度补偿旋钮于待测溶液温度值,将斜率补偿调至 100%,将电极系统插入其中的一个标准溶液中,调节定位旋钮至 pM=0 处。取出电极系统,经去离子

水洗涤后,插入第二个标准溶液中,开动搅拌器,待读数稳定后,调节斜率补偿旋钮使示数与两个标准溶液的 ΔpM 相对应,此时斜率补偿旋钮不可再动。这时,再调节定位旋钮使仪器示数与标准溶液的 pM 数相对应,此时完成了仪器的定位和补偿,即可对样品的进行测定。也可以用其中一个标准溶液调节定位旋钮,换上另一个标准溶液后,调节斜率补偿旋钮使显示值与实际数值一致,即完成定位于斜率补偿,操作更为简便。有些测试仪器,没有配备斜率补偿功能,当电极的实际斜率接近理论值时,可以用接近待测溶液 pM 的一个标准溶液调节定位旋钮。也可以用两个标准溶液分别测定电位值,计算出电极的实际斜率,然后用计算的方法给出测定结果。酸度计的使用常采用直读法。

② 标准曲线法用一系列(常用 5 个)已知浓度的标准溶液,测定对应溶液与所用电极对组成原电池的电动势,以电动势为纵坐标,以 pM 为横坐标作图,得标准曲线。在同样条件下测定待测溶液的电动势,在标准曲线上查出对应的 pM,并计算离子浓度。使用这种方法定量时,要求标准溶液与待测试液具有相同的离子强度,并维持在一定的 pH 范围内。如果有干扰离子存在,还需加入掩蔽剂,如果待测离子的存在形式不为电极响应,还应考虑转变待测离子存在形态。在电位测定过程中,系列已知浓度的标准溶液的测定顺序为从稀到浓,中间溶液切换中电极系统不必清洗,但从标准溶液切换为待测溶液时,必须将电极系统的空白电位洗至规定的数值方可测定样品。溶液配制过程中,系列标准溶液和待测试液的背景,如离子强度、酸度等应尽量保持一致,以使选择性电极能斯特方程中的活度系数一致,减小误差。标准曲线法适用于大批量样品的例行分析,而且要求试样溶液的组成明确,这样才能配制条件相近的标准溶液。标准曲线法的精密度较其他定量方法的精密度更高。

③ 标准加入法主要用于试样的组成比较复杂,配制标准溶液有困难,或待测离子浓度偏低,测定准确度不高等情况下。在标准加入法中,测定标准溶液定量加入样品溶液前后的电位变化进行测定。标准加入法适用于组成复杂的试液分析,在有大量配位剂存在时,仍然可以测得待测离子的总浓度,可以不加入离子强度调节剂,只需要一种标准溶液,操作简单,但其精密度比标准曲线法低。欲使分析结果准确度高,可采用多次添加标准溶液法,并用作图求得待测离子浓度,称为 Gran 作图法。如果使用计算机处理数据将非常方便,可以实现测量和结果计算同时进行。

(2) 电位滴定法

电位滴定法是将合适的电极系统置于滴定体系中,其指示电极能跟踪滴定体系中某种物质浓度的瞬时变化,从而指示滴定终点到达的一种分析方法。在滴定过程中,随着滴定剂的加入,滴定反应不断进行,体系中被响应物质的浓度不断变化,指示电极电位也发生相应的变化,在化学计量点附近该物质浓度发生突变,指示电极的电位也将发生突跃,因此,测量电池电动势的变化,就能确定滴定终点。

与直接电位法相比,电位滴定法只注重滴定过程中电位的变化,而不需要准确测定试液电位。因此,电位滴定法中温度、液体接界电位的影响并不重要,其准确度优于直接电拉法。化学滴定法是依靠指示剂颜色变化来指示滴定终点,如果待测溶液有颜色或浑浊时,终点的指示就比较困难,或者根本找不到合适的指示剂。电位滴定法靠指示电极的电位突跃来指示滴定终点,某些无法进行的滴定体系可用电位滴定来完成。

与化学滴定法类似,电位滴定法也能进行酸碱滴定、氧化还原滴定、配合滴定和沉淀滴定,对不同的滴定反应要使用合适的指示电极。酸碱滴定通常使用 pH 玻璃电极为指示电极,氧化还原滴定可以用铂电极作指示电极,配合滴定中,若用 EDTA 作滴定剂,可以用汞电极作指示电极,在沉淀滴定中,若用硝酸银滴定卤素离子,可以用银电极作指示电极。

电位滴定的基本装置如图 8-3 所示。

手工进行电位滴定操作和计算均比较烦琐,随着
电子技术和机械加工业的不断发展,自动电位滴定仪
日臻完善。目前,自动电位滴定可以采用预置滴定终
点和自动记录滴定曲线两种方式进行。对前者而言,
滴定剂加入速度由电磁阀控制,电磁阀通电脉冲越
长,电磁阀开启时间越长,每次滴定剂加入量越大。
电磁阀通电脉冲时间是由实际电位与预置终点电位
的差值决定的,差值越大,脉冲持续时间越长。这样,
就保证了开始滴定时,滴定剂的加入速度可以快些,
接近终点时加入的速度可以放慢,满足了滴定的准确
度。终点电位的准确与否直接关系到电位滴定的准
确度,而实际滴定体系的复杂程度各不相同,因此无
法通过理论计算获得,通常是通过实验测得。自动记
录滴定曲线型的原理是滴定剂以恒定速度加入,记录

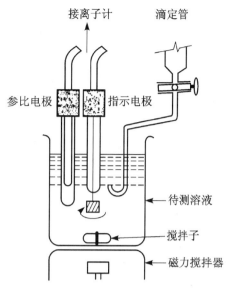

图 8-3　电位滴定装置

纸以恒速行走,即记录纸的横坐标相当于滴定剂加入的量,纵坐标为指示系统的电动势。滴定
完成后,根据记录纸上电位的变化数值确定终点位置,根据开始滴定和滴定结束时滴定剂体
积,计算得出终点体积。目前计算机控制的滴定仪,可根据滴定过程中记录的滴定曲线和设置
的滴定参数自动确定滴定终点和消耗的滴定剂体积。

2) 离子选择电极

离子选择性电极通过电极敏感膜接触两种电解质溶液,在膜表面形成对应的电位值。一
般而言,电极敏感膜内侧接触的溶液(称为内参比溶液)是人为加入的,其中敏感物的浓度固
定,因此膜内表面与内参比溶液间的相界电位也固定不变,而敏感膜外表面与待测溶液接触,
其相界电位与所接触的待测溶液中敏感物质的浓度有关。因而敏感膜两边的电位差值(称为
膜电位)与待测溶液的浓度符合能斯特方程,从而可以作为敏感物质的指示电极。

最早也是最广泛被应用的膜电极是 pH 玻璃电极,它是电位法测定溶液 pH 的指示电极。玻璃
电极的构造如图 8-4 所示,下端部是由特殊成分的玻璃吹制而成的球状薄膜,膜的厚度为 0.1 mm。
玻璃管内装有 pH 恒定的缓冲溶液(内参比溶液),并插入 Ag/AgCl 电极作为内参比电极。

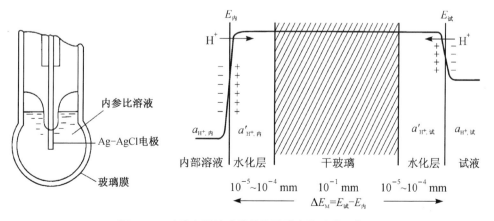

图 8-4　玻璃电极敏感膜结构及膜电位形成示意图

敏感膜的组成是电极能否对目标离子灵敏响应的关键。纯 SiO_2 玻璃膜没有可供离子交换的质点，不能对离子有响应。当加入 Na_2O 后，部分 Si—O 键断裂，生成固定的带负电荷的 Si—O 骨架，正离子 Na^+ 就可能在骨架的网络中活动，电荷的传导也由 Na^+ 来担任。

当球状玻璃膜与水溶液接触时，形成水化层，其中 M^+（如 Na^+）为氢离子所交换，因为硅酸结构与 H^+ 结合键的强度远大于与 M^+ 的强度（约为 10^4 倍），因而膜表面的点位几乎全为 H^+ 所占据而形成 $\equiv SiO^- H^+$ 结构。玻璃膜的内外表面分别与内部和外部溶液接触，各自形成水化层。但若内部溶液与外部溶液的 pH 不同，则将影响 $\equiv SiO^- H^+$ 的解离平衡：

$$\equiv SiO^- H^+（表面）+ H_2O（溶液）\longrightarrow \equiv SiO^-（表面）+ H_3O^+ \tag{8-4}$$

故在膜内、外的固-液界面上的电荷分布不同，使膜两侧具有一定的电位差，这个电位差称为膜电位。

当将浸泡后的电极浸入待测溶液时，膜外层的水化层与试液接触，由于溶液中 H^+ 活度的不同，将使式(8-4)的解离平衡发生移动，此时可能有额外的 H^+ 由溶液进入水化层，或由水化层转入溶液中，因而膜外层的固-液两相界面的电荷分布发生了改变，从而使跨越电极膜的电位差发生改变，而这个改变显然与溶液中 H^+ 活度（$a_{H^+,\text{试}}$）有关，如图 8-4 所示。

若膜的内、外侧水化层与溶液间的界面电位分别为 $E_\text{内}$ 及 $E_\text{外}$，膜两边溶液的 H^+ 活度为 $a_{H^+,\text{内}}$ 及 $a_{H^+,\text{试}}$，而 $a'_{H^+,\text{内}}$ 及 $a'_{H^+,\text{试}}$ 是接触此两溶液的每一水化层中的 H^+ 活度，则膜电位 ΔE_M 为

$$\Delta E_M = E_\text{试} - E_\text{内} = \frac{RT}{F} \ln \frac{a_{H^+,\text{试}}}{a_{H^+,\text{内}}} \tag{8-5}$$

由于内参比溶液组成和浓度固定，$a'_{H^+,\text{内}}$ 为常数，式(8-5)简化为

$$\Delta E_M = K + \frac{2.303RT}{F} \lg a_{H^+,\text{试}} \tag{8-6}$$

这就是 pH 玻璃电极敏感膜的能斯特方程。该式说明在一定温度下玻璃电极的膜电位与溶液 H^+ 活度的对数具有线性关系，也与 pH 呈线性关系。

与玻璃电极类似，各种离子选择性电极的膜电位在一定条件下遵守能斯特公式。类似地，阳离子 M 的膜电位可以表示为

$$\Delta E_M = K + \frac{2.303RT}{nF} \lg a_{\text{阳离子}} \tag{8-7}$$

对阴离子有响应的电极的膜电位则为

$$\Delta E_M = K - \frac{2.303RT}{nF} \lg a_{\text{阴离子}} \tag{8-8}$$

电极不同，K 值不同，它与感应膜、内部溶液等条件有关。式(8-7)及式(8-8)说明，在一定条件下膜电位与溶液中预测离子活度的对数呈线性关系，这是离子选择性电极法测定离子活度的理论基础。

依据敏感膜特征，将离子选择性电极分成如下几类。

（1）晶体（膜）电极

这类电极的敏感膜一般由难溶盐经过加压或拉制成单晶、多晶或混晶的活性膜。由于制备敏感膜的方法不同，晶体膜又可分为均相膜和非均相膜两类。

均相膜电极的敏感膜由一种或几种化合物均匀混合物的晶体构成，而非均相膜则除了电活性物质外，还加入某种惰性材料，如硅橡胶、聚氯乙烯、聚苯乙烯、石蜡等，其中电活性物质对膜电极的功能起决定性作用。

在晶体膜材料中存在的晶格缺陷（即空穴）能引起离子传导的作用，这是晶体（膜）具有电极响应的基本机理。在空穴附近可移动的离子将向空穴移动，并占据空穴的位置，不同电极膜具有不同的空穴大小、形状和电荷分布，只能允许特定的离子进入，其他离子无法进入进行离子交换。因此，晶体膜可以限制其他离子而有选择性地对待测离子有响应。氟离子选择性电极是这类电极的代表，其敏感膜为氟化镧单晶，并掺入微量氟化铕（Ⅱ）以增加导电性。将它们封在塑料管的一端，管内装 0.001 mol/L NaF＋0.1 mol/L NaCl 溶液（即内部溶液），以 Ag/AgCl 电极作内参比电极，就构成了氟离子选择性电极，其结构如图 8-5(a)所示。氟化镧单晶中可移动的离子就是 F^-，根据能斯特方程：

$$\Delta E_M = K - \frac{2.303RT}{F}\lg a_{F^-} \tag{8-9}$$

上式一般在 $1 \sim 10^{-6}$ mol/L 浓度内成立，而电极的检测下限由单晶的溶度积决定。在 LaF_3 饱和溶液中氟离子活度约为 10^{-7} mol/L，因此氟电极在纯水体系中检测下限约为 10^{-7} mol/L。氟电极具有较好的选择性，主要干扰物质是 OH^-。

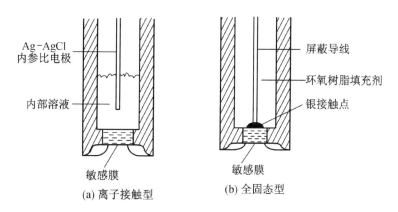

图 8-5　两种最常用形式的晶体膜电极

硫化银膜电极是另一常用的晶体膜电极。硫化银在 176℃ 以下以单斜晶系 $\beta-Ag_2S$ 形式存在，它具有离子传导及电子传导的导电性能。将 Ag_2S 晶体粉末置于模具中，加压（$10^8 \sim 10^9$ Pa/cm^2）使之形成一致密的薄膜，可按如图 8-5(b)所示形式装成电极。晶体中可移动离子是 Ag^+，所以膜电位对 Ag^+ 敏感。

图 8-5(a)是一般离子选择性电极的形式（离子接触型），氟离子选择性电极属于该类。而以硫化银为基质的商品晶体电极多采用如图 8-5(b)所示的全固态型的结构，在敏感膜压片时，在内表面添加一定量的银粉作为焊接内参比电极的焊点。全固态电极制作较简便，电极可以在任意方向倒置使用，且消除了压力和温度对含有内参比液的电极所加的限制，因而适用于在线检测。

凡是影响银离子和硫离子活度的各类组分,都会影响硫化银敏感膜的膜电极。与硫化银膜电极类似的还有用于测定卤素离子的卤化银-硫化银混晶膜电极,其电极膜由卤化银($AgCl$、$AgBr$ 或 AgI)沉淀均匀分散在硫化银骨架中压制而成。加入硫化银后可降低敏感膜的电阻和光敏性,且易于加压成片。这类电极对卤素离子的灵敏度与卤化银的溶度积大小顺序相反。如将硫化银与另一金属的硫化物(如 CuS、CdS、PbS 等)混合加工成膜,则可制成测定相应金属离子的晶体膜电极。表8-1列出了常用晶体膜电极的膜组成、浓度范围和主要干扰离子。

表8-1　常用晶体膜电极的膜组成、浓度范围和主要干扰离子

电极	膜材料	线性响应浓度范围 mol/L	适用 pH 范围	主要干扰离子
F^-	LaF_3+EuF_2	$5\times10^{-7}\sim1\times10^{-1}$	$5\sim6.5$	OH^-
Cl^-	$AgCl+Ag_2S$	$5\times10^{-5}\sim1\times10^{-1}$	$2\sim12$	Br^-、$S_2O_3^{2-}$、I^-、CN^-、S^{2-}
Br^-	$AgBr+Ag_2S$	$5\times10^{-6}\sim1\times10^{-1}$	$2\sim12$	$S_2O_3^{2-}$、I^-、CN^-、S^{2-}
I^-	$AgI+Ag_2S$	$5\times10^{-7}\sim1\times10^{-1}$	$2\sim11$	S^{2-}
CN^-	AgI	$5\times10^{-6}\sim1\times10^{-2}$	>10	I^-
Ag^+、S^{2-}	Ag_2S	$5\times10^{-7}\sim1\times10^{-1}$	$2\sim12$	Hg^{2+}
Cu^{2+}	CuS	$5\times10^{-7}\sim1\times10^{-1}$	$2\sim10$	Ag^+、Hg^{2+}、Fe^{3+}、Cl^-
Pb^{2+}	PbS	$5\times10^{-7}\sim1\times10^{-1}$	$3\sim6$	Cd^{2+}、Ag^+、Hg^{2+}、Fe^{3+}、Cl^-
Cd^{2+}	CdS	$5\times10^{-7}\sim1\times10^{-1}$	$3\sim10$	Pb^{2+}、Ag^+、Hg^{2+}、Cu^{2+}、Fe^{3+}

(2)非晶体膜电极——刚性基质电极

玻璃电极属于刚性基质电极,它出现最早,至今仍是应用最广泛的一类离子选择性电极。除了玻璃电极,还有组成和响应机理相类似的一类刚性基质电极,如表8-2所示。这类电极的基本材料为玻璃(SiO_2),同时加入一定量的 Li_2O、Na_2O 和 Al_2O_3,通过控制各种材料的比例可以制成对不同离子响应的离子选择性电极。

表8-2　阳离子玻璃电极的玻璃膜组成

电极种类	膜组成百分数/% ($Li_2O+Na_2O+Al_2O_3+SiO_2$)	电极对共存离子的选择性系数
Na^+	$0+11+18+71$	K^+：3.3×10^{-3}(pH=7)、3.6×10^{-4}(pH=11)
K^+	$0+27+5+68$	Na^+：5×10^{-2}
Ag^+	$0+11+18+71$	Na^+：1×10^{-3}
	$0+28.8+19.1+51.2$	H^+：1×10^{-5}
Li^+	$15+0+25+60$	Na^+：0.3；K^+：$<1\times10^{-3}$

(3)流动载体电极(液膜电极)

流动载体电极的敏感膜是将某种有机液体离子交换剂浸于多孔性材料中制成的。该膜与水互不相溶,膜一侧溶液中的待测离子可以与载体结合而穿越膜到另一侧水溶液中进行交换,溶液中伴随的相反电荷的离子被排斥在膜相之外,从而引起相界面电荷分布不均匀,在界面上形成双电层,产生膜电位。根据电活性物质(载体)带电荷性质不同,将该类电极分为带正电荷流动载体电极、带负电荷流动载体电极和电中性流动载体电极三种类型。膜中除电活性物质

(载体)外,还含有溶剂(增塑剂)、基体(微孔支持体)等成分。电活性物质在有机相和水相中的分配系数决定电极的检测下限,分配系数越大,检测下限越低。

流动载体膜也可制成类似固态的"固化"膜,如 PVC 膜电极。它是将一定比例的离子交换剂先溶于一定的有机溶剂(起增塑作用)后,再加入聚氯乙烯(PVC)粉末,混匀,溶于四氢呋喃中,在玻璃板上铺开。待四氢呋喃挥发后,形成薄膜。与一般的流动载体膜相比,这种薄膜的稳定性和寿命有很大的提高。几种常见流动载体电极列于表8-3。

表8-3 几种常见流动载体电极

电极	膜 材 料	线性响应浓度范围/(mol/L)	主要干扰离子
Ca^{2+}	二(正辛基苯基)磷酸钙溶于苯基磷酸二正辛酯	$1 \times 10^{-5} \sim 1 \times 10^{-1}$	Zn^{2+}、Mn^{2+}、Cu^{2+}
水硬度	二癸基磷酸钙溶于癸醇	$1 \times 10^{-5} \sim 1 \times 10^{-1}$	Na^+、K^+、Ba^{2+}、Sr^{2+}、Cu^{2+}、Ni^{2+}、Zn^{2+}、Fe^{2+}
NO_3^-	四(十二烷基)硝酸铵	$5 \times 10^{-6} \sim 1 \times 10^{-1}$	NO_3^-、Br^-、I^-、ClO_4^-
ClO_4^-	邻二氮杂菲铁(Ⅱ)配合物	$1 \times 10^{-5} \sim 1 \times 10^{-1}$	OH^-
BF_4^-	三庚基十二烷基氟硼酸铵	$1 \times 10^{-6} \sim 1 \times 10^{-2}$	I^-、SCN^-、ClO_4^-

(4) 敏化电极

敏化电极的电极敏感膜不直接与测试溶液接触,透气膜或酶膜置于敏感膜与待测试液之间,待测物通过透气膜或酶膜后,改变与敏感膜接触溶液的某些性质,如 pH;或待测试液中某些组分在酶的作用下产生能够被敏感膜响应的组分,从而间接测定该物质。

气敏电极由离子敏感电极、参比电极、中间电解质溶液和憎水性透气膜组成(图8-6)。它是通过界面化学反应工作的。试样中待测气体扩散通过透气膜,进入离子敏感膜与透气膜之间形成的中间电解质溶液薄层,使其中某一离子活度发生变化,由离子敏感电极指示出来,这样可间接测定透过的气体。例如 CO_2、NH_3、SO_2 等气体可能引起 pH 的升高或降低,可用 pH 玻璃电极指示 pH 变化;HF 与水产生 F^-,可用氟离子选择电极指示其变化等。除上述气体外,气敏电极还可以测定 NO_2、H_2S、HCN、Cl_2 等。

酶电极与气敏电极相似,而其覆盖膜是由酶制成的。它不仅能测定无机化合物,而且可以检测有机化合物,特别是生物体液中的组分。

掺杂阴离子的导电聚合物电位传感器对传统的聚合物膜ISEs 是一项革新。以被测阴离子为电解液的组成,加入导电聚合物单体(如吡咯)进行电聚合,在电极表面形成掺杂阴离子的膜,可制备出阴离子电位传感器。其优点是制备方法简便快速,膜电极的阻抗很小,电位响应特别快(一般为几秒),线性范

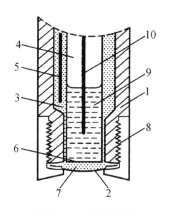

图8-6 气敏氨电极
结构示意图

1—电极管;2—透气膜;3—0.1 mol/L NH_4Cl 溶液;4—离子电极(pH 玻璃电极);5—Ag/AgCl 参比电极;6—离子电极的敏感膜(玻璃膜);7—电解质溶液(0.1 mol/L NH_4Cl)薄层;8—可卸电极头;9—离子电极的内参比溶液;10—离子电极的内参比电极

围宽,而且重现性好。很多分析物的检测限达到 nmol/L 甚至 pmol/L 水平,这使得电位型传感器成为最灵敏的分析方法之一。

总之,经过几十年的长足发展,离子选择性电极的理论已得到很好的发展,成了一个成熟的学科。基于新的能量转换原理,有关新型传感材料及离子选择电极微型化的研究正在展开。离子选择电极在生物医学分析上的应用日益广泛,如具有高离子选择性离子载体的合成,离子选择性电极在临床分析仪和便携式设备上的集成化都是备受关注的领域。

4. 伏安分析法(voltammetry)

以测定电解过程中电流-电压曲线为基础的一类电分析化学方法称为伏安分析法。极谱分析方法(polarography)是伏安分析方法的早期形式,1922 年由 Jaroslav Heyrovsky 创立。随着电子技术的发展,以及固体电极、修饰电极的广泛使用以及电分析化学在生命科学与材料科学中的广泛应用,伏安分析法得到了长足的发展,过去单一的极谱分析方法已经成为伏安分析法的一种特例。极谱法的应用相当广泛,凡是能在电极上发生氧化或还原的物质,都可以用极谱法测定。极谱法也用于研究化学反应机理及动力学过程,测定配合物组成及平衡常数测定等。

1) 极谱法概述

极谱法是一种特殊形式的电解技术,其特殊之处源于:① 电极特殊,极谱法使用的是小面积的滴汞电极和大面积的甘汞电极进行非计量电解,而电解分析进行计量电解,使用的是大面积的工作电极;② 电解条件特殊,极谱分析是在加入大量的支持电解质,溶液处于静止状态下进行的电解过程,工作电极的电位按照一定规律变化而不是恒定的,记录的是电流随电压变化的伏安曲线;③ 测定对象不同,极谱分析主要用于测定微量组分,电解分析主要测定常量组分。

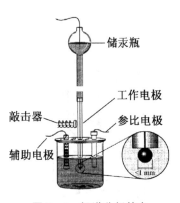

图 8-7 极谱分析基本原理与装置

如图 8-7 所示,极谱分析通常采用三电极系统。被测定的电极叫作工作电极(working electrode,WE),也叫作指示电极(indicating electrode);与工作电极结合提供电流通路的叫作对电极(counter electrode,CE),或辅助电极;测量反应电极电位的基准电极为参比电极(reference electrode,RE)。如甘汞电极(calomel electrode)是实验室中最常用的参比电极之一,其最突出的特征是易于处理;饱和甘汞电极(saturated calomel electrode,SCE)是当 KCl 浓度达到饱和时的电极。

当按一定规律变化的外加电压施加于工作电极(滴汞电极)和辅助电极(Pt 丝)上,用参比电极与工作电极的电位差的变化指示工作电极电位变化,如果工作电极的电位偏离预置的变化规律,其电位差作为施加电压放大器的反馈信号修正输入电压,从而改变输出电压,改变工作电极的电位恢复至预置电位处。随着外加电压的增加,达到被测物质的分解电压时,电极表面的反应物质开始发生电极反应,回路中出现极谱电流。由于滴汞电极的汞滴不断的滴落,极谱电流随汞滴的生长与滴下呈周期性的变化(图 8-8)。当汞滴脱离毛细管瞬间电流降为零,随着新汞滴的生长,电流迅速增加。由于记录仪的阻尼作用使记录信号无法跟随电流的变化,使记录信号在一个小范围波动。这就是我们所看到的极谱图中的曲线与普通伏安图谱不同的原因。

极谱法之所以采用汞电极为工作电极，原因之一是氢在汞电极上的过电位较高，即阴极电化学窗口较宽。在酸性溶液中，外加电位可以加到 -1.3 V(vs. SCE)；在碱性溶液中外加电位可到 -2 V(vs. SCE)；在季铵盐及氢氧化物溶液中外加电位可以加到 -2.7 V(vs. SCE)时，氢才开始析出。由于汞滴表面不断更新，可以获得很高的重现性。但汞是有害物质，这也在一定程度上限制了极谱分析方法的发展。

图 8-8 给出两条典型的极谱曲线。曲线 A 是 1.0 mol/L HCl 溶液扫描的极谱曲线，即背景电流曲线。曲线 B 是 1×10^{-4} mol/L 镉离子在 1.0 mol/L HCl 溶液中的极谱曲线。

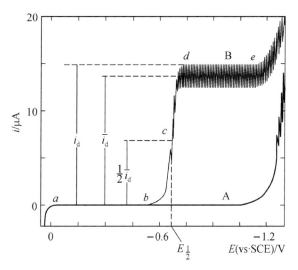

图 8-8　1 mol/L HCl 中不含镉(A)与含 1× 10^{-4} mol/LCd^{2+}(B)的极谱波

曲线 B 的形成过程可以分为以下三个阶段。

(1) 残余电流部分：当外加扫描电压尚未达到 Cd^{2+} 的分解电压时，滴汞电极的电位较 Cd^{2+} 的析出电位高，Cd^{2+} 不会发生还原反应，电极间应该没有电流通过。但实际电解池中仍然存在极微小的电流，称之为残余电流，即曲线 a—b 部分。

(2) 电流上升部分：当外加电压达到 Cd^{2+} 的分解电压时，也就是滴汞电极低于 Cd^{2+} 的析出电位时，Cd^{2+} 将在电极表面发生还原反应，生成的 Cd 原子与电极表面的汞形成镉汞齐。

$$Cd^{2+} + 2e^- + Hg \rightleftharpoons Cd(Hg)$$

此时，电极间有电流流过，即曲线上的 b 点。电极间流经的电流的大小与单位时间内发生电极反应交换电子的数量成正比。电极表面参与电极反应的离子浓度与电极电位仍然符合能斯特方程。即

$$E_{Hg} = E_{Cd^{2+}/Cd(Hg)} + \frac{0.059\ 2}{2} \lg \frac{[Cd^{2+}]}{[Cd(Hg)]} \qquad (8-10)$$

当外加电压增大时，滴汞电极的电位会逐渐下降，与之平衡相对应的电极表面的 Cd^{2+} 浓度将逐渐下降，在此过程中，电极表面的 Cd^{2+} 还原加快，电解电流逐渐上升，即 b—c—d 段。

随着电极反应的进行，电极表面的 Cd^{2+} 浓度便低于溶液本体中 Cd^{2+} 的浓度，在电极表面产生了浓差极化。电极过程可由三个部分组成，反应物向电极表面的运动过程、反应物的电极反应过程和电极产物离开电极表面的运动过程。电极反应速度取决于其中最慢的一个环节。如果电极反应速度和产物离开电极表面的速度较快，那么单位时间内发生电极反应的数量就取决于反应物的运动速度。反应物到达电极表面的途径有三种，分别是对流运动、静电迁移运动和扩散运动。如果前两种运动可以通过其他方法降到最小，那么到达电极表面的主要运动方式就是扩散运动，这时扩散速度的大小将决定电流的大小，此电流称为扩散电流。

理论和实践均证明,扩散电流 i 的大小取决于浓度梯度:

$$i \propto \frac{c - c_S}{\delta}$$

$$i = K(c - c_S) \tag{8-11}$$

式中,c 为溶液中反应物浓度;c_S 为电极表面反应物浓度;δ 为电极表面扩散层厚度,约为 0.05 mm;K 为常数。

（3）极限扩散电流阶段:随着外加电压继续增加,滴汞电极电位负到一定的数值,使电极反应可以进行到如此完全的程度,以致电极表面附近的 Cd^{2+} 绝大部分被还原了,其浓度趋近于零,c_S 趋于零,此时极化达到最大程度,称之为完全浓差极化。这时扩散电流也达到最大值,以后即使外加电压继续增加,电流也不会明显上升,即图中的 $d \sim e$ 段,电流达到极限值,称为极限扩散电流。简化式(8-11)得

$$i = Kc \tag{8-12}$$

由此可见,极限扩散电流与溶液中 Cd^{2+} 的浓度成正比关系,这是极谱定量分析的基础。

在极谱分析中,滴汞电极的电位随外加电压的变化而变化,故称为极化电极,参比电极的表面积较大,没有明显的浓差极化现象,它的电位很稳定,不随外加电压而变化,称为去极化电极。极谱波的产生源于在极化电极上出现的浓差极化现象,所以以其电流-电位曲线称之为极化曲线,极谱的名称也是由此而来的。

要获得极谱曲线,一般需具备如下条件:① 作为极化电极的表面积要小,这样电流密度就很大,单位面积上起电极反应的离子数量就多,c_S 就易于趋近于零;② 溶液中被测定物质的浓度要低,c_S 易于趋近于零;③ 溶液不搅拌,有利于在电极表面附近建立扩散层。

由电极表面离子运动方式可知,极谱图上的极限电流除受制于浓差极化外,也与残余电流、对流电流和迁移电流有关。除扩散电流外,其余几种运动方式产生的电流与待测组分无简单的定量关系,实验过程中必须予以去除。残余电流是外加电压还没有达到被分析物质的分解电压时通过电解池的极微小电流,实验过程很难消除,进行定量分析时,可直接从极限电流中减去残余电流而扣除。对流电流是由于溶液的扰动或搅动使离子运动到电极表面而产生的电路,这可通过尽量使溶液保持静止使其降到最低程度。迁移电流是由于被测定的离子在电场力的作用下,趋向电极表面而引起的电流,可通过加入大量的支持电解质而降低其迁移比例来消除。

极谱分析另一重要概念是半波电位 $E_{1/2}$,它是扩散电流等于极限扩散电流一半处的滴汞电极的电位,即图 8-8 中 c 点对应的电极电位。当溶液的组分和温度一定时,每一种物质的半波电位是固定的,它不随浓度的变化而改变,因此可作为定性的依据。

需指出的是,经典极谱分析只适用于待测物浓度大于 10^{-5} mol/L 的溶液,对于低浓度的样品,由于参与电流较大,可能掩盖了电解电流而使测定无法进行,所以对低浓度的样品而言,不建议采用经典极谱方法测量。

2）新极谱技术

经典极谱法具有较大的局限性:充电电流较大,灵敏度低;分辨率较低,半波电位相差不大的组分难以准确测量;一条完整的极谱曲线需要较多的滴汞(近百滴);干扰电流如叠波、前波等干扰较大。为解决上述问题,发展了很多新极谱技术,如单扫描示波极谱、循环伏安法、方波极谱法、脉冲极谱法、溶出伏安法等。

(1) 单扫描示波极谱法

单扫描示波极谱法是在一个滴汞生成的后期,在电解池两极上快速施加一锯齿波脉冲电压,用示波器记录在一个滴汞上所产生的整个电流-电压曲线。单扫描示波极谱仪工作原理如图8-9所示。

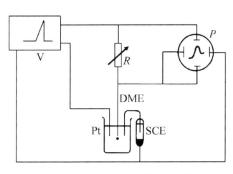 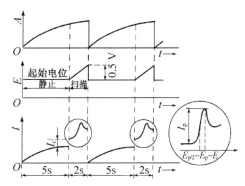

图8-9 单扫描示波极谱仪工作原理图　　图8-10 极化电压施加方式及电流-电压曲线

由极化电压发生器产生的锯齿波脉冲扫描电压通过测量电阻 R 加到极谱电解池的两电极上,并经过放大后加到示波器的水平偏向板上。产生的极谱电流经过 R 产生电压降,后者经过放大后加到示波器的垂直偏向板上。示波器的水平轴代表施加的极化电压,垂直轴代表对应的极谱电流的大小。因此,在示波器上可以直接观察到极谱波形图(图8-10)。

由于极化电压是在滴汞生成后期电极面积变化率较小时施加于电解池两个电极上的,且施加极化电压速度很快,通常约为 0.25 V/s(经典极谱法一般是 0.005 V/s),电极表面的离子迅速还原,瞬时产生很大的极谱电流,电极周围的离子来不及扩散到电极表面,使扩散层加厚,导致极谱电流又迅速下降。因此,单扫描示波极谱图呈峰形。峰电位 E_p 与极谱波半波电位 $E_{1/2}$ 之间的关系为

$$E_p = E_{1/2} \pm 1.1 \frac{RT}{nF} \qquad (8-13)$$

式中,"+"对应还原电位;"−"号对应氧化电位。

单扫描示波极谱法的特点如下。

① 分析速度快,灵敏度高。在滴汞生长的后期加以完整的快速扫描电压,一个滴汞就可以得到完整的极谱曲线,数秒钟可完成一次测量。电极极化速度较快,峰电流较同浓度的经典极谱电流大得多,且施加电压过程中,汞滴表面积变化速率较小,充电电流变小,灵敏度显著高于经典极谱。对可逆电极反应而言,测定组分浓度可低至 10^{-7} mol/L。

② 分辨率高,前波影响小。极谱曲线为峰形,分辨率高于阶梯状经典极谱图。两物质的峰电位相差 0.1 V 以上,就可以分开,采用导数单扫描极谱,分辨力更高。前放电物质的干扰小。在数百甚至近千倍前放电物质存在时,不影响后还原物质的测定。这是由于在扫描前有5 s 的静止期,相当于在电极表面附近进行了预电解分离。

③ 由于氧波为不可逆波,其干扰作用也就显著降低,往往可以不除氧进行测定。

④ 特别适合于配合物吸附波和具有吸附性催化波的测定。

(2) 循环伏安法

循环伏安法(cyclic voltammetry)与单扫描示波极谱法相似,都是以快速线性扫描的形式施加电压,其不同之处是单扫描示波极谱法施加的是锯齿波电压,而循环伏安法则是施加三角

波电压,如图 8-11 所示。起始电压 E 开始沿某一方向变化,到达终止电压 E_m 后又反方向回到起始电压,电压曲线呈等腰三角形。电压扫描速度可从每秒数毫伏到 1 V,工作电极可用悬汞滴、铂或玻璃石墨等静止电极。

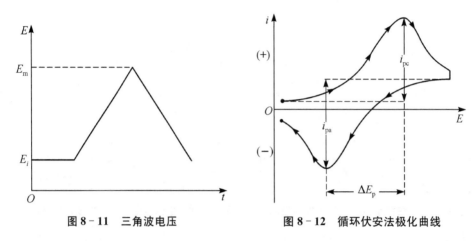

图 8-11　三角波电压　　　　　　　图 8-12　循环伏安法极化曲线

当溶液中存在氧化态物质 O 时,它在电极上可逆地还原生成还原态物质 R,有

$$O + ne^- \longrightarrow R$$

当电位方向逆转时,在电极表面生成的 R 则被可逆地氧化为 O,有

$$R \longrightarrow O + ne^-$$

所得极化曲线见图 8-12,曲线的上半部是还原波,称为阴极支;下半部是氧化波,称为阳极支,它们的峰电流和峰电位方程式均与单扫描示波极谱法相同。

循环伏安法是一种很有用的电化学研究方法,可用于研究电极反应的性质、机理和电极过程动力学参数;评价电活性性化合物的界面行为;还可以基于峰电流的测定,应用于定量分析等。

对可逆电极过程来说,根据式(8-12)的关系,循环伏安图中阴极支和阳极支的峰电位差值 ΔE_p 为

$$\Delta E_p = \left(E_{1/2} + 1.1\frac{RT}{nF}\right) - \left(E_{1/2} - 1.1\frac{RT}{nF}\right) = 2.2\frac{RT}{nF} \qquad (8-14)$$

25℃时,为

$$\Delta E_p = \frac{0.056}{n} \qquad (8-15)$$

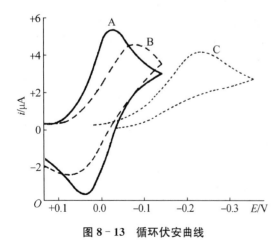

图 8-13　循环伏安曲线

A—可逆电极过程;B—准可逆电极过程;C—不可逆电极过程

实践证明,当终止电位较阴极峰电位负 100/n mV 以上时,峰电位差值将为 59/n mV。一般说来,由于峰电位差值与实验条件有关,所以当其数值为 55~65 mV 时,即可判断该电极反应为可逆过程。应该注意,可逆电流峰的峰电位尚与电压扫描速度无关。此外,阴极峰电流 i_{pc} 与阳极峰电流 i_{pa} 相等,并均与扫描速度的平方根成正比。可逆电极过程的循环伏安曲线见图 8-13。

准可逆和不可逆电极过程的循环伏安曲线如图8-13中B和C所示。对于准可逆过程，其极化曲线形状与可逆程度有关，一般来说，$\Delta E_p > 59/n$ mV，且峰电位随电压扫描速度的增加而变化，阴极峰变负，阳极峰变正；此外，视电极反应性质的不同，i_{pc}/i_{pa}可大于、等于或小于1，但均与$v^{1/2}$成正比(v为扫描速度)，因为峰电流仍是由扩散速度控制的。对于不可逆过程，反扫时不出现阳极峰，但i_{pc}仍与$v^{1/2}$成正比，当然电压扫描速度增加时，E_{pc}明显变负。根据E_p与v的关系，还可以计算准可逆和不可逆电极反应的速度常数k。

循环伏安法所用设备与线性扫描相同，操作也比较简便，对一个新的化合物的氧化还原电位的确定极为便利，这种方法在有机物、金属有机物和生物物质的氧化还原机理推断方面特别有用。

(3) 方波极谱法

方波极谱法是在线性变化的直流电压上叠加一频率为225～250 Hz、振幅为10～30 mV的方波电压，将这一复合电压施加于滴汞电极上，在每滴汞滴落前的某一固定时间记录电解产生的电流，由于充电电流按指数规律衰减，所记录的电流中充电电流已经得以充分衰减，而电解电流按时间的平方根方式衰减，衰减幅度较充电电流小得多，这样所记录的电流就是扣除了充电电流的电解电流，从而提高了极谱分析的灵敏度。方波极谱仪的工作原理如图8-14所示。

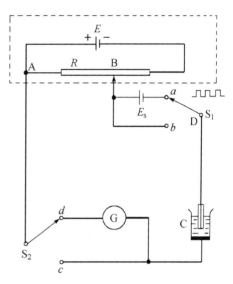

图 8-14　方波极谱仪的工作原理图

通过R的滑动触点由左端向右端移动，对极化电极进行线性电压扫描。利用振动子S_1往复接通a、b而在一定的时间将振幅为E_s的方波电压叠加后加到电解池C上。在电极反应过程中产生的极谱电流，通过振动子S_2在电容电流衰减到可以忽略不计的时刻与d点接通，由检流计G检测。

方波极谱法消除电容电流的原理，可用图8-15来说明。

电容电流i_C随时间t按指数衰减：

$$i_C = \frac{E_s}{R} e^{-\frac{t}{RC}} \qquad (8-16)$$

式中，E_s为方波电压振幅；C为滴汞电极和溶液界面双电层的电容；R为包括溶液电阻在内的整个回路的电阻。RC称为时间常数。当$t = RC$时，

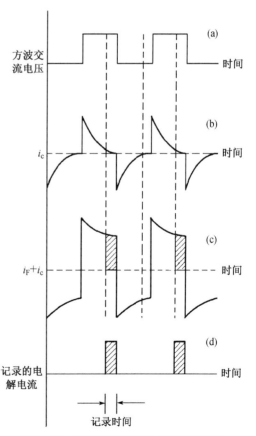

图 8-15　方波极谱法消除电容电流的原理

$$e^{-\frac{t}{RC}} = 0.368 \tag{8-17}$$

即此时的 i_C 仅为初始电流的 36.8%；若衰减时间为 5 倍的 RC，则 i_C 只剩下初始值的 0.67%，可以忽略不计[图 8-15(b)]。而法拉第电流 i_F 只随时间 $t^{-1/2}$ 衰减，比 i_C 衰减慢[图 8-15(c)]。对于一般电极，$C=0.3\ \mu\text{F}$，$R=100\ \Omega$，时间常数 $RC=3\times10^{-5}\ \text{s}$。如果采用的方波频率为 $225\ \text{Hz}$，则半周期 $\tau=1/450=2.2\times10^{-3}\ \text{s}$，$\tau>5RC$，在一方波电压改变方向前的某一时刻 t（$5RC<t<\tau$）记录极谱电流，就可以消除电容电流 i_C 对测定的影响。

在方波极谱法中，只有当方波电压叠加在经典极谱波半波电位前后处，电流的变化幅度较大。方波极谱法得到的极谱波亦呈峰形，峰电位 E_p 和 $E_{1/2}$ 相同。峰电流 i_p 为

$$i_p = 1.40\times10^7 n^2 E_s D^{\frac{1}{2}} Ac \tag{8-18}$$

式中，E_s 为方波电压振幅；c 为被测物质浓度；A 为电极面积。

方波极谱法的特点如下。

① 分辨率高，抗干扰能力强。可以分辨峰电位相差 $25\ \text{mV}$ 的相邻两极谱波，在前还原物质量为后还原物质量的 5×10^4 倍时，仍可有效地测定痕量的后还原物质。

② 测定灵敏度高。方波极谱法的极化速度很快，被测物质在短时间内迅速还原，产生比经典极谱法大得多的电流，灵敏度高。而且，由于有效地消除了电容电流的影响，使检出限可以达到 $10^{-8}\sim10^{-9}\ \text{mol/L}$。

③ 对于不可逆反应，如氧波，其峰电流很小，因此分析含量较高的物质时，常常可以不需除氧。

④ 为了使充电电流得以充分衰减，要求 RC 要小，R 必须小于 $100\ \Omega$，为此溶液中需加入大量支持电解质，通常在 $1\ \text{mol/L}$ 以上。而大量支持电解质的加入必然会带入一定量杂质，这是限制方波极谱灵敏度提高的因素之一。因此，在进行痕量组分测定时，对试剂的纯度要求很高。

⑤ 毛细管噪声电流较大，限制了检出限的进一步降低。汞滴下落时，毛细管中汞线回缩，将溶液吸入毛细管尖端内壁，形成一层不规则液膜，当扫描电位不同时，该液膜内发生电极反应对应的电流是不规则的，类似噪声信号，因此称此电流为噪声电流。噪声电流随方波频率增高而增大，这是限制方波极谱灵敏度提高的另一个因素。

（4）脉冲极谱法

方波极谱法中，一个滴汞上叠加多个方波电压，每个方波电压持续时间较短，只有 $2\ \text{ms}$，因此要充分衰减充电电流，就必须降低时间常数，通常采用减小电解液电阻的方式来解决，即加入大量的电解质溶液，这又导致方波极谱法空白值提高。毛细管噪声电流与时间的关系为 $i_N \propto t^{-n}$（$n>1/2$），它的衰减速度小于电解电流而大于充电电流。由于方波极谱所叠加的方波电压的持续时间短，毛细管噪声电流衰减幅度很小，因此，噪声电流明显对方波极谱法的灵敏度提高产生影响。脉冲极谱法就是考虑到方波极谱法的上述问题而提出的。脉冲极谱法中改变了电压的施加方式，一个滴汞只加一个脉冲。即在线性变化的直流电压上叠加一个振幅为 $10\sim100\ \text{mV}$ 的脉冲电压，且脉冲持续时间较长，为 $4\sim100\ \text{ms}$，该脉冲电压是在每滴汞生长的后期开始施加上去，脉冲持续一段时间后，待充电电流和毛细管噪声得以充分衰减时，再记录电解电流，这样，噪声电流得以消除，这是脉冲极谱法灵敏度提高的原因之一。由于脉冲极谱法中脉冲信号持续时间比方波极谱法中的方波信号持

续时间长很多,若要求两种极谱方法的充电电流具有相同衰减幅度,脉冲极谱法对时间常数的要求就要比方波极谱法宽松许多,也就是说,脉冲极谱法不需像方波极谱法那样必须加入大量的支持电解质,在电解质浓度很低甚至不加电解质也可以完成分析工作,这是脉冲极谱法灵敏度高于方波极谱法的另一个原因。

依脉冲方式不同,脉冲极谱法分为常规脉冲极谱法和微分脉冲极谱法,见图 8 – 16 和图 8 – 17。常规脉冲极谱法所施加的方波脉冲幅度是随时间线性增加的,其得到的电流-电压曲线是阶梯状的;微分脉冲极谱法是在直流线性扫描电压上叠加一个等幅方波脉冲电压,得到的极谱波呈峰形。

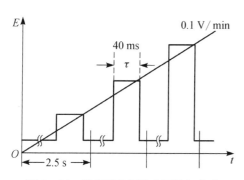

图 8 – 16　常规脉冲极谱电压施加方式　　　　图 8 – 17　微分脉冲极谱电压施加方式

脉冲极谱法的特点如下。

① 灵敏度高。由于 i_C 和 i_N 得以充分衰减,可以将衰减了的法拉第电流 i_F 充分地放大,因此能达到很高的灵敏度,对可逆反应,检出限可达到 $10^{-8} \sim 10^{-9}$ mol/L,甚至达到 10^{-11} mol/L。

② 分辨能力高。可分辨半波电位或峰电位相差 25 mV 的相邻两极谱波,且具有良好的抗干扰能力。

③ 由于脉冲持续时间长,在保证 i_C 充分衰减的前提下,可以允许 R 增大 10 倍或更大些,这样只需使用 0.01~0.1 mol/L 的支持电解质就可以了,从而可显著地降低空白值。

④ 由于脉冲持续时间长,对于电极反应速度缓慢的不可逆反应,也可以提高测定灵敏度,检出限可达到 10^{-8} mol/L。这对许多有机化合物的测定、电极反应过程的研究等都是十分有利的。

（5）溶出伏安法

溶出伏安法包含电解富集和电解溶出两个过程。① 电解富集过程:将工作电极固定在产生极限电流电位(图 8 – 18 的 D 点)处进行电解,使被测物质富集在电极上。为了提高富集效率,可同时使电极旋转或搅拌溶液,以加快被测物质输送到电极表面。富集物质的量则与富集电位、电极面积、电解时间和搅拌速度等因素有关。② 电解溶出过程:经过一定时间的富集后,停止搅拌,再将一定规律变化的电位施加于工作电极上,电位变化的方向应使电极反应与富集过程的电极反应相反。两个过程的电流-电位曲线,称为溶出伏安曲线,如

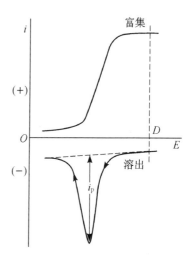

图 8 – 18　阳极溶出伏安法极化曲线

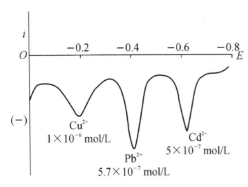

图 8-19　盐酸底液中镉、铅、铜的溶出伏安曲线

图 8-18 所示。

例如在盐酸介质中测定痕量铜、铅、镉时,首先将悬汞电极的电位固定在 -0.8 V 处,电解一定时间后,溶液中一部分 Cu^{2+}、Pb^{2+}、Cd^{2+} 析出在悬汞电极上,并生成汞齐得以富集。电解完毕后,使悬汞电极的电位均匀地由低向高变化,首先达到使镉汞齐氧化的电位,这时,由于镉的氧化,产生氧化电流。随着镉的氧化不断进行,富集到悬汞电极表面的镉的数量不断降低,而电极电位又没有升到后续析出离子的氧化析出电位,因此电流会逐渐下降,这样就形成了峰状的溶出伏安曲线。当悬汞电极的电位继续升高,达到铅汞齐和铜汞齐的氧化电位时,也得到相应的溶出峰,如图 8-19 所示。

在电解富集时,悬汞电极作为阴极,溶出时则作为阳极,这种方法称为阳极溶出伏安法。相反,悬汞电极也可作为阳极来电解富集,而作为阴极进行电解溶出,这就是阴极溶出伏安法。

溶出伏安法的全部过程都可以在普通极谱仪上进行,也可与单扫描示波极谱法和脉冲极谱法结合使用。由于工作电极的表面积很小,通过电解富集,使得电极表面汞齐中金属的浓度相当大,起了浓缩的作用,溶出时产生的电流也就很大,所以溶出伏安法方法灵敏度很高,可达到 $10^{-7} \sim 10^{-11}$ mol/L。

由于富集和溶出过程在同一个电极表面进行,因此不能使用滴汞电极作工作电极。常用的工作电极包括悬汞电极、汞膜电极、固体电极等。

悬汞电极分机械挤压式悬汞电极和挂吊式悬汞电极。机械挤压式悬汞电极是将毛细管上端置于机械密封的汞池中,旋转汞池上端的旋转测微头上的步进螺丝,将汞挤压出下端的毛细管,汞滴的体积可控,具有很好的重现性。其缺点是当电解富集的时间较长时,汞齐中的金属原子会向毛细管深处扩散,影响灵敏度和准确度。挂吊式悬汞电极是在玻璃管的一端封入直径为 0.1 mm 的铂丝(也有用金丝或银丝的),露出部分的长度约 0.1 mm,另一端联结导线引出。将这一铂微电极浸入硝酸亚汞溶液,作为阴极进行电解,汞沉积在铂丝上,可制得直径为 1.0~1.5 mm 的悬汞滴。汞滴的大小可由电流及电解时间来控制。此外,也可在滴汞电极下用小匙接受一滴汞,直接粘挂在铂微电极上制成,但汞滴大小的再现性较差。这类电极易于制造,但有时处理不好,铂、金会溶入汞生成汞齐而影响被测物质的阳极溶出;或汞滴未非常严密地盖住铂丝,这样会降低氢的过电位,出现氢波。

汞膜电极是溶出伏安法中经常使用的电极。这类电极常用铂、玻璃态石墨(玻碳)电极作为基体,采用在汞离子溶液中进行预镀汞或在被测溶液中加入共离子进行同位镀汞。其表面镀汞层很薄,可代替悬汞电极使用。由于汞膜很薄,被富集的能生成汞齐的金属原子,就不致向内部扩散,因此能经较长时间的电解富集,而不会影响结果。玻碳电极还由于有较高的氢过电位,导电性能良好,耐化学侵蚀性强以及表面光滑不易沾附气体及污物等优点。

对悬汞电极,

$$i_p = -k_1 mn^{\frac{3}{2}} D_R^{\frac{1}{2}} r v^{\frac{1}{2}} ct \tag{8-19}$$

对汞膜电极,

$$i_p = -k_2 mn^2 A v ct \tag{8-20}$$

式中，k_1、k_2 为常数；m 为传质系数；n 为溶出时电极反应的电子转移数；D_R 为金属在汞齐中的扩散系数；r 为悬汞滴的半径；A 为汞膜电极的表面积；v 为溶出时的电位扫描速度；t 为电解富集时间；c 为溶液中被测离子的原始浓度。当实验条件不变时，则

$$i_p = -Kc$$

这就是溶出伏安法的定量基础。

峰电流与电位扫描速度 v 有关，所以加快扫描速度可以提高方法的灵敏度，但扫描速度太快，充电电流亦随之增加。

汞滴表面积 A 及体积 V 与峰电流有如下关系：

$$i_p = K \frac{A}{V} Q$$

式中，Q 为试液中被测物质总量；K 为常数。从上式可知，当汞滴的面积与体积的比值较大时，也就是汞滴的半径较小时，灵敏度较高。在实验中，每个汞滴只能使用一次，所以每次测量时能否获得同样大小的汞滴，是保证结果重现性的关键问题。对于汞膜电极来说，其 A/V 比值较悬汞电极大得多，所以灵敏度高，可达 10^{-11} mol/L，电解富集时间也可大为缩短。

溶出伏安法除用于测定金属离子外，还可测定一些阴离子，如氯、溴、碘、硫等，它们能与汞生成难溶化合物，可用阴极溶出法进行测定。

溶出伏安法的主要特点是灵敏度高，但电解富集较为费时，一般需 3～15 min，富集后只能记录一次溶出曲线，方法的重现性也往往不够理想。

8.2　近代电分析化学的发展

20 世纪 50 年代后涌现出了多种电化学方法和实验技术，如化学修饰电极、微/超微电极、液液界面电化学、联用技术、生物电分析、电化学传感器、纳米电化学等，大大推动了电化学理论以及实验技术的发展，将电分析带入了一个充满希望的新发展空间。在方法上，不断追求高灵敏度和高选择性；在研究手段上，从宏观向介观到微观尺度迈进；在技术上，随着表面科学、纳米技术和物理谱学的兴起，实现了原位（*in situ*）、实时（real time）、在线（online）和活体（*in vivo*）分析；在应用上，越来越侧重于生命科学领域中的某些基本过程和分子识别的研究。本节针对上述一些新方法和技术予以简单介绍。

8.2.1　化学修饰电极

1975 年化学修饰电极（chemically modified electrodes，CMEs）问世，所谓化学修饰就是通过对电极表面的分子裁剪，按意图赋予电极预定的设计。这种修饰是对电极界面区的化学改变，因此所呈现的性质与基电极材料本身的性质完全不同。

化学修饰电极是利用化学和物理的方法，将具有优良化学性质的分子、离子、聚合物固定在电极表面，从而改变或改善了电极原有的性质，实现了电极的功能设计。这种在电极上进行的某些预定的、有选择性的反应，可提供了更快的电子转移速度，并且电极被赋予了独特的光电催化、富集和分离、分子识别、立体有机合成、掺杂和释放等功能。研究修饰电极表面膜的微

结构及其界面反应,大大推动了电极过程动力学理论的发展。

1. 化学修饰电极的制备

化学修饰电极的制备是开展其研究的关键步骤。修饰电极的设计、操作步骤、合理性与否及优劣程度对化学修饰电极的活性、重现性和稳定性有直接影响,是化学修饰电极研究和应用的基础。

(1) 表面预处理

实施修饰步骤之前,所用固体电极(石墨、热解石墨和玻碳、贵金属等)必须首先经过表面的清洁处理,以获得新鲜的、活性的和重现性好的电极表面状态,利于后续的修饰步骤进行。一般先用金刚砂纸、$\alpha - Al_2O_3$ 粉末在粒度降低的顺序下机械研磨、抛光,再在超声水浴中清洗,得到一个平滑光洁的、新鲜的电极表面。对于丝网印刷碳或金电极,一般将它们置于稀硫酸溶液中进行活化,以除去电极表面的杂质、污染物等,从而在一定程度上增强电极的导电性。

(2) 表面修饰

电极表面的修饰方法依其类型、功能和基底电极材料的性质和要求而不同。现在已经发展了多种有效地制备单分子层和多分子层修饰电极的方法。制备单分子层的主要方法有共价键合法、吸附法、欠电位沉积法及 LB 膜(Langmuir-Blodgett 膜)和自组装膜(self-assembling membranes,SAMs)法;制备多分子层修饰电极的主要方法是聚合物薄膜法、气相沉积法。

① 共价键合型修饰电极

共价键合法是最早用来对电极表面进行人工修饰的方法,这类电极是将被修饰的分子通过共价键的连接方式结合到电极表面。一般分两步进行:第一步是电极表面经过预处理后引入键合基(如羧基、氨基等);第二步是通过键合反应把预定功能团接着在电极表面。这类电极较稳定,寿命长,选择性好。缺点在于制作过程烦琐、修饰覆盖率不高。电极类型有碳、金属、金属氧化物电极等。

② 吸附型修饰电极

吸附型修饰电极是利用基体电极的吸附作用将有特定官能团的分子修饰到电极表面。它可以是强吸附物质的平衡吸附,也可以是离子的静电引力,还可以是 LB 膜的吸附方式等。吸附型修饰电极的修饰物通常为含有不饱和键,特别是苯环等共轭双键结构的有机试剂和聚合物,因其 π 电子能与电极表面交叠、共享而被吸附。吸附型电极往往制备简单,但重复性和稳定性有待提高。

硫醇、二硫化物和硫化物能借硫原子与金的作用在金电极表面形成有序的单分子膜,称为自组装膜(SAMs)。SAMs 是分子通过化学键相互作用自发吸附在固液或气液界面,形成热力学稳定的能量最低有序膜,有多种类型,其中以烷基硫醇在金上的自组膜最位典型,应用广泛。SAMs 的主要特征是具有组织有序、定向、密集和完好的单分子层或多分子层,而且十分稳定,它具有明晰的微结构,为电化学研究提供了一个重要的实验场所,借此可探测在电极表面上分子微结构和宏观电化学响应之间的关系。SAMs 在研究界面电子转移、催化(包括生物催化)和分子识别以及构建第三代生物传感器方面具有重要意义。

③ 聚合物型修饰电极

多分子层修饰电极中以聚合物薄膜的研究最广。近几年聚合物薄膜作为修饰材料,已发展为导电性、惰性、离子交换和氧化还原性的聚合物薄膜修饰电极。与单分子修饰电极相比,多分子层具有三维空间结构的特征,可提供许多能利用的势场,其活性基的浓度高、电化学响应信号大,且具有较大的化学、机械和电化学的稳定性。聚合物薄膜电极的制备根据所用初始试剂不同可分为从聚合物出发制备和从单体出发制备两类。从聚合物出发制备是指将聚合物稀溶液浸涂电极,或滴加到电极表面,待溶剂挥发后制得聚合物膜,常用于离子交换型聚合物修饰电极的制备。

从单体出发制备的电极聚合层可通过电化学聚合、导电聚合物薄膜、等离子体聚合等方法连接而成。电化学聚合是将单体在电极上电解氧化或还原,产生正离子自由基或负离子自由基,它们再进行缩合反应制成薄膜。导电聚合物的电化学制备方法一般是,将单体和支持电解质溶液加入电解池中,用恒电流、恒电位或循环伏安法进行电解,由电氧化引发生成导电聚合物薄膜。等离子体聚合是将单聚体的蒸气引入等离子体反应器中进行等离子放电,引发聚合反应,在基体上形成聚合物膜。

聚合物型修饰电极制备方法绿色环保,电极厚度均匀可控,具有良好的稳定性和重复性。

④ 滴涂型修饰电极

滴涂法是一种十分常用且简易的修饰电极制备方法,一般来说是将聚合物或纳米材料的分散液直接滴涂在电极表面,待溶液蒸发后,材料涂层即修饰在电极表面。常见的滴涂型修饰电极的制备方法有:(a) 将电极浸入材料分散液中,取出后待溶剂挥发成膜;(b) 使用微量移液器将适量材料分散液滴加在电极表面,待溶剂挥发、材料固定在电极表面上制得。滴涂型修饰电极上修饰材料与电极表面之间无化学键合作用,电极的稳定性和重复性一般。

此外还有电化学氧化、电化学沉积等方法,修饰液在电极表面发生电化学反应进而在电极表面固定特定的氧化产物或沉积膜,也是常用的修饰电极制备方法。

(3) 化学修饰电极的表征

化学修饰电极可采用很多技术和方法进行表征,主要包括电化学方法、光谱技术和显微镜等。电化学方法通过研究电极表面修饰前后电化学参数如电流、电量、电势等参数的变化,以定性、定量表征电极修饰性能,主要有循环伏安法、电化学阻抗谱法、微分脉冲伏安法等。电极修饰后的光谱性质和表面微观结构形貌等则分别通过光谱法和显微镜法进行测试。此外,还可使用石英晶体微天平和能谱设备来详细分析修饰电极表面的电化学界面过程、膜生长动力学和电极表面的微观结构与组成。

2. 化学修饰电极的应用

化学修饰电极主要应用于直接定性定量分析检测,特别是选择性富集分离、电催化等方面。电极表面的修饰可调控电极与其所处环境之间的相互作用,当电极性能受限于其所处溶液、制备材料和施加电位时,电极性能的改善主要依靠其表面的化学修饰。化学修饰可增强电极选择性、防污性、抗干扰性,并可提升催化性能、富集检测物,对电化学分析具有重要作用。还可应用于电化学过程的基础研究、能量转换和存储、防腐蚀、分子电子、电致变色器件等研究方向。此外,化学修饰电极可作为流动体系分析[流动注射分析(FIA)和高效液相色谱(HPLC)毛细管电泳、离子色谱等]的检测器。

(1) 直接定量分析

化学修饰电极在提高选择性和灵敏度方面具有独特的优越性。化学修饰电极表面上的微结构可提供多种能利用的势场,使待测物能进行有效的分离富集,借控制电极电位又能进一步提高选择性,而且还能与测定方法(如脉冲伏安、溶出伏安法等)的灵敏性和修饰剂化学反应的选择性相结合,因此可以认为化学修饰电极是把分离、富集和选择性测定三者合而为一的一种理想体系。

在电场作用下,电极表面的修饰物能促进或抑制在电极上发生的电子转移化学反应,而电极和表面修饰物本身并不改变的那类化学作用称为化学修饰电极电催化。化学修饰电极电催化作用中的基体电极只是一个电子导体,而电极表面的修饰物除了一般地传递电子外,还能对反应物进行活化或促进电子的转移,或二者兼有。化学修饰电极电催化的实质就是通过改变电极表面修饰物来大范围地改变反应的电位和反应速率,使电极具有传递电子的功能,此外还能对电化学反应进行某种促进与选择。化学修饰电极电催化可以较容易地将催化剂与反应物、产物分开,可以随意调节电极电位的大小和正负,方便地改变电化学反应的方向、速率和选择性,这是一般化学催化反应所做不到的。电极在电催化作用中是电子授体或受体,是一个干净的氧化还原剂。

(2)流动体系分析中的检测器

流动体系分析和电化学联用也是近年来发展起来的新技术。如电化学-液相色谱联用,相对于其他检测器,电化学检测器具有灵敏度高、选择性好、死体积小、响应快和成本低等优点。化学修饰电极作为电化学检测器在流动分析体系应用中,需具备良好的稳定性和重现性等,以保证连续长时间的操作。化学修饰电极用作流动体系的检测器主要基于其电催化、选择性渗透及能对非电活性离子检测的功能,其中应用最多的是电极的电催化功能,可降低被测物在电极表面电子转移的过电位,因而能在较低的工作电位检测。这样,一方面可减少其他非被测电活性组分的干扰;另一方面,则可减小背景电流,提高检测限。

流动体系中,一般采用恒电位法进行检测。在某一固定外加电压下,电极表面电活性物质的氧化态和还原态之间可很快达到平衡,显示很小的背景电流,避免了通常循环伏安法和示差脉冲伏安法在修饰电极本身电氧化还原较大的背景电流下进行测定的现象,能检测到低浓度被测物的峰电流。因此,流动体系检测的灵敏度比常规电化学分析方法要高得多。流动体系的另一个特点是分析速度快,无须更换介质而进行连续分析,易于实现自动化。

此外,利用修饰电极还可以制成各种电化学传感器。在电极表面修饰上生物物质(如DNA/RNA、酶、抗原/抗体、LB、脂质体、植物或动物的组织等),这类电极的功能犹如一化学受体,对某些特定物质有响应。

如今,纳米技术的发展已成为今天化学修饰电极蓬勃发展的重要推动力。运用各种纳米材料,如碳纳米管、石墨烯、金属纳米颗粒、聚合膜、金属有机框架及其衍生的碳材料、共价有机框架材料、单原子材料,以及它们相关的复合材料作为修饰电极的新材料是当前化学修饰电极发展的方向,对于提高分析方法的灵敏度和选择性具有重要意义。

3. 纳米材料在化学修饰电极中的应用

近年来,随着纳米材料和纳米技术的发展和进步,多种纳米材料/结构应用于化学修饰电极的制备,使得电极性得到很大提升。一方面纳米材料可作为连接材料将酶、抗原、抗体等物质固定在电极表面,同时能提升导电性。另一方面纳米材料本身即可作为催化导电材料获得电化学分析性能,此类电极可实现电极和生物相关的氧化还原活性分子之间的直接电子转移。电子转移的增强有助于传感器对氧化还原活性生物分子的直接定量,并可获得更高的灵敏度、更低的检测限和更快的响应时间。采用纳米材料修饰电极被视为可在纳米尺度上控制电极的结构,常用的方法有纳米材料直接修饰、模板法、有机单分子层电极表面修饰,以及涉及有机单分子层和纳米材料的杂化修饰层等。由此可赋予电极独特的性能,如提供超大的电化学表面积、借助纳米材料获得优异的电催化性能等,并可为传统电极在超微空间内(如酶的内部)进行电化学测定提供可能,还能为电极提供可转换的性能(如电极表面的亲水/疏水性等)。

纳米材料修饰电极最突出的两个特点即具有大的表面积和高的检测灵敏度。基于纳米材料的独特性质,化学修饰电极可从纳米尺度上实现电极界面结构的调节且可获得所需的优良性能。纳米结构的引入增大了电极表面电化学活性表面积，增加了氧化还原活性中心数量，进一步增强电化学信号、提升电极对分析物检测的灵敏度并降低检测限。为了实现高表面积电极的构造，通常采用四种策略：① 将纳米颗粒直接附着在电极上；② 使用聚碳酸酯或氧化铝膜作为模板；③ 使用溶致液晶作为模板；④ 使用胶体作为模板进行电极修饰。

将纳米颗粒直接附着在电极上，一方面纳米颗粒可充当电极，单层纳米材料膜的修饰可视为紧密间隔的纳米电极阵列；另一方面纳米颗粒可在电极表面构建多层结构，创造了极大的内表面积，可提供具有大表面积的多孔网络。电沉积法是将纳米材料直接附着在电极上的常用手段之一，是一种从溶液到电极表面构建纳米结构的方法，它可精确地通过控制电荷量来调节材料沉积在电极表面的负载量和形貌（如管状、棒状、球状等），从而显著影响电极上的直接电子转移和电化学性能。

虽然纳米颗粒在电极表面的直接附着可以增加表面积，但这些纳米结构的位置却难以控制。使用模板法可以在电极上精准定位纳米结构，还可为制备不同形状的纳米结构提供策略。早期应用最广的两种模板即聚碳酸酯膜和多孔氧化铝膜上的模板，二者具有高密度、均匀尺寸的孔分布，可制备具有高比表面积的纳米结构。模板法的主要过程为：通过电化学还原或电化学沉积技术，将导电聚合物（如聚吡咯）、金属、金属氧化物或半导体等材料沉积到轨道蚀刻的聚碳酸酯或氧化铝膜模板中并形成纳米结构。该方法已经实现在电极表面进行金/银纳米管、金纳米棒等纳米结构的修饰，并应用于传感器构建、电池和电容器器件制造、电化学分析和催化领域。在此基础之上，溶致液晶的使用将模板法提升到了分子尺度上的结构控制，并可产生有序的孔隙阵列。使用溶致液晶制备的金属薄膜具有良好的电化学性能，且结构的空间可控性高。常使用溶致液晶模板制备铂、钯、锌、铬、镍、锡、钴和聚合物等多种材料的纳米结构，基于修饰电极的大表面积和电催化性能，可应用于燃料电池、储氢设备和传感器等。其中大的表面积可提高检测限和检测范围，非常适用于电分析领域。后续又开发出了胶体模板来制备纳米结构，其适用于巨大尺寸的纳米结构制备和形貌控制。

8.2.2　超微电极

超微电极电化学是 20 世纪 70 年代开始发展起来的一门电化学学科，为人们对物质的微观结构进行探索提供了一种有力手段。随着科技的发展和进步，许多科学领域的研究对象正在不断地由宏观转向微观，例如生物体的研究中常以细胞作为研究对象，分析工作者必须寻求高灵敏度和高选择性的微型检测器，实现快速检测，满足应用领域的需求。这种检测技术要求不损坏组织，又不会因电解而破坏测定体系的平衡。超微电极就是在这种需求下诞生的，已经发展为电分析化学的一个重要领域。

1. 超微电极的基本特征

超微电极是指电极的一维尺寸为微米或纳米级的一类电极，有时又简称微电极。在物质传输原理上，超微电极和常规电极类似。常规电极体系中，通常情况下电化学反应中的物质扩散接近于半无限的平面扩散。随着电极尺寸的减小，物质的扩散变得与电极的大小和几何形状有关。在电流-电位图中体现为：常规电极上呈现经典的循环伏安图；而超微电极上则呈现稳态的电流-电位曲线，类似于经典的极谱图和旋转电极的电流-电位曲线。这种改变是由于物质的扩散由常规电极上的一维扩散转变为超微电极上的多维扩散。在超微电极体系中，除了存在平常的轴向扩散外，平行于电极表面的径向扩散也起着重要作用。超微电极上的扩散传质速率与其几何尺寸相关，尺寸越小，扩散传质速率越大。超微电极比常规电极有着更大的扩散传质速率,因而超微电极可获得比常规电极更大的电流密度。

因此,当电极的一维尺寸从毫米级降至微米甚至纳米级时,表现出许多不同于常规电极的优良电化学特性。

(1) 具有极小的电极半径

一般情况下它的半径在 $50\ \mu m$ 以下,最小已制成半径为纳米级的超微电极。这么小的半径,在对生物活体测试研究过程中,可以插入单个细胞而不使其受损,并且不破坏体内原有的平衡。它可成为研究神经系统中传导机理、生物体循环和器官功能跟踪检测的很好手段,同时还可用于微体积内的空间分辨检测。

(2) 具有很强的边缘效应

微电极表面扩散呈球形,在很短的时间内电极表面就建立起稳态的扩散平衡。超微电极的过渡反应的时间过程常数很小,因此用微电极可以研究快速或暂态的电荷转移或化学反应过程,以及对短寿命物质的监测。同时,基于超微电极上物质的快速扩散,可使用稳态伏安法测定快速异相速率常数。微电极的电流为稳态电流,所得到的电流-电位曲线呈S形,而不呈峰形。

(3) 具有很小的双电层充电电流

由于微电极面积极小,而电极的双电层电容又正比于电极面积,因而微电极上的充电电容非常低,这大大提高了响应速度和信噪比,提高了检测灵敏度。

(4) 具有很小的 iR 降

在任何有电流产生的电化学反应中,因为存在体系的电阻,伴随产生电压降 iR。体系阻抗越高、电流越大, iR 的影响也就越大。由于微电极的面积很小,相应电流的绝对值也很小,因此,电解池的 iR 降就非常小,可以忽略不计。这样,在电阻较高的溶液中进行测量时,如在有机溶剂和未加支持电解质的水溶液中,也可用简单的双电极体系代替为消除 iR 降而设计的三电极体系,同时又避免了因支持电解质的加入而带来的污染。

2. 超微电极的类型

微电极的种类很多,按其材料不同,可分为微铂、金、汞电极、碳纤维电极、铜电极、钨电极、铱电极、粉末微电极等。根据电极几何形状和组成的不同,超微电极可大致分为超微圆盘电极、超微球形电极、超微丝状电极、超微圆环电极、超微棒状电极、超微阵列电极及超微叉指形电极等(图 8-20)。超微圆盘电极因构造和制备相对简单,在实验室中比较常用,其制备方法

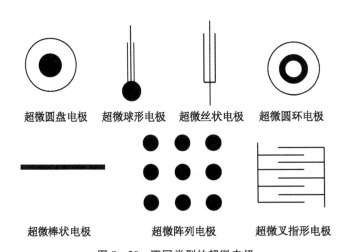

超微圆盘电极　　超微球形电极　　超微丝状电极　　超微圆环电极

超微棒状电极　　　　超微阵列电极　　　超微叉指形电极

图 8-20　不同类型的超微电极

通常是把细金属丝、碳纤维封入玻璃管或嵌入塑料管中，这种导线末端的平面即为电极的表面(图 8－21)。超微阵列电极是指由多个电极集束在一起所组成的外观单一的电极，其电流是各个单一电极电流的加和。这类电极保持了原来单一电极的特性，又可以获得较大的电流强度，提高了测量的灵敏度。

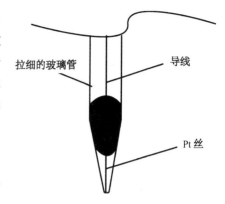

图 8－21　超微圆盘电极的制备

3. 超微电极的应用

(1) 超微修饰电极

将超微电极和化学修饰电极相结合得到的超微修饰电极，结合了二者的优点，极大地拓展了超微电极在电化学和电分析化学领域的应用。超微电极的修饰方法与化学修饰电极的制备方法相似，主要方式有组装、电沉积、电聚合、浸涂和滴涂等。用组合式超微电极和超微修饰电极可进一步放大电信号，提高灵敏度。方法的基本原理是，将两组超微修饰电极的电势分别置于阴极和阳极的极限电流区，由于阴极和阳极的距离很小($0.1\sim10~\mu m$)，阴极上还原的物质能够迅速向阳极扩散，在阳极上氧化后又重新回到阴极上还原，形成了"氧化还原循环"，这样的结构使法拉第电流放大，同时达到稳态电流的时间也大为缩短，因此可在大量不可逆反应物质的存在下分析测定电化学可逆性好的痕量物质。

近年来，氧化还原蛋白质和酶的直接电化学研究得到了迅速发展，这些研究对于了解生命体内的能量转换和物质代谢，了解生物分子的结构和物理性质，探索其在生物体内的生理作用及作用机制，开发新型的生物传感器均有重要的意义。但由于蛋白质和酶在金属电极上的氧化还原通常是不可逆的，且浓度很低，用常规电极难以满足要求。为了克服这一难题，人们提出用超微修饰电极对生物分子进行研究。超微修饰电极表面修饰一层媒介体，加速氧化还原蛋白质和酶与电极间的电子转移，可提高测定的选择性；同时在超微修饰电极上扩散速度快，电极表面电流密度高，测定的信噪比高，从而可提高测定的灵敏度。因此，超微修饰电极已成为直接研究生物大分子的有力手段。同时随着微型制造业的发展，基于超微修饰电极的电化学分析系统逐渐向小微仪器发展，便携电化学检测设备也得以开发并用于现场检测。

(2) 扫描显微镜中的探针

扫描隧道显微镜(scanning tunneling microscopy, STM)的问世使人们第一次能现场观察到单个原子在物质表面的排列方式和与表面电子行为有关的物理化学性质。1989 年出现了利用电化学界面特点的扫描电化学显微镜(scanning electrochemical microscopy, SECM)，该系统以超微电极作为针尖，通过针尖靠近浸泡在溶液中的基底时所产生的流经探针和基底之间的电流来研究基底的结构特性。STM 和 SECM 都是运用基底表面上的针尖扫描进行探测，但 STM 依靠的是针尖和基底间的隧道电流，此时针尖和基底间的距离小于 1 nm，表面形貌的解析度也在这个尺度之内。而在 SECM 中，电流是通过针尖和基底间氧化还原反应而产生，并受界面上的电子转移动力学和溶液中物质的扩散过程所控制，所以 SECM 中针尖与基底的距离可扩大到 1 nm～10 μm。通过垂直于基底方向的扫描，SECM 可以探索基底表面扩散层中的电化学行为，流过针尖的电流与针尖和基底的电势有关。

(3) 在固体电化学中的应用

除了电极/溶液界面的电化学现象外，固态或液/液界面的电化学现象也是电分析化学的研究重点。如聚合物电解质因其在制备高能密度全固态电池、光电化学器件、电化学半导体、气体传感器等方面有着重要的应用前景而受到广泛关注。但由于聚合物溶剂与常规液体溶剂存在着较大的差别,其黏度较大,通常为固态或半固态,物质的传输阻力较在常规溶剂中要大许多,所得到的电流较小。而且由于聚电解质的电阻较一般溶液要大几个数量级,所以实验中体系的 iR 降很大。这些不利因素用常规的电化学手段难以克服,超微电极技术能很好地解决以上两个问题。由于流过超微电极的电流小,所以受未补偿电阻的影响较小,可用于各种电导率较低的体系中,因此超微电极是研究聚合物电解质中电化学行为最合适的手段。

(4)在生命分析化学中的应用

因不会损坏组织或不因电解破坏测定体系的平衡,微电极在生物电化学方面得到了充分的利用。在伏安分析法中,超微电极由于其独特的优点,可以在极小的体积内进行电化学测定,从而在神经化学尤其是在活体检测中得到越来越广泛的重视。现已用来测量脑神经组织中多巴胺及儿茶胺等物质浓度的变化。通过铂微电极测定血清中抗坏血酸,确定生物器官的循环障碍。将微型碳纤维电极植入动物体内进行活体组织的连续监测,如对 O_2 的连续测定时间可达一个月之久。此外,基于超微电极高质量传递速率、高信噪比和高灵敏度的特点,可灵敏捕捉到生理环境中痕量物质的浓度变化,也适用于微量检测体系中生物标志物的检测。

总之,超微电极电化学是一门正在迅速发展的前沿学科,随着制备技术的发展和完善,以及与化学修饰技术的完美结合,超微电极必将被更普遍地应用,并将与生物科学、材料科学等建立更为紧密的联系,在更多的领域发挥越来越重要的作用。

8.2.3 联用技术

1. 光谱电化学(spectroelectrochemistry)

光谱电化学是 20 世纪 60 年代初开始发展起来的一门交叉学科,是把光谱技术和电化学方法结合起来在一个电解池内同时进行测量的一种方法。通常,以电化学为激发信号,体系对电激发信号的响应以光谱技术进行监测,两者密切结合发挥各自的优点。例如,采用电化学方法控制调节某些物质的状态,定量产生其他化学物质,而用光谱方法进行识别。该方法可同时获得多种信息,为研究电极过程机理、电极表面特性、鉴定参与反应的中间体、瞬间状态和产物性质等,测定式量电位、电子转移数,电极反应速率常数和扩散系数等,提供了十分有利的研究手段。目前光谱电化学已在无机、有机、生物体氧化还原反应及电极表面等研究中得到了广泛认可和应用。

光谱电化学可分为非现场型(ex situ)和现场型(in situ)两种方法。前者是在电解池之外考察电极,大多数涉及高真空表面技术如低能电子衍射、Auger 能谱、X 射线衍射、光电子能谱等,但是这些方法不能满足电化学机理研究的需要。在电极反应操作的同时对电解池内部,特别是对电极/溶液界面状态和过程进行监测的方法称为现场法,光谱技术包括红外、拉曼、荧光、偏振、紫外可见、电子顺磁共振、光热和光声、圆二色谱等。

光谱电化学按光的入射方式可分为透射法、反射法和平行入射法。透射法是入射光束横穿光透电极及其邻近的溶液进行检测。反射法包括内反射法和镜面反射法两种,内反射法是入射光束通过光透电极的背后,并渗入电极溶液界面,使其入射角刚好大于反射角,光线发生全反射;镜面反射法是光从溶液一侧入射,到达电极表面后并被电极表面反射。平行入射法是让光束平行或近似平行地擦过电极及电极表面附件的溶液进行检测。

光透电极(OTEs)是光谱电化学中一个重要的组成部分,理想的光透电极应具有良好的透光性和尽可能低的电阻,允许光通过其界面以及相邻的溶液层,这样才能获得理想的光谱学和电化学性质。实际上这样理想的电极很少，只能根据具体要求进行选择。一般而言，一个理想的光谱电化学池应具有较宽的可用光谱范围、较高的光学灵敏度、容易除氧、适用于各类溶剂、较小的池时间常数、薄层溶液内各处的电场强度均匀分布、易于清洗和操作方便等。

光谱电化学把光谱技术和电化学方法结合起来，具有一些常规电化学方法不具备的特点：① 能够提供电极反应产物和中间物的分子信息，通过施加激发电位信号改变物质存在形态的同时，记录溶液或电极表面物质光谱的变化，采用快扫描技术还可以监测到反应中间体分子光谱的有用信息。② 具有较高的选择性。光谱电化学既利用电化学上各种物质具有不同的氧化还原电位来加以控制，也利用了各种物质具有不同的分子光谱特性。很多电化学上难以区分的电极过程可通过光谱电化学方法加以分辨。③ 不受充电电流和残余电流等的影响。光谱电化学监测的是电活性物质的光谱变化，主要共存的其他物质在光谱上不产生干扰，则对测定的光信号不产生影响。④ 可以研究非常缓慢的异相电子转移和均相化学反应。⑤ 可以研究非电活性物质在电极表面的吸附定向，只要该物质在紫外可见光范围内有光谱吸收，根据吸附前后溶液中光吸收物质吸光度的变化，即可求得吸附物质在电极表面的吸附量及得出其吸附定向。

2. 色谱电化学（liquid chromatography-electrochemistry，LC-EC）

高效液相色谱-电化学技术（HPLC-EC）的联用始于 20 世纪 70 年代，Kinssinger 小组通过液相色谱-安培检测法实现了痕量儿茶酚胺类物质的测定。从此，该项技术引起了研究者的关注，尤其是在神经科学领域。目前，把液相色谱的高分辨率和电化学检测的高灵敏性相结合的色谱电化学已经成为一种选择性好、灵敏度高的分离分析方法，可实现复杂样品体系中多组分的同时测定，特别是在分析低浓度生物样品中具有不可替代的优势。

作为高效液相色谱中的三大关键部件（高压输液泵、色谱柱、检测器）之一，检测器应具有灵敏度高、噪声低、线性范围宽、基线稳定、重现性好、适用范围广等特点，可惜至今还没有一种检测器能完全具备这些特征。在常用的液相色谱检测器中，电化学检测器排在荧光、紫外、示差折光检测器之后，但由于电化学检测器的高灵敏度、高选择性和低造价等特点，它在液相色谱检测中占有举足轻重的地位，成为分析低浓度生物样品的重要手段。

电化学检测器主要包括安培、库仑、极谱和电导检测器四种。前面三种统称为伏安检测器，以测量电解电流的大小为基础，后者则以测量液体的电阻变化为依据，其中安培检测器的应用最为广泛。另外，电化学检测器还包括电容检测器和电位检测器，分别测量流出物的电容量变化和电池电动势大小。

安培检测器是基于电解反应产生的电流进行检测的，即在外加电压的作用下，电解池内的待测物质在电极表面上发生氧化还原反应，引起电流变化从而进行测定。在安培电化学检测系统中由一个恒电位器和三个电极组成电化学池。恒电位器可以在工作电极和参比电极之间提供一个可任意选择的电位，该输出电位可以通过电子学的方法进行固定（保持恒定），微小的电流变化不会对电位产生影响，从而减小了参比电极的漂移，提高了检测器的稳定性。电化学检测池一般有薄层式、管式、喷壁式和探针式几种，其中薄层检测池最为常用。

安培检测器作为液相色谱检测器具有以下优点。① 灵敏度高，虽然只有 $1\%\sim10\%$ 被测的电活性物质发生氧化还原反应，但是最低检测限可以达到 $10^{-9}\sim10^{-12}$ g，而且不同电活性物质的灵敏度差别不大。② 选择性好，一般安培电化学检测器只对电活性物质有响应，而不受非电活性物质的干扰，因此，该检测方法适用于电活性物质的痕量分析。同时，每种物质的氧化还原电位不同，对于不同电极电位的物质，只要在电解池的两端施加不同的电压，就可以控制不同物质的电极反应,从而提高检测的选择性。③ 线性范围宽,安培电化学检测器的线性范围可以达到4～5个数量级,有的甚至可以达到6个数量级。④ 结构简单,这是电化学检测器所特有的优势,它们不需要像紫外检测器用到的光学元件,所以造价和使用成本相对来说都比较低。⑤ 检测池体积小、噪声低,电化学响应速度很快。

近年来,由于新的电极材料的开发、化学修饰电极的研究以及色谱柱衍生技术的不断引入,使得液相色谱电化学检测的研究对象得到了很大的扩展。目前液相色谱-电化学检测的应用范围已拓展到化学、生物、医药、环境等很多领域。因为许多药物都具有电活性基团,所以电化学分析方法非常适合于这些物质的检测,如生物碱、麻醉剂、抗生素、利血平等,液相色谱-电化学检测联用技术已成为药物分析中最常用的分析手段之一。

与液相色谱电化学方法类似,毛细管电泳电化学检测(CE-EC)具有灵敏度高(检测限可达 $10^{-15}\sim10^{-19}$ mol/L)、分离速度快、分离效率高(柱效可高达几十万理论塔板数)、取样体积小(1～10 nL)、信息量大等优点,其研究和应用非常广泛。毛细管电泳电化学检测有三种基本模式:安培法、电导法和电位法。与LC-EC类似,安培检测是CE-EC检测中应用最多的一种检测方式,由 Wallingford 等在1987年首次应用于CE分离分析中。检测方式包括离柱(off-column)、柱端(end-column)甚至在柱(on-capillary)安培检测。随着检测方法的发展以及化学修饰电极等新方法的引入,毛细管电泳电化学检测的分析范围日益扩大,包括有机、无机物、糖类及高聚物的分离和分析,特别是实现了多种药物的手性拆分和测定,为手性药物的合成、筛选和药效研究提供了简便有效的手段。

3. 其他联用技术

微电极尺寸小、灵敏度高,是无损表征生物膜微区环境的重要工具。电化学与显微镜联用技术最常见的即微电极与扫描显微镜相结合所研制的扫描电化学显微镜(scanning electrochemical microscopy,SECM)。基于电化学原理工作,可测量微区内物质氧化或还原所给出电化学电流。利用驱动非常小的电极(探针)在靠近样品处进行扫描,样品可以是导体、半导体或绝缘体,从而获得对应的微区电化学相关信息,目前可到达的最高分辨率约几十纳米。SCEM 主要应用于样品表面的电化学成像、异相电荷传递反应研究、均相化学反应动力学研究、薄层表征、液/液界面上电荷转移过程研究以及生物体系测量和成像等方面。该技术在生物领域最突出的应用即可捕捉微生物膜内外的氧化还原反应以及胞外电子传递(extracellular electron transfer,EET),并可实现微生物活性的直观原位检测。

电化学原子力显微镜(electrochemical atomic force microscopy,ECAFM)是将接触式的原子力显微镜用于电解质溶液研究电极的表面形貌的变化,测量探针原子与样品表面原子间的作用力,适用于各种体系的表面分析和各种环境下的现场测定,其分辨率也可达到原子级水平。其主要应用于欠电位沉积、腐蚀和防腐方面,还可用于观察电极表面的吸附和表面性质、研究有机聚合的过程、研究生物大分子等方面。

电化学扫描隧道显微镜(electrochemical scanning tunneling microscopy,ECSTM)是将电化学与扫描隧道显微镜相结合,用于研究电解质溶液中的固体表面,得到了高度取向裂解石墨 STM 图像。它可以在恒电位条件下现场原位观察电极反应过程,能实现原子级分辨率的电极表面形貌等相关信息。将 STM 用于研究带电的固/液界面的结构及其性质,进一步拓宽了 STM 的应用范围。主要应用于物质表面和吸附离子的结构研究、分子和化学反应的观察和控制,以及原子加工和纳米构筑等方面。

电化学石英晶体微天平(electrochemical quartzcrystal microbalance,EQCM),是压电传

感与电化学方法相结合发展起来的技术。其原理是基于石英晶体振荡片上吸附或沉积时,晶体振荡频率发生变化,这与晶体上沉积物的质量变化有简单的线性关系。此技术能在电化学反应过程中同时获得质量变化的信息,检测灵敏度可达纳克(ng)级,是研究液/固界面最有效的工具之一,可用于金属电沉积与腐蚀、吸附与脱附、成核与晶体成长、电化学聚合与溶剂效应、膜的掺杂与去掺杂等基本电化学行为的研究。

8.3 电化学传感器

传感器是一种获取物质世界信息的装置或系统,可以将无法确定的物理信息(位置、温度、压力、电压或电流等)、化学信息(分子、结构、反应、性质等)和生物信息(遗传信息,蛋白质、核酸、糖类等生物大分子的结构,神经和感觉信息等)转化为可测量的信号并显示出来。电化学传感器结合了电分析化学法和传感技术,是化学传感器的重要分支,在传感器研究领域占有重要地位,被广泛应用于工业、农业、医疗和环境分析等领域。

8.3.1 电化学传感器的概念

1. 生物传感器

生物传感器在结构上主要有两个部分组成,一是生物敏感(识别)元件(也称作感应器),由对被测定的物质(底物)具有高选择性分子识别功能的膜[如酶、蛋白质、DNA/RNA、适配体(aptamer)、抗体、抗原、生物膜、微生物、细胞、组织等]构成;二是信号转换器(也称换能器),能将生化反应转变成可定量的物理、化学信号(如光、热、电等)。其具体的原理如图8-22所示,待测物扩散进入固定化生物敏感膜层,经分子识别,发生生化反应,产生的反应信号经过换能器转变成可定量和可处理的信号,再经二次仪表(检测放大器)放大并输出。

图8-22 生物传感器原理示意图

生物敏感元件具有专一识别各种被测物的功能,并能与之发生反应,反应过程中产生与被测物浓度有关的信息,该信息被信号转换器捕捉并转换为可被测量的物理信号。根据使用敏感元件的不同可以将生物传感器分为酶生物传感器、免疫生物传感器、核酸生物传感器、微生物传感器、细胞生物传感器和组织生物传感器等。

根据信号转换方式的不同又可以分为电化学生物传感器、光学生物传感器、压电生物传感器、热生物传感器和磁生物传感器等。其中,电化学生物传感器是研究得最早和最广泛的一类生物传感器,因为它直接将生化反应产生的事件信息转化为电流和电压等电信号,信号采集和处理装置易小型化和集成化,更具有实际应用的前景和更容易实现商业化。电化学生物传感器将生物识别元件的特异性和电分析方法的灵敏度结合起来,将电极表面化学相互作用引起的信号变化转换为可测量和可读的电信号,来反映所测量的生化数据(如分析物浓度)。电化学生物传感器因检测快速简单、易于自动化和小/微型化等诸多优势,已逐渐发展成为一种强大的生物标志物的检测手段,在相关疾病的早期诊断和临床等方面具有广阔的应用前景。

生物传感器的主要性能参数包括以下几项。

(1) 选择性(selectivity)。指对混合物样品中的特定待测物选择性获取相关分析信息的程度。理想的生物传感器只对待测物产生响应,不受样品中其他物质的干扰。生物传感器的高选择性是由酶、适配体等生物识别元件的性质决定的。但要避免样品中具有电化学活性的物质的干扰,可通过降低工作电压来实现。

(2) 灵敏度(sensitivity)。传感器对待测物的灵敏程度,通过输出信号与浓度变化的比值来衡量。理想的生物传感器在使用寿命范围内应保持稳定的灵敏度。灵敏度受很多因素影响:电极面积、酶的固定方法、敏感层厚度、检测方法、使用的材料等。

(3) 线性范围(linear range)。线性范围可以通过传感器的校正曲线衡量。线性范围决定了传感器能够检测的物质的浓度范围。

(4) 检测限(detection limit)。检测限通常被定义为,在显著区别于背景信号的前提下,能检测出的待测物的最小浓度,常用3倍背景信号方差除以校正曲线斜率来计算。

(5) 响应时间(response time)。响应时间反映了输出信号对待测物浓度变化的快慢。主要由待测物迁移到电极表面的过程控制,因而与敏感膜的结构和厚度有关。

(6) 稳定性(long-term stability)和使用寿命(life time)。由于生物分子容易失活,保持生物传感器的稳定性和增长使用寿命是个难点。因此有必要对传感器进行定期灵敏度检测和校正。

2. 电化学传感器

电化学传感器是应用电化学分析的基本原理和实验技术,基于待测物质的电化学性质,将待测物质的化学变化转变为电信号(如电流、电位、电导等)输出,从而实现待测物质组分及含量检测的一种传感器。其中,电化学生物传感器是生物传感器中最为重要的一类,具有高特异性、便捷性和易于小型化和网络化的特点,在科学研究、医疗诊断、食品安全管理、环境监测等领域发挥着重要作用。

电化学生物传感器是电分析化学和生物传感相结合产生的一类新兴电子设备,使用生物特异性材料作为传感器的敏感元件,通过电化学仪器(通常指恒电位仪)将化学或者生物信息转换成电信号(电压、电流、电阻、电量),并放大输出。氧化还原反应发生在工作电极表面,除了能采集由生化反应过程中发生的电子转移,还能采集具有氧化还原活性中心的生物分子,如含三价铁的过氧化物酶和微生物等在电极上的直接电子转移信号。

8.3.2 常见电化学生物传感器的介绍

1. 电化学酶生物传感器

1962年Clark和Lyons首次提出了生物传感器的概念和原理,1967年Updike和Hicks用聚丙烯酰胺凝胶固定葡萄糖氧化酶成膜和氧电极组装在一起,制成世界上第一支葡萄糖生物传感器。之后各种类型的电化学酶生物传感器相继问世,生物传感器研究得到了迅速发展。

(1) 电化学酶生物传感器的基本原理

酶是生物体内产生的,具有高效催化活性和高度专一性的一类蛋白质。酶的高度专一性(特异的选择性),是指一种酶只能作用于一种或一类物质而产生一定产物使其在分析检测上具有重要应用价值,比如用于对酶底物、催化剂、抑制剂及酶本身的测定。电化学酶生物传感器(也叫酶电极)是由固定化酶与离子选择电极、气敏电极、氧化还原电极等电化学检测手段组合而成的生物传感器,因而既具有酶的分子识别和选择催化功能,又具有电化学电极响应快、信号直观、灵敏度高、线性范围宽、仪器易于小型化及操作简便等特点,能快速测定试液中待测物的浓度,且所需试样量少。正是因为如此,在各种类型的生物传感器中电化学酶生物传感器是研究最早、使用最多且比较成熟的一类。目前,电化学酶生物传感器已用于糖类、醇类、有机酸、氨基酸和激素等成分的测定。

在生物传感器的研制中,生物分子(酶)的固定化直接影响着传感器的寿命、选择性及灵敏度。将酶固定化既可保持酶的催化特性,又能克服游离酶的缺点,因此具有增加稳定性,可反复或连续使用以及易于和反应产物分离等显著优点。酶的固定化方法多种多样,但归纳起来主要可分为吸附法、结合法和包埋法等。此外,随着纳米技术的发展,出现了越来越多的利用纳米材料/结构固定酶的方法。

在电化学酶生物传感器中,大部分修饰电极采用氧化还原酶,如葡萄糖氧化酶、乳酸脱氢酶、辣根过氧化酶、细胞色素 C 等。根据酶生物传感器中酶与电极间电子转移的机理,电化学酶生物传感器大致经历了三个发展阶段。三代传感器分别包括使用天然底物、电子媒介体和酶自身在电极上氧化还原的电子转移机理(图 8 - 23)。

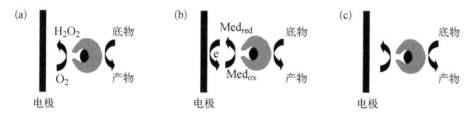

图 8 - 23　三代电化学酶生物传感器原理示意图,分别利用天然
底物(a)、电子媒介体(b)、酶自身氧化还原性(c)构建

① 第一代酶生物传感器

用酶的天然电子传递体-氧作为酶与电极之间的电子通道,直接检测酶反应底物的减少或产物的生成。当检测反应过程中氧含量减少时,由于直接的电子传递过程较慢,传感器对底物敏感性不够理想,而且传感器易受环境中氧浓度的影响,因此这类传感器存在两方面的局限性:首先,氧含量不能很好地得到控制,使得电极对氧浓度变化的响应不能与待测物浓度的变化成比例;其次,氧需要相当高的还原电位(-0.7 V),在这一电位下,样品中的其他物质易产生干扰。为了克服这些局限,需要新的电子转移介质来替代氧,于是便发展了第二代酶生物传感器。

② 第二代酶生物传感器

自 20 世纪 70 年代起人们着手开展第二代酶生物传感器的研究。第二代酶生物传感器采用小分子的电子传递媒介体取代 O_2/H_2O_2,在酶的氧化还原活性中心与电极之间传递电子。选择这样的媒介体要求媒介体要具有迅速的异相(电极反应)动力学和迅速的均相(酶反应)动力学,同时媒介体要对氧稳定、无毒、具有合适的氧化还原电势。目前应用广泛的电子媒介体主要包括:金属有机配合物,如二茂铁及其衍生物、钴酞菁、铁氰化物、金属卟啉、氧化钌复合物以及钌(Ru)、锇(Os)的化合物;有机小分子,如有机染料,吩噁嗪类的尼罗蓝(Nile blue)、吩噻嗪类的亚甲蓝(methylene blue)、甲苯胺蓝(toluidine blue)以及吩嗪等;此外还有醌-氢醌、四硫富瓦烯(TTF)、四氰基对二甲烷(TCNQ)、有机导电盐以及有机氧化还原聚合物型媒介体等。

③ 第三代酶生物传感器

尽管第二代传感器已经具备了很多突出的优点,但人们一直在寻求酶与电极之间直接电子转移的方法,由此制成的传感器一般被称作第三代生物传感器。第三代酶生物传感器是指在无媒介体存在下,利用酶与电极间的直接电子传递设计制作的酶传感器。由于酶的分子量较大,结构复杂,电活性中心往往被蛋白本体所封闭,使其难于接近电极表面,因而实现酶与电极间的直接电子转移并不容易。但是仍诞生了一些方法,如通过导电聚合物修饰电极和固定酶、化学修饰使其具有"导线"功能、酶在有机导电盐电极上的直接吸附,以及最近几年发展起来的借助一些功能性纳米材料促进酶直接电化学的方法等。

(2) 电化学酶生物传感器的分类

电化学酶生物传感器由电极和固定在电极表面的酶组成,并利用一些导电材料或电子传递介质来提高检测性能。根据检测方式的不同,电化学酶生物传感器主要分为电流型(安培型)和电位型两种。

电流型酶生物传感器是基于将酶催化反应产生的物质在电极上发生氧化或还原反应,在特定条件下,测得的电流信号与被测物浓度呈线性关系,实现待测物含量的检测。其基体电极可以采用氧气、过氧化氢等,还可采用近年开发的介体修饰的碳、铂、钯和金等固体电极或者各种化学修饰电极。这一类型的电化学酶生物传感器具有灵敏度高、检出限低、线性范围宽、测定类型多、电极制作多样化和易于与其他技术相结合等特点,在研究和应用中占有绝对的优势。电位型酶生物传感器是将酶催化反应引起物质量的变化转变成电位信号输出,电位信号大小与底物浓度的对数值呈线性关系。所用的传感元件有 pH 电极、气敏电极(CO_2、NH_3)等,这影响着酶电极的响应时间、检测下限等许多性能。

电化学酶生物传感器作为研究最早、最为成熟的一类传感器,在医疗检测、环境保护、食品安全、能源开发和军事等领域都得到了广泛应用。如在医疗检测诊断方面,葡萄糖酶传感器可以对糖尿病病人血液中的葡萄糖进行准确的测定;体液中的各种化学成分(如乳尿素、尿酸等)的检测,为疾病的快速诊断提供可靠的依据。今天,纳米技术的介入为生物传感器带来了无限的发展空间,纳米颗粒-酶组装的体系是最有发展前景的传感器之一。探索和开发更易于固定酶和促进电子转移的新纳米材料,以及寻找方便、高效的酶固定化方法,研制开发性能优异、可靠、实用高效的生物传感器,将是科研工作者继续努力的方向。

2. 电化学免疫传感器

电化学免疫分析法(electrochemical immunoassay,ECIA)是将免疫技术与电化学检测技术相结合的一种免疫分析新方法。1951 年 Breyer 和 Radcliff 首次用极谱方法测定了由偶氮标记的抗原,开创了电化学免疫分析方法。

免疫传感器种类很多,常用的换能器有石英晶体、热敏电阻、光纤、离子场效应晶体管、电化学电极等。而根据换能器的不同,可以将免疫传感器划分为热量检测免疫传感器、质量检测免疫传感器、光学免疫传感器、电化学免疫传感器几种。其中,电化学免疫传感器由于具有高灵敏度、低成本和灵活便携等优点,成为免疫传感器中研究最早、种类最多、技术较为成熟的一个分支。

(1) 电化学免疫传感器的基本原理

电化学免疫传感器是一种以免疫物质如抗原或抗体为敏感元件的传感器。这类生物传感器结合电化学分析法和免疫学,将各种抗原、抗体等免疫组分固定在电极表面,通过抗原-抗体之间的特异性结合以及待测物与标记物之间的免疫反应,把这些反应转化成可以检测的电化学信号,进而对待测物进行定量、半定量分析。电化学免疫分析具有灵敏度高、分析速度快、操作简便、可实现在线活体分析等优点,在临床、工业、环境、食品安全以及军事领域具有广泛的应用前景。

在电化学免疫传感器的制备过程中,最重要的步骤之一是将抗原或抗体固定在电极表面,这直接影响到传感器的灵敏度、选择性、稳定性等性能。通常免疫组分的固定化应满足以下条件:固定后的免疫分子仍能维持良好的生物活性;生物膜与转换器需紧密接触,且能适应多种测试环境;固定化层要有良好的稳定性和耐用性;减少生物膜中生物分子的相互作用,以保持其原有的高度选择性。常用的免疫分子固定化方法包括吸附法、包埋法、共价键合法、交联法、自组装法和 LB 膜法等。

(2) 电化学免疫传感器的分类

根据测定是否需要标记物可将电化学免疫传感器分为非标记型(直接免疫电极)和标记型(间接免疫电极)。

直接免疫电极不需要任何标记物。用于制备传感器的抗原或抗体携带有大量的电荷,当抗原抗体结合时会产生电化学变化或电学变化,涉及的参数包括介电常数、电导率、膜电位、离子通透性、离子淌度等,通过检测这些参数就可以直接获得免疫反应发生的信息。直接免疫电极方法不需要额外试剂,仪器简单、操作方便、响应快。不足之处是灵敏度比较低,获得足以响应的样品用量大,所引起的非特异性吸附易造成假阳性,因此难以成为标准检测方法。

间接免疫电极利用标记物将免疫反应信号放大后间接测定抗原或抗体。电化学免疫分析的标记物主要有两类:生物酶及电化学活性物质。可用于标记的酶有葡萄糖-6-磷酸脱氢酶、过氧化氢酶、辣根过氧化物酶、碱性磷酸酶、葡萄糖氧化酶、脲酶,其中最常用的是碱性磷酸酶(ALP)和辣根过氧化物酶(HRP)。用作标记物的电化学活性物质是具有电化学氧化还原性质的金属离子,如 In(Ⅲ)、Cu(Ⅱ)、Bi(Ⅲ)和电活性的有机功能基团,如偶氮基、乙酸汞、二硝基。免疫电极结合标记技术使得传感器的灵敏度和选择性得到改善,但提高免疫电极的再生能力还有待进一步研究。

根据检测方式的不同可以将电化学免疫传感器分为电位型、电流型、电导型、电容型、阻抗型和安培型(金属或石墨电极)等。

① 电位型免疫传感器

电位型免疫传感器是通过测量免疫反应所引起的电位变化来进行分析的生物传感器,基于测量抗体、抗原免疫反应后指示剂与参比电极之间的电位变化来进行免疫分析,膜电位的变化值与待测抗原浓度之间存在对数关系。

电位型免疫传感器存在的主要问题是非特异性吸附和背景干扰,一般来说,生物分子的电荷密度相对于溶液背景来说比较低,这使得电位型传感器的信噪比一般都较低,同时,生物样品中干扰组分在电极表面的非特异吸附会带来干扰,影响了测定的可靠性,这些缺陷成了电位型传感器应用于实际的障碍。

② 电流型免疫传感器

电流型免疫传感器是测定恒定电位下通过电极的电流信号来检测抗体或抗原的免疫生物传感器,待测物通过氧化还原反应在电极上产生的电流与电极表面待测物的浓度成正比。

因为大部分抗体或抗原都没有电化学活性,所以直接型电流传感器的应用很少,大部分安培传感器是通过间接测量电活性或催化剂标记物的氧化还原电流来进行免疫测定的。酶是在各种免疫分析中最常见的标记物,如辣根过氧化物酶(HRP)或葡萄糖氧化酶。酶标记最大的优点是其具有催化效果,因此使用很少的酶也能得到较大的信号。由于酶的催化作用可以使安培传感器灵敏度得到提高,所以安培免疫传感器能获得比经典 ELISA(酶联免疫分析)方法更高的灵敏度。

③ 电导型免疫传感器

电导型免疫传感器是通过测量免疫反应引起的溶液或薄膜的电导变化来进行分析的生物传感器。电导型免疫传感器通过使用酶作为标记物,酶催化其底物发生反应,导致离子种类或离子浓度发生变化,从而使得溶液导电率发生改变。

电导型免疫传感器虽然构造简单,使用方便,但是这类传感器受待测样品离子强度以及缓冲液容积影响很大,另一方面在这类传感器的应用中非特异性问题也很难得到有效解决,因此电导型免疫传感器发展比较缓慢,目前还没有商品化产品。

④ 电容型免疫传感器

物质在电极表面的吸附以及电极表面电荷的改变都会对双电层电容产生影响,电容型免疫传感器正是建立在这一基础上的。当弱极性的物质吸附到电极表面上时,双电层厚度增大,介电常数减少,从而使得双电层电容降低。蛋白质作为一类弱极性的生物大分子,吸附到电极表面会明显地降低电极表面双电层电容。电容型免疫传感器一般是通过一定的方法将抗体固定于电极表面,当样品中存在抗原时,由于免疫反应的发生,使得抗原结合于电极表面,电容随之降低,根据电容的改变值就可以检测出抗原的浓度。

电化学免疫传感器作为一种新的检测装置,因其小巧、方便、灵敏度高等优点,在食品安全检测方面得到了广泛的应用和发展,但是目前研制的电化学免疫传感器的工作电极一般都是单电极,与当今流行的生物芯片相比,其微型化和阵列化程度还不够高。随着微细加工技术的不断发展,有望提高电极的品质因数和灵敏度,同时也可以提高电极微列阵的密度和通量。电极阵列化和多通道实时检测是未来电化学免疫传感器的发展方向。

3. 电化学 DNA 生物传感器

DNA 的电化学研究工作始于 20 世纪 50 年代,早期的工作主要是利用各种极谱电化学方法,研究 DNA 在汞电极或汞齐电极上的直接电化学行为,主要依靠嘌呤碱基(鸟嘌呤 G、腺嘌呤 A)的氧化性质来实现。随后发展了基于杂交指示剂(有机染料、抗癌试剂、金属配合物)和DNA 标记物(酶、纳米颗粒)的检测方法。这类传感器选择性好、种类多、测试费用低,同时具有测定简便、快速、灵敏的特点。随着基因结构和功能研究的不断深入,特别是人类基因组计划的发展,这种传感器在基因识别及分析检测,生物工程研究等方面都起着重要作用,受到广泛关注。DNA 电化学生物传感器不仅具有分子识别功能,而且还有无可比拟的分离纯化基因的功能,在疾病基因诊断、抗癌药物的筛选、环境监测、法医鉴定及食品卫生检验等方面显示了广阔的应用前景,已成为当今生物学、医学领域的重要研究手段。

(1)电化学 DNA 生物传感器的检测原理

电化学 DNA 生物传感器一般由固定有单链探针 DNA 片段的电极和检测用电活性杂交指示剂构成。DNA 探针是由 18～40 个碱基的核苷酸(包括天然的核苷酸片段和人工合成的寡聚核苷酸片段)组成。杂交指示剂在电化学 DNA 传感器中起信号传递的作用,是一类具有电活性的物质,能选择性区分单链 DNA(ssDNA)和双链 DNA(dsDNA),且其氧化还原电位处于 DNA 的电化学窗口之中($+1.2V \sim -0.9V$, vs. SCE),如过渡金属配合物、道诺霉素、亚甲基等。杂交指示剂必须能选择性地与 ssDNA 和 dsDNA 结合,其结合方式有三种基本模式:① 指示剂分子与 DNA 分子的带负电荷的脱氧核糖-磷酸骨架之间通过静电作用而相互结合,即静电结合;② 指示剂分子依靠碱基的疏水作用在沟面与 DNA 分子相互作用而结合,即面式结合;③ 指示剂分子依靠氢键、范德瓦尔斯力和堆积作用插入 DNA 分子双螺旋的碱基对之间,即插入作用。

电化学 DNA 生物传感过程大致如下(图 8 - 24):① DNA 探针的固定,采取有效的方法将 ssDNA 固定到电极表面(包括金电极、丝网印刷电极、玻碳电极、裂解石墨电极以及各种化学修饰电极等)形成探针 DNA;② 杂交过程,即在适当的温度、离子强度、pH、缓冲溶液等杂交条件下,探针 ssDNA 与溶液中的目标 DNA 发生杂交反应,形成 dsDNA,从而导致电极表面结构发生变化;③ 杂交信号的指示,通过引入杂交指示剂将杂交信号转化为可测定的电化学信号;④ 电化学检测过程,DNA 杂交所产生的变化能够通过电活性指示剂所引起的电信号(如电压、电流或电导)变化或 DNA 自身碱基的氧化特性体现出来,从而可用于目标 DNA 的定性定量分析。

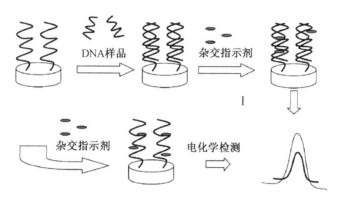

图 8 - 24 电化学 DNA 生物传感器的基本原理

(2) 探针 DNA 的固定方法

探针 DNA 在电极表面的固定及杂交指示剂的选择和运用是电化学 DNA 生物传感器制备过程中的关键步骤,也决定了传感器性能的高低。DNA 的固定化是指通过物理吸附、化学作用、生物识别作用等将 DNA 分子与传感电极相连接,从而在电极表面形成分子识别层以便于捕获相应的目标物。电极上 DNA 的覆盖度、延展状态等会对电化学信号、目标物识别等过程产生较大影响,是决定传感器的灵敏度和特异性的重要因素之一,因此选择合适的 DNA 固定技术至关重要。根据原理不同,DNA 固定方法分为吸附法、亲和素-生物素亲和力结合法、共价键固定法及自组装膜法等。

① 吸附法

吸附法是一种简单地将 DNA 固定到电极表面的方法,该法不需要试剂也无需对核酸进行修饰。直接吸附法是把电极直接浸入 DNA 溶液中吸附一段时间,或者将 DNA 溶液滴加在电极表面,自然晾干,DNA 通过与电极表面的吸附作用被固定在电极上。吸附法中最常见的是电化学吸附法,其被广泛用于碳电极。电化学吸附法是把电极浸入 DNA 溶液中,并施加一个正电压,使电极表面带正电荷,DNA 磷酸骨架带负电,可以通过静电作用吸引到带正电荷的电极表面。

吸附法的优点是简单、方便。但是,通过吸附法固定的 DNA 在高盐浓度的环境中容易从固体基质表面脱落,故不适合在高盐浓度条件下使用;另外,它是多位点的吸附,使得 DNA 会平躺在固体基质表面,DNA 固定化密度小,同时 DNA 片段运动自由度减小,杂交效率不高。

② 化学免疫结合法

化学免疫结合法又称亲和素-生物素法,亲和素(avidin)是四聚物大蛋白分子,生物素(biotin)是小分子,与亲和素具有很高的亲和力,几乎与共价键相当。在电极表面键合亲和素,使其与 5′标记有生物素的 DNA 结合,即可将 DNA 固定于电极表面。该法在生物传感器领域应用非常广泛。

基于亲和素-生物素亲和作用固定 DNA 的方法温和、简便、高效,但高含量蛋白质的存在对传感器的灵敏度及选择性有影响。

③ 共价键结合法

共价键合法是指在固体基质表面引入活性基团,如羟基、羧基、氨基等,或对核苷酸进行衍生化,在其末端引入功能团,然后通过反应使固体基质表面的活性基团与 DNA 分子上的氨基、磷酸基、羧基等形成酰胺键、酯键等共价键来耦联分子,使 DNA 分子固定到固体表面。

共价键合法的优点是成键反应固定的 DNA 比较牢固、耐用,DNA 自由度大,有利于与目标 DNA 进行杂交反应。另外,该方法可以控制 DNA 分子在电极表面的结合位置、密度和方向,提高了杂交效率。但是这种固定化方法程序比较烦琐,操作时间长。

④ 自组装膜法

自组装膜法即根据分子间化学键的相互作用,在电极表面形成高度有序的 ssDNA 自组装单分子层。通常是利用巯基(—SH)化合物修饰 ssDNA 后组装于金电极表面,或是组装到金基纳米材料修饰的电极上,形成单分子膜。该法制备的 DNA 探针表面结构高度有序、稳定性好,有利于杂交,是经典的 DNA 探针连接方式。

自组装固定化的特点是表面固定物分子层的稳定性高,有报道称这种 DNA 生物传感器的性能特点可在两个月内保持不变。巯基修饰探针的自组装单分子层还具有很好的热稳定性,在 70℃以下不受影响。

另外,近年来出现了将纳米材料,包括纳米粒子、纳米线、纳米管等修饰电极表面,这些纳米材料的使用改善了导电性、催化性,增加了探针固定量,并提高了杂交效率。

(3) 杂交检测技术

电化学检测 DNA 可以分为直接检测和间接检测。直接检测的依据在于 DNA 与某些电极表面具有直接的电子转移,而且 DNA 的一些组分包括碱基和核糖在一定电势窗口下也有电化学活性。间接检测则是通过一些氧化还原媒介来实现电子传递,借助于与 DNA 选择性结合的有电化学活性的指示剂来进行杂交检测。例如,一些具有电活性的阳离子会与带负电荷的 DNA 磷酸骨架静电结合;DNA 双螺旋的沟槽也可作为电活性分子的连接位点;在 DNA 链上标记一些电活性标记物作为信号探针;另外,也可利用电催化反应或一些新型纳米材料对杂交信号进行放大。

常用的 DNA 电化学指示剂分为五种类型:① 酶等具有催化氧化还原作用的电化学指示剂(如辣根过氧化物酶);② 电化学活性物质(如二茂铁、亚甲基蓝等有机分子)的电化学指示剂;③ 金属纳米颗粒、纳米线、纳米球、纳米棒等纳米材料作为标记物的电化学指示剂;④ 嵌入型的电化学指示剂,包括利用与 DNA 的磷酸骨架产生静电作用和嵌入 dsDNA 双螺旋的碱基对之间的作用这两种方式;⑤ 非标记型电化学指示剂,非标记型电化学 DNA 传感器的探针无须标记,它是利用具有良好电活性的氧化还原物质(如铁氰化钾测试溶液)为指示剂。杂交指示剂与 DNA 单双链的亲和程度不同,因此电极表面指示剂浓度不同,所产生的电信号也不同,从而达到检测的目的。

电化学 DNA 传感器具有很多优点,其选择性好、灵敏度高、测试费用低、适于联机操作。此外,电分析化学系统不破坏测试体系、不受颜色影响、操作简便,而且电化学传感器大都使用固体电极表面固定探针,对发展基于表面控制杂交反应的基因诊断学研究有着独特的优势。电化学 DNA 传感器是一种非常有发展前途的生物传感器,必将会在分子诊断、疾病诊断、疾病病理研究、食品检验、环境检测及安全反恐等领域具有极为广泛的应用。

8.3.3　基于纳米材料的电化学传感器

1~100 nm 尺寸称为纳米尺度,采用电化学方法研究物质在此尺寸下的行为称为纳米电化学(nano-electrochemistry),纳米电化学是目前电化学领域最前沿的研究课题之一。纳米材料是指三维空间中至少有一维处于纳米尺度范围内的材料,或由它们作为基本单元组装而成的结构材料,包括金属、金属氧化物、无机化合物和有机化合物等。纳米尺度处在原子、分子为代表的微观世界到宏观物体世界的过渡区域(介观体系),处于该尺寸的材料表现出许多既不同于微观粒子又不同于宏观物体的特性,突出表现为四大效应,具体如下。

(1)表面效应。纳米粒子的表面原子数与总体原子数之比随粒径的变小而急剧增大,从而引起性质上的突变。

(2)体积效应,亦称小尺寸效应。当纳米粒子的尺寸与传导电子的波长及超导态的相干长度等物理尺寸相当或更小时,周期性的边界条件将被破坏,熔点、磁性、光吸收、热阻、化学活性、催化性能等与普通粒子相比都有很大变化。

(3)量子尺寸效应。颗粒尺寸下降到一定值时,可将大块材料中连续的能带分裂成分立的能级,能级间的间距随颗粒尺寸减小而增大。

(4)宏观量子隧道效应。隧道效应是基本的量子现象之一,它是指当微观粒子的总能量小于势垒高度时,该粒子仍能穿越这势垒。

近年来,人们发现一些宏观量,例如微颗粒的磁化强度、量子干涉器件中的磁通量以及电荷等亦具有隧道效应,它们可以穿越宏观系统的势垒而产生变化,故称之为宏观的量子隧道效应。纳米粒子也具有这种贯穿势垒的能力。

基于纳米材料和纳米技术的电化学传感是近些年来的热门研究领域之一。纳米材料因其独特性质为电信号的传导提供了优良平台,被广泛应用于新一代电化学生物传感器的设计和制备中。具有纳米结构的材料广泛地应用于敏感分子的固定、信号的检测和放大。与传统传感器相比,基于纳米材料的新型传感器具有超高灵敏度与选择性,同时传感器的响应速度也得到大幅度提高,并且可以实现高通量的实时检测。

纳米材料增强电化学生物传感器性能的可能机制有以下几点。

(1)纳米材料比表面积大,表面自由能高,生物活性物质在纳米颗粒表面的吸附量有所增加,并得到强有力的固定,有效防止生物活性物质在待测液的流失,故而提高电极电流响应的灵敏度和稳定性。

(2)纳米材料的表面效应使其表面存在许多悬空键,具有很高的化学活性,并且纳米固体材料表面亲水性更强,这些性能能够增强材料的生物相容性。

(3)纳米材料具有的宏观量子隧道效应,能促进酶的氧化还原中心与电极间通过纳米粒子进行电子传递。

纳米材料在构建电化学传感器中有着广泛的应用,可用于加快电子传递速率、物质传输效率、固定生物分子、催化反应、标记生物分子等。常见的纳米材料包括碳纳米材料、贵金属纳米材料以及金属氧化物纳米材料如二氧化钛、二氧化铈、氧化铜、磁性纳米粒子等。

1. 碳纳米材料

碳纳米材料主要包括碳纳米管、石墨烯等。碳纳米管具有独特的物理化学性质,如极高的机械强度、较大的比表面积和长径比、较强的电子转移能力、较多催化位点、良好的吸附能力和生物相容性等,为生物分子的固定、电子传递、催化反应等提供了良好的构筑材料。

碳纳米管修饰的电极具有以下优点:① 碳纳米管是构筑电极的良好材料,体积小,强度大,化学性质稳定,这些特点有利于制作碳纳米管修饰电极;② 碳纳米管修饰电极为生物分子的固定和修饰提供了良好的微环境,生物大分子(酶、蛋白质、抗原/抗体、DNA 等)可固定在碳纳米管修饰电极上,并且保持良好的生物活性;③ 碳纳米管可被方便地修饰,其端口可被氧化后修饰上羧基,从而进行化学修饰和固定,以用于不同的传感器研究;④ 碳纳米管修饰电极能催化氧化还原反应;⑤ 良好的导电性等。

类似地,石墨烯具有大比表面积、优异的导电性和优良的机械性能,在构建电化学生物传感器中具有广泛的应用前景。在基面上,碳原子中未成键的单个电子处于 p_z 轨道上,形成半填满状态的 π 键,可在基面内自由移动。在边缘上,石墨烯通过边缘的缺陷传导电子,实现非均相电子转移。与其他修饰电极材料相比,石墨烯能有效促进电子从电解质中转移到电极表面。同时,石墨烯具有大的比表面积,有利于提高电化学检测性能。目前报道的大多数材料仍是二维(2D)结构,2D 石墨烯材料在范德瓦尔斯力和 π-π 相互作用下可能会出现重新堆叠的问题,不利于传质,并且会在制备复合催化剂时降低催化剂上物质的负载量。此外,2D 石墨烯的尺寸和形貌不均匀,对某些催化反应具有本质惰性。三维(3D)类石墨烯碳材料表现出可以替代二维(2D)石墨烯的优良性能,如增强的机械完整性、不会重新堆积、大的比表面积和均匀性等,使其成为负载其他材料的理想载体,能避免被载颗粒的聚集,也能增加负载量,同时均匀的尺寸和形貌可以进一步增强传感过程的性能(如重复性)。

2. 贵金属纳米材料

贵金属是指在潮湿空气中具有耐腐蚀和抗氧化性的金属。常见的贵金属有 Pt、Au、Pd、Ag、Ru、Rh 等。贵金属纳米材料主要包括铂、金、银等纳米材料,此类材料由于具有比表面积大、稳定性优良、生物相容性好等特点,已被广泛应用于生物成像、异相/均相催化、燃料电池以及生物传感等领域。金纳米材料具有良好的生物相容性,常常被用于负载酶、蛋白质、DNA 等生物活性分子。除一元贵金属纳米材料外,基于贵金属的多金属/合金纳米材料或纳米复合材料等,由于它们的多功能或协同作用,可以表现出更好的电化学性能。此外,材料的性能还取决于其形态、尺寸、结构等。一元贵金属纳米材料是指体系只含有单一贵金属成分的材料。由贵金属和其他金属元素组成的纳米材料称之为贵金属基多元金属/合金纳米材料,作为此类材料的代表,Pt 基纳米材料具有较好的催化活性,常被用于构建无酶电化学传感器、DNA 电化学传感器、免疫传感器、适配体传感器等,具有广泛的应用。

基于纳米材料的电化学传感器在生物医学领域,比如 DNA 检测、生物标志物、肿瘤/癌症的诊断、微生物和细菌等感染的检测等,得到了良好的应用。新的基于纳米粒子的传感技术具有超高的灵敏度,为常规方法检测不到的疾病标志物、生物威胁试剂或传染试剂的检测提供了可能。这种高灵敏的生物分析方法还能够实现疾病的早期诊断或恐怖袭击的预警。新制备的纳米材料其应用范围的扩大,有望为基于纳米材料的生物传感器开拓新的领域。

　　总之,纳米技术的介入为电化学传感器的发展提供了丰富的素材,基于纳米材料的电化学传感器已经显示出了优异的性能,包括选择性好、灵敏度高及适于联机化等,并具有电分析化学不破坏测试体系、不受颜色影响和操作简便的优势。可以预料,纳米材料电化学传感器将在疾病诊断、环境污染物在线监测、食品安全和卫生保健等诸多方面发挥重要作用。

1. 应用领域

电化学生物传感器的应用主要在环境监测、医疗诊断和食品安全三个领域。

（1）环境监测领域

环境监测和管理,在规范工业化行为以保证人类的健康和社会的可持续发展方面,发挥着非常重要的作用。在环境监测方面,由于监测场地的特殊性和环境事件的突发性,特别需要现场即时检测（point-of care testing，POCT）设备。电化学生物传感器在环境中的应用,主要集中在微生物或致病细菌的检测方面,重金属离子检测方面和有害气体检测方面。

（2）医疗诊断领域

在现代医疗诊断领域内,即时检测技术发展迅速,使得病人能进行自我检查。这类检测设备应当满足便携性、连通性、灵活性和智能性等特点,同时还应该尺寸、能耗足够小并且能准确有效地将数据返回到远程设备。

（3）食品安全领域

食品安全问题关系每个人的生命健康,是最受世人关注的热点和敏感问题。我国是人口大国,也是食品生产和贸易大国,建立健全高效的食品安全监管体系和检验检测体系,意义重大。电化学生物传感器主要应用于微生物或致病菌的检测和农药、兽药残留的检测等。

2. 发展趋势

电化学传感器正朝着微型化、数字化、智能化、多功能化、系统化、网络化的方向发展,以满足人们对原位、实时、复杂样品现场在线检测的需求。具体而言,其发展趋势可以总结为如下几个方面。

（1）提高电化学传感器的性能。具体涉及灵敏度、选择性、稳定性等。灵敏度,目前大部分研究工作都集中于添加改性材料于修饰电极中以提高其检测灵敏度;选择性,可以选择、设计新的活性单元以增加其对目标分子的亲和力,改善选择性;稳定性,为了克服生物单元结构的易变性,增加其稳定性,最常用的手段是采用对生物单元具有稳定作用的介质、固定剂,但就目前的技术水平而言,很多生物单元的稳定性远不能满足实际应用的需要。此外,需要提升基底电极的稳定性和电流信号的稳定性,并降低成本。

（2）研究多功能电化学生物传感器阵列。对于复杂体系中多组分的同时测定,生物传感器阵列提供了一种直接、简便的解决方法。生物传感芯片在一定程度上表现出多功能性、小型化、便携性和生产成本降低等特点,因此,发展便携式电化学分析系统,以实现单个目标物的高效检测或者多个目标物的同时检测,满足现场快速检验、多路复用检测和临床诊断的需求。

（3）开发新的应用领域。

（4）注重环保性。

（5）发展植入式电化学生物传感器。随着技术的进步,多种类型的微电极已经进入人体或动物体内。如用微电极进行手术,用修饰微电极进行血糖、胆固醇等含量检测等。如何使植入式传感器与体内环境兼容是技术的关键。这些技术的发展,需要生物兼容性材料与之共同发展。

（6）生物传感器网络。随着信息技术的发展,无线传感网络已经广泛应用于农业、医疗和食品领域。电化学生物传感器可以通过物联网实现对物体的智能化识别、监控,并能实现对信息的处理和管理。可以预见,未来将电化学生物传感器与物联网相结合会是技术发展的趋势。

第9章 电子显微镜

近几十年来,随着材料科学,尤其是纳米科学和技术的飞速发展,以固体材料表面形貌、显微组织结构和表面化学成分、表面原子排列结构、表面原子动态和受激态、表面电子结构表征为目的的表面分析技术非常活跃,在材料科学和其他相关学科中的应用非常普遍。

现代表面分析技术中,通常把一个或几个原子厚度的表面称为"表面",而将更厚一些的表面称为"表层"。严格意义上的表面分析主要是针对固体材料最表层一到几个纳米深度范围内的分析技术,常用的方法有 X 射线光电子能谱、俄歇电子能谱、离子探针、离子中和谱、离子散射谱、低能电子衍射、电子能量损失谱、紫外线电子能谱、场离子显微镜等分析方法,它们是材料表面状态和性能表征的非常重要的工具。但是,这类表面分析仪器往往价格昂贵、应用领域单一、测试费用高昂,难以为普通用户所接触和使用。

广义上的表层分析技术则主要针对固体材料表面几个纳米至几个微米深度范围内的表面形貌、组织结构和表面化学成分的分析。常用仪器包括扫描电子显微镜及能谱仪、透射电子显微镜及能谱仪、扫描探针显微镜、X 射线多晶衍射仪、X 射线单晶衍射仪、X 射线荧光光谱仪等,这类仪器使用率高、测试费用相对较低,能够为广大普通用户接触和使用。本章重点介绍电子显微镜的基本原理、性能和基本应用。

9.1 扫描电子显微镜

扫描电子显微镜(scanning electron microscopy, SEM)于 20 世纪 60 年代问世,是用来观察样品表面微区形貌和结构的一种大型精密电子光学仪器。其工作原理是利用一束极细的聚焦电子束扫描样品表面,激发出某些与样品表面结构有关的物理信号(如二次电子、背散射电子)来调制一个同步扫描的显像管在相应位置的亮度而成像。

扫描电镜主要用于观察固体厚试样的表面形貌,具有很高的分辨率和连续可调的放大倍数,图像具有很强的立体感。扫描电镜能够通过与能量色散 X 射线谱仪(EDS)、波谱仪(WDS)、电子背散射衍射仪(EBSD)相结合,构成电子微探针,用于物质化学成分和物相分析。因此,扫描电镜在冶金、地质、矿物、半导体、医学、生物学、材料学等领域得到了非常广泛的应用。

目前世界上主要的电子显微镜制造商有:Thermo Fisher(原 FEI)(美国)、JEOL(日本)、HITACHI(日本)、SHIMADZU(日本)、ZEISS(LEO)(德国)、CAMSCAN(英国)、TESCAN(捷克)、KYKY(中国)等公司。

9.1.1 基本原理

扫描电镜利用细的聚焦电子束在样品表面逐行扫描时激发出来的各种物理信号来调制成像。目前钨灯丝型普通扫描电镜的二次电子图像分辨率已经优于 3 nm,放大倍数可从数倍原位放大到 10 万倍左右;而新型场发射扫描电镜的分辨率已经能够达到 0.6 nm,放大倍数高达 30 万倍。

1. 电子束与固体样品作用时产生的信号

当高能电子束轰击样品表面时,电子将与固体中的原子发生相互作用。一部分电子能够穿入固体内部一定深度,当样品很薄时,这些电子能穿透试样,但能量有所损失,方向也会有所改变;而另一部分电子则会与固体中的原子发生弹性或非弹性碰撞,碰撞过程中,有的电子可能会被吸收,有的电子可能被折回,再经过试样表面反射出来,有的电子还能激发样品原子的原子核产生其他一些电子信号。图 9-1 为样品在电子束轰击下可能产生的各种信号,其中与扫描电镜成像有关的信号主要是二次电子和背散射电子信号,而特征 X 射线信号则是与扫描电镜相结合的电子探针进行成分分析时的采集信号。

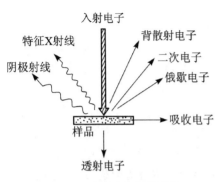

**图 9-1 电子束与固体样品
作用时产生的信号**

（1）二次电子

二次电子是被入射电子束轰击出来的固体中原子的核外电子。由于原子核和外层价电子间的结合能很小,在高能电子束的轰击下,外层价电子比较容易与原子脱离,形成自由电子。这些自由电子向各个方向运动,其中一部分会折向入射表面,当它们到达样品表面并有足够能量逸出样品表面时,就会发射出来,这就是二次发射电子(又称二次电子)。一般来说,大多数二次电子的能量都低于数十电子伏特,习惯上我们把能量低于 50 eV 的二次电子称为真实的二次电子。二次电子一般从样品表层 5～10 nm 深度范围内被入射电子束激发出来,大于 10 nm 时,虽然入射电子也能使核外电子脱离原子核形成自由电子,但因其能量较低以及平均自由程较短而不能逸出样品表面,只能被样品吸收。因此二次电子对样品的表面形貌非常敏感,能够十分有效地显示样品的表层形貌。

二次电子信号(SE)又可以细分为 SE1、SE2、SE3 和 SE4。其中 SE1 来源于样品表层 10 nm 深度范围内激发出来的二次电子,SE2 是由背散射电子等信号从样品内部向表面溢出过程中和样品碰撞激发出的二次电子,SE3 是由于背散射电子等信号在远离电子束入射点(如轰击物镜极靴)激发出来的二次电子,SE4 是由入射电子在电子光学镜筒内激发的二次电子(SE4 对电镜成像不起作用)。不同类型的二次电子在作用深度、图像衬度和荷电等方面的表现完全不同,使得不同二次电子探测器采集的二次电子图像会产生非常大的差异,从而可以根据样品的不同情况和需求选择不同类型的二次电子信号进行成像。

（2）背散射电子

背散射电子是被固体样品中的原子核卢瑟福散射反弹回来的一部分入射电子。入射电子束垂直照射到固体表面时,会与固体样品的原子核发生弹性和非弹性碰撞,当总的散射角大于 90°时,入射电子有可能再次通过入射表面而反射出来,这样反射出来的电子即称为背散射电子。一般来说,背散射电子的能量较高,分布范围很宽,从数十到数万电子伏特,习惯上我们把能量高于 50 eV 的电子称为背散射电子。背散射电子可以来自样品表层几百纳米的深度范围,由于它的产额随样品原子序数的增大而显著增多,因此既可用作形貌分析,又可用来显示原子序数衬度,定性地进行表面化学成分分析。但是,由于背散射电子来自样品较深处,其对样品的表面形貌不敏感,用于形貌分析时成像分辨率要比二次电子低。

背散射电子产生后基本沿着出射方向传播,不易受到其他探测器的影响。背散射电子有弹性散射和非弹性散射之分,弹性背散射电子的能量接近入射电子能量,而非弹性背散射电子的能量则低于入射电子能量,从 200 eV 到接近入射电子能量均有分布。此外,不同类型的背散射电子的出射角度也会有差异,有以接近 90° 高角轴向出射的背散射电子,此类背散射电子属于卢瑟福散射中直接被反射的电子,在样品中碰撞的次数较少,相对作用深度也较小;也有以较低角度出射的背散射电子,背散射电子出射的角度越低则其中混合的非弹性背散射电子的占比也越多。因此,不同类型的背散射电子在作用深度、图像衬度和荷电等方面的表现也完全不同,可以根据样品的不同情况和需求选择不同类型的背散射电子信号进行成像。

（3）特征 X 射线

特征 X 射线是由原子内层轨道上电子的跃迁产生的。高能电子束轰击样品时会激发或电离样品原子的内层电子,把原子内层轨道上的电子轰击出去,原子内层轨道上出现空穴,原子就会处于能量较高的激发态,极不稳定,此时外层轨道上的电子向内层轨道跃迁以填补内层电子的空穴,使原子恢复到基态。外层轨道电子的能量高于内层轨道电子的能量,外层电子跃入内层空穴时,多余的能量就以电磁辐射形式发出,这种电磁辐射的波长位于 X 射线区域,即为特征 X 射线。

根据原子结构壳层理论,原子核周围的电子分布在若干壳层中,壳层由内至外分别名为 K、L、M、N…壳层,每一壳层的电子有其自身特定的能量,K 壳层的电子能量最低,L 壳层次之,依次能量递增,构成一系列能级。电子在不同能级之间跃迁释放的能量等于电子跃迁前后原子两能级之差,此能级差与入射电子能量无关,故释放出的特征 X 射线能量带有原子的特征,根据样品中产生的特征 X 射线信号,我们可以判断微区中存在的相应元素。

2. 扫描电镜的成像原理

扫描电镜的成像原理不同于一般光学显微镜和透射电镜,而与电视技术有很多类似之处,都是在阴极射线管（CRT）荧光屏上扫描成像的。但是也有重要的差别,电视成像原始信号来自物体所反射的光线,聚焦在荧光屏上的是一种光学像,而扫描电镜成像信号来自样品上相应点收集到的电子信号,样品不同区域发射电子信号的能力与它反射光线的能力之间没有一定的关系。扫描电镜成像形成衬度原理,所谓图像衬度是指图像各部分的强度相对于其平均强度的变化,当电子束在样品上逐行扫描时,随着样品微区特征（如形貌、原子序数、晶体结构或位相）的不同,电子束作用下产生的各种物理信号的强度也不同,导致荧光屏上不同区域的亮度不同,从而获得具有一定衬度的图像。扫描电镜用来成像的信号主要是二次电子和背散射电子信号,相应的形成二次电子图像衬度和背散射电子图像衬度。

（1）二次电子成像

当入射电子束照射到样品表面时,不同微区的二次电子发射系数（即二次电子产额）与入射电子束的能量和方向、样品的几何形状、化学成分、表面电场、磁场等密切相关。当入射电子束的能量和方向确定时,根据样品的微区特征,二次电子的图像衬度包括形貌衬度、原子序数衬度、电位衬度、磁衬度等。由于二次电子信号来自样品最表层 5～10 nm 深度范围,因此对样品表面的几何形状最敏感,影响二次电子图像衬度的最主要因素是形貌衬度,二次电子形貌衬度的最大用途是观察样品表面的凹凸形貌。

① 形貌衬度

当入射电子束方向一定时,表面微区的凹凸起伏决定了样品表面和电子束的相对位置,而样品表面和电子束之间的相对位置又决定了不同微区的二次电子产额。图 9－2 显示了样品表面、入射电子束的相对位置与二次电子产额 δ 之间的关系。

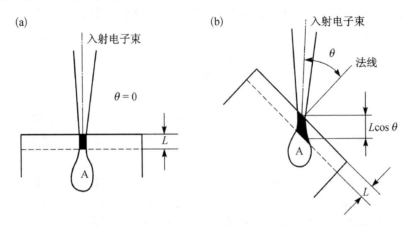

图 9－2　样品表面形貌、入射电子束的相对位置与二次电子产额的关系

图中 θ 为入射电子束与样品表面法线之间的夹角，L 为入射电子束穿入样品激发二次电子的深度。实验表明：对于光滑试样表面，当入射电子束能量大于 1 kV 且固定不变时，二次电子产额 δ 与 θ 之间的关系可近似表示为

$$\delta \propto 1/\cos \theta \tag{9－1}$$

由上式可知：当入射电子束与样品表面法线平行时(即 $\theta=0°$ 时)，二次电子产额最少。随着样品表面倾斜角的增大，电子束穿入样品激发二次电子的有效深度和作用体积逐渐增大(黑色区域)，逸出样品表面的二次电子数量增多，从而使得该微区在荧光屏上的成像亮度增强。实际样品的表面形状通常比较复杂，但是都可以看作是由许多位向不同的小平面构成的，因此形成二次电子图像衬度的原理是相同的。具体到实际样品表面则表现为：表面凸起、尖棱、小粒子、斜面、台阶、边缘、断口等部位的二次电子产额较多，图像亮度较大，而光滑的平面上二次电子产额较少，亮度较低。此外，凹陷的坑穴、沟槽、裂缝、孔洞底部虽然也能产生较多的二次电子，但这些二次电子被阻挡，不易被检测器收集到，因此这些部位的图像衬度反而较暗。

② 原子序数衬度

原子序数衬度是由构成样品表面不同微区材料的化学成分(即原子的原子序数)不同造成的。由于逸出样品表面的部分二次电子是由背散射电子激发的，而背散射电子产额随原子序数增加而增大，因此当样品表面不同微区的原子序数差别较大时，各处激发出的二次电子数量也有明显差别，原子序数大的地方射出的二次电子较多，图像亮一些，而原子序数低的地方射出的二次电子较少，图像暗一些。

但是，一般而言原子序数衬度对二次电子产额的影响并不大。图 9－3 给出了二次电子产额随样品表面倾斜角和原子序数变化的关系图，随着样品表面倾斜角的增大，二次电子产额迅速增大，而随着原子序数的增大二次电子产额增加不多。因此，形貌衬度是影响二次电子图像衬度的最主要因素。此外，电位衬度和磁衬度对二次电子图像衬度也有一定贡献，但影响都很小。电位衬度是由于样品表面电位分布差异造成的，电位低的地方二次电子容易跑到相邻电位高的地方，图像上表现为电位低的地方图像较暗，而电位高的地方图像较亮；磁衬度是由样品表面外延磁场的偏转形成的，磁性材料中的磁畴、磁带上的磁场或集成电路上的磁场都会造成外延磁场。

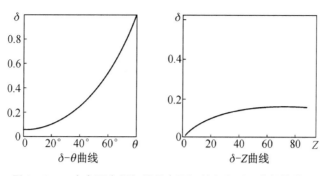

图 9-3　二次电子产额与样品表面倾斜角和原子序数的关系

（2）背散射电子成像

与二次电子相类似，背散射电子也能成像。影响背散射电子产额 η 的因素有入射电子束的能量、材料的化学成分、表面几何形状以及外界磁场等。根据样品表面的微区特征，背散射电子图像衬度主要有原子序数衬度、形貌衬度和磁衬度。其中，原子序数衬度对背散射电子图像影响最明显。

① 原子序数衬度

背散射电子能量较高，来自样品表层较深范围，其信号强度随原子序数的变化比二次电子大得多，特别是在原子序数 $Z<40$ 的范围内，背散射电子产额对原子序数十分敏感。表面原子序数较高的区域，背散射电子信号强，图像显示较高的亮度，而在轻元素区则图像较暗，所以背散射电子有较好的成分衬度，可定性进行表面化学成分分析。实际样品比较复杂，一般情况下，不同微区原子序数差别相差较大时才能提供较好的衬度信号。

② 形貌衬度

背散射电子也可以显示样品的表面形貌，但是由于背散射电子能量较大，在离开样品表面后沿直线轨迹运动，检测器只能探测到直接射向检测器的背散射电子，而背向检测器的背散射电子不能被探测到，导致有效收集的立体角较小，信号强度较弱，部分图像信息被掩盖。

图 9-4 显示了背散射电子产额 η 随样品表面倾斜角和原子序数变化的关系。由于背散射电子在样品表面的作用深度和范围远大于二次电子，背散射电子对样品表面形貌不如二次电子敏感，而对原子序数更加敏感。实际样品中，由于样品表面往往比较粗糙，背散射电子的原子序数衬度往往会被形貌衬度所掩盖。因此，利用背散射电子信号进行化学成分分析时，应尽可能保持样品表面光滑平整，以减少形貌衬度的影响。

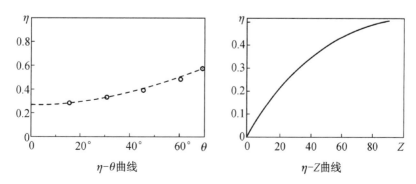

图 9-4　背散射电子产额与样品表面倾斜角和原子序数的关系

此外,由于背散射电子在样品中的平均自由程较长,外界磁场对其衬度也会产生一定的影响。但是,一般情况下磁衬度对背散射电子成像的影响不是很大。

3. 扫描电镜的性能指标

扫描电镜的主要性能指标包括分辨率、放大倍数和景深。

(1) 分辨率

扫描电镜的分辨率是指图像上能确实分辨清楚的两个细节间的最小距离。分辨率是扫描电镜最重要的性能指标,它与入射电子束的束斑直径、检测信号的种类、化学成分、加速电压、信噪比、杂散磁场、机械振动等因素有关,其中入射电子束束斑直径是影响分辨率的最主要因素,在相同条件下,加速电压越高,电子的波长越短,束斑直径越小。此外,入射电子束进入样品表面后会发生扩散,形成一个滴状或梨状作用体积,入射电子束在被样品吸收或离开样品表面以前就在这个作用体积内活动,入射电子束在样品中的扩散是影响扫描电镜分辨率的另一个重要因素。对于二次电子信号、背散射电子信号和特征 X 射线信号而言,激发二次电子信号的深度为 5～10 nm,在此深度范围内,入射电子束基本未展开横向扩散,因此二次电子图像的分辨率相当于入射电子束斑的直径;激发背散射电子和特征 X 射线信号的深度分别为 50～200 nm 和 1～5 μm,此时入射电子束进入样品较深部位,电子束成球状或滴状向横向扩展,扩展后的作用体积大小相当于它们的空间分辨率,因此背散射电子的图像分辨率要低于二次电子,而特征 X 射线的分辨率则更低。

影响扫描电镜分辨率的因素很多,因此扫描电镜分辨率的测定要求相当严格,通常需要在电镜处于最佳工作状态时利用标准样品来测定。电镜最佳工作状态是指电镜处于最佳清洁状态和高真空度,电源高度稳定、环境机械振动和杂散磁场被限制到允许限度以下;标准样品通常是碳蒸金标样,即在碳表面蒸涂一层很薄的金(Au)颗粒。扫描电镜分辨率的测量方法包括间隙测量法、边缘对比度法、有效放大倍率法等。其中,间隙测量法是在一定放大倍数下(通常钨灯丝扫描电镜为 10 万倍),测得图像上可清楚分辨的两个 Au 颗粒之间的最小间距 s,s 除以放大倍数 M 即为分辨率 r[见式(9-2)]。边缘对比度法是利用 Au 颗粒和碳胶背底边缘交界处的对比度反差计算分辨。图 9-5 是利用碳蒸金标样在日本 JEOL 公司生产的 JSM-6360LV 型扫描电镜上采用间隙测量法测得的 30 kV 加速电压下的二次电子和背散射电子分辨率照片,二次电子图像分辨率为 3.0 nm,背散射电子图像分辨率为 4.0 nm。由此可见,分辨率是电镜在理想状态下获得的,普通样品的常规测试并不能轻易获得最佳分辨率。

$$r = s/M \tag{9-2}$$

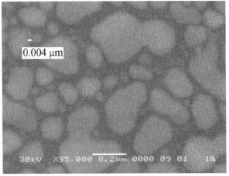

图 9-5　钨灯丝扫描电镜 30 kV 下二次电子(左图)和背散射电子(右图)分辨率照片

近年来,场发射扫描电镜获得了快速发展,场发射电子枪能够提供更小的束斑,亮度更强、束流更大,能够实现更高的分辨率,特别是在大幅降低加速电压的条件下仍能保证显著优于钨灯丝扫描电镜的分辨率,从而可以实现低电压下样品最表面的二次电子形貌观察。加速电压降低虽然会增大电子束束斑直径从而降低分辨率,但同时也会影响入射电子束在样品中的扩展,加速电压越低,入射电子束在样品中的扩展深度和范围越小,同时降低加速电压($<0.5\ \text{kV}$)还可以减少样品的损伤,降低不导电样品的荷电效应,获得更多的样品表面细节信息。图 9 - 6 显示了德国 Zeiss 公司生产的 GeminiSEM 500 型场发射扫描电镜在 $1\ \text{kV}$ 和 $10\ \text{kV}$ 加速电压下拍摄的碳蒸金标样的分辨率照片,采用边缘对比度法测得 $1\ \text{kV}$ 下的分辨率能够达到 $1.1\ \text{nm}$,明显优于钨灯丝扫描电镜在 $30\ \text{kV}$ 加速电压下的分辨率。

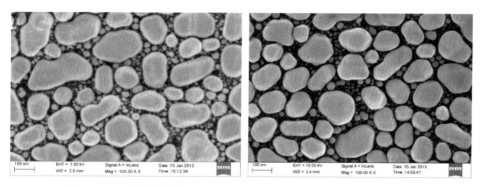

图 9 - 6 场发射扫描电镜 1 kV(左图)和 10 kV(右图)下的分辨率照片

(2) 放大倍数

扫描电镜的放大倍数 M 是显像管荧光屏上扫描幅度(A_0)与样品上扫描幅度(A_s)之比[见(式 9 - 3)],可从几十倍连续变化到几十万倍。当入射电子束在样品表面作光栅扫描时,由于荧光屏的尺寸是固定的,因此只要减小或增加电子束在样品上的扫描幅度就可以相应地增大或减小放大倍数。目前大多数钨灯丝扫描电镜的放大倍数在 $20\sim100\ 000$ 之间,场发射扫描电镜更可达到 $300\ 000$ 倍。不过,随着扫描电镜使用年限的增加,仪器会逐渐老化,其分辨率和放大倍数都会有所下降。

$$M = A_0/A_s \tag{9-3}$$

(3) 景深

景深是指电子束在样品上扫描时可获得清晰图像的范围,一般用 μm 表示。景深大则成像立体感强,适合粗糙样品的表面形貌观察。光学显微镜因其景深较短而无法观察粗糙样品的全貌,透射电镜要求样品必须非常薄,电子束才能穿透样品,因此也不能观察粗糙样品的表面。与光学显微镜和透射电镜相比,扫描电镜的景深很大,视场调节范围很宽,制样简单,因此扫描电镜可直接观察粗糙样品表面,图像具有明显的立体感,这是扫描电镜的一大优势。一般而言,扫描电镜的景深较光学显微镜大几百倍,比透射电镜大几十倍。景深大对于粗糙样品表面的图像聚焦操作,特别是在高放大倍数下的聚焦是非常有利的。

4. 扫描电镜的优点

与光学显微镜和透射电镜相比较,扫描电镜具有如下优点。

(1) 分辨率高、放大倍数连续可调

扫描电镜的分辨率远远高于光学显微镜,但低于透射电镜。扫描电镜的放大倍数连续可调,放大范围基本涵盖了光学显微镜和透射电镜的部分区间。

（2）景深大

与光学显微镜和透射电镜相比,扫描电镜的景深大,视场调节范围很宽,适合观察表面凹凸不平的厚试样,得到的图像富有立体感。

（3）试样制备简单

扫描电镜对厚薄样品均可观察,只要样品的厚度和大小适合样品室的大小即可。但透射电镜只能观察薄样品,厚试样需经超薄切片、复型、离子减薄、电解双喷、聚焦离子束(FIB)等复杂制备过程。

（4）对样品损伤小

扫描电镜的加速电压远低于透射电镜,照射到样品上的电子束流为 $10^{-10} \sim 10^{-12}$ A,远小于透射电镜。此外,电子束在样品表面来回扫描而不是固定于一点,因此样品所受电子损伤小,污染也小,对观察高分子试样非常有利。

（5）所含信息多

扫描电镜除了观察微区形貌外,还能与能谱仪、波谱仪、电子背散射衍射仪等附件相结合,进行微区成分分析和晶体结构分析。

9.1.2　仪器构造和功能

简单地说,扫描电镜就是根据电子光学原理,用电子束和电磁透镜代替光束和光学透镜,将物质的细微结构在非常高的放大倍数下成像,它主要由电子光学系统、信号处理系统、图像显示系统、真空系统四大部分构成(图 9-7)。

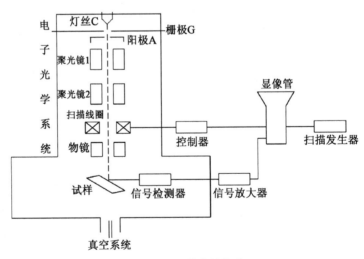

图 9-7　扫描电镜构造

1. 电子光学系统

电子光学系统的作用是产生足够细的电子束照射到样品表面,它由电子枪、电磁透镜、光阑、扫描线圈、样品室等部件组成,这些部件通常是自上而下地装配成一个柱体(又称镜筒)。

1) 电子枪

电子枪的作用是产生电子照明源,其亮度直接影响扫描电镜的分辨率。扫描电镜的电子枪可分为两类:热阴极三极电子枪和场发射电子枪。热阴极电子枪由灯丝(阴极)、栅极和阳极组成。加热灯丝发射电子束,在阳极加电压使电子加速,阳极与阴极间的电位差为总的加速电压,扫描电镜的最高加速电压为 30 kV。

（1）热阴极三极电子枪

热阴极三极电子枪由阴极灯丝 C、阳极 A 和栅极 G 构成。阳极 A 处在相对于 C 为正的高电位,栅极 G 处在相对于 C 为负的低电位,A 和 G 由带有圆孔的金属板组成,电子束可以通过。三个电极产生的磁场形成一个电磁透镜,由灯丝 C 发出的热电子被阳极 A 产生的电场加速,并在三个电极的电场作用下形成一束聚焦的速度均匀的电子源。

根据阴极材料的不同,热阴极电子枪又可分为直热式阴极电子枪和旁热式阴极电子枪。

① 直热式阴极电子枪

阴极灯丝为直流加热的发叉式钨灯丝,直径为 0.1~0.15 mm,通过直接电阻加热来发射电子,它是目前最常用的电子枪。其主要缺点是发射体温度较高,电子枪发出的电子束电流密度较低,电子枪的有效亮度不够,导致分辨率难以提高。此外,钨灯丝的平均寿命也较短,一般为 40 h 左右。

② 旁热式阴极电子枪

阴极灯丝是用电子逸出功较小的材料如 LaB_6、YB_6、TiC 或 ZrC 等制造,其中 LaB_6 应用最多,它采用旁热式加热阴极来发射电子。与发叉式钨灯丝相比较,LaB_6 灯丝的工作温度较低,发射电子快,电子束的电流密度高,电子枪的亮度高,因此其分辨率也更高。此外灯丝也不需要进行成形处理,灯丝寿命也较长,约为 100 h。其缺点是该电子枪需要相当复杂的附属设备,而且价格也较高。

（2）场发射电子枪

近年来高亮度、高寿命的场发射电子枪得到了快速发展。场发射电子枪利用场致发射效应来发射电子,当金属表面存在很强的电场时就能从金属引出密度很大的电流,场发射式电子枪的亮度比钨灯丝和 LaB_6 灯丝分别高出 10~100 倍,同时电子能量散布仅为 0.2~0.3 eV。为了在适当的压力下即可产生很强的电场强度（$>10^9$ V/m）,必须使用非常细的阴极针尖,由于钨丝的机械强度大,熔点高,故仍然认为钨丝是最合适的材料。此外,由于晶体的结构（不同晶面）对场发射电流的影响很大,一般采用 W(310)位向的钨单晶针尖或者表面覆 ZrO_2 单晶的 W(100)扩展针尖,针尖的曲率半径大约为 100 nm。

与热阴极钨灯丝和 LaB_6 灯丝电子枪相比,场发射电子枪由于电场很强,电子以几乎垂直于发射体尖端表面的法线方向发射,因此电子源的束斑尺寸非常小,亮度非常高,其分辨率可高达 1 nm 以下,目前商品化的高分辨扫描电子显微镜都采用场发射式电子枪。

根据发射体温度的高低,又将场发射电子枪分为冷场发射（cold field emission,FE）和热场发射（thermal field emission, TF）两种。

① 冷场发射（FE）

冷场发射电子枪采用 W(310)针尖,最大的优点是其电子束斑直径最小,亮度最高,能量散布最小,因此图像分辨率最佳,并能改善在低电压下操作的效果。为避免针尖被外来气体吸附,导致场发射电流降低以及发射电流不稳定,冷场发射电子枪必须在 10^{-10} torr 的真空度条件下操作,并在需要时通过短暂加热针尖使其温度至 2 500 K 以去除所吸附的气体原子。冷场发射电子枪最大的缺点是发射的总电流相对较小。

② 热场发射（TF）

热场发射电子枪是在 1 800 K 温度下操作,避免了大部分的气体分子吸附在针尖表面,因此可以在比冷场低的真空度(10^{-9} torr)条件下工作。热场发射枪多采用 ZrO_2 - W(100)针尖,又称肖特基热场发射枪,其总电流比冷场大,并能维持很好的发射电流稳定度。热场发射虽然亮度与冷场类似,但其电子能量散布却比冷场大 3~5 倍,因此图像分辨率要稍差一些。

2) 电磁透镜

电磁透镜是扫描电镜镜筒中最重要的部件,它用一个对称于镜筒轴线的空间电场或磁场使电子轨迹向轴线弯曲形成聚焦,其作用与玻璃凸透镜使光束聚焦的作用相似。现代电子显微镜大多采用电磁透镜,它由稳定的直流励磁电流通过带极靴的线圈产生的强磁场使电子聚焦。

电磁透镜的主要作用是将来自电子枪的电子源束斑尺寸从几十微米缩小到 5 nm(或更小),并且控制电子束的开角在 $10^{-2} \sim 10^{-3}$ rad 内可变。

目前扫描电镜的透镜系统多由三级透镜构成,第一级和第二级是聚光镜,它们是强磁透镜,可以把从电子枪发出的电子束聚成足够细的束斑。第三级透镜(末级透镜)是物镜,它是弱磁透镜,具有较长的焦距,可以将电子束聚焦照射在试样表面。电磁透镜,特别是物镜的像差会直接影响成像的分辨率。因此在电磁透镜的设计上,如何降低其像差是主要任务,电磁透镜的像差包括色差和几何像差。

色差是由于电子束能量(或波长)的改变引起电子运动速度的变化,电子运动速度的变化又导致电磁透镜对电子聚焦能力的改变而产生的。引起电子束能量变化的因素很多,比如电子枪加速电压的不稳定,透镜电流的波动,以及电子束和样品的非弹性碰撞造成能量损失等。电磁透镜的色差是可以减小的,主要方法包括提高电压、电流的稳定度,或者安装单色电子源透镜(即单色器)。

几何像差是由于电磁透镜几何结构的不完美造成的,电磁透镜的磁场强度在极靴间是不均匀的,这种几何缺陷导致远轴区域对电子的聚焦能力大于旁轴区域,而参与成像的电子并不能完全满足旁轴条件从而导致几何像差。几何像差包括球差、畸变和像散。球差和畸变主要是由于电磁透镜边缘区域和中心区域对电子会聚能力不同造成的;像散则是由于透镜极靴的磁场轴向不对称、样品污染以及材料缺陷导致的。像散是可以抵消或矫正的,一般通过装在物镜中的像散校正装置(消像散器)来消除由于透镜污染所产生的像散。而球差在普通电镜中总是存在的,目前只有在原子分辨的球差校正透射电镜中安装了球差矫正器。

3) 光阑

在聚光镜和物镜前面一般装有光阑,光阑的作用是限制掉一些不必要的电子以减少电子光学系统的污染,不同孔径的光阑可以提高束流或增大景深,从而改善图像质量。

在所有光阑中,物镜光阑最重要,它除了限制不必要的电子外,还有一个重要作用是控制电子束的开角,从而控制图像的景深(景深与电子束开角的大小成反比)。在扫描电镜中,习惯上将从物镜下极靴到试样上表面的距离(沿光轴方向量)称为工作距离 D,如果光阑孔径为 ϕ,电子束的开角为 2α,则它们与工作距离 D 的关系为

$$2\alpha = \phi/D \tag{9-4}$$

由式(9-4)可知:光阑孔径固定时,则工作距离 D 越大,电子束的开角 2α 就越小,相应的图像景深就越大。

物镜光阑一般为可移动式,工作时可以根据束流或景深的需要选择不同尺寸的光阑孔径,如果需要较高的分辨率,则可以选择较小的孔径,而需要较大束流时则可选择较大的孔径。

　　4）扫描线圈

　　扫描线圈是扫描电镜的一个独特的重要部件,它可以使聚焦电子束发生偏转并在试样表面上作光栅状扫描。由于显像管上的扫描与样品表面上的电子束扫描由同一扫描发生器控制,因此镜筒内电子束的偏转与荧光屏上光点的偏转完全一致,也就是严格"同步"。由于荧光屏的尺寸是固定的,所以加到显像管上的偏转信号强度是不变的,而加在样品上的偏转信号强度可以通过改变电子束的偏转幅度进行控制,减小或增加电子束在样品上的扫描幅度即相应地增大或减小放大倍数,从而很方便地实现扫描电镜图像的连续放大或缩小。

　　5）样品室

　　扫描电镜的样品室内装有样品台,样品室的四壁开有多个备用窗口。样品台可以手动或自动进行 360°旋转,0~90°倾斜、沿 X 轴和 Y 轴的平移以及沿 Z 轴的升降。此外,样品台配上合适的附件后还可实现样品的拉伸、压缩、弯曲、加热或冷冻等,以便进行动力学过程的研究。样品室四壁的备用窗口,除安装各种图像信号检测器外,还能同时连接 X 射线波谱仪、X 射线能谱仪、电子背散射衍射仪、二次离子质谱仪和图像分析仪等,以适应多种综合分析的要求。

　　2. 信号处理系统

　　信号处理系统(检测器)的作用是收集样品在入射电子束作用下产生的各种物理信号并进行放大处理,不同的物理信号需要不同类型的收集系统。由于扫描电镜成像的主要信号是二次电子和背散射电子信号,相应的信号检测器分别为二次电子(SE)检测器和背散射电子(BSE)检测器。

　　Everhart-Thornley(E－T)检测器,即闪烁体光电倍增管检测器,是扫描电镜最常用的二次电子(SE)检测器。该检测器的前端设置有捕集器,捕集器上可以施加－250~＋400 V 的偏压来排斥或吸引带负电的能量较低的二次电子。当施加正偏压时,E－T 检测器接收到的是二次电子和背散射电子混合电子,由于二次电子能量较低受偏压影响较大,信号以二次电子为主。当施加负偏压时,因二次电子能量较小,被排斥后不能到达检测器,进入检测器的主要是能量大于 50 eV 的背散射电子。由样品发出的二次电子或背散射电子被捕集器捕集后,打到闪烁体上,闪烁体产生的光子通过光导管输送到光电倍增管上将光子信号转换成电子流,再经过信号处理系统和放大系统变成电压信号,最后输送到显像管的栅极,用来调制显像管的亮度获得二次电子或背散射电子形貌像。该检测器具有灵敏度高、信噪比大、信号转换效率高等优点。

　　固态(或半导体)检测器是常用的背散射电子(BSE)检测器,该检测器由掺杂的半导体材料(通常是硅)组成,一般安装在样品正上方。半导体检测器的工作原理是利用入射的背散射电子激发半导体中的硅电子产生电子-空穴对。由于半导体检测器只对高能电子敏感,因此只能探测背散射电子而不能探测二次电子。在硅晶体中产生一对电子-空穴对大约需要消耗 3.6 eV 的能量,因此产生的电子空穴对的数量与入射检测器的背散射电子的能量及数量成正比。电子空穴对在重组前被分离,从而产生电流,经放大器和调制器整形放大后得到背散射电子像。

　　此外,根据检测器安装位置的不同又可分为样品室二次电子/背散射电子检测器和镜筒内二次电子/背散射电子检测器。一般钨灯丝扫描电镜只有样品室二次电子/背散射电子检测器,而场发射扫描电镜会同时安装多个样品室和镜筒内检测器,采集来自样品不同深度和出射角度的二次电子/背散射电子。

　　(1) 样品室二次电子检测器

　　样品室二次电子检测器是 E－T 检测器,一般安装在样品室的侧壁,接收 SE1、SE2、SE3

和部分 BSE 电子,分辨率相对较低。由于二次电子的能量较低,在检测器前端的捕集器上加以正偏压来吸引二次电子,使得低能二次电子可以走弯曲轨道到达检测器。这种设计一方面增大了二次电子的有效收集立体角,提高了二次电子信号强度;另一方面,背向检测器区域产生的二次电子,仍有相当一部分可以通过弯曲的轨道到达捕集器,使得背向检测器区域的样品细节不至于形成阴影,因此二次电子图像立体感较强,一般不会产生阴影。

(2) 样品室背散射电子检测器

由于背散射电子的能量相对较高,在离开样品表面后沿直线轨迹运动,故样品室背散射电子检测器一般安装在物镜正下方,主要收集低角度背散射电子。由于背散射电子信号的有效收集立体角较小,强度较低,尤其是背向检测器区域产生的背散射电子难以到达检测器,在图像上形成阴影,掩盖了那里的细节,因此背散射电子形貌像可能会有阴影存在。该检测器通常为环形的四分割固态检测器,因此可以分别获得四个不同方向独立出射的背散射电子信号,也可以将信号混合、相加相减生成最终图像。

(3) 镜筒内二次电子检测器

该检测器位于镜筒内,适合在很短的工作距离成像,由于特殊的几何关系,SE2、SE3 和低角度 BSE 无法进入镜筒,只有 SE1 和高角度 BSE 才能进入镜筒,因此具有更好的分辨率,可以获得样品最表面的细节和形貌特征。

(4) 镜筒内背散射电子检测器

该检测器位于镜筒内,根据检测器安装位置和角度的不同可以分为中角 BSE 检测器和高角 BSE 检测器,适合较短工作距离成像。中角 BSE 检测器探测中角度出射的背散射电子,可以得到样品的成分和形貌信息。高角 BSE 检测器主要用于探测高角度出射的轴向背散射电子,可以获得无形貌干扰的最纯的成分衬度像。

(5) 扫描透射电子检测器

除了二次电子和背散射电子检测器外,场发射扫描电镜上还可以安装扫描透射电子检测器(STEM)。当电子束与薄样品相互作用时,会有一部分电子透过样品,这部分透射电子可通过扫描透射检测器成像获得扫描透射像。扫描电镜上配置的 STEM 检测器和背散射电子检测器类似,也是由半导体材料组成,不同的是 STEM 检测器安装在样品正下方,接收穿过样品的透射电子信号,因此要求样品非常薄(一般小于 100 nm)。当电子束在样品上逐点扫描时,位于样品下方的 STEM 检测器接收不同角度范围内散射的透射电子信号成像,散射角取决于样品成分、样品厚度以及电子束的能量。STEM 检测器分为三个区,由三块半导体传感器组成(图 9-8),位于中心的是明场检测器(BF),接收直接穿过样品没有发生散射或散射角度很小的透射电子信号,得到的图像称为明场像(STEM-BF),主要反映样品的质厚衬度,即由样品不同区域密度和厚度差异引起的形貌变化,密度和厚度大的区域透过去的成像电子比

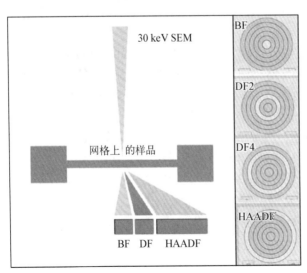

图 9-8　扫描电镜 STEM 检测器结构

薄区少,显示在图像上则厚区暗薄区亮;在明场检测器的外围有一圈检测器称为暗场检测器(DF2,DF4),接收一定角度散射的透射电子信号,得到的图像称为暗场像(STEM-DF),包含样品的部分成分衬度;在暗场检测器外围还有一圈检测器称为高角环形暗场检测器(HAADF),接收更大角度散射的透射电子信号,得到的图像称为高角环形暗场像(STEM-HAADF),包含最多的成分信息。

应用扫描电镜STEM成像最大的优势在于可对样品同时成二次电子像和扫描透射像,既可以得到同一位置的表面形貌信息又可以得到内部结构信息,避免了在扫描电镜和透射电镜之间转换样品、定位样品的麻烦。此外,对于透射电镜成像衬度较差的样品(比如生物样品、高分子样品等),采用扫描电镜STEM成像可提高其图像衬度。图9-9为沸石咪唑酯骨架材料ZIF-8衍生的空心碳球的二次电子形貌像和扫描电镜STEM明暗场像。

图9-9 ZIF-8衍生的空心碳球

(a) SE图像;(b) 扫描电镜STEM-BF像;(c) 扫描电镜STEM-HAADF像

3. 图像显示系统

图像显示系统是将信号处理系统输出的调制信号转换为能在阴极荧光屏上显示的图像。由于显像管中的电子束和镜筒中的电子束是同步扫描的,其亮度由样品所发回的信息的强弱来调制,因而可以得到一个反映试样实际表面状况的扫描电子像。随着电子计算机技术的发展,现代扫描电镜已经不再使用相机拍摄底片获取图片了。

4. 真空系统

真空系统对扫描电镜的电子光学系统非常重要,这是由于电镜成像所用的电子束和其他电子信号只能在真空下产生和检测,因此其电子光学系统必须保持一定的真空度,尽可能避免和减少与其他气体分子的碰撞。对于普通钨灯丝扫描电镜来说,通常要求真空度在 10^{-4} Torr以上,场发射扫描电镜需要 10^{-7} Torr以上的真空度。真空度的下降会导致电子束散射加大,电子枪灯丝寿命缩短,光阑和试样表面的碳污染加速,以及产生虚假的二次电子效应,从而严重影响成像的质量。

9.1.3 应用技术

1. 样品制备

样品制备直接关系到图像的观察效果、图像的正确解释以及对仪器的保护。与透射电镜相比,扫描电镜的样品制备比较简单,可以在保持材料原始形状不变的情况下直接进行观察。总体要求如下:试样必须是化学和物理上稳定的固体(块状、粉末或沉积物),表面清洁,在真空和电子束轰击下不挥发和变形,无放射性和腐蚀性。此外,样品尺寸不能太大,必须能安全地放置在样品台上。

扫描电镜样品一般分为两类:一类是导电良好的样品(如金属或半导体),该类样品只要大小合适,表面清洁,一般可保持原状直接放入样品室中观察;另一类是不导电或导电不好的样品(如无机材料、塑料、橡胶、玻璃、纤维、陶瓷等),大部分扫描电镜样品都属于这一类,此时需要根据实际情况进行样品制备,并对样品表面进行喷金镀膜处理后才可放入样品室中观察。

(1)块状固体

不同型号的扫描电镜对样品尺寸的要求不同,块状固体需切割成大小合适的小块,切割时注意不要破坏需观察的表面,用碳导电胶或胶带将样品固定在样品台上,固定要牢固,否则高倍下观察时图像易发生漂移。表面有污染或腐蚀物附着的样品,如金属断口样品,一般应先进行清洗、去除表面腐蚀物后再进行观察。

(2)粉末

粉末样品一般可直接铺撒在碳导电胶或胶带上进行固定,铺撒时应尽量均匀,并用洗耳球或压缩空气吹走多余黏附不牢的粉末以免污染镜筒。对于干燥后容易团聚的粉末样品可以在适当的溶剂(如水、乙醇、丙酮等)中进行超声分散后(必要时也可加入适当的表面活性剂帮助分散),滴涂在干净的硅片、玻璃片或云母片上,红外灯下烘干即可。

(3)生物样品

生物和医学样品,因其表面常附有黏液、组织液,体内含有水分,观察前一般要进行戊二醛固定,乙醇梯度脱水,临界点干燥或真空冷冻干燥、喷金镀膜等处理后才可放入电镜进行观察。

(4)截面样品

有些样品需要通过 SEM 观察其内部结构,此时需用适当的方法获得样品的截面,尽可能避免对截面形貌和结构造成破坏。

高分子材料一般可通过断裂样品获得适合观察的断口,不能采用剪刀直接剪断的方式。易碎或脆性高分子样品可直接掰断获得新鲜断口;韧性较强的高分子材料可在液氮中淬冷断裂,不能淬断的高分子材料可以通过冲断或超薄切片获得断口。玻璃或硅片上的涂层和薄膜截面制备可用金刚石刀在玻璃或硅片的边缘或背面预划切口后掰断。断裂时应注意保护断口,减少碎屑的黏附,断口表面起伏不宜过大。

光滑的 SEM 截面制备需采用机械研磨抛光或离子束精密抛光。金属样品截面制备一般可采用树脂镶嵌后机械研磨抛光,其他样品可采用聚焦离子束(FIB)或离子束抛光仪(CP)制备 SEM 截面。

2. 真空镀膜

进行扫描电镜观察时,样品的导电性对电镜观察非常重要,样品表面导电不好将会产生电荷积累和放电,直接影响观察效果,造成图像不清晰甚至不能进行观察和照相。因此,对于导电不好的样品,在样品制备好后要进行真空镀膜(亦称喷金或蒸金)处理,真空镀膜不但能够改善局部电荷积累和放电现象,还可以提高样品的二次电子发射率,增加样品表面的导电导热性,减小电子束照射样品时产生的热损伤等。

一般使用真空镀膜仪或等离子溅射仪在样品表面蒸涂(沉积)一层贵金属(Au 或 Pt)导电膜,Au 或 Pt 导电膜具有导电导热性能好、化学性质稳定、二次电子发射率高等优点。镀膜的厚度随样品状态和观察的目的不同而略有差异,一般钨灯丝扫描电镜观察样品以镀 Au 为多,厚度以 10～30 nm 为宜,场发射扫描观察样品以镀 Pt 为多,厚度在 10 nm 以下。对于普通钨灯丝型扫描电镜而言,由于放大倍率一般低于五万倍,在此放大倍数下喷镀的 Au 颗粒难以观察到。而场发射扫描电镜可以放大到十万倍以上,因此高放大倍率下能够看到喷镀的细小 Au 颗粒,此时最好选择高真空镀膜仪进行喷镀,由于 Pt 颗粒比 Au 颗粒更细腻,场发射扫描电镜多采用高真空下喷镀 Pt 颗粒来改善荷电效应,并尽量减小喷镀厚度(一般为几个纳米厚度),同时注意高放大倍率下仍需区分 Au/Pt 颗粒与样品本身的形貌。此外,用于能谱(EDS)分析的不导电样品可进行表面喷碳处理。

3. 扫描电镜在材料分析中的应用

扫描电镜本身是观察表面微区形貌的工具,当它与波谱仪、能谱仪、电子背散射衍射仪等联用时还能进行微区成分分析和微区晶体学的研究。

1) 微区形貌观察

由于扫描电镜的景深比光学显微镜和透射电镜大得多,因此可进行厚试样的形貌观察和分析。图 9-10 给出了一些材料的二次电子形貌像。

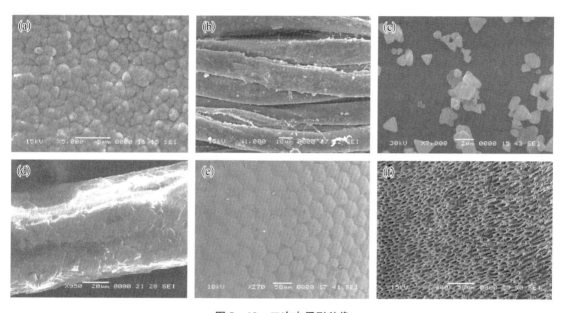

图 9-10　二次电子形貌像

(a) 陶瓷;(b) 纤维;(c) 颗粒;(d) 头发;(e) 昆虫复眼;(f) 牙根

2) 微区成分分析

高能电子束照射到样品表面时会激发样品产生特征 X 射线信号,通过分析特征 X 射线的波长(或能量)可以定性地分析样品中所含元素的种类,通过分析 X 射线的强度还可定量地分析对应元素的含量,这就是电子探针显微分析仪的功能。电子探针是在电子光学和 X 射线光谱学的原理基础上发展起来的,它将扫描电镜和 X 射线谱仪结合起来,使其兼有形貌观察和成分分析的功能。

电子探针主要由电子光学系统和信号检测系统构成。电子光学系统也就是扫描电镜的电子光学系统,提供聚焦电子束照射样品。信号检测系统称为 X 射线谱仪,它由检测器(即探头)和多道脉冲分析器构成,探头安装在扫描电镜样品室四壁的备用窗口上。以布拉格衍射为依据利用分光晶体测定特征 X 射线波长的谱仪叫波长色散谱仪(简称波谱仪,WDS)。利用半导体检测器[如锂漂移硅 Si(Li)检测器或硅漂移检测器 SDD]测定特征 X 射线能量的谱仪叫能量色散谱仪(简称能谱仪,EDS)。

(1) 能谱仪

每种元素都具有自身特定的特征 X 射线波长,特征波长的大小取决于能级跃迁过程中释放出的特征能量 ΔE,能谱仪将其转换为与之成正比的电信号输出形成能量色散谱。图 9-11 为液氮制冷的能谱仪的工作原理图。

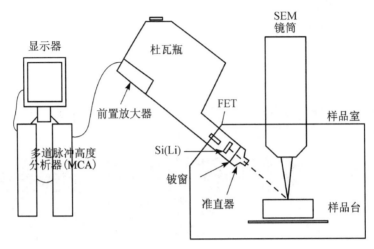

图 9-11　液氮制冷的能谱仪的工作原理图

电子束打到样品表面激发出元素的特征 X 射线,所有波长的特征 X 射线光子都被半导体探测器晶体接收,每一能量为 ΔE 的 X 射线光子相应地激发出一定数目的电子-空穴对,能量越高的 X 射线光子产生的电子-空穴对数目 N 越多。探测器利用加在晶体两端的偏压收集电子-空穴对,经前置放大器放大整形后转换成电流脉冲,电流脉冲的高度取决于 N 的大小,电流脉冲经主放大器转换成电压脉冲送入多道脉冲高度分析器。脉冲高度分析器按高度把脉冲分类并计数,不同能量的 X 光子激发的电子-空穴对出现在多道分析器的不同道址,从而描绘出一张特征 X 射线的能量和强度分布图。横坐标以能量(keV)表示,不同道址出现的脉冲对应于不同能量的 X 光子(即不同的元素),纵坐标是强度计数,脉冲的高度(即强度)对应于 X 光子的数目(即样品中某元素的相对百分含量)。

探测器晶体是能谱仪中最关键的部件,其性能和晶体面积决定了能谱仪的检测范围、分辨率、精度、检测限等。早期能谱仪采用的是高纯单晶硅中掺杂有微量锂的 Si(Li)探测器,晶体面积在 60 mm^2 左右,分辨率可达到 132 eV(MnK$_\alpha$),检测限在 1‰ 左右。但是,该探测器工作时需稳定保持在液氮温度下,给使用带来不便,目前液氮制冷的 Si(Li)探测器已基本被电制冷的硅漂移探测器(SDD)所取代。电制冷探测器制冷更迅速,一般仅需几分钟即可到达工作温度,可即用即冷,方便快捷。SDD 分辨率可达 127 eV 左右,计数率也更高,且 SDD 探测器具有更大的活性晶体面积(可达 150~170 mm^2)。

在探测器晶体外面还有一层保护探测器晶体的窗口,其作用是保持真空、防止探测器晶体被污染以及维持晶体的温度。保护窗口依据其特性和使用方法分为三类。

① 铍窗:厚度为 8~10 μm 的铍薄膜制作的窗口,其主要缺点是对低能 X 射线吸收较多,故不能分析原子序数低于钠(Z=11)的轻元素。早期能谱仪采用的是铍窗,现在已基本被取代。

② 超薄窗:厚度为 0.3~0.5 μm 沉积了 Al 的有机膜窗口,减少了对低能 X 射线的吸收,

提高了对轻元素的检测灵敏度,可探测元素周期表中 $^4Be\sim^{92}U$ 之间的所有元素,目前能谱仪上使用较多。

③ 无窗:目前在场发射扫描电镜上还发展了无窗型能谱探测器,实现低电压条件下($\leqslant$5 kV)对超轻元素的探测效率和高空间分辨率的 EDS-mapping 分析。无窗能谱仪取消了防污染的外部窗口,进一步提高了低能 X 射线的透过率,甚至可探测某些化学态的锂元素。

由于能谱仪是在电镜提供的微区表面进行成分分析,聚焦电子束所激发作用的区域很小(约 10 μm^3),因此其定量分析结果受探头的性能、样品本身的均匀性、样品所含元素的原子序数、元素的质量百分浓度、表面碳污染等的影响非常大,所以相对误差也比较大,仅可用作半定量分析。一般情况下,当样品各部分成分均匀一致时,对于原子序数大于 10、质量百分浓度大于 10％的元素而言,定量分析误差有 5％左右;对于 ^{11}Na 以前的轻元素和质量百分浓度小于 10％的元素误差则更大。此外,由于电子束照射样品时,样品表面常会出现污染,这种污染以碳(C)为主要成分,所以对于碳化物和含碳物质的定量分析特别困难,误差也较大。

能谱仪的分析方法分为三种:点分析、线分析和面分析。点分析可对样品表面选定微区作定点的全谱扫描,得到该微区所有元素的特征 X 射线能量和强度信息。线分析(line scan)是控制电子束在样品表面沿选定的直线轨迹进行扫描,分析各种元素的特征 X 射线能量和强度,并可直接在二次电子或背散射电子扫描像上叠加显示扫描轨迹和各元素的特征 X 射线强度分布曲线。线分析可以获得某一元素分布均匀性的信息,对于测定元素在材料内部相区或界面上的富集和贫化,分析扩散过程中元素质量百分含量和扩散距离的关系,以及对材料表面化学热处理的表面渗层组织进行分析和测定等,都是一种十分有效的分析手段。面分析(mapping)是控制电子束在样品表面选定微区作二维光栅扫描,能谱仪接收到该微区元素的特征 X 射线强度信号,并借此调制荧光屏的亮度,获得该微区的特征 X 射线强度的二维分布像。在面扫描图像中,不同元素分布可用不同颜色表示,并可叠加显示整个微区的面扫描图像(图 9 - 12)。面分析可方便直观地将样品的形貌像和成分像进行对比分析。

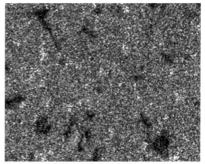

图 9 - 12　Fe - Ni - P 合金的二次电子形貌像(左图)和面分布图像(右图)
Fe:绿色;Ni:蓝色;P:黄色

(2)波谱仪

与特征 X 射线能量相对应,不同元素的特征 X 射线波长不同,波谱仪利用分光元件将 X 射线按波长色散开,再将其转换成电信号输出形成波长色散谱。

由于能谱仪具有快速、高效、简便等优点,近年来随着能谱仪性能的不断提高,能谱仪的应用范围已显著大于波谱仪,这里不再详细介绍波谱仪的结构和功能,仅在表 9 - 1 中列出二者的比较。

表 9-1　能谱仪和波谱仪性能的比较

性能比较	能　谱　仪	波　谱　仪
探测效率	探头体积小,可以装在靠近样品的区域,使得接收 X 射线的立体角增大,对 X 射线的检测率极高	必须通过分光晶体衍射,对 X 射线的探测效率较低
分析时间	能谱仪可在同一时间对探测区域内的所有元素进行检测,几分钟内即可得到所有元素的定性分析结果	只能逐个检测每种元素的特征 X 射线波长,分析时间较长
对电子束流要求	探头对 X 射线的利用率高,因此所需电子束流小,采样体积小,对样品的污染也小	需要大电子束流,样品的探测面积也大,对样品的污染较大
对样品要求	能谱仪不必聚焦,适合相对粗糙表面的样品分析	受分光晶体聚焦圆的限制,要求样品表面非常平整
重复性	能谱仪结构简单,探头固定,因此稳定性和重复性比较好	有机械传动装置驱动分光晶体
检测元素	理论上可检测 $^4Be \sim ^{92}U$ 的所有元素,但是对 ^{11}Na 以前的元素定量分析误差较大	可以准确检测 $^4Be \sim ^{92}U$ 的所有元素
分辨率	分辨率不高,125 eV 左右,谱峰较宽,容易重叠,且峰倍比比较小,扣除背底困难	分光晶体的分辨率非常高,可达 5～10 eV,谱峰容易分开且噪声小

（3）微区晶体学研究

1973 年,Venables 和 Harland 将扫描电镜和电子背散射衍射仪(EBSD)相结合对材料进行微区晶体学研究。电子背散射衍射技术可以用晶体取向图的形式显示多晶材料的晶体取向和织构,随着数码相机、计算机和软件的快速发展,现在的商品 EBSD 已经实现了从花样的接收、采集到标定完全自动化,从而成为当今材料分析的特征工具,广泛应用于地质学、微电子学、材料科学等方面。

电子背散射衍射是由入射电子束照射到样品上激发出来的背散射电子形成的。背散射电子在离开样品的过程中与样品某晶面族满足布拉格衍射条件 $2d\sin\theta = n\lambda$ 的那部分电子发生衍射,形成两个顶点(散射点)和两个圆锥面(与衍射晶面族垂直),两个圆锥面与接收屏交截后形成一条亮带,即菊池带。每条菊池带的中心线相当于发生布拉格衍射的晶面从样品上电子的散射点扩展后与接收屏的交截线。一幅电子背散射衍射图称为一张电子背散射衍射花样(EBSP),一张 EBSP 往往包含多根菊池带(图 9-13)。电子背散射衍射花样一般包含 4 个与样品相关的信息:晶体对称性信息、晶体取向信息、晶体完整性信息和晶格常数信息。

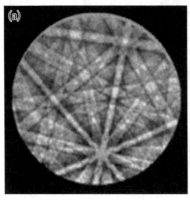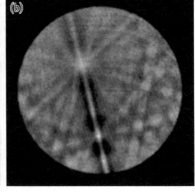

图 9-13　电子背散射衍射花样

(a) Ni;(b) 变形 Ti 合金

电子背散射衍射仪一般安装在扫描电镜或电子探针上,样品表面与水平面呈 70°。大倾角是因为倾斜角越大,背散射电子越多,形成的 EBSP 花样越强。但是倾角也不宜过大,过大的倾斜角会导致电子束在样品表面定位不准,使样品表面的空间分辨率降低,故现在的 EBSD 大都将样品倾角设在 70°左右。此外,需要特别指出的是:EBSP 信号来自样品表面约几十纳米深度范围,更深处的电子尽管也可能发生布拉格衍射,但离开样品表面的过程中可能再次被原子核散射而改变运动方向,最终成为 EBSP 的背底。因此,电子背散射衍射仅仅是一种表面分析手段,具有一定的应用局限性。

9.2 透射电子显微镜

透射电子显微镜(transmission electron microscope,TEM)是显微镜中非常重要的一种,它采用波长极短的电子束穿透薄的试样,获得样品内部的信息,其分辨率比光学显微镜和扫描电镜高得多,可达 0.1 nm 以下。今天的 TEM 绝非一台简单的显微镜,而是具有超强显微能力和集多种功能于一身的综合性大型分析仪器。

9.2.1 基本原理

透射电子显微镜采用波长极短的高能电子束为照明源,照射到非常薄的样品上,穿过样品的透射电子通过电磁透镜聚焦成像。电子穿过试样时,将与样品中的原子发生碰撞,从而改变其能量及运动方向。不同结构的样品有不同的电子相互作用,所有这些电子通过物镜后会在物镜的后焦面上形成明暗不同的图像,从而获得样品内部结构的信息。因此透射电镜在获得高的像分辨率的同时还兼有样品结构分析的功能。但是,由于样品结构和电子相互作用非常复杂,因此所获得的 TEM 图像往往不像 SEM 图像那样直观、易懂。

1. 透射电子与样品的相互作用

透射电子是入射电子束穿透样品过程中与样品发生碰撞,被样品散射后的电子,它的能量和运动方向取决于样品微区的厚度、密度、成分、晶体结构及位相等。入射电子在穿过样品过程中会和样品中的原子发生相互作用(图 9 - 14),其中一部分电子穿过样品后继续按照原来的方向前进且能量也没有损失,这部分电子称为直进透射电子。另一部分电子会受到样品原子核的弹性散射,由于原子核的质量比电子大得多,弹性散射只改变电子的运动方向而无能量变化。还有一部分电子在穿过样品的过程中受到原子核核外电子的非弹性散

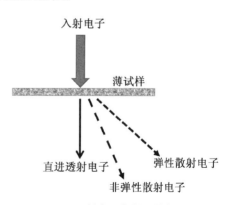

图 9 - 14 透射电子与样品的相互作用

射,电子的运动方向和能量都发生了变化。弹性散射是透射电子成像的基础,而非弹性散射引起的色差会使图像背景强度增高,降低图像衬度,其中具有特征能量损失的散射电子信号是电子能量损失谱的分析基础。

2. 透射电镜的成像原理

透射电镜的成像原理完全不同于扫描电镜,而与光学阿贝成像原理类似(图 9 - 15)。1874年,德国人 E. 阿贝根据光的波动性特点提出了阿贝成像原理,即一束平行光照射到样品上,样品

出射波经物平面发生衍射,在透镜后焦面(频谱面)上按频谱分解形成一系列衍射光斑,各衍射光斑发出的球面次波通过干涉作用在像平面(毛玻璃)上相干叠加形成反映样品特征的像。透射电镜的成像原理与之类似,不同之处在于透射电镜以高能电子束代替了光学显微镜的光源,以电磁透镜组代替了光学玻璃透镜,成像系统更加复杂,在物镜和投影镜中间还设有中间镜。

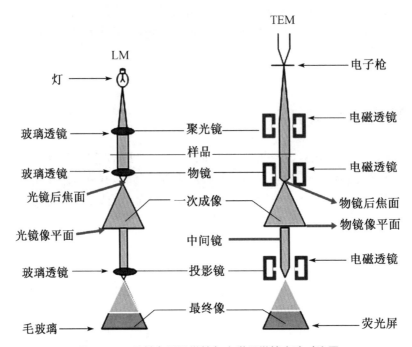

图 9 - 15　透射电子显微镜与光学显微镜光路对比图

高能电子束照射到样品上,穿过样品的透射电子携带了样品的结构信息,沿各自不同的方向传播,如果存在满足布拉格方程的晶面组,则可能在与入射束相交成 2θ 角的方向上产生衍射束。物镜将来自样品不同部位、传播方向相同的电子在其后焦面上汇聚为一个斑点,沿不同方向传播的电子相应地形成不同的斑点,其中散射角为零的直进电子束被会聚于物镜的焦点,形成中心斑点,衍射束在物镜的后焦面上形成衍射花样。而在物镜的像平面上,这些电子束重新组合相干成像。通过调整中间镜的透镜电流,使中间镜的物平面与物镜的后焦面重合,可在荧光屏上得到衍射花样,若使中间镜的物平面与物镜的像平面重合则得到显微放大像。通过物镜和中间镜相互配合,可实现在较大范围内调整相机长度和放大倍数。

由于样品不同区域的组织结构存在差异,高能电子束在穿透样品过程中被样品散射后强度和方向均发生了改变,造成散射电子到达荧光屏或相机上各点的强度存在差异,从而形成不同区域间亮度的差异,称为透射电子像的衬度。透射电子像衬度的产生和透射电镜的成像方式以及衬度形成机理密切相关。利用透射电镜观察材料微观结构时有多种成像模式,包括透射成像(TEM)、扫描透射成像(STEM)、洛伦兹成像和全息成像等。其中透射成像是各种类型透射电镜最基本的成像模式,场发射透射电镜上一般同时配有透射成像和扫描透射成像两种模式,而洛伦兹成像和全息成像则是针对磁性纳米材料微观磁畴结构观察设计的。利用不同成像方式获得的透射电子像的微观结构会有明显差异,以下主要介绍透射成像和扫描透射成像模式下的衬度原理。

1) 透射成像模式(TEM 模式)

通常低放大倍数下大视野的材料微观形貌和结构观察采用透射成像模式。当高能电子束穿过样品时,电子波的振幅和相位都会发生相应变化,因此透射电子像的亮暗分布既可由电子波的振幅变化引起,也可以由电子波的相位变化引起,或者由振幅和相位共同作用引起。其中振幅引起的图像亮暗变化称为振幅衬度,而相位引起的图像亮暗变化称为相位衬度。当样品较厚时,透射电子像的衬度主要来源于电子波的振幅变化,振幅衬度又分为质厚衬度和衍射衬度两种形式。而当样品非常薄(<10 nm)时,振幅变化可以忽略,主要表现为相位起伏产生的相位衬度。因此,在透射成像模式下可以分别得到以振幅衬度(质厚衬度和衍射衬度)为主的透射电子像和以相位衬度为主的高分辨像。

(1) 质厚衬度

质厚衬度又分为质量衬度和厚度衬度。质量衬度是由样品不同区域密度差异引起的振幅衬度,当样品不同区域的密度不同时(其他性质都相同),同样强度的电子束打到样品上,密度高的区域透过去的电子比密度低的区域少,当散射电子到达荧光屏或相机时,密度高的区域比较暗而密度低的区域比较亮。厚度衬度则是由样品不同区域厚薄程度不一样引起的振幅衬度,当样品不同区域的厚度不同时(其他性质都相同),同样强度的电子束打到样品上,厚的区域透过去的电子比薄的区域少,当散射电子到达荧光屏或相机时,厚区暗而薄区亮。非晶材料的透射电子像衬度主要为质厚衬度像,图 9-16 分别为实心 SiO_2 球和介孔 SiO_2 球的低倍 TEM 形貌像,其成像基于 SiO_2 球的质厚衬度。实心 SiO_2 球由于球体密度较高,电子难以穿透球体到达相机成像所以显示为黑色球形投影;而介孔 SiO_2 球的有序孔道区域为空心,电子容易直接穿透而显得较为亮,孔壁区域则由一定厚度的 SiO_2 构成,电子透过较少而显得较为暗。

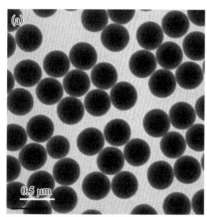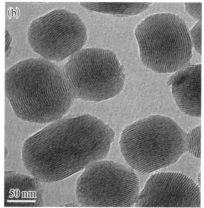

图 9-16 TEM 形貌像

(a) 实心 SiO_2 球;(b) 介孔 SiO_2 球

质厚衬度是建立在非晶材料中原子对入射电子的散射和电磁透镜会聚成像基础上的,是解释包括非晶样品和晶体样品在内的 TEM 低倍形貌像的理论依据。值得注意的是,由于电子的穿透能力较低,当样品的密度或厚度过大时散射电子将难以穿透样品到达荧光屏或相机参与成像,因此适合 TEM 观察的样品厚度一般在 200 nm 以下,过厚或者密度过大的样品将难以观察到其内部结构。

(2) 衍射衬度

衍射衬度是建立在入射电子照射到晶体样品上,满足布拉格衍射条件 $2d\sin\theta = n\lambda$ 的晶面会发生电子衍射的基础上的,因此只有晶体样品才有可能产生衍射衬度。衍射衬度成像是基于晶体样品中不同区域相对于入射电子束的方位不同或它们彼此属于不同晶体结构,因而其晶面满足布拉格衍射条件的程度不同,导致不同晶粒产生的衍射强度不同。对于薄晶体样品而言,当样品各区域的厚度或密度相对均匀,且平均原子序数无较大差异时,由质厚衬度可能不能获得满意的图像反差,此时可用衍射衬度来获取图像反差。

衍射衬度像分为 TEM 明场像(BF)和暗场像(DF)两种。其中明场像是通过 TEM 物镜光阑选择单一透射束成像形成的衍射衬度像,而暗场像则是通过物镜光阑选择单一衍射束成像形成的衍射衬度像。在实际操作中,成像电子束的选择是通过在物镜的后焦面上插入物镜光阑来实现的。由于暗场成像条件下,成像的衍射束偏离透射电镜的主光轴,容易造成较大的像差,因此为获得高质量暗场像,常采取偏转入射电子束对试样进行倾斜照明,使得衍射束在电镜主光轴上高质量成像,又称为 TEM 中心暗场像(CDF)。如图 9-17 所示为 AlTi 合金的 TEM 明场像和中心暗场像。

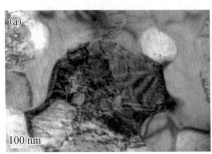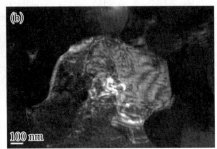

图 9-17　AlTi 合金 TEM 衍射衬度像

(a) 明场像;(b) 中心暗场像

(3) 相位衬度

相位衬度发生在较高放大倍数下,一般对应于原子分辨率的成像范畴,因此相位衬度像的分辨率要高于衍射衬度像,又称为高分辨像(HRTEM)。对于薄晶体而言,如果让透射束与一束或多束衍射束同时参与成像,就会因各束电子波的相位相干作用而产生相位衬度,从而得到晶体的晶格条纹像或晶体结构象。晶格条纹像是晶体中原子平面的投影,而晶体结构象则是晶体中原子(或原子团)电势场的二维投影。如图 9-18 所示为 ZnO 晶体的一维晶格条纹和单晶 Si 的二维晶体结构象。

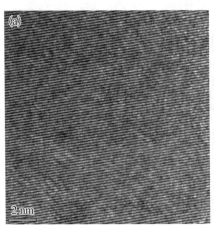

图 9-18　HRTEM 像

(a) ZnO 一维晶格条纹像;(b) 单晶 Si 的二维晶体结构象

2）扫描透射成像模式（STEM 模式）

STEM 成像模式是 TEM 成像的一种发展。图 9-19 为 STEM 和 TEM 照明系统光路对比图，STEM 是利用多级聚光镜（C1＋C2＋C3）将电子束汇聚成束斑很小的高亮度电子探针（probe）在样品上进行逐点扫描，通过样品下方的带孔环形探测器逐点收集探针与样品相互作用产生的散射电子信号进行成像或分析的工作模式。因此，STEM 是用会聚束照射样品逐点扫描逐点成像，而 TEM 则是用平行光照射样品在相机上一次成像。

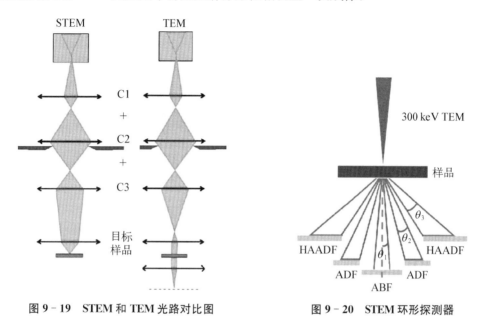

图 9-19　STEM 和 TEM 光路对比图　　　　　　图 9-20　STEM 环形探测器

STEM 成像模式下的图像衬度需要结合环形探测器的工作原理进行解释，如图 9-20 所示。带孔环形探测器具有一定的内径，能够接受不同散射角度的散射电子信号进行成像，所成 STEM 像包含环形明场像（annular bright field，ABF）、环形暗场像（annular dark field，ADF）和高角环形暗场像（high angle annular dark field，HAADF）。

（1）环形明场像（STEM-ABF）

STEM-ABF 像是由环形明场探测器接受包括零散射角在内的、偏转角 $\theta_1 < 10$ mrad 范围内的直进透射电子和散射电子所成的 STEM 图像。环形明场探测器位于透射电子束的照射锥中心，STEM-ABF 像的衬度与原子序数 $Z^{1/3}$ 成正比，因此 STEM-ABF 像对轻元素更为敏感。晶体材料明场成像可以得到高分辨晶格条纹或晶格像，为相位衬度像。

（2）环形暗场像（STEM-ADF）

STEM-ADF 像是由环形暗场探测器接收偏转角 $\theta_2 = 10 \sim 50$ mrad 内的散射电子所成的图像，该范围散射电子以布拉格相干散射电子为主。与 STEM-ABF 像相比，在同样成像条件下，STEM-ADF 像受像差影响更小，因此图像衬度更好。

（3）高角环形暗场像（STEM-HAADF）

STEM-HAADF 像是在环形暗场条件下，采用 HAADF 环形探测器进一步扩大接收角度，只接收 $\theta_3 > 50$ mrad 的高角度卢瑟福非相干散射电子成像。高角度散射电子是入射电子与原子核碰撞产生的，带有原子核（Z）信息，因此 STEM-HAADF 像又称为 Z-衬度像，图像衬度与样品原子序数平方（Z^2）成正比。由于 STEM-HAADF 像是非相干散射电子相位成像,其分辨率高于相干散射电子相位成像的 HRTEM,因此 STEM－HAADF 像也称为原子分辨的原子序数衬度像(即原子像)。

由于 STEM－HAADF 原子像是非相干高分辨像,其非相干性与样品厚度无关,且高角度 HAADF 探测器不接受中心透射电子和低角度弹性散射的电子,减小了布拉格相干衍射对图像的贡献,因此当样品足够薄时,HAADF 像不会随着样品厚度及物镜聚焦改变而发生明显变化,能够反映样品中不同位置化学成分的变化,HAADF 原子像中的亮点可以代表原子序数较大的原子,暗点代表原子序数较低的原子,且点的强度与原子序数平方成正比。

9.2.2　仪器构造和功能

透射成像是透射电镜最基本的成像模式,该模式下的电子光学系统分为三大部分:照明系统、成像系统和观察记录系统(图 9-21)。分析型透射电镜上一般还装有能谱仪附件、扫描透射附件(STEM)、电子能量损失谱(EELS)附件等。

1. 照明系统

照明系统分为两部分:电子枪和会聚镜,其构造与功能和扫描电镜类似。透射电镜的电子枪也分为热阴极电子枪和场发射电子枪两大类。热阴极电子枪主要有钨灯丝电子枪和六硼化镧(LaB_6)电子枪两种,其中钨灯丝电子枪的加速电压为 $80 \sim 120$ kV,LaB_6 电子枪的加速电压为 200 kV。场发射电子枪分

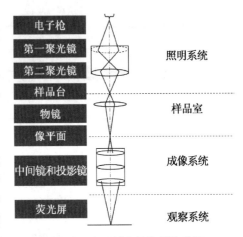

图 9-21　透射电镜仪器构造图

为冷场发射和热场发射两种,加速电压主要为 200 或 300 kV,最高可达 1 250 kV。

样品上需要照明的区域大小与放大倍数有关。放大倍数愈高,照明区域愈小,相应地要求以更细的电子束照明样品。由电子枪直接发射出的电子束的束斑尺寸较大,相干性也较差。为了更有效地利用这些电子,获得亮度高、相干性好的照明电子束以满足透射电镜在不同放大倍数下的需要,由电子枪发射出来的电子束还需要经过两级会聚镜进一步会聚,获得尽可能小的束斑。同时,通过控制电子束的照明强度、束斑尺寸以及照明孔径角等能够实现不同的照明条件从而满足透射电镜成像、衍射、能谱等不同模式的需要。此外,在会聚镜和样品之间还安装有偏转系统,控制电子束的倾斜和平移,用于电子光学系统的合轴、电子束倾斜、电子束在样品表面扫描等功能的实现。

2. 成像系统

成像系统包括样品室、物镜、物镜光阑、中间镜、选区光阑、投影镜以及其他电子光学部件。样品室有一套机构,保证样品更换时不破坏镜筒主体的真空。样品可在 X、Y 两个方向移动,以便找到所要观察的位置。经过会聚镜得到的平行电子束照射到样品上,穿过样品后经物镜和物镜光阑作用形成一次形貌像或衍射花样(衍射谱),再经过中间镜和投影镜继续放大后,在荧光屏上得到最后的形貌像或衍射谱。成像系统的核心是物镜、中间镜和投影镜三级电磁透镜,其中物镜提供了第一幅形貌像或衍射花样,物镜成像所产生的任何缺陷都将被随后的中间镜和投影镜接力放大,因此透射电镜的图像分辨率主要由物镜决定。而改变中间镜电流可以方便地改变透射电镜的放大倍数,无须调整投影镜电流,就能

得到清晰的图像。

3. 观察记录系统

电子图像反映在荧光屏上,荧光发光和电子束流成正比,可用于观察和聚焦。把荧光屏换成照相底片,即可进行记录照相。但是现代透射电镜已经用高分辨的 CCD 相机或 CMOS 相机或 DDD 相机取代了照相底片,省去了暗室翻洗照片的麻烦。相机分为底插和侧插两大类。底插相机分辨率较高,但视野略小,适合纳米材料的高分辨拍摄。侧插相机视野较大,适合生物样品的大视野观察。

4. 真空系统

真空系统由机械泵、油扩散泵、离子泵、真空测量仪表及真空管道组成。它的作用是排除镜筒内气体,使镜筒真空度至少要在 10^{-5} Torr 以上,目前最好的真空度可以达到 $10^{-9} \sim 10^{-10}$ Torr。如果真空度低的话,电子与气体分子之间的碰撞不仅会引起散射而影响衬度,还会使电子栅极与阳极间高压电离导致极间放电,残余的气体还会腐蚀灯丝,污染样品。

9.2.3　应用技术

1. 样品制备技术

对于 TEM 而言,一个最为重要的工作就是制备样品。由于电子与物质有很强的相互作用,极大地限制了电子束的穿透能力,因此 TEM 的样品必须足够的薄(一般要求厚度小于 200 nm)。同时还要保证在制样过程中不会造成样品结构的重大损伤,从而造成假象。某些情况下 TEM 样品的制备本身就是一个重要的研究课题,因此有人说制好样品就相当于完成了一半的工作。当然,并非每一个样品都难以制备,对于大量的常规工作,一些通用的制样方法就能满足要求。需要强调的是要根据实际工作的要求选择一个正确的制备方法,从而保证得到的 TEM 结果可靠、可信。下面就对 TEM 样品制备方法以及各种方法的适用范围进行一些简单介绍。

1)常用样品制备技术

(1)粉末法

对于粉末样品,如果需要研究的是样品的物相或颗粒形貌,就可以利用粉末法制备样品。将原始样品放入玛瑙研钵,加入少量乙醇溶液,用研磨棒将样品研磨成细小颗粒,或者将粉末样品在乙醇等溶液中超声分散,然后使用滴管将含有样品的溶液滴在 TEM 制样专用的铜网上,待溶剂挥发后即可用于 TEM 观察。

粉末法制样的优点在于快捷、简便,一般只需要几分钟就可以完成,可满足常规 TEM 的形貌观察和物相分析。但是粉末法容易破坏块状、单晶样品的组织结构,有时不能满足分析需要。

(2)离子减薄法

对于金属或陶瓷等块状样品,为了保持样品原来的组织结构,经常需要使用离子减薄法制备样品。首先,将样品切割成较小的块体,用蜡固定后在砂纸上进行机械减薄,将样品磨薄至几十至几个微米。然后利用打孔机将样品打出 3 mm 的圆片在凹坑仪上进一步减薄,最后将圆片放入离子减薄仪进行离子减薄。离子减薄仪通常使用 Ar 气作为离子源,加速电压为 $3 \sim 6$ keV,离子束电流一般控制在 20 A。减薄过程的长短取决于机械减薄样品的厚度以及离子减薄仪参数的调整,短的几十分钟,长的可达几十小时甚至上百小时。

离子减薄技术可以用于制备多种材料的 TEM 样品,是一般材料科学 TEM 样品制备不可缺少的技术手段。其主要缺点是对于经验较少的普通操作人员,样品制备周期比较长,另外对于有些样品,其辐照损伤比较严重。

（3）超薄切片法

对于生物组织和高分子材料等厚样品,通常采用超薄切片的方法制样。超薄切片机可将经过适当处理的样品直接切成可供 TEM 观察的几十纳米的薄片,用铜网捞起后观察。高分子样品一般可修成一定长宽的条形块固定在专用夹具中直接切片,碎片或薄膜状夹具无法夹持的样品则需经环氧树脂包埋固定后切片。生物组织类样品相对复杂,切片前一般需要经过取样、固定、漂洗、脱水、树脂渗透、包埋聚合等一系列处理后才能超薄切片。切片后生物样品还须经醋酸双氧铀/柠檬酸铅染色后才能进行 TEM 观察。

超薄切片机的工作原理为机械推进式,即将切片刀固定在可移动的刀架台上,通过高精度的马达机械控制刀架台向前推进进刀。样品固定在专用样品夹具上,在切片过程中样品可在一定范围内上下运动,当样品与切片刀接触后,即可按设定的切片行程(即切片厚度)和切片速度进行连续自动切片。切片刀分为玻璃刀和钻石刀,玻璃刀一般用于修块和样品粗切,切片较厚;钻石刀可获得更薄、更光滑平整的切片,钻石刀有超薄钻石刀和半薄钻石刀,半薄钻石刀可切 100 nm～1 μm 的厚片,超薄钻石刀可切 40～150 nm 的薄片。

（4）聚焦离子束刻蚀法(FIB)

FIB 系统是纳米加工的代表性方法,通常和 SEM 联用,又称为 SEM‑FIB 双束系统。SEM‑FIB 在场发射 SEM 完整系统的基础上又加装了离子枪,电子枪和离子枪成一定角度安装(如 38°, Helios G4 UC, Thermo Fisher 公司)。离子枪的作用是将离子源(Ga^+、He^+、Ne^+ 等)产生的离子束经加速后聚焦于样品表面,既可以产生二次电子和二次离子信号获得显微图像,也可以利用高强度离子束对材料和器件进行蚀刻、沉积、离子注入等加工,结合系统内集成的纳米操纵机械臂,可以对单个纳米材料进行精确操纵。FIB 技术也是一种重要的块体样品 TEM 制备技术,通常采用 Ga^+ 离子源轰击样品,Ga^+ 离子具有离子质量重、低熔点、低蒸气压、抗氧化性好等优点。FIB 的定位加工技术广泛用于微电子、半导体领域纳米器件的 TEM 样品制备,因此在纳米科技研究领域扮演着十分重要的角色。但是 FIB 的 Ga^+ 离子束轰击也会对样品造成较大的辐照损伤,导致样品表面出现较厚的非晶区域,因此对于需要拍摄很高分辨率的样品或者易辐照损伤的样品,这一方法也有一定的局限性。

2）生物样品制备技术

生物样品因其多由 C、H、O、N、S 等轻元素构成,对电子的散射能力较弱,因此图像衬度比较低,通常需要进行电子染色处理后才能进行观察。电子染色一般采用重金属盐类(如醋酸双氧铀、柠檬酸铅、磷钨酸等)作为染色剂,与生物样品的不同组织结构结合后能增强其电子散射能力,提高图像的反差和衬度。电子染色根据染色效果和成像的不同,又分为正染色和负染色。正染主要用于超薄切片动植物组织、细胞类生物样品,采用高密度的重金属铅盐或铀盐与样品的微细结构成分结合后在荧光屏上形成反差增强的正像。负染色法是研究分散在水溶液中的以蛋白质为主要成分的生物医学样品的最常用方法(如蛋白、外泌体、脂质体、细菌等)。该方法以某些在电子束轰击下稳定而又不与蛋白质相结合的重金属盐类作为负染色剂,使之在支持膜上将样品包围,形成具有高电子散射能力的背景,衬托出低电子散射能力的样品的形态细节,其所成的电子显微像的反差与正染相反,即暗的背景和亮的样品形成所谓阴性反差。负染色方法简便,所获得样品的电子显微图像反差强,广泛用于研究生物蛋白质样品和一些高分子溶液形成的样品(如囊泡、纳米粒子、胶束、胶乳等)。实验室最常用的负染色剂是磷钨酸钠或磷钨酸钾,浓度为 1‰~2‰。负染色时,用液滴法将含有样品的悬液加在载网的支持膜上,静置 5~20 min 后从侧面用滤纸吸去多余的液滴,然后滴加染色剂溶液负染 10~60 s,吸去多余染色液,待干燥后,即可用电镜观察。样品在支持膜上的均匀分散是成功的关键之一,染色剂溶液的 pH 则是成功的另一关键,磷钨酸染色剂的 pH 一般为 5~6。

2. 透射电镜在材料分析中的应用

作为一种综合性大型分析仪器,现代 TEM 在材料、物理、化学、生物、医药、冶金、矿物等多种学科中都有广泛应用,成为研究工作中必不可少的工具之一,TEM 的应用是多方面的,具有许多特色,但同时也有其自身的一些缺陷。据不完全统计,截至 2021 年年底,我国已有透射电镜约 2 000 台,其中球差校正透射电镜约 170 台。本节将对 TEM 和球差校正 TEM 的各类应用作简单介绍,同时也将讨论一下 TEM 的局限性。

(1)形貌观察

透射电镜最基本的功能就是成像,透射电镜的成像包括形貌像、衍射衬度像、高分辨像、原子像等。其中,形貌像是对样品的大小、厚薄以及形状的观察,是所有类型透射电镜都具备的功能。TEM 的这一功能与光学显微镜十分相像,但其放大倍率显著高于光学显微镜,轻易达到几十万倍,可以直接观察纳米级颗粒的形貌,因而在生物、高分子材料、无机非金属材料等方面有广泛的应用。不同类型的透射电镜能够观察到的颗粒的尺寸有所不同,一般钨灯丝透射电镜能够观察 20 nm 以上的颗粒,六硼化镧灯丝透射电镜能够观察 2 nm 以上的颗粒,而 2 nm 以下的颗粒则需要用到场发射透射电镜,单原子或原子簇的观察还必须使用球差校正的场发射透射电镜。透射电镜所成形貌像无论是 TEM 还是 STEM,都是三维物体在二维平面内的投影像,因此景深非常小,这也是透射电镜形貌像和扫描电镜形貌像的主要区别之一。

(2)物相分析

电子衍射是透射电镜的另一重要功能。利用透射电镜的电子衍射技术可以对晶体的物相进行验证和分析。对于粉末材料而言,进行物相分析的最常用手段是 X 射线衍射分析,这一方法使用简洁,成本比较低,结果的可信度比较高,为电子衍射分析所不及。但是,如果样品中某些相的含量过低,就很难用 X 射线衍射的方法加以表征,这时,电子衍射方法就是一种极好的补充方法。此外,电子衍射方法还可以与特定物相的分布直接联系起来。首先通过形貌观察等手段确定某些物相在样品中的几何分布,之后结合电子衍射方法,对这些特定物相的颗粒进行验证和分析,最终得到的不仅是某种物相存在的结论,而且还有关于这一物相颗粒分布的信息。在材料科学中我们知道一种材料的性能不仅仅与材料的组成、物相有关,而且与这些相的相互结构关系有密切关联。TEM 可以在观察微观组织结构的同时,研究、确定各种物相,这一功能为 X 射线衍射所无法取代。

透射电镜的电子衍射包括选区电子衍射(SAED)、纳米束衍射(NBD)和会聚束衍射(CBD),其中选区电子衍射是应用最广泛的。选区电子衍射主要用于样品的晶型判定和晶体的结构标定。自然界中的固体有两种存在形式:晶体和非晶体,晶体又分为单晶和多晶。我们可以通过电子衍射判断非晶、单晶和多晶(图 9-22)。非晶为弥散的中心透射斑,单晶则为整齐排列的衍射斑点,而多晶则显示为不同半径的同心圆环。针对单晶和多晶,可以进一步结合 XRD 物相分析结果对其进行晶体结构标定。

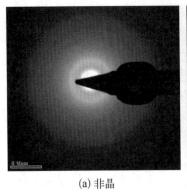  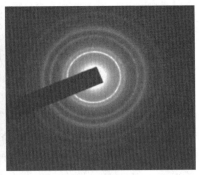

　　　(a)非晶　　　　　　　　　　(b)单晶　　　　　　　　　　(c)多晶

图 9-22　选区电子衍射图

　　(3) 晶体结构确定

　　对于电子而言,由于其强烈的动力学效应,电子衍射分析方法极为复杂,实际上很难用于确定晶体结构,而主要用于对晶体 XRD 物相分析结果的进一步验证。因此,现代大多数晶体材料的结构都是利用 X 射线衍射和中子衍射技术确定的。但是在一些特定场合下,利用透射电镜高分辨像(HRTEM)可以解决一些常规衍射方法无法解决的特殊晶体结构。这包括两种情况,第一种情况是无法合成单相样品,即样品总是多个物相的混合物,而所关心的物相含量又总是比较低;第二种情况是晶体结构中有所谓的超结构,并且超结构的调制强度并不很强。这两种情况都很难从常规 X 射线衍射图上得到足够的有关物相或超结构的衍射信息,因而无法用常规衍射方法将其结构确定下来。对第一种情况,原来含量较低的物相在微米尺度上就可能成为一个单晶颗粒了,这时 TEM 完全可以清晰地得到有关晶粒的衍射花样及相应HRTEM,并利用这些信息来确定晶体的结构。对第二种情况,由于电子衍射过程中的动力学效应很强,会导致超结构衍射卫星斑的强度提高,使得在 TEM 中很容易用电子衍射方法观察到与超结构相关联的衍射现象,并在相应的 HRTEM 上直接观察到这种超结构。这些衍射及图像信息对于确定超结构都有重要意义。

　　对于纳米材料而言,由于纳米颗粒有很大的比表面积,导致在表面附近的几个原子层内的晶体结构出现晶格畸变。这种局域结构的变化对于材料的物理、化学性能都可能产生重大影响。HRTEM 正是研究这类畸变的最强有力的技术手段,很难为任何其他手段所替代。

　　近年来,球差校正透射电镜的迅速发展使得在原子尺度内精准解析材料的微观晶体结构和相应的电子结构成为可能,特别是原子分辨的 HAADF-STEM 能够直接得到材料的原子结构象,像的衬度和原子序数直接相关,而不像 HRTEM 还需要结合基于结构模型的计算机模拟才能得到有关原子排列的准确信息。球差校正透射电镜已经成为深入研究先进纳米材料构效关系不可或缺的利器,是二维材料、单原子催化、原子扩散、界面外延生长等材料微观分析研究的得力助手。

　　(4) 缺陷分析

　　20 世纪 50 年代 TEM 开始成为材料科学研究的重要分析手段,其最重要的原因是衍射衬度理论的提出及其发展。衍射衬度像是由薄晶体内不同晶体结构或者不同衍射晶面的衍射强度差别所产生的,因此它是样品内不同区域晶体学特征的直接反映。利用衍射衬度理论和TEM 明暗场像,可以观察、分析金属或合金薄膜材料中多种结构缺陷,包括位错、层错、晶界、相界、滑移面、析出、结晶等,从而解决材料性能-结构关系中许多重要问题。20 世纪 70 年代,随着 TEM 制造技术的发展,HRTEM 可以直接观察、解释大量的晶体中的结构缺陷。21 世纪以后,球差校正 TEM 的发展能够直接观察到原子尺度的晶体缺陷,使得利用 TEM 研究晶体缺陷的工作达到了新的水平。

（5）成分分析

分析型透射电镜有两个非常重要的成分分析附件:能谱仪(EDS)和电子能量损失谱仪(EELS),都可以进行样品的成分分析,其中 EELS 还具有分析元素化学价态、电子态以及化学环境的功能。由于 TEM 中电子束可以汇聚成纳米尺度的束斑,因此原则上讲,可以用 TEM 对样品中纳米量级的微小区域进行成分分析。虽然 EDS 或 EELS 成分定量分析结果的精度并不高,但由于 TEM 成分分析可以得到微区成分的分析结果,这种方法还是受到人们的普遍重视,在研究成分偏析、物相分析等方面起着巨大的作用。EELS 与 EDS 有一定的互补性,EDS 对于较重的元素分析精度比较高,而对于一些较轻的元素,EELS 有更高的分析精度。

（6）元素分布分析

在有 STEM 成像模式的透射电镜上,与 EDS 配合,还可以进行元素分布分析(EDS-mapping)的工作,即利用 STEM 可以进行逐点扫描的功能,对某一特定元素的含量进行逐点分析,通过比较确定样品中各点上该元素的相对含量,并用图像(Mapping)的方法将其分布显现出来。元素的分布分析可以给出特定元素的直观分布图像,对于研究元素的偏析以及元素与某些特定物相的关系有着重要作用。

（7）化学态分析

电子能量损失谱仪(EELS)通过快速电子穿过材料时会导致其表面的原子内芯级电子、价带电子集体振动和自由电子振动被激发等,从而发生非弹性散射出现能量的损失,通过这部分损失的能量来获取材料的表面原子信息。从原理上讲,EELS 不但与组成样品的元素有关,同时还与每个元素的周边环境有关,可以分析材料的元素组成、价态以及化学环境。在这种情况下,当元素的化合状态不同时对于其 EELS 是有影响的,EELS 就可能被用于确定样品中一些元素的化学状态,不同价态的元素,其 EELS 谱会有所差异。但要区分这种差异,需要 TEM 本身的电子光源具有较高的单色性。如果光源本身就有很大的能量分散度,就很难确定 EELS 上的微小变化来自哪一个因素了,因此,EELS 主要安装在球差校正透射电镜上。

3. 透射电镜应用实例

1）TEM 的应用

作为一种大型综合性分析仪器,TEM 可以用于形貌、物相、结构、成分分析等多个领域。TEM 集多种功能于一身,可以同时对于同一区域进行多方位的分析,这是很多其他仪器设备无法达到的。因此,TEM 在现代科学研究工作中被认为具有不可替代的作用。特别是 TEM 对于微区结构、微区成分、微区物相可以进行同时、同区的信息提取,辅之以一些特殊样品台,就可以进行一系列有关结构变迁的实时观察,这些功能对于材料、物理、化学等多种学科的研究都具有重要意义。可以不夸张地说,今天 TEM 已经成为从事这些学科研究的不可或缺的工具之一。这种对于确定的微区进行综合性多方位研究的功能是 TEM 的巨大优势所在。以下针对一些具体样品的 TEM 应用加以介绍。

（1）碳纳米管

碳纳米管的存在首先被日本科学家饭岛用 TEM 观察所确认,他们的工作发表在著名杂志 *Nature* 上,并立即引起了世界范围的注意,反响极大。近年来,每年都有大量有关碳纳米管的报道。可以说碳纳米管的发现极大地推动了纳米技术的发展。在碳纳米管的研究过程中 TEM 扮演着极为重要的角色,通常可以提供形貌信息、结构信息和成分信息。

图 9-23 显示了两种不同工艺制备的碳纳米管的形貌像。显然,两种碳管都比较长,大致可以达到微米量级,其粗细程度差异也不大,均在 6~7 nm。但是,仔细地观察还是可以发现这两种碳管间的差别,最主要就是在图 9-23(a)中可以看到明显的管壁结构,而图 9-23(b)中的碳管看起来十分接近于实心结构,更进一步的研究可以证明这种衬度差别实际上正是反映出了这两种碳管结构上的不同。

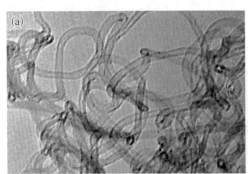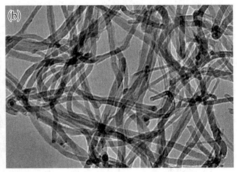

图 9-23　不同碳纳米管的 TEM 像

图 9-24 是两种不同类型碳纳米管结构的高分辨 TEM 像。在图 9-24(a)中,碳管由两层管壁构成,碳管的总直径大约是 5.5 nm,碳管在中央部分基本是空的。在图 9-24(b)中,碳管有 7 层管壁,总直径大约为 6.5 nm。由于碳管直径增加有限而管壁数量明显不同,因此在图 9-24(b)中碳管中央里的自由空间体积明显小于图 9-24(a)的情况。此外,从衬度上可以看到图 9-24(a)结构情况下,管壁与管中央的衬度差异相当大;而在图 9-24b 中这种衬度变化就明显变小。

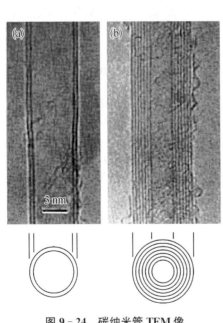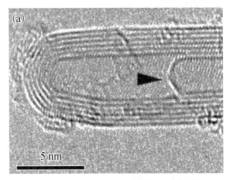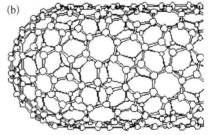

图 9-24　碳纳米管 TEM 像

(a) 双壁;(b) 多壁

图 9-25　碳纳米管的封闭端

(a) TEM;(b) 结构模型

在绝大多数情况下,碳纳米管两端都是封闭的。图 9-25(a)就是利用高分辨电子显微镜观察到的碳纳米管终端结构。从图中可以清晰地看到碳管形成了一个封闭的结构,同时也可以观察到在箭头所示部分,内层的碳管也形成了闭合结构。正是根据如图 9 - 25(a)所观察到的 TEM 像,人们才有可能确定碳纳米管的终端结构[图 9 - 25(b)]。

在制备碳纳米管的过程中,使用催化剂是一种常用的技术手段,它可以帮助人们获得高质量、高产率的碳纳米管。但不同的催化剂对于生长、制备的碳管质量会有很大影响。同时,从催化剂在碳管中的最终分布可以看出催化剂在碳管生长过程中的作用。图 9 - 26(a)是一个碳纳米管的 TEM 像,在碳管的一端可以清晰地看到有一个衬度很高的纳米颗粒,其直径约为 10 nm。对这一颗粒进行 EDS 成分分析,从相应的能谱图上[图 9 - 26(b)]可以发现有 3 个元素,即 C、Co 和 Cu。碳来自颗粒周围的碳管或其他碳源,铜是由于我们使用了铜材料的微栅。因此可以断定这个颗粒的成分是 Co,这与碳管制备时所加入的催化材料完全相符。另外值得注意的有两点:第一,大量的观察显示,催化剂大多位于碳管的一个终端,这就表明在碳管生长过程中碳是先淀积于催化剂颗粒上,然后再向已经长出的碳管上输送。这样,不断淀积-输送的过程就导致催化剂颗粒总是位于碳管的一个终端,同时也解释了为何这些催化剂可以提高碳管的生长质量及碳管长度的问题;第二,可以发现碳管的直径(粗细)与催化剂颗粒的大小有着很高的相关性,即碳管的直径大致与催化剂颗粒直径相同。因此,如想生长碳纳米管,就应使用纳米级催化颗粒。同时,如想得到粗细均匀的碳管就需要使用颗粒大小比较均匀的催化剂颗粒。

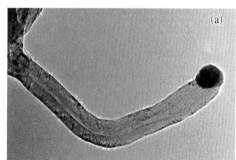
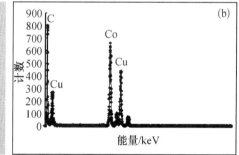

图 9 - 26　碳管中催化剂颗粒的 TEM 像(a)及其 EDS 谱(b)

(2) 薄膜材料、器件

在现代材料科学中,薄膜是一种极为重要的材料。利用薄膜材料制备的器件称为薄膜器件。事实上,现代的微电子器件都使用了薄膜工艺,因此这些微电子器件都可以在广义上被称为薄膜器件。特别是近年来随着微电子技术的迅猛发展,商业化微电子器件的特征线宽最小已经达到 0.13 μm,而 0.09 μm 线宽的工艺器件最近也已经开始步入市场。

对于具有周期结构的薄膜材料,我们可以利用小角度 X 射线衍射技术来研究薄膜的周期性和完整性。对于非周期性的薄膜材料,则可以使用椭圆偏振仪对其厚度进行测量。但是,无论是 X 射线衍射仪还是椭圆偏振仪都只能给出平均结构的数据,而对局域薄膜的生长情况就完全无能为力了。再者,对于薄膜器件中各层薄膜的生长情况,这两种技术更无法提供有用信息。在研究薄膜材料的局域结构(<μm 量级)和器件结构方面,TEM 有着其他技术无法替代的优势。

图 9 - 27(a)是在硅衬底上生长的非晶 W - C 多层膜的 TEM 像。较重的 W 元素在 TEM 像中给出较高的衬度,而较轻的 C 元素则给出较低的衬度。在靠近衬底 Si 的地方可以发现 W - C 多层膜的结构比较完整,即 W - C 层都比较平滑,各层之间没有明显的间断点。随着多层膜变厚,达到 30 个周期以上时,可以在图像的左上方黑色箭头所示处明显地看到 W - C 膜的结构中

出现了缺陷。此时如果我们从右边选择一个 W 层(或 C 层)向左边延伸,就会在图像上发现这个 W 层(或 C 层)出现了一些间断点。这些间断点的出现表明了多层膜结构的不完整性。显然,在生长的初期,W-C 多层膜结构是基本完整的,但在生长过程中由于工艺控制上的一些问题导致多层膜结构出现了缺陷。这种多层膜的局域结构缺陷很难为其他研究手段所检测到。

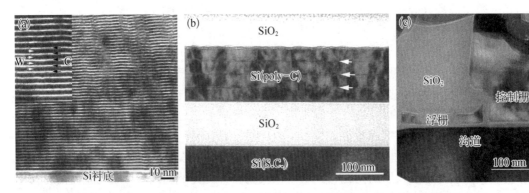

图 9-27　(a) 硅衬底上生长的 W-C 多层膜结构的 TEM 像; (b) SiO_2/Si(poly)/
SiO_2/Si(S.C.) 结构的 TEM 像; (c) 闪存器件局部结构的 TEM 像

图 9-27(b)是一个薄膜器件的 TEM 结构图,在单晶 Si 衬底上首先生长一层厚度约为 100 nm 的二氧化硅介质层,而后在介质层上面生长一层厚度约为 110 nm 的多晶硅薄膜,最后再生长一层二氧化硅介质层。值得注意的是由于在生长多晶硅层时使用了不同的工艺,因此实际的多晶硅层又可以分为如图中箭头所示的 4 层结构。在 TEM 照片上可以十分清晰地辨认出这个 4 层结构。但是如果使用其他方法,如椭圆偏振仪或 X 射线衍射方法,都不可能辨别出这种 4 层结构的存在。在微电子工艺中,另一种常用的非晶介质材料是氮化硅(SiN_4)。如果仅从结构上看人们无法分辨 SiO_2 和 SiN_4。利用 TEM 附件 EDS 和 EELS 进行简单的成分分析,就可以迅速识别这些成分不同的介质材料。

图 9-27(c)为一个闪存器件的 TEM 结构象。从图中可以清晰地区分出沟道(drain)、浮栅(float gate)、控制栅(control gate)等三个功能区,这三个功能区被二氧化硅(SiO_2)材料间隔开来。利用图中的标尺可以准确地测量出这几个功能区之间的距离。在这个器件中,各个功能区的形状、相间距离是否满足设计要求对于器件的性能会有重大的影响。例如,浮栅尖角的形状以及尖角到控制栅的距离对于闪存的读写性能及器件的可靠性有很大的影响。另外,二氧化硅介质层的完整性对于器件的性能也有很大影响。这些信息都可以从这张 TEM 像上获得。在图中,沟道区是单晶硅材料,其晶体方向正好满足布拉格衍射条件,入射电子中的相当部分形成了衍射束,参与透射成像电子束强度因此而减弱,在图中显示出比较黑的衬度。图中沟道区域的衬度变化是因为 TEM 样品极薄,由此会产生样品的弯曲,从而导致在不同区域满足布拉格衍射条件的程度有所不同。严格满足布拉格衍射条件的区域就有较深的衬度,而略微偏离布拉格衍射条件的区域的衬度就会有所下降。浮栅和控制栅都是用多晶硅材料制备的,其中部分晶粒的取向满足布拉格衍射条件,显示出较黑的衬度,而不满足布拉格衍射条件的区域则衬度较白。SiO_2 是非晶材料,只对电子束产生漫散射,而不会出现衍射现象,故而 SiO_2 的衬度最低,而且衬度的变化也最小。

（3）生物样品

与纳米材料截然不同,生物样品的制备非常复杂,一般需要经过取样、固定、脱水、干燥、超薄切片、染色等步骤后才能上电镜观察,制样周期较长,一般需要 2～3 周。样品制备的好坏直接关系到能否成功获得清晰的 TEM 图像。

图 9-28 是一组艰难梭菌的超薄切片 TEM 图片,艰难梭菌又称"艰难梭状芽孢杆菌"(c-diff),是一种肠道厌氧性细菌,对氧十分敏感,很难培养,故得名。从 TEM 图上可见,艰难梭菌为粗长杆菌[图 9-28(a)],图 9-28(b)显示粗长杆菌细胞正在分裂。芽孢为卵圆形,图 9-28(c)为不同发育状态的芽孢,芽孢放大图片[图 9-28(d)]显示了细胞结构完整,细胞膜清晰可见。

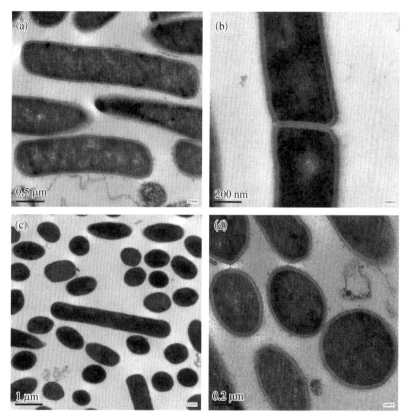

图 9-28　艰难梭菌 TEM 图片

中华绒毛蟹是一种经济蟹类,为中国久负盛名的美食。近年来,对该甲壳动物的繁殖研究引起了广泛的兴趣。配子质量与受精能力的研究是生物生殖学的重要组成部分,精子质量直接关系到中华绒毛蟹物种的繁殖和子代的遗传品质,因此深入研究甲壳动物精子的发育过程对于提高精子质量和繁殖过程中卵的受精率和孵化率至关重要,图 9-29 为一组中华绒毛蟹精子不同发育时期的超薄切片 TEM 照片。

病毒感染是造成鱼类大量死亡的原因之一。图 9-30 是在某种鱼类的肝脏、脾脏和肾脏不同部位找到的六边形泡状病毒细胞,从中可以看到该病毒在鱼类肾脏处聚集最多,而肝脏处感染较少。

此外,采用纳米颗粒对生物组织进行标记也是一种重要的研究手段。叶绿体是绿色植物和藻类等真核生物的细胞器,由双层膜构成,内含基质和基粒,其主要功能是进行光合作用。图 9-31(a)是藻类植物细胞叶绿体用纳米 Au 颗粒标记后的超薄切片 TEM 图,标记后的叶绿体结构清晰,标记用 Au 颗粒大小为 10～20 nm;图 9-31(b)是用磁性氧化铁纳米颗粒标记

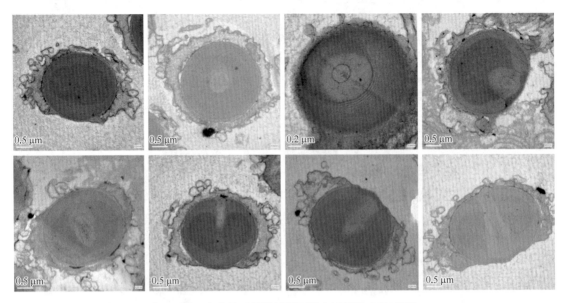

图 9－29　中华绒毛蟹精子不同发育时期的 TEM 图片

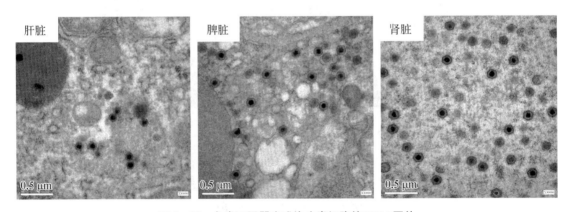

图 9－30　鱼类不同器官感染病毒细胞的 TEM 图片

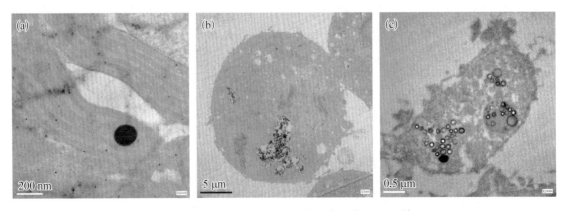

图 9－31　不同纳米颗粒标记的几种细胞 TEM 图片

的兔子眼睛内皮细胞 TEM 图片,内皮细胞为圆形,直径约为 20 μm,大量氧化铁纳米颗粒侵入细胞内部,氧化铁纳米颗粒大小约为 50 nm;图 9-31(c)是介孔氧化硅球标记的肝癌细胞的 TEM 图片,氧化硅球为空心结构,颗粒大小为 50~100 nm,氧化硅球进入了肝癌细胞内部。

(4) 高分子材料样品

高分子样品主要由 C、H、O 等轻元素构成,电子散射能力较差,在碳膜上的衬度不明显,一般需要通过染色来提高反差。图 9-32 是一组高分子样品染色后的 TEM 图片,其中图 9-32(a~c)是磷钨酸染色的 TEM 图片,图 9-32(d)是锇酸染色后的图片。图 9-32(a)为具有核壳结构的聚合物胶束,胶束直径约为 0.2 μm,壁厚约为 30 nm;图 9-32(b)为高分子囊泡,直径约为 400 nm;图 9-32(c)为血红蛋白的显微图片;图 9-32(d)为锇酸染色的聚苯乙烯-聚丁二烯嵌段共聚物样品,其中黑色部分为被锇酸染色的聚丁二烯双键,而聚苯乙烯中苯环双键则不能被锇酸染色。

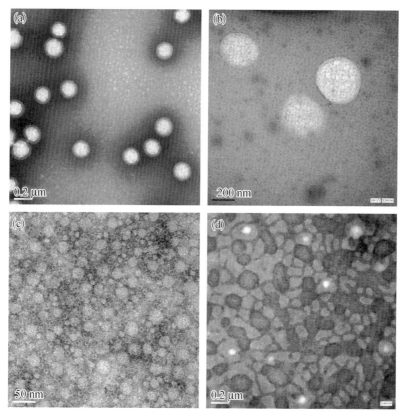

图 9-32 TEM 图片

(a) 聚合物胶束;(b) 高分子囊泡;(c) 血红蛋白;(d) 聚苯乙烯-聚丁二烯嵌段共聚物

2) 球差校正透射电镜的应用

伴随着球差校正器引入 TEM,透射电镜已经迈进球差校正透射电镜的时代。经过十几年的商品化发展,目前球差校正透射电镜的 STEM 分辨率已经达到 60 pm[①],能够实现单个原子柱的成像观察和分析,结合高性能的 EDS 和 EELS,球差校正 STEM 能够实现在纳米和原子

---

① 1 皮米(pm)=10^{-12} 米(m)。

尺度上对材料微观结构与精细化学组成的表征与分析,在金属薄膜、半导体、纳米催化剂等领域显示出巨大的应用潜力。以下针对一些具体样品介绍球差校正透射电镜在原子分辨成像上的应用。

(1) 单原子催化剂的表征

单原子催化剂(single-atom catalyst,SAC)是指孤立的单个金属催化剂原子分散在载体上,孤立的金属原子和原子之间没有任何形式的相互作用,该类催化剂具有高原子利用率、高活性、高选择性等优点。目前单原子催化剂的形貌表征主要依赖于原子分辨的球差校正STEM。如图 9-33 所示,分别是负载在空心结构氮掺杂碳球表面的单原子铁(Fe-SAC)、单原子铜(Cu-SAC)和单原子钯(Pd-SAC)催化剂的球差校正 STEM 图。空心结构氮掺杂碳球采用在聚苯乙烯球(PS)表面吸附 $Fe^{2+}/Cu^{2+}/Pd^{2+}$ 和 Zn^{2+} 后生长沸石咪唑酯骨架材料 ZIF-8 晶体,高温热解碳化后得到 Fe/Cu/Pd 单原子催化剂。从图 9-33 可以清楚地观察到密集分布在碳载体上的明亮的、孤立单原子星点,没有发生团聚,也没有形成金属纳米团簇或颗粒,从而通过微观形貌证实合成了单原子催化剂。

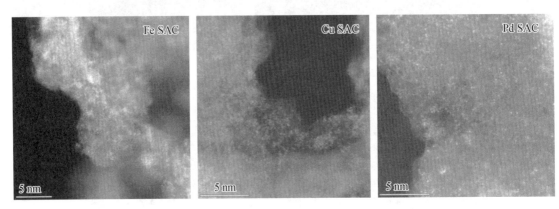

图 9-33   Fe/Cu/Pd SAC 球差校正 STEM 图

图 9-34 是 Fe-SAC 催化剂的低倍 HAADF-STEM 形貌图和元素分布图(EDS-mapping),从低倍 HAADF-STEM 形貌像可以观察到 Fe-SAC 具有超薄碳壳的球形中空结构,这是由于 PS 球表面均匀生长了一层掺杂了 Fe 的 ZIF-8 晶体,高温热解后 PS 球分解形成空心球结构,表面生长的 ZIF-8 碳化后,Zn 原子在高温下挥发留下超薄氮掺杂碳壳。空心球表面没有明显的 Fe 团簇或颗粒说明 Fe 以单原子形式分散在碳壳中,EDS-mapping 进一步证实了 Fe 单原子催化剂中的 Fe 和 N 均匀分布在碳载体上,其中 N 来源于 ZIF-8 晶体中的 2-甲基咪唑配体。

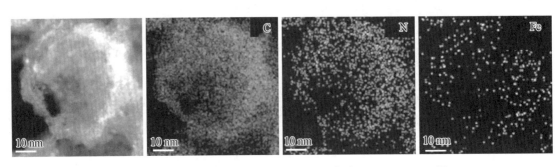

图 9-34   Fe-SAC 的低倍 HAADF-STEM 图和 EDS-mapping 图

（2）晶体材料原子结构的表征

球差校正透射电镜可以在两种模式下工作，即"TEM 模式"和"STEM 模式"。"TEM 模式"主要用于形貌观察，而"STEM 模式"可以得到原子构象，能够实现晶体材料本征结构的原子分辨表征，是材料原子尺度的结构-性能关联研究的重要工具。图 9-35 是铜箔上外延生长的 Cu/Au 异质结构，Au 纳米簇通过电化学方法沉积在单晶 Cu 箔表面。由图 9-35 可观察到铜箔表面并不是平整的，而是呈波浪折叠状，Au 纳米团簇大小约为 10 nm，均匀地分布在山褶的顶端和两侧。二氧化碳电化学还原（CO₂RR）实验证明这种 Cu/Au 异质结构双金属催化剂有效提高了电催化 CO₂ 还原生成 C₂₊ 高附加值燃料产物的选择性和产率，这受益于 Cu/Au 双金属界面在 CO₂RR 反应过程中的异质结构动态重组，而反应前后具有明确定义的原子构型的双金属界面对于异质结构动态重构研究非常重要。

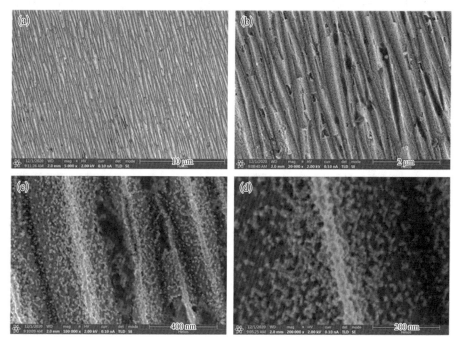

图 9-35　原始 Cu/Au 双金属薄膜表面 SEM 图

为了观察原子尺度的双金属异质界面结构，采用 FIB 方法制备了原始 Cu/Au 薄膜和 CO₂RR 反应后的 Cu/Au 薄膜的横截面 TEM 样品，为减小表面 Au 颗粒在 FIB 过程中的 Ga⁺ 离子束损伤，对 Cu/Au 薄膜表面进行离子束下镀 Pt 或 C 层保护，离子减薄后的横截面样品扫描电镜照片如图 9-36(a,d)所示。图 9-36(b,c,e,f)为电化学反应前后 Cu/Au 薄膜的 HAADF-STEM 照片，显示 Cu 箔由一系列顶角在 50°~70°的山峰构成，Au 纳米簇分布在山峰的顶部和两侧，这与 Cu/Au 薄膜表面的 SEM 形貌和结构一致。

图 9-37 为反应前 Cu/Au 双金属界面的球差校正 HAADF-STEM 原子像，Au 颗粒沿 Cu 箔(100)方向外延生长，(200)晶面的晶格间距 d 从 Cu 箔基底的 1.82 Å 增加到 Au/Cu 界面处的 1.99 Å，并且在压缩应变完全释放后的 Au 顶表面上进一步增加到 2.04 Å[图 9-37(a)]。此外，快速傅里叶变换（FFT）[图 9-37(b)]和 EDS-mapping[图 9-37(c)]进一步分析验证了该界面为分离的 Au 相和 Cu 相，而非 AuCu 合金。以上表征说明原始 Cu/Au 双金属催化剂是具有良好原子结构界面的相分离 Au/Cu 双金属异质结构。

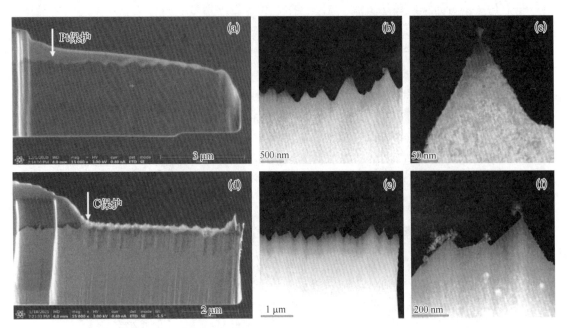

图 9-36 原始 Cu/Au 双金属薄膜横截面的 SEM 图(a)、HAADF-STEM 图(b、c)以及电化学
反应后的 Cu/Au 双金属薄膜横截面的 SEM 图(d)、HAADF-STEM 图(b、c)

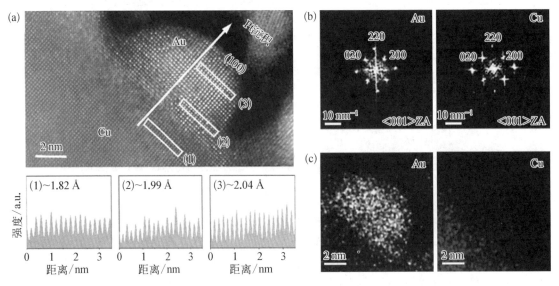

图 9-37 反应前 Cu/Au 双金属催化剂横截面：(a) 球差校正原子分辨
HAADF-STEM 图；(b) FFT；(c) EDS-mapping

图 9-38 揭示了 Cu/Au 双金属界面在 CO_2 电催化还原 1 h 后的原子尺度界面重构变化。
从图 9-38(a)中可以观察到一系列尺寸为 10~15 nm 的独特核壳结构纳米晶粒的形成，图
9-38(b) 显示了其中一颗纳米晶粒的原子像，经 EDS-mapping[图 9-38(c)]和 FFT[图
9-38(d)]证实该晶粒的内核为 Au 相，外壳为 Cu 相，说明反应后 Cu/Au 界面发生了动态重
构，原先分离的 Cu 相基底和 Au 纳米簇动态重构形成了 Au@Cu 核壳结构，电催化反应前离
散的 Au 纳米簇被封装在厚度约 10~15 nm 的 Cu 纳米壳中。进一步分析图 9-38(b)中 Cu

纳米壳顶部、中部以及底部与 Cu 箔基底接触处的 Cu(200)晶面的晶格间距 d 发现,从底部到顶部,Cu(200)晶格间距逐渐减小,分别为 1.85 Å、1.83 Å 和 1.82 Å,而内部 Au 核的 Au(200)晶面的晶格间距约为 1.96 Å,因此猜测 Cu/Au 界面的原子动态重构很可能是由内部 Au 核导致的拉伸应力所引起的。值得注意的是,Cu 在 Au 纳米簇上的原子迁移是外延的,从而导致了弯曲的球形 Cu 壳表面以及两个相邻 Cu 壳之间的纳米空隙。此外,图 9-38(a)中两个相邻的 Au@Cu 核壳纳米晶粒之间的平面界面(即图中长方形区域)处的原子像[图 9-38(e)]也显示了部分较高亮度的原子,对应于 Z 衬度更高的 Au 原子,相应的 EDS-mapping[图 9-38(f)]也证实了 Au 原子扩散到了 Cu 箔基底中,而 Au 原子和 Cu 原子混合区域处对应的 FFT[图 9-38(g)]除了出现(200)晶面的衍射点,还出现了超晶格(100)衍射点,这是形成了 Cu-Au 金属间化合物的重要证据。上述演变在反应后的催化剂界面上到处都有发生,进一步证实了 Au/Cu 双相异质结构界面在 CO_2RR 过程中经历了严重的重构,导致了从相分离的 Cu/Au 双金属界面转变为 AuCu 合金支撑的外延生长的 Au@Cu 核壳纳米簇。

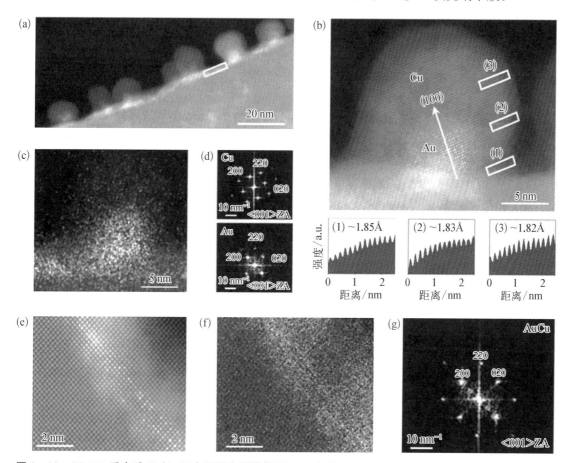

图 9-38　CO_2RR 反应后 Cu/Au 双金属催化剂横截面:(a) 低倍 HAADF-STEM 图;(b) 球差校正原子分辨 HAADF-STEM 图;(c) EDS-mapping;(d) FFT;(e~g)(a)图黄色区域原子分辨 HADDF-STEM、EDS mapping 和 FFT

　　球差校正透射电镜除了能够直观地进行原子像的观察,还具有其他一些更重要和独特的功能,比如可以和谱学、原位实验、三维重构等功能附件结合。通过在球差校正 STEM 中安装能谱仪、能量损失谱仪和二次电子探测器等,不仅可以获得原子分辨率的形貌和结构信息,同时还能获得原子分辨的元素分布、价态、价键和配位信息。球差校正 TEM 结合原位实验样品杆,能够在真实的外场作用(如冷冻、加热、电场、液体)或反应气氛下直接观察材料微观结构的变化。由于透射电镜成像是二维投影像,导致材料的三维结构信息部分缺失,球差校正透射电镜结合三维重构样品杆(tomography)能够重塑材料的三维微观结构。

9.3　扫描探针显微镜

扫描探针显微镜(scanning probe microscopy,SPM)是一类与光学显微镜和电子显微镜完全不同的显微镜,它是利用尖锐探针在样品表面上方扫描,通过探测针尖与样品间的相互作用力来分析研究样品表面性质的。这是一类新型的显微镜,虽然并不属于电子显微镜的范畴,但也是用于形貌分析的重要表面分析技术,这里做一简要介绍。

扫描探针显微镜包括扫描隧道显微镜(scanning tunneling microscope,STM)、原子力显微镜(atomic force microscopy,AFM),以及由它们衍生而来的各类扫描力显微镜(scanning force microscopy,SFM)。1982 年,IBM 公司苏黎世实验室的 Bining 和 Rohrer 等发明了扫描隧道显微镜并因此获得了 1986 年诺贝尔物理学奖,STM 的出现使得人类第一次能够实时地观察单个原子在物质表面的排列状态和表面电子的行为。STM 是利用导体针尖与样品之间的隧道电流来分析研究样品表面性质的,因而只能观察导体和半导体材料的表面。1986 年,Binnig、Quate 和 Gerber 在 STM 的基础上发明了原子力显微镜,将观察对象扩展到几乎所有类型样品的表面。此后,以 STM 和 AFM 为基础,基于作用在针尖和样品间的各种作用力(如摩擦力、弹力、磁力和静电力等)均可用来分析研究相应的表面性质,从而迅速发展了一系列扫描力显微镜,包括摩擦力显微镜(LFM)、磁力显微镜(MFM)、静电力显微镜(EFM)、化学力显微镜(CFM)、扫描热显微镜(SThM)等。

目前国际上主要的扫描探针显微镜制造商有美国 Bruker 公司(原 DI 公司)、日本 SHIMADZU 公司、英国 MI 公司等。

9.3.1　基本原理

扫描探针显微镜利用一个一端固定而另一端装有针尖的弹性微悬臂,在样品表面上方进行扫描,针尖和样品之间的相互作用力会随着它们之间距离的变化而变化,从而引起微悬臂的

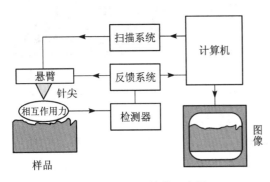

图 9-39　SPM 结构示意图

弹性形变,形变被检测器检测后产生足够测量的电压差送入反馈系统,反馈系统根据检测器电压的变化不断调整针尖或样品的位置,同时输出反馈信号从而得到样品表面的信息。扫描探针显微镜一般由探针、扫描系统、检测器、反馈系统、图像显示系统和图像处理系统几部分构成(图 9-39)。不同类型扫描探针显微镜的主要区别在于探针的针尖特性和检测器所检测的作用力不同,以下分别介绍几种常见 SPM 的工作原理。

1. STM 工作原理

STM 的原理是建立在量子力学隧道效应基础上的。经典力学理论认为如果电子能量低于势垒，则电子不能穿过势垒到达另一边；但量子力学认为电子具有波动性，即使电子能量低于势垒，电子也有机会穿越势垒，电子穿越势垒的概率与势垒的宽度有关，这就是隧道效应。STM 就是利用量子力学中的隧道理论，当针尖与样品足够接近时（<1 nm），电子可以通过隧道效应在针尖与样品之间形成隧道电流，通过控制隧道电流的恒定而使探针随样品表面起伏运动，可以得到样品表面微小的高低起伏变化，从而描绘出样品的表面态密度分布或原子排列的图像。也正是这个原因，STM 只能直接观察导体和半导体的表面，而不能直接观察绝缘体。STM 可以实时得到样品表面的三维高分辨图像，其水平分辨率可达 0.1 nm，垂直分辨率达 0.01 nm，即具有原子级别的分辨率，能够观察到单个原子的表面结构。

2. AFM 工作原理

原子力显微镜是一种类似于 STM 的显微镜技术，它与 STM 主要不同点在于 AFM 用一根对微弱力极其敏感的微悬臂代替了 STM 的针尖去探测样品，并以探测微悬臂的偏折代替了 STM 中隧道电流的探测。由于针尖尖端原子与样品表面原子间存在微弱的相互作用力（包括范德瓦尔斯引力和斥力），随着探针在样品表面的扫描，微悬臂将会发生弯曲形变，该形变信号转化成光电信号并放大后可以测得微悬臂对应于扫描各点的位置变化，从而获得样品的表面形貌信息。

3. LFM 工作原理

LFM 的原理是当探针针尖以接触模式在样品表面扫描时，样品与针尖之间摩擦力的变化将会影响探针微悬臂的横向扭转弯曲程度。样品表面摩擦性质的差异是由不同材料的性质引起的，因此通过检测微悬臂的扭转可以定性分析样品表面不同材质的分布状况。

4. CFM 工作原理

CFM 的原理是将探针针尖用某种具有特定官能团的化学物质修饰后在样品表面扫描，通过检测修饰针尖与样品表面上不同物质之间黏附性能的不同开展特定分子间相互作用力的检测。CFM 可用于聚合物和其他材料的官能团微结构的研究以及生物分子的结合与识别等。

5. MFM 工作原理

MFM 是利用磁性探针以轻敲模式在磁性样品表面扫描。该磁性探针是沿着其长度方向磁化了的镍探针或铁探针，当受迫振动的探针接近磁性样品时，磁性样品表面的磁场分布将会引起探针振幅的变化，通过测量探针振幅、相位或频率的变化可以判断样品表面磁场分布，进而研究探针与样品磁结构间的长程磁性力、磁性样品表面的磁畴以及磁场边界的清晰度、均匀度和强度等。

6. EFM 工作原理

与 LFM、MFM 类似，EFM 是使用导电探针在样品表面扫描。针尖和样品起到一个平行板电容器中两块极板的作用，针尖振动的振幅受到样品中电荷产生的静电力的影响，通过测量探针振幅、相位或频率可以判断样品表面电场的变化，进而开展样品表面电特性的研究。

7. SThM 工作原理

扫描热显微镜用于探测样品表面的热量散失，可测出样品表面温度在几十微米尺度上小于万分之一度的变化。扫描热显微镜的探针采用表面覆盖有镍层的钨丝，镍层与钨丝之间是绝缘体，二者在尖端相连，钨/镍接点起到热电偶的作用。当加热后的针尖向样品表面靠近时，针尖的热量向样品流失使针尖的温度下降。通过反馈回路调节针尖与样品间距，控制恒温扫描,从而获得样品表面起伏的状况。

尽管人们以 STM 和 AFM 为基础,根据针尖特性以及针尖-样品间相互作用力的不同发展了一系列扫描探针显微镜,但是目前应用最多、技术最成熟的还是原子力显微镜,以下主要介绍原子力显微镜的构造、功能和应用。

9.3.2　仪器构造和功能

原子力显微镜主要由探针、扫描系统、检测和反馈系统、软件控制系统四大部分构成。本节以原美国 DI 公司生产的 Nanoscope IIIa 型扫描探针显微镜为例进行介绍。

1. 探针

AFM 使用的探针是一个一端固定而另一端装有针尖的微悬臂。AFM 微悬臂对针尖和样品原子间微弱相互作用力极其敏感,即使小于 0.01 nm 的弯曲形变也能够检测到,因此微悬臂的形变可以作为样品-针尖相互作用力的直接度量。样品-针尖之间的相互作用力 F 不是直接测量的,而是在知道微悬臂弹性系数的基础上,通过计算微悬臂的形变而获得,F 与微悬臂形变 ΔZ 之间遵循 Hooke(胡克)定律

$$F = k \cdot \Delta Z \tag{9-5}$$

式中,k 为微悬臂的弹性系数。只要测定了微悬臂形变量 ΔZ 的大小,即可获得针尖-样品间的作用力大小。

微悬臂的材料、形状和结构设计直接影响到 AFM 的分辨率和噪声水平,首先微悬臂的弹性系数必须很小,商用微悬臂的弹性系数一般为 0.004~1.85 N/m;其次针尖曲率半径也要尽量小,小针尖可以给出更高的横向和纵向分辨率;此外,一根好的微悬臂还需要满足其他一些要求,例如微悬臂的共振频率必须足够高,微悬臂的长度应尽量短、质量尽量小,要选择合适的几何形状和尺寸提高微悬臂的横向刚性等。图 9-40 给出了两种不同形状的微悬臂和针尖。

图 9-40　微悬臂和针尖

2. 检测系统

由于微悬臂的形变可以作为样品-针尖相互作用力的直接度量,所以微悬臂形变的检测至关重要,它直接影响样品表面图像的获得。检测微悬臂形变的方式主要有光学检测法、隧道电流检测法、电容检测法、压敏电阻检测法等。其中光学检测法因为方法简单,技术上容易实现,目前在 AFM 中应用最多,下面着重介绍光学检测法。

光学检测法包括光学干涉法和光束偏转法。光学干涉法需要参考光束和探测光束,分别探测微悬臂的固定端和针尖部位,经过微悬臂的反射后两束光发生干涉,干涉光的相位与探测

光束的光程相关。当针尖在样品表面扫描时,针尖-样品间的相互作用力使得微悬臂发生偏转,继而造成干涉光的相位移动,相位移动的大小与微悬臂的形变量直接相关,从而可得到针尖-样品间相互作用力的大小。

光学干涉法精度和信噪比较高,但是构造比较复杂,在此基础上又发展了原理和技术更为简单的光束偏转法。光束偏转法要求微悬臂的背面有平滑的光学反射面,激光器发出的激光在具有反射面的微悬臂背面聚焦并进入光电二极管检测器,检测反射光束的偏移量即可得到微悬臂的形变。光学偏转法虽然精度不如光学干涉法高,但其原理简单,技术上更容易实现,因此目前为大多数仪器制造商所采用。

3. 反馈和扫描系统

微悬臂的微小形变通过激光束反射到光电检测器,放大后就可产生可测量的电压差,检测系统将此信号传给反馈系统,反馈系统根据电压变化,通过控制扫描头在垂直方向上的移动不断调整针尖和样品 Z 轴方向的位置,以保持每一点 (x, y) 上针尖-样品间作用力恒定不变。反馈系统记录下扫描头在每一点 (x, y) 的垂直位置和电压的变化,就可得到样品的表面形貌图像或其他表面性质结构[图 9 - 41(a)]。

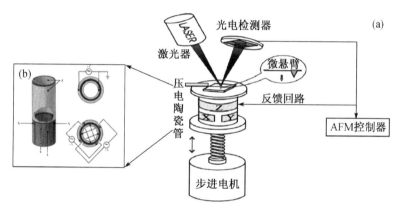

图 9 - 41　**(a) AFM 检测、反馈和扫描系统示意图;(b) 压电陶瓷管**

由于 AFM 仪器中要控制针尖在样品表面进行高精度的扫描,普通的机械控制很难达到这一要求,目前普遍使用压电陶瓷材料制成的扫描管[图 9 - 41(b)]来控制针尖或样品在 X - Y 面内的扫描和 Z 方向上的伸缩。所谓压电现象是指某种类型的晶体在受到机械力发生形变时会产生电场,或给晶体加一电场时晶体会产生物理形变的现象。许多化合物的单晶,如石英等都具有压电性质,但目前广泛采用的是多晶陶瓷材料,例如钛酸锆酸铅 $[Pb(Ti, Zr)O_3]$(简称 PZT)和钛酸钡等。压电陶瓷材料能以简单的方式将 $1 \text{ mV} \sim 1 000 \text{ V}$ 的电压信号转换成十几分之一纳米到几微米的位移。AFM 图像的质量在很大程度上取决于针尖与样品之间距离的控制精度,而扫描管的质量和电子学的噪声水平决定了这种控制精度。实际使用时可根据样品实际情况选用不同扫描范围的扫描器,如 DI 公司的 Nanoscope IIIa 型 SPM 配有 $100 \times 100 \text{ }\mu m$、$10 \times 10 \text{ }\mu m$ 和 $1 \times 1 \text{ }\mu m$ 三种不同规格的扫描器。

4. 软件控制系统

AFM 软件控制系统包括在线扫描操作和离线数据处理。在线扫描操作可进行扫描模式的选择,基本参数的设定、调节,以及获得、显示并记录扫描所得数据图像等。离线数据分析是指脱离扫描过程之后,对保存下来的图像数据的各种分析与处理工作。常用的图像分析与处理功能有平滑、斜面校正、滤波、傅里叶变换、图像反转、测量、数据统计、三维生成等。此外,可对图像进行黑白反转、三维生成等,以便产生更好的视觉效果,生成直观美丽的三维图像。还可对图像上的微小颗粒、凸起、凹陷等进行测量,并通过统计学的方法对图像数据进行统计分析。

9.3.3　应用技术

1. AFM 的成像模式

AFM 有多种成像模式,常用的主要是三种:接触模式(contact)、非接触模式(non-contact)和轻敲模式(tapping),其中以轻敲模式应用最为广泛(图 9-42)。针尖-样品间作用力与距离的关系表现为:在针尖离样品较远时,作用力主要表现为吸引力;随着距离的减小,作用力逐渐由引力转变为斥力,这符合量子力学中的泡利不相容原理。

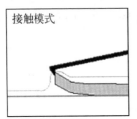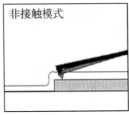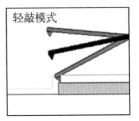

接触模式　　　　　非接触模式　　　　　轻敲模式

图 9-42　AFM 成像模式

(1) 接触模式

以接触模式进行扫描时,针尖始终与样品表面接触并简单地在样品表面滑动。此时检测器检测的是相互接触的针尖与样品的原子间存在的库仑排斥力,该排斥力很小,约为 $10^{-6} \sim 10^{-9}$ N。随着针尖在样品表面的扫描,库仑斥力使微悬臂发生形变,反馈系统记录下扫描头在每一点(x, y)的垂直位置和电压的变化,即可得到样品表面形貌图像或其他表面性质。

通常情况下,接触模式可以得到稳定的、分辨率高的图像。但是,由于探针与表面有接触,因此施加在样品上的力不宜过大,过大的作用力会损坏样品,尤其是软性材料,如高分子聚合物、细胞生物等。一般情况下,接触模式适合较硬的材质,不适用于研究生物材料、低弹性模量材料以及容易移动和变形的样品。

在大气环境下,由于毛细作用的存在,针尖和样品间会有较大的黏附力,这种黏附力的存在会增大针尖与样品的接触面积,降低图像的分辨率,此时可将针尖和样品浸入液体中成像以克服毛细作用的影响提高图像分辨率。

(2) 非接触模式

为了解决接触模式 AFM 可能损坏样品的缺点,又发展了非接触模式 AFM。非接触模式是控制探针在样品表面上方 5~20 nm 距离处扫描,由于探针不与样品表面接触,因而针尖不会对样品产生破坏,避免了接触模式的一些缺点。非接触模式检测器检测的是针尖-样品原子间存在的范德瓦尔斯引力,针尖和样品间的距离通过保持微悬臂共振频率或振幅恒定来控制。非接触模式的探针与样品间距离及探针振幅必须严格遵守范德瓦尔斯原理,探针与样品间距离不能太远,探针振幅不能太大(2~5 nm),扫描速度也不能太快,并且由于原子间吸引力远小于排斥力,非接触模式虽然能够增加 AFM 的灵敏度,但相对较长的针尖-样品间距使其分辨率要比接触模式低。

实际上,当样品置放于大气环境中时,样品表面吸附的气体(如水蒸气)也会造成图像数据的不稳定和对样品的破坏。因此,非接触模式的操作实际上是比较困难的,而且非接触模式通常不适合在液体中成像。

（3）轻敲模式

由于接触模式和非接触模式都容易受到外界因素的影响而造成材料表面的损伤、污染以及图像分辨率的下降,因而在使用上受到诸多限制,尤其是在生物及高分子软性材料上。轻敲模式是新发展起来的一种成像技术,它介于接触模式和非接触模式之间。轻敲模式具有比非接触模式更大的振幅(>20 nm),微悬臂在其共振频率附近做受迫振动,振荡的针尖轻轻敲击样品表面,间断性地和样品接触。轻敲模式一方面由于针尖垂直作用在样品表面,材料受横向摩擦力、压缩力和剪切力的影响都较小;另一方面,针尖与样品间断接触,时间非常短暂,针尖与样品间的相互作用力很小(1 pN～1 nN),且有足够振幅来克服针尖-样品间的黏附力,因而对样品的破坏很小。此外,由于针尖同样品接触,其分辨率通常几乎与接触模式一样好。因此轻敲模式特别适合生物和高分子等柔软、黏附性较强的样品的成像研究。

轻敲模式在大气和液体环境下都可实现。在大气中成像时,利用压电晶体在微悬臂共振频率附近驱动微悬臂振荡。当振荡的针尖向表面运动并轻轻接触表面时,由于微悬臂没有足够的空间去振荡,其振幅将减小。之后,针尖反向向上振荡,微悬臂有了更多的空间,并且振荡的振幅增大(接近空气中自由振荡的振幅),反馈系统根据检测器测量的这个振幅,不断调整针尖-样品间距来控制微悬臂振幅,使作用在样品上的平均力恒定,从而得到样品的表面形貌。在液体中成像时,由于液体的阻尼作用能够减小微悬臂的垂直共振频率,进一步减少了样品上的横向摩接力和剪切力,对样品的损伤更小。液体轻敲模式操作可以在接近生理条件下对生物活性样品进行研究。

在利用 AFM 对软、黏性样品研究中,敲击模式成像技术的发展解决了与摩擦、黏附、静电力有关的问题,克服了困扰常规 AFM 扫描方法的困难。用这种方法成功地获得了很多材料的高分辨率图像,包括硅片表面、薄膜、金属和绝缘体、感光树脂、高聚物和生物样品等。在大气或液体中用敲击模式对这些样品表面进行研究,极大地拓展了 SPM 技术在新材料和表面研究中的应用领域。图 9－43 给出了轻敲模式下高分子材料 SEBS 的微观分相图。

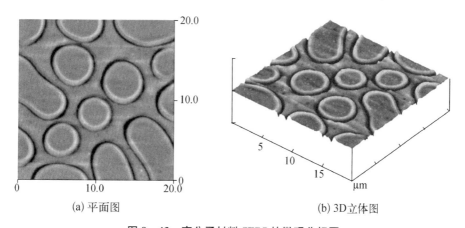

(a) 平面图　　　　　　　　　　　　(b) 3D立体图

图 9－43　高分子材料 SEBS 的微观分相图

2. AFM 的样品制备

AFM 可以在大气、真空、液体等环境中对几乎所有类型样品进行检测,包括导体、半导体、绝缘体以及生物样品的形貌、尺寸以及力学性能的检测。针对不同类型的样品，AFM 有不同的制样要求，总体原则是样品表面要尽量平整，样品与基片的结合要尽可能牢固，必要时可采用化学键合、化学特定吸附或静电吸引的方法固定，常用基片有云母、单晶硅片、玻璃、石英、高序热解石墨（HOPG）等。

（1）纳米粉体材料

纳米粉体材料应尽量以单层或亚单层形式分散并固定在基片上。一般先选择合适的溶剂或分散剂（水或乙醇等）将粉体材料超声分散制成稀溶胶，再根据纳米粒子的亲疏水性、表面化学特性等，选择合适的基片，将超声分散过的溶液滴到基片上，烘干或晾干备用。

（2）溶液

一般溶液可旋涂、滴涂或浸涂于平整的基片上，干燥备用。

（3）纳米薄膜材料

表面平整的纳米薄膜，如金属或金属氧化物薄膜、高聚物薄膜、有机-无机复合薄膜、自组装单分子薄膜、LB 膜等非常适合 AFM 检测，一般较厚的薄膜样品只要切割成合适的尺寸即可直接观察，较薄的膜应尽量选择表面原子级平整的云母、热解石墨等作为基片支撑后测定。

第10章 X射线分析技术

X射线是一种电磁波,波长为$10^{-2} \sim 10^2$ Å,X射线具有波粒二象性。

X射线的波动性主要表现为以一定的频率和波长在空间传播,例如X射线在传播过程中会发生干涉、衍射等现象,X射线衍射(X-ray diffraction,XRD)分析技术就是利用X射线的波动性和晶体内部结构的周期性,以及对称性进行晶体结构分析的一种技术,其具有快速、准确、方便等优点,是目前晶体物相分析和结构研究的主要方法。

X射线的粒子性主要表现为以光子形式辐射和吸收时具有一定的质量、能量和动量,当X射线辐照固体时会和固体相互作用交换能量,例如光电效应、荧光辐射等。X射线光电子能谱(X-ray photoelectron microscopy,XPS)分析技术就是利用一定能量的X射线光子辐照固体样品,使样品表面的原子(或分子)受激发射光电子,通过测定光电子的动能和强度进行样品表层元素组成和化学态分析的一种实验技术。X射线荧光光谱仪(X-ray fluorescence spectrometer,XRF)则是利用一定能量的X射线辐照固体样品,激发出样品表层各种波长的X射线荧光,对样品进行定性和定量分析的一种实验技术。

10.1 X射线光电子能谱

X射线光电子能谱是20世纪60年代中期研制开发出的一种新型表面分析仪器和方法,它是严格意义上的表面分析技术,能够对固体表面或界面上一个或几个原子层厚度进行元素组成和化学状态分析。X射线光电子能谱仪通过测定光电子的动能从而得到光电子的结合能,由于光电子的动能仅与元素的种类和所电离激发的轨道有关,也即对于特定的激发源和特定的原子轨道,其光电子的结合能是特征的,从而可以定性分析样品所含元素种类和化学态信息。该能谱最初用于测定固体表面的化学成分,又称为化学分析电子能谱(electron spectroscopy for chemical analysis,ESCA)。XPS是一种对固体样品表面进行定性、定量分析和结构鉴定的强有力的表面分析技术。

目前世界上主要的XPS生产厂家有美国Thermo Fisher公司(原英国VG公司产品)、日本岛津公司(原英国Kratos公司产品)、日本ULVAC – PHI公司(原美国PE公司产品),以及德国Omicron公司等。

10.1.1 基本原理

XPS是基于光电效应的电子能谱。由激发源发出的一定能量的单色X射线照射样品,与样品表面原子相互作用,激发出原子中不同能级的内层电子,通过光致电离产生光电子,逸出样品表面的光电子带有样品表面信息,并具有特征动能,被能量检测器捕获,检测记录光电子能量和电子信号强度,得到X射线光电子能谱。

1. 光电效应

原子内层电子在 X 射线作用下发生电离成为自由电子(光电子)的现象称为光电效应。原子中不同能级上的电子具有不同的结合能,电子结合能是指电子克服原子核束缚和周围电子的作用到达费米能级所需的能量。费米能级是指绝对零度时,固体能带中充满电子的最高能级。

当具有一定能量 $h\nu$ 的 X 射线光子照射到原子上时,光子与原子的轨道电子相互作用并将能量全部传输给轨道束缚电子使其电离。如果光子的能量大于电子的结合能则会导致轨道电子脱离能级束缚从原子中发射出去成为自由电子,剩余能量则转化为该电子的动能,而原子则成为激发态的离子[图 10-1(a)]。光子的一部分能量用于克服轨道电子结合能(E_b),其余能量成为发射光电子的动能(E_k),则

$$E_k = h\nu - E_b - W_s$$

式中,W_s 是指电子逸出功(功函数),即电子由费米能级跃迁到自由电子能级所需的能量。功函数主要由能谱仪的材料和状态决定,与样品无关,对同一台能谱仪它基本上是个常数,可通过标准样品对仪器进行标定求得,其平均值为 3~4 eV。由于每种元素的电子结构都是特定的,所有结合能小于光子能量的电子在光电子谱图中都将表现出其特征结构,因此知道了 E_b 即可以判定元素的种类。此外只有从样品最表层发出的光电子才能从固体中逸出从而被探测器检测到,因此电子结合能必然反映了样品的表面化学成分。

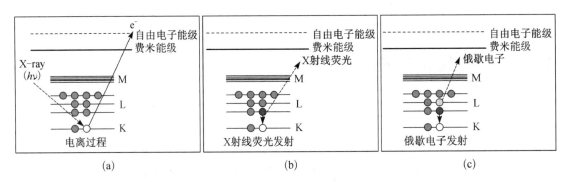

图 10-1　X 射线光电子激发示意图

2. 电子弛豫

当一个光电子从内层激发后,会留下一个空位,此时电离态的原子不稳定,原子中其余电子受到原子核的静电吸引力会产生变化,电子的分布将会重新调整,外层电子将向内层跃迁,在此过程中将会发射 X 射线荧光[图 10-1(b)]或俄歇电子[图 10-1(c)],这种重新调整的过程即称为电子弛豫。因此,通常在 XPS 过程中会形成 X 射线诱导俄歇电子能谱(auger electron microscopy,AES)。

电子弛豫过程和内层电子的发射过程相当,电子弛豫会对电子结合能产生影响。当内层空穴产生后,原子中其他电子将很快向带正电的空穴弛豫,于是对发射的电子产生加速导致实际测得的结合能要小于中性原子中的电子结合能。

3. 化学位移(结合能位移)

由于化合物结构的变化或元素氧化状态的变化而引起谱峰的有规律移动称为化学位移。XPS 光谱图中的化学位移主要是由于原子的内层电子结合能会随原子周围化学环境

变化而产生变化引起的,又称结合能位移。内层电子一方面受到原子核强烈的库仑引力作用而具有一定的电子结合能,另一方面又会受到外层电子的屏蔽作用,因此当元素价态或周围原子的电负性发生变化时,电子结合能也会发生相应变化从而引起化学位移。当元素的价态增加时,电子受原子核库仑引力增强,则电子结合能增加,当外层电子密度减少时,电子屏蔽作用减弱,内层电子结合能也增加,反之则电子结合能减小。当周围原子的电负性改变时,随着周围原子的电负性增强则外层电子屏蔽作用减弱,内层电子的结合能增加。

化学位移的测定和分析是判定原子化合态的重要依据,也是 XPS 分析中的一项重要内容。在 XPS 实际检测过程中,非导体的表面荷电效应、固体的热效应、自由分子的压力效应、凝聚态物质的固态效应等都可能影响化学位移的测定。

10.1.2　仪器构造和功能

X 射线光电子能谱涉及 X 射线物理学和光电效应等,XPS 仪器主要由 X 射线激发源、样品室、电子能量分析系统、检测系统、真空系统、磁屏蔽系统和扫描记录系统等构成[图 10 - 2(a)]。图 10 - 2(b)为 Thermalfisher 公司 ESCALAB 型商品化光电子能谱仪。

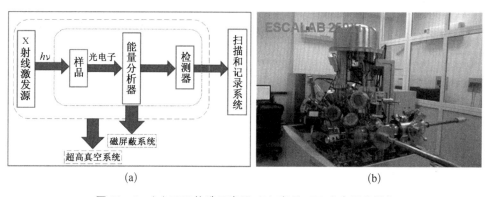

图 10 - 2　(a) XPS 构造示意图;(b) 商品 XPS 光电子能谱仪

1. X 射线激发源

现代 XPS 多为一种综合性电子能谱仪,安装有多个激发源。通常采用的激发源有三种:X 射线源、真空紫外灯和电子枪。商品化电子能谱仪通常将这三种激发源组装在同一个样品室内,实现多功能检测。

X 射线源是 XPS 中最常用的激发源,主要由灯丝、栅极和阳极靶构成。由灯丝发出的高能电子束经栅极加速后轰击阳极靶材激发出特征 X 射线。X 射线源的主要性能指标是强度和线宽,一般采用靶材的 K_α 特征线,它是 X 射线发射谱中能量最强的。阳极靶材通常为镁材或铝材。MgK_α 和 AlK_α 的特征 X 射线能量分别为 1.253 keV(线宽 0.7 eV)和 1.486 keV(线宽 0.85 eV)。一般在一个 X 射线枪中装有一对阳极 Al 靶和 Mg 靶(图 10 - 3),称为双阳极 X 射线源。

真空紫外灯采用真空光电子灯 He Ⅰ(21.2 eV)和

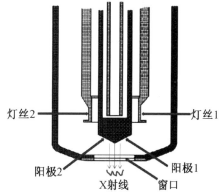

图 10 - 3　双阳极 X 射线源示意图

He Ⅱ(40.8 eV)作为激发源，与 X 射线源相比能量较低，只能激发原子的价层电子，用于价电子和能带结构研究。

电子枪主要用于激发俄歇能谱(AES)，其激发能量很高，可达 2～5 keV。AES 能够提供高空间分辨率，以 XPS 为主的电子能谱仪上通常采用 5 μm 和 100 nm 的电子枪激发俄歇能谱。电子枪的关键部件是电子源以及用于电子束聚焦、整形和扫描的透镜组。电子源分为热电子发射体和场发射体。透镜组又分为静电型透镜和电磁型透镜。场发射体和电磁型透镜组相结合则能提供更小(<10 nm)的聚焦电子束斑。

2. 样品室

样品室设在尽可能靠近 X 射线源和电子能量分析器的入口狭缝处，以便发射的电子以最大效率进入谱仪的分析器。

XPS 一般配有快速进样室，能够在不破坏分析室超高真空的情况下快速进样。快速进样室的体积一般很小，以便能在 5～10 min 内达到 10^{-3} Pa 的高真空。

此外，XPS 还配有对样品表面进行清洁或剥离的离子源，通常采用 Ar 离子源。Ar 离子源又分为固定式和扫描式，固定式 Ar 离子源用作表面清洁，扫描式 Ar 离子源可对样品表面进行深度剖析。

3. 电子能量分析器

电子能量分析器用于在满足一定能量分辨率、角分辨率和灵敏度的要求下，探测从样品中发射出来的不同能量电子的相对强度和分布。它是 XPS 的核心部件，决定了能谱仪的性能指标。分辨能力、灵敏度和传输性能是能量分析器的三个重要指标。XPS 中通常使用的电子能量分析器有两类：半球形能量分析器(HSA)和筒镜式能量分析器(CMA)。

半球形能量分析器(HSA)又称同心半球形分析器(CHA)或球扇形分析器(SSA)，为大多数 XPS 采用。它由一对同心内外半球电极组成，电子从两个半球间通过，在两个半球上加上负电位，外半球电位比内半球更负。改变两半球间的电位差，可以使不同能量的电子依次通过分析器并在出口处的检测器上聚焦，获得电子动能与电子强度信息从而绘制它们的关系图即能谱图。半球形分析器由于球面对称性具有二维会聚作用，因此电子透过率和分辨率都比较高，并且能够更方便地加减速电场。HSA 有两种工作模式：固定分析器能量(CAE)模式和固定退压比(CRR)模式。CAE 模式通常用于收集 XPS 谱，CRR 模式通常用于收集 AES 谱。

筒镜式能量分析器(CMA)是一个同轴圆筒，外筒接负压，内筒接地，两筒之间形成静电场，特定能量的电子通过检测器光阑再次聚焦到电子探测器上从而获得电子动能与强度的关系谱。该能量分析器能为 AES 提供较高的灵敏度，但能量分辨率较低难以提供 XPS 的化学态信息，且 CMA 收集电子的面积很小，分析器的能量校正依赖于样品表面的放置位置，因此不完全适合 XPS 分析，而主要用于俄歇电子能谱。

4. 检测器

XPS 检测的电流非常小(10^{-11}～10^{-8} A)，而且需要记录单个到达检测器的电子数，因此商用 XPS 通常采用脉冲计数电子倍增器来测量电子的数目。电子倍增器主要有两种类型：单通道电子倍增器(channeltron)和多通道电子倍增器(即通道板，channel plate)。

单通道电子倍增器的一端为收集器，另一端为金属阳极，中间由玻璃管相连，管壁涂有特殊材料，能够产生倍增的二次电子，两端之间加有电压。当一个电子入射到收集器内表面时能发射出许多的二次电子并被加速，电子与管壁碰撞又能发射更多的二次电子，一般每个电子会

产生约 10^8 个二次电子到达阳极。单通道电子倍增器的收益依赖于两端的电压,一般可有 $10^6 \sim 10^9$ 的增益,能够探测到的计数率约为 3×10^6 计数/秒。

多通道电子倍增器是由多个单通道检测器阵列构成的大面积通道检测器,也称位敏检测器(PSD)。它是一块圆形多通道板,板上有一排排小孔,小孔相当于单通道检测器,因此能够提高数据采集能力,减少采集时间。多通道电子倍增器能够探测和采集二维数据,计数率可达 1×10^7 计数/秒。

5. 真空系统

XPS 采用超高真空系统(约 10^{-8} Pa),超高真空系统一般采用多级组合真空泵来实现,激发源、样品室、能量分析器和检测器均安装在超高真空中。保持超高真空度一方面能够减少低能电子运动过程中和其他气体分子发生碰撞损失信号强度。另一方面,由于残余气体很容易吸附到清洁样品表面,影响电子的发射并产生谱线干扰,高真空度有利于降低活性残余气体分子的浓度从而保持样品表面的清洁。

10.1.3　XPS 的性能指标和特点

(1) 信号采样深度

XPS 能够得到来自样品最表层的信息,信息采样深度一般小于 10 nm。不同化学成分的样品,XPS 的探测信号深度略有不同,对于金属而言,探测深度为 $0.5 \sim 2$ nm,氧化物为 $2 \sim 4$ nm,有机物和聚合物为 $4 \sim 10$ nm。

(2) 原子浓度检测限

XPS 所需样品量非常少(约为 10^{-8} g),绝对灵敏度高(约为 10^{-18} g),可检测除 H 和 He 元素以外的所有元素,原子浓度检测限为 $0.1\% \sim 1.0\%$。

(3) 分辨率

小面积 XPS 的空间分辨率小于 50 μm,成像 XPS 的分辨率小于 3 μm。

(4) 其他特点

① 样品受 X 射线辐照损伤较小;

② 元素定性分析的标识性较强,相同元素同种能级的谱线相隔较远,相互干扰比较少;

③ 可进行化学位移分析,进而分析原子的化合态和官能团;

④ 定量分析既可测定不同元素的相对浓度,又可测定同种元素不同化学态的相对浓度。

10.1.4　XPS 谱图表达

1. 原子轨道能级的表达

XPS 谱图的标识借用量子数来描述所观察到的光电子,电子能级的跃迁采用符号 nl_j 来标识。n 为主量子数,主量子数表示原子核外电子所在的电子层,以整数 1,2,3,4,…表示,分别对应 K,L,M,N,…电子层;l 为角量子数,角量子数表示电子所在的亚层,l 的取值可以是 0,1,2,…,$n-1$,对应的能级符号为 s,p,d,f,…;j 为内量子数,内量子数是电子轨道运动和自旋运动相互作用的结果,是角量子数 l 和自旋量子数 s 的矢量和,$j=|l+s|$,以分数表示(表 10-1)。以 $4f_{7/2}$ 为例,数字 4 代表主量子数 n,小写字母 f 代表角量子数 $l=3$,f 右下角的分数代表内量子数 j。

表 10-1　原子轨道能级表达符号

主量子数 n	1	2		3					4						
电子层	K	L		M					N						
角量子数 l	0	0, 1		0, 1, 2					0, 1, 2, 3						
角量子数对应能级符号	1s	2s	2p	3s	3p		3d			4s	4p		4d		4f
内量子数 j	1/2	1/2	1/2 | 3/2	1/2	1/2	3/2	3/2	5/2		1/2	1/2	3/2	3/2	5/2	5/2 | 7/2

2. XPS 谱图的表达

XPS 光谱图的横坐标为电子动能或结合能,单位是 eV。一般而言,结合能比动能更能反映电子的轨道能级结构。因为采用不同的激发源,激发出的光电子能量是不同的,但主要是光电子的动能有差别,而电子结合能则是原子激发后终态的能量与激发前初态能量的差值,因此电子结合能与激发光源的能量无关。纵坐标为相对光电子流强度,单位 CPS(counts per second)。XPS 谱峰强度具有一定的规律性,通常主量子数 n 小的电子层的峰比主量子数大的峰强,相同电子层则角量子数 l 大的峰强,n 和 l 都相同时,则 j 大的峰强。

XPS 谱图中一般可以观察到几种类型的谱峰,包括光电子线、俄歇线、XPS 卫星线、能量损失线、鬼线、振激线或振离线等。有些谱峰属于基本峰,总能观察到,而另一些谱峰则由样品的物理和化学性质决定,因样品不同而异。

(1) 光电子线

每种元素都有自己特征的光电子线,谱图中强度最大、峰宽最小、对称性最好的光电子线称为主线,它是元素定性分析的基础。光电子线的峰宽取决于样品本体信号、X 射线源的能量和线宽等因素。一般而言,高结合能的光电子线比低结合能的光电子线宽,绝缘体比导体的光电子线宽。图 10-4 显示了高纯 Al 基片上沉积的 $Ti(CN)_x$ 薄膜中 Ti、C、O 元素和基片 Al 的 XPS 光电子主线峰。

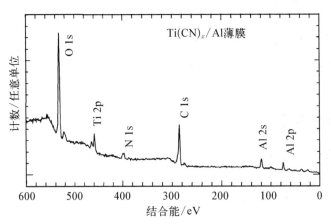

图 10-4　高纯 Al 基片上沉积的 $Ti(CN)_x$ 薄膜的
XPS 谱图(激发源为 MgK_α)

(2) 俄歇线

XPS 光谱中通常会同时出现光电子线和俄歇线,俄歇线一般有 KLL、LMM、MNN 和

NOO 四个系列。俄歇线的存在会干扰谱图的分辨和识别,由于 X 射线光电子能量和激发光子的 X 射线源能量相关,而俄歇电子的能量只与样品原子能量有关,与激发源能量无关,因此可以通过改变 X-射线源来区分这两种谱线,即采用 Mg/Al 双阳极,这也是 XPS 采用 Mg/Al 两种光源的原因之一。图 10 - 5 为 Ga_2O_3 样品中 Ga 和 O 的 XPS 俄歇线。

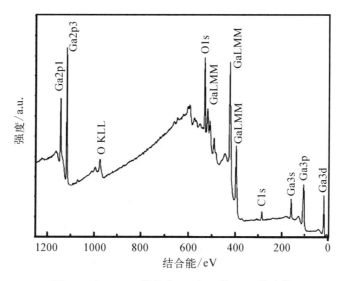

图 10 - 5　Ga_2O_3 样品中 Ga 和 O 的 XPS 俄歇线

(3) XPS 卫星线(satellite peaks)

由于照射样品的单色 X 射线不是完全单色,常规 Al/Mg 阳极靶的 $K_{\alpha1,2}$ 里混杂了 $K_{\alpha3,4,5,6}$ 和 K_β 线导致的,它们分别是阳极材料原子中的 L_2,L_3 和 M 能级电子向 K 层跃迁产生的荧光 X 射线,这些射线统称为 XPS 卫星线。图 10 - 6 为 MgK_α 射线的卫星线(α_3,α_4,α_5,α_6 和 β)。

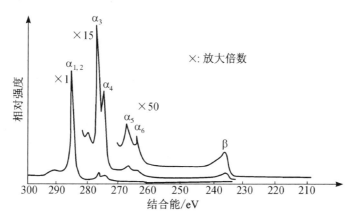

图 10 - 6　MgK_α 射线的卫星线

(4) 能量损失线

能量损失线是由于光电子在逸出样品表面过程中与其他电子发生非弹性碰撞导致能量损失后在 XPS 谱图的低动能端出现的一些伴峰,能量损失峰的强度取决于样品的特性和穿过样品的电子动能。图 10 - 7 为金属铝及其氧化物的能量损失线。

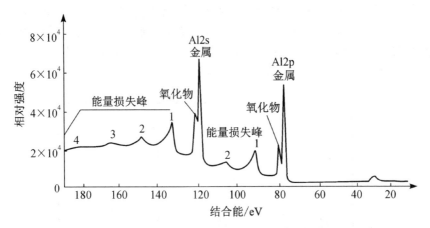

图 10 - 7 金属铝及其氧化物的能量损失线

（5）鬼线（ghost peaks）

鬼线是指 XPS 谱图中出现的一些难以解释的谱线。它主要是由于 X 射线源的阳极材料可能不纯或被污染，导致产生的 X 射线不纯，由其中的杂质元素或 X 射线窗口材料元素带进来的一些杂峰。

（6）电子的振激线（shake-up peaks）和振离线（shake-off peaks）

在光电发射过程中，内层电子被激发后形成空位导致原子中心电位发生突变引起价层电子的跃迁，如果价层电子跃迁到更高能级的束缚态则称为电子的振激，如果价层电子跃迁到非束缚的连续状态成了自由电子则称为电子的振离。无论是振激还是振离均需消耗能量，使最初的光电子动能下降。振离峰以平滑连续谱的形式出现在光电子主峰低动能一端，振激峰也出现在低能端，一般比主峰高几个 eV，并且一条光电子峰可能有几条振激伴线。

（7）多重分裂

当原子的价壳层有未成对的自旋电子时，光致电离所形成的内层空位将与之发生耦合，使体系出现不止一个终态，表现在 XPS 谱图上即为谱线分裂。

3. XPS 谱图数据处理

XPS 分析涉及大量数据采集、分析和处理，数据系统由在线计算机和相应软件构成。在线计算机可对能谱仪直接控制并对实验数据进行实时采集和处理。实验数据可由数据分析系统进行一定的数学和统计处理，并结合能谱数据库，对检测样品进行定性和定量分析。常用的谱图数学处理方法包括：谱线平滑、扣背底、扣卫星线、微分、积分，测定峰位、半高宽、峰高或峰面积，对可能存在的重叠峰进行分峰处理和退卷积，以及谱图的比较和差谱等。

10.1.5 应用技术

1. 样品的制备

XPS 主要用于固体样品的表面分析，由于仪器必须在高真空下工作，因此对样品有一些特殊要求，如样品需干燥，表面清洁无污染，在高真空下稳定不挥发（不含有有机挥发物和易升华物质），无放射性、磁性和毒性。样品长宽高一般不大于 10 mm×10 mm×5 mm。

对于块状或薄膜状样品，可直接夹在样品托上或用导电胶带粘在样品托上进行固定。对于粉末样品可撒在双面胶带上或包埋到铟箔（或金属网）内，双面胶带的使用量应尽量少，以免胶带内的挥发物质污染样品表面。对于比较疏松的样品可采用压片的方法制样,也可将样品分散在易挥发的有机溶剂中(如乙醇、丙酮),然后将其滴在样品托上待溶剂挥发后检测。对于不易分散于有机溶剂中的样品,也可将少量样品在金箔上研压成薄片后进行检测。

需要特别注意的是磁性样品一般不能用于 XPS 检测。由于光电子带有负电荷,当样品具有磁性时,逸出样品表面的光电子在磁场作用下会偏离接收角,最后不能到达分析器。如果样品的磁性很强,还有可能磁化分析器头及样品架。因此,绝对禁止带有强磁性的样品进入分析室。对于具有弱磁性的样品,可消磁后进行常规检测。

2. 样品的预处理

样品的预处理直接关系到分析检测结果的准确性和对仪器的保护。检测前的样品预处理目的是除去样品表面的污染物或表面吸附物。对于固体样品的预处理主要有以下几种方法。

(1) 表面有污染的样品需用溶剂清洗或萃取。

(2) 一些由气体吸附造成的污染可通过长时间抽真空去除样品表面污染物。

(3) 用氩离子束刻蚀表面污染物,但是需要特别小心刻蚀可能会引起表面化学性质的改变,如可能发生氧化还原反应。

(4) 当样品表面和内部成分相同时,块状样品可以采用砂纸打磨或刀片刮剥的方法,粉末样品可以采用研磨的方法去除表面污染物。

(5) 对于耐高温的样品,也可采用高真空下加热的方法去除样品表面吸附物。

3. 样品荷电效应的校正

对于非导电样品或绝缘体,当光电子逸出样品表面后,由于光电子的连续发射而得不到足够的电子补充,样品表面会因电子"亏损"而带上正电荷并形成稳定的表面电势,它对光电子的逃离具有束缚作用,从而使得 XPS 谱线电子结合能向高能量方向移动,该现象称为荷电效应。荷电效应还会使谱峰展宽、畸变,是影响检测结果准确性的一个重要因素,因此检测时必须采取有效措施解决荷电效应导致的能量偏差。

目前消除荷电效应的方法主要有两种:消除法和校正法。消除法是通过配置电子中和枪采用低能电子束中和样品表面电荷实现荷电效应的补偿。也可通过在导电样品托上制备超薄层样品,使能谱仪和样品托接触良好而消除荷电现象。校正法较多,包括镀金法、外标法、内标法、混合法、氩注入法等。在实际分析中,一般采用内标法进行校准,即利用样品表面已知元素,测得其谱线的结合能偏移量(eV)后用于校准其他元素的谱线(加或减去该偏移量),确定实际的结合能。最常用的方法是在真空系统中测定有机污染碳 C1s 的结合能(标准值为284.6 eV),进行校准,该方法方便快捷。也可以采用一些稳定的化学元素(Au、Pt、In、Ar等)来做荷电校正,如在样品表面蒸镀 Au,利用 $Au4f_{7/2}$ 进行谱线修正,或者将样品压入 In 片,利用 In 进行谱线修正,或者将 Ar 离子注入样品表面,利用 $Ar2p_{3/2}$ 进行谱线修正。

4. 离子束溅射技术

利用离子枪发出的离子束对样品表面进行定量溅射剥离后,可用 XPS 对样品表面组分进行深度剖析,获得沿深度方向的元素成分分布图。作为深度分析的离子枪,一般采用 $0.5\sim5\ keV$ 的扫描式 Ar 离子源。离子源束斑直径一般在 $1\sim10\ mm$,增加离子束的直径可以减少离子束的坑边效应。溅射速率一般为 $0.1\sim50\ nm/min$,离子束的溅射速率不仅与离子束的能量和束流密度有关,还与溅射材料的性质有关。在 XPS 分析中,离子束的溅射还原可能改变元素的存在状态,如高价态的氧化物可以被还原成较低价态的氧化物,因此 XPS 深度剖析时应注意溅射还原效应的影响。

5. XPS 的功能和应用

1) 元素定性分析

XPS 定性分析是利用已出版的 XPS 手册对元素进行指认。由于各种原子、分子不同轨道的电子结合能是一定的,具有标识性,因此测定电子结合能即可进行元素组成和官能团类别的定性分析。分析步骤如下。

(1) 扫描待测样品的全谱,然后对感兴趣的元素扫描高分辨谱。

(2) 因 C、O 经常出现,所以首先识别 C、O 的光电子谱线、俄歇线及其他谱线。

(3) 找出碳的 C1s 峰,以 C1s 结合能(284.8 eV)为标准对全谱各谱线的结合能进行荷电校正。

(4) 利用 XPS 光电子谱手册中各元素的结合能峰位表确定其他强峰的归属,并标出其相关峰,确定 p、d、f 等自旋双峰线($p_{1/2}$ 和 $p_{3/2}$,$d_{3/2}$ 和 $d_{5/2}$,$f_{5/2}$ 和 $f_{7/2}$),并注意二者的强度比,其双峰间距及峰高比一般为一定值,p 峰的强度比一般为 $1:2$,d 线为 $2:3$,f 线为 $3:4$。

(5) 识别其余弱峰。一般先假设这些弱峰是某些含量低的元素的主峰,如仍不能确认则检验是不是某些已识别元素的"鬼峰"。

(6) 确认识别结论,注意有些元素的谱峰可能相互干扰或重叠。

2) 元素化合态分析

化合态识别是 XPS 的重要应用之一。测定光电子谱峰的化学位移是识别化合态的主要方法。对于半导体和绝缘体,测定化学位移前应先消除荷电效应对峰位位移的影响。由于元素所处化学环境不同,其内层电子的轨道结合能会发生变化,即光电子谱峰主线存在化学位移。XPS 谱中化学位移的变化遵循一定规律,具体如下。

(1) 当原子失去价电子带正电荷或与电负性高的原子成键时,内层电子结合能升高,化学位移增加。

(2) 当原子得到电子带负电荷时,内层电子结合能减小,化学位移相应减小。

(3) 同一周期内,主族元素结合能位移随化合价升高而增大,即氧化态越高结合能越大,而过渡金属元素的变化规律则相反。

(4) 价电子层发生变化时,所有内层电子的化学位移相同。

(5) 主量子数 n 小的壳层比 n 大的峰强,n 相同时角量子数 l 大的峰强,n,l 相同时 j 大的峰强。

化学环境的变化还会使一些元素光电子谱线的双峰间距发生变化,这也是判定化学状态的重要依据之一。需要注意的是,元素化学状态的变化有时也会引起谱峰半高宽的变化。此外,元素化学状态的改变还会引起俄歇电子峰位的变化,当光电子主峰位移不明显时,有时可通过俄歇电子峰的位移来帮助识别。在实际分析中,一般采用俄歇峰的参数 α 作为化学位移量来研究元素化学状态的变化规律,参数 α 定义为最锐的俄歇峰与光电子主峰的动能差。

3) 元素定量分析

与 EDS 类似,XPS 仅能进行元素的半定量分析,定量计算结果以相对原子百分含量的形式表达。一般选取最强峰的面积或强度作为定量计算的基础,采用灵敏度因子法计算。由于各元素的光电子强度和含量不一定成正比,利用灵敏度因子进行强度修正时应以峰边、背景的切线交点为准扣除背景后计算峰面积和峰强,然后除以相应元素的灵敏度因子即可得到各元素的相对原子百分含量。

XPS 定量分析需要特别注意几点:① XPS 是一种表面分析技术,仅能反映样品表面以下

$3\sim5$ nm 深度的信息,不能代表体相组成;② 样品表面的 C、O 污染以及吸附物的存在会影响定量分析结果的准确性;③ XPS 是一种常量分析技术,灵敏度在 0.1% 左右,因此不适合进行痕量分析。

4) 小面积 XPS 分析(SAXPS)

小面积 XPS 分析(SAXPS)是近几年出现的一种新型技术,主要用于分析固体表面的微小特征,如表面污染点或颗粒。由于 X 射线源产生的 X 射线的线度已经可以小至 0.01 mm 左右,从而大大提高了 XPS 的空间分辨率,使得 SAXPS 技术能最大限度地探测来自指定区域内的信号,减小来自区域周围的信号。获取有效的 SAXPS 谱有两种方法。一种方法采用能谱仪的传输透镜(即透镜限定 SAXPS)在 X 射线束斑区域上探测,仅收集限定区域内的光电子。另一种方法是采用单色 X 射线束在样品上聚焦成小束斑(即源限定 SAXPS)。

5) 利用表面敏感性进行深度剖析

利用离子枪依次轰击材料表面,可以得到代表不同深度的材料新表面,在轰击的同时进行连续 XPS 分析即可得到从表层到深层的元素浓度分布。

6. XPS 的新技术

传统 X 射线光电子能谱的检测需要在超高真空环境下进行,无法获得真实条件下样品表面实时动态的原位变化信息。近常压 X 射线光电子能谱技术和准原位 X 射线光电子能谱反应装置,有助于克服传统 X 射线光电子能谱的限制,使现有的科研水平和科研方法提升一个台阶。

近常压 X 射线光电子能谱技术通过采用独立差分抽气真空技术,让样品附近的区域维持接近常压的气氛,从而尽可能在接近样品需要的真实条件(导入气体、样品加热、电化学反应等)下进行原位反应和原位测试,最大程度真实还原样品在反应状态下,其表面元素组成及其化学态的动态原位变化过程。

准原位 X 射线光电子能谱反应装置是与能谱仪配套连接的样品前处理装置,其通过闸板阀和真空管道与能谱仪的样品预处理室连接,可以满足通气、升温和光照辐射等多种反应条件,而又不影响能谱仪的使用。该装置可以将经预处理(如高温高压反应、电化学反应、光化学反应等)后的样品在不暴露空气的情况下转移至能谱仪分析室中,从而进行接近所测试样品实际终态的准原位分析测试。

10.2　X 射线衍射技术

固态物质可分为晶体(crystalline)和非晶体(amorphous)两种状态,晶体又分为单晶(single crystal)和多晶(polycrystalline),X 射线衍射(XRD)分析技术是针对晶体结构进行物相定性、定量分析的一种重要技术。针对单晶分析的仪器是 X 射线单晶衍射仪(X-ray single crystal diffractometer),针对多晶分析的仪器是 X 射线粉末多晶衍射仪(X-ray polycrystalline diffractometer)。X 射线粉末多晶衍射仪具有快速、准确、方便等优点,是对多晶材料进行晶体结构分析的必备仪器。X 射线单晶衍射技术是使用一颗单晶体获得样品的化合物分子构型和构象等三维立体结构信息的衍射技术,可定量检测样品成分与分子立体结构等。

目前世界上知名的 X 射线衍射仪制造商有日本 RIGAGU 公司、德国 BRUKER 公司和丹麦 PANALYTICAL 公司等。

10.2.1　晶体学基础知识

1. 晶体结构的基本特征

众所周知,物质是由原子、离子或分子构成的。固态物质按其原子、离子或分子在三维空间的排列方式分为晶体和非晶体两大类。晶体和非晶体的最主要区别在于晶体的内部结构具有三维空间排列上的周期性和对称性,即晶体中的原子、离子或分子在空间排列上每隔一定距离重复出现,具有周期性,而非晶体则没有。晶体内部结构的周期重复性又赋予了晶体具有一定的对称性,晶体的对称性决定了晶体的形态和物理性质特征。晶体除了具有周期性和对称性外,还具有其他一些特征,如均一性、各向异性、封闭性等。晶体和非晶体在一定条件下可互相转化。

晶体又有单晶、多晶、微晶、纳米晶等概念之分。单晶是指整个晶体(或晶粒)中的原子按同一周期性排列,它通常由一个核心(晶核)生长而成,如天然水晶或人造水晶、人造红宝石等;由许多小的单晶体按不同取向聚集而成的晶体则称为多晶,目前自然界中存在的大多数晶体都属于多晶体。

2. 晶体周期性结构的表达

不同晶体尽管都具有三维空间周期性排列的共性,但是不同物质晶体内部原子、离子或分子的排列方式有所不同,因而呈现出不同的性质。我们把晶体内部结构周期性排列的最小单元称之为“结构基元”,“结构基元”可以是原子、原子团或分子等,“结构基元”按一定几何规律周期性排列形成晶体的内部结构。

(1) 空间点阵

为了方便地表达晶体结构的周期性,将晶体中的“结构基元”抽象地用一个几何点来表示,这个几何点称为“阵点”,晶体就是由许多阵点构成的,一组无限多个阵点周期性排列形成“点阵”,而“点阵”在三维空间周期性分布形成的无限阵列就称为空间点阵。空间点阵是从晶体结构中抽象出来的用几何点在空间按周期排列来表达的无限大的几何图案。因此,晶体的结构可以表达为:晶体结构＝结构基元＋点阵。

(2) 晶格常数

空间点阵是一个三维无限大的图案,表达起来不是很方便。为便于表达,在空间点阵中任取不在同一平面上的四个相邻的阵点 O, A, B, C(图 10-8)作为构成空间点阵的基本单位,连接这些阵点而成的单位平行六面体称为单位阵胞,晶体中的对应结构称为单位晶胞。晶胞是晶体结构的最小单位,由 O, A, B, C 这 4 个阵点可确定以 O 为原点的 3 个方向的基矢 (a、b、c),矢量 (a、b、c)由 6 个参数决定,即它们的长度 a、b、c 和它们之间的夹角 α、β、γ,这 6 个参数就称为点阵参数或晶格常数。

(3) 晶面指数和晶面间距

三维空间点阵是阵点在三维空间重复排列而成。实际上,我们也可以将三维空间点阵看成是由等距排列的点阵平面构成的(图 10-9)。空间点阵中,无论哪个方

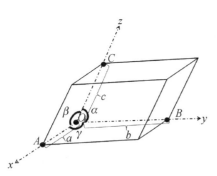

图 10-8　晶格常数

位都可通过点阵画出许多互相平行的点阵平面。同方位的点阵平面不仅互相平行,而且等间距,不同方位的点阵平面的间距和分布情况却完全不同。晶体中,将两组相邻的平行点阵平面之间的距离定义为晶面间距,以 d_{hkl} 或 d 表示,如图 10 - 9 中的 d_1,d_2,d_3…所示。

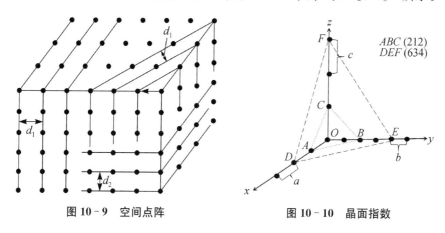

图 10 - 9　空间点阵　　　　　　　　　　　图 10 - 10　晶面指数

当单位晶胞确定以后,就可以确定空间点阵中不通过原点 O,但离原点最近的一些点阵平面的特征,这些点阵平面之间的差别主要取决于它们之间的取向,在晶体学中常用晶面指数来表达点阵平面的空间取向。图 10 - 10 为一正交直角坐标系,x、y、z 轴的基矢长度,即晶格常数 a,b,c 不同,图中给出了两个不同点阵平面 ABC 和 DEF,确定这两个平面的晶面指数的方法如下,以基矢为单位,取该平面在 x、y、z 三轴的截距倍数的倒数,并通以互质得到整数 h、k、l,外加圆括弧,即为该平面的晶面指数 (hkl),见表 10 - 2。因此,晶体可以看成是由一组方向不同、晶面间距 d_{hkl} 不等的原子平面 (hkl) 构成的。

表 10 - 2　由晶格常数 a,b,c 推导晶面指数

点阵平面	截　　　距	截距倍数的倒数	晶面指数
ABC	$1a : 2b : 1c$	1/1　1/2　1/1	(212)
DEF	$2a : 4b : 3c$	1/2　1/4　1/3	(634)

(4) 晶系

对称是晶体的固有特性,所有晶体中的质点都表现出各种不同的对称分布规律。晶体的对称分为宏观对称和微观对称,宏观对称是晶体外形的对称性,而微观对称则是晶体内部原子周期性有序排列形成的对称性,晶体的宏观对称性是其微观对称性的外在表现。根据晶体的对称性高低我们将所有晶体划分为七大晶系,分别是立方晶系、六方晶系、四方(正方)晶系、三方(菱方)晶系、正交(斜方)晶系、单斜晶系和三斜晶系,其中对称性最高的是立方晶系,对称性最低的是三斜晶系。七大晶系的晶体点阵参数 a、b、c、α、β、γ 各不相同,它们之间的关系如下:

① 立方晶系　$a=b=c$,　$\alpha=\beta=\gamma=90°$

② 六方晶系　$a=b\neq c$,　$\alpha=\beta=90°$　$\gamma=120°$

③ 四方晶系　$a=b\neq c$,　$\alpha=\beta=\gamma=90°$

④ 三方晶系　$a=b=c$,　$\alpha=\beta=\gamma\neq90°$

⑤ 正交晶系　$a\neq b\neq c$,　$\alpha=\beta=\gamma=90°$

⑥ 单斜晶系　$a\neq b\neq c$,　$\alpha=\gamma=90°\neq\beta$

⑦ 三斜晶系　$a\neq b\neq c$,　$\alpha\neq\beta\neq\gamma\neq90°$

此外,每一种晶体的每一组晶面间距 d_{hkl} 都是其点阵参数 a,b,c 和晶面指数 h,k,l 的函数,随着晶面指数的增加,晶面间距减小。不同晶系的晶面间距和点阵参数及晶面指数之间满足一定的关系式,如正交晶系满足式(10-1):

$$d=1/\sqrt{(h/a)^2+(k/b)^2+(l/c)^2}\qquad(10-1)$$

3. 晶体对 X 射线的衍射

(1) X 射线

用于晶体结构分析的 X 射线波长一般为 0.5~2.5 Å,由于晶体的点阵结构可以看成一组相互平行并且等距的原子平面,而原子面间距通常为 0.5~2.5 Å,与 X 射线波长在数量级上相当,因此当 X 射线照射到晶体上时将会产生衍射现象,利用 X 射线衍射现象可以对晶体结构、物相进行研究和分析。

(2) X 射线衍射原理

光线照射到物体边沿后通过散射继续在空间发射的现象称为衍射。如果采用单色光,则衍射后将产生干涉,从而引起相互加强或减弱的物理现象。X 射线衍射实质上是晶体中各原子散射波之间的干涉现象,当 X 射线照射到晶体上时,会受到晶体中原子的散射,成为一个新的散射源将入射的电磁波向各个方向散射。由于原子在晶体中是周期排列的,周期性散射源的散射波之间的相位差相同,因而在空间产生干涉,相消干涉相互抵消,相长干涉则增强,干涉增强就会在某些方向出现衍射线。当 X 射线照射到非晶体上时,由于非晶体结构为长程无序、短程有序,因此不会产生明显的衍射线。

① 衍射条件

衍射现象与晶体的有序结构有关,衍射花样的规律性反映了晶体结构的规律性。但是衍射必须满足适当的几何条件才能产生,衍射线的方向与晶胞大小和形状有关,决定晶体衍射方向的基本方程有劳厄(Laue)方程和布拉格(Bragg)方程,实际应用中布拉格方程更为直观、实用。用布拉格方程描述 X 射线在晶体中的衍射几何条件时,将晶体看成由许多平行的原子面堆积而成,X 射线照射到这些原子面上,原子面对入射 X 射线产生反射,而且所有原子的散射波在原子面反射方向上的相位是相同的,是干涉增强的方向。布拉格方程如式(10-2)所示:

$$2d\sin\theta=n\lambda\qquad(10-2)$$

式中,d 为晶面间距;θ 为布拉格角或衍射角;λ 为入射 X 线波长;n 为衍射级数,可取整数 1,2,3,…。

布拉格方程的物理意义在于:当波长为 λ 的 X 射线以 θ 角照射到晶面间距为 d 的平面点阵(hkl)上时,若要各点散射线的相角相同,散射波叠加增强产生相干衍射,则必须要求 X 射线的反射角与入射角 θ 相同,且相邻晶面反射线间的光程差 $2d\sin\theta$ 恰好等于入射线波长 λ 的整数倍(图10-11)。

衍射线的方向,即衍射线在空间的分布规律,是由晶胞的大小、形状和位向决定的,当入射线波长选

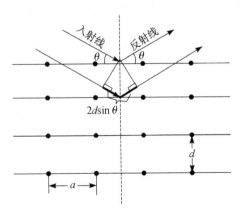

图 10-11　X 射线在晶体中的衍射

定后,衍射线的方向是晶面间距的函数,因而可以确定晶胞的形状和大小。

② 衍射强度

衍射强度取决于晶体中原子的种类、数量、位置和分布。有些情况下,晶体虽然满足布拉格方程,但是由于晶体在某些方向上的衍射波干涉相抵,使得衍射强度为零,因此不一定出现可观察的具有一定强度的衍射线。此外,由于多晶体并非理想晶体,并且 X 射线也并非严格单色和严格平行,晶体中稍有位向差的亚晶块也会满足衍射条件,衍射在 $\theta+\Delta\theta$ 范围内均可发生,从而使得衍射强度并不集中于布拉格角 θ 处,而是具有一定的角分布,此时衡量晶体衍射强度需要使用积分强度的概念。

10.2.2　仪器构造和功能

为了获得晶体的衍射谱图及衍射数据,必须采用一定的衍射方法。最基本的衍射方法有三种:劳厄法、转晶法和粉末多晶法。劳厄法和转晶法适用于单晶体,而粉末多晶法适用于多晶粉末或多晶块状样品。我们通常接触到的绝大部分样品都属于多晶体,因此多晶法较为常用。多晶法又分为两种:多晶照相法和多晶衍射仪法。

利用衍射仪获取衍射方向和强度信息进行 X 射线分析的技术称为衍射仪法。随着计算机技术的发展,衍射仪法具有快速、准确、自动化程度高等优点,目前已经成为 X 射线衍射分析的主要方法。粉末多晶衍射仪是利用辐射探测器自动测量和记录衍射线的仪器,本小节以日本理学公司生产的 D/max2550VB/PC 衍射仪为例介绍现代 X 射线多晶衍射仪。

衍射仪主要由 X 射线发生器、测角仪、探测器、程序控制和数据处理系统四个部分组成。

1. X 射线发生器

高真空下,高速运动的电子流在遇到障碍物突然被减速时,由于与物质的能量交换作用会释放出 X 射线。产生 X 射线的装置是 X 射线发生器,它由 X 射线管、高压发生器、冷却装置、安全保护系统等构成,其核心是 X 射线管。

高速运动的电子与物质原子碰撞时会发生两种形式的相互作用,发出两种形式的 X 射线谱:特征 X 射线谱和连续 X 射线谱。

(1) 特征 X 射线谱

特征 X 射线谱是一系列波长一定而强度很高的 X 射线谱。它是由于高速运动的电子轰击靶材原子,激发出原子的内层电子而使原子电离处于不稳定的激发状态,此时外层电子向内层跃迁,同时伴随多余能量的释放,产生波长确定的特征 X 射线。外层电子填充 K 层空穴后所产生的特征 X 射线称为 K 系谱线,外层电子填充 L 层空穴所产生的特征 X 射线成为 L 系谱线,依次类推。

特征 X 射线谱波长与靶材的原子序数有关,随着原子序数的增加,所产生的 K 线系波长变短。由于原子序数 Z 从 23(钒)至 47(银)的 K 线系的波长均落在物相分析及结构分析所用的 X 射线波长(0.5~2.5 Å)范围内,所以均适合作为靶材,其中最常用的是 Cu($Z=29$)靶。

(2) 连续 X 射线谱

连续 X 射线谱是从某个最短波长开始,强度随波长连续变化的谱线。它是由于高速运动的电子轰击靶材时,电子穿过靠近靶材原子核附近的强电场时被减速,电子减少的能量(ΔE)转化为所发射的 X 射线光子能量($h\nu$)。由于轰击靶材的电子数目很多,并且击靶的时间、穿透的深度和损失的动能都不一样,因此由电子动能转换为 X 射线光子的能量也有多有少,频率有高有低,从而形成一系列不同频率、不同波长的连续 X 射线谱。

连续 X 射线谱只在 X 射线衍射的劳厄照相法中用到,在其他 X 射线衍射技术中均用特征 X 射线作为单色 X 射线光源。连续谱的存在只能增加 X 射线衍射花样的背底,通常需用滤波片或单色器将其除去。

2. 测角仪

测角仪是整个衍射仪的核心部分,包括精密的机械测角器、样品架、狭缝、滤色片或单色仪等。

(1) 测角仪的光学系统

测角仪的光学系统分为两种:聚焦光学系统和平行光束光学系统,其中聚焦光学系统较为常用。图 10-12 为聚焦光学系统的几何光学构造图:OO' 为测角仪的中心轴线,S 为平面

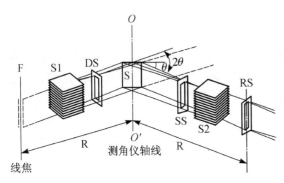

图 10-12　聚焦光学系统的几何光学构造图

样品,固定在测角仪中心的样品台上,样品台中心轴线与测角仪中心轴线重合,并绕此中心轴线旋转。F 为 X 射线管的线焦斑,由线焦点发出的线状 X 射线(即入射 X 射线)经索拉狭缝 S1 限制垂直方向发散度,再经发散狭缝 DS 限制水平方向发散度后,入射到样品 S 上。平面样品各处产生的衍射线经防散射狭缝 SS 防止非试样散射线,再经索拉狭缝 S2 限制衍射线垂直方向发散度后通过接收狭缝 RS 进入探测器。

(2) 测角仪的聚焦原理

使用聚焦光学系统的测角仪,其线焦与测角仪转动轴平行,线焦到测角仪转动轴的距离与轴到接收狭缝 RS 的距离相等,平面样品的表面必须经过测角仪的轴线,防散射狭缝 SS、索拉狭缝 S2、接受狭缝 RS 以及探测器一同安装在可绕中心轴旋转的转臂上,其转过的角度可由测角仪上的刻度盘读出。按照这样的几何布置,线焦和接收狭缝位于以样品为中心的圆周上,此圆称为衍射仪圆,半径 R 一般为 185 mm。当样品与探测器始终以 1∶2 的转动角速度同步旋转时,无论在何角度,线焦、样品和探测器都在同一个圆面上,而且样品被照射面总与该圆相切,此圆则称为聚焦圆。如果事先设置好测角仪,使入射 X 射线、样品表面、探测器成一条直线,则样品台绕中心轴线转动 θ 角时,探测器绕中心轴线转动 2θ 角。此时,入射 X 射线与样品表面的夹角及衍射线与透射线的夹角始终能保持 $\theta∶2\theta$ 的关系。当样品与探测器以 $\theta\sim2\theta$ 关系连续转动时,衍射仪就自动描绘出衍射强度随 2θ 变化的衍射谱图。

(3) 单色器或滤色片

从 X 射线管发出的 X 射线是重叠在连续谱上的特征 X 射线谱,特征 X 射线谱由 K_α 和 K_β 以及其他辐射线组成,并非单一波长。由于 X 射线物相分析及结构分析主要用 K_α 作为单色 X 射线源,为了得到单色的平行光束,一般采用单色器或滤色片来除去其他不需要的谱线。

3. 探测器

探测器是用来记录 X 射线衍射强度的,是衍射仪中不可或缺的重要部件之一。它包括换能器和脉冲形成电路,换能器将 X 射线光子能量转化为电流,脉冲形成电路再将电流转变为电压脉冲,并被计数装置所记录。最早使用的探测器是照相底片,由于吸收率低、计数线形范围窄、使用烦琐,因而逐渐被取代。目前使用的 X 射线探测器有气体电离计数器(如正比计数器、盖革计数器)、闪烁体计数器、半导体探测器[如 Si(Li)探测器、本征 Ge 探测器]、阵列探测

器、位敏探测器、高能探测器、超能探测器等。最常用的是正比计数器和闪烁体计数器。近年来,阵列探测器得到了极大的发展,提高了衍射强度和空间分辨率,在单晶衍射仪中使用的多数为阵列探测器。

4. 程序控制和数据处理系统

高速发展的计算机技术极大地推进了 X 射线多晶体衍射的发展与应用,现代 X 射线多晶体衍射仪的操作基本实现了计算机自动化控制。计算机技术的应用主要体现在三个方面:仪器的控制和数据采集、数据处理与分析、网站与数据库的建立与应用。

(1) 仪器的控制和数据采集

计算机与衍射仪的结合使得仪器的调试和实验条件的设定都实现了自动化,从而既节约了人力成本,又减少了辐射对人体的伤害。仪器调试主要是指在衍射仪使用前对测角仪进行一系列的光路调节、零位和角度读数的校准。这对是否获得良好的聚焦、正确的角度读数、最佳的分辨率和最大衍射强度极为重要。实验条件的设定包括管电压、管电流、扫描方式、扫描速度、扫描角度范围、步长、停留时间、各类狭缝宽度等。

(2) 数据处理和分析

X 射线多晶衍射谱包含的信息非常复杂,其中样品中晶体的衍射信号是我们所需要的,而其他由仪器、环境、非晶体等产生的干扰信号则要加以消除。实验数据处理主要包括角度校正、平滑噪声、扣除本底、分离 $K_{\alpha 2}$、确定衍射峰位置、测量峰强和峰面积、确定半高宽(FWHM)等。

X 射线多晶衍射谱包含着非常丰富的结构信息,可以进行晶体结构的分析,如物相定性分析、物相定量分析、晶粒大小测定、晶格参数测定、结晶度、织构、微观应变与应力、晶体缺陷(如层错、位错、晶界、反向畴)等。其中有些数据的处理非常复杂,必须使用计算机进行计算,国际晶体学联合会下属的粉末衍射专业委员会以及其他相关机构为此编写了大量的分析计算软件。

(3) 网站与数据库的建立与应用

计算机更强大的作用体现在网站和数据库的建立与应用上。网站与数据库一般都是由某个专门机构建立的,我们所熟知并广为应用的是由国际衍射数据中心 ICDD(International Centre for Diffraction Data)发行的电子版粉末衍射数据集 PDF(Powder Diffraction File)。PDF 电子版先后发行过四种版本,其中 PDF－2 是完整的 PDF 的电子版,专为无机材料的分析而设计的,包括所有的 PDF 卡片及卡片上的全部数据,也包含了由 ICDD 收集的许多常见有机材料的物相。ICDD 自 2005 年始以按年缴费租用方式使用网络版数据库,因此能从硬盘或光盘直接安装使用的 PDF 数据库终于 2004 版 PDF－2。截至 2012 年年底,PDF－2 公开发行的数据已经超过 25 万套。PDF－4＋是 ICDD 最先进的数据库,专为物相定性和定量分析而设计。PDF－4＋包含了 PDF－2 和 ICDD 与日本材料相数据库(Materials Phases Data System,MPDS)合作的所有数据,全面覆盖了无机材料,除了晶体基本信息(如衍射数据、分子式、d 值、空间群等)外,还提供大量拓展的功能,如数字化衍射花样(digitized patterns)、分子图(molecular graphics)、原子参数(atomic parameters)、增强的物相定量分析功能。截至 2022 年年底,webPDF－4＋收录了 460 900＋套特色衍射数据条目,51 400＋套有机物衍射数据条目,35 820＋套数据具有参比强度 I/I_c 值,可快速进行 Reference Intensity Ratio(RIR)定量分析,353 300＋PDF 卡片内含有单晶结构数据,可用于全谱拟合。

10.2.3 样品制备

1. X射线粉末多晶衍射样品制备

X射线粉末多晶衍射对样品的要求比较严格,样品必须具有一块足够大的光滑平整的表面,且样品能够固定在样品夹上并保持待测表面与样品板表面完全保持在同一平面上。样品可以是粉末、薄膜、块状体、片状体、浊液等。由于不同制样方式对最终衍射结果影响很大,因此通常要求样品无择优取向(即晶粒不沿某一特定的晶向规则排列),而且在任何方向上都有足够数量的可供测量的结晶颗粒。

(1)粉末样品的制备

粉末样品要求粒度较细,一般为 $1\sim5~\mu m$,手指摸上去细腻,没有明显颗粒感。较粗的颗粒可用玛瑙研钵研细后使用。制作粉末样品时将粉末装填在玻璃制成的特定样品板的凹槽内,用一块光滑平整的玻璃板适当压紧,然后将高出样品板表面的多余粉末刮去,如此重复几次即可使样品表面平整。样品一般用量为 $0.3~g$ 左右。

(2)薄膜、块状、片状样品的制备

薄膜、块状体、片状体的制备比较简单。一般选用铝制窗式样品板,使其正面朝下放置在一块表面平滑的厚玻璃板上,将待测样品切割成与窗孔大小一致的小块后,待测面朝下置于样品板窗孔内,并用透明胶带、橡皮泥等固定。拿起样品板时应注意固定在窗孔内的样品表面必须与样品板平齐。

(3)液状或膏状样品的制备

一般情况下,完全流动的液体样品不能用于X射线粉末多晶衍射。但是,如果液体样品能在玻璃片上成一定厚度的膜则可用于检测,如某些高分子溶液待溶剂挥发后能在光滑的玻璃片上成膜;一些悬浊液只要浓度合适,滴涂在玻璃片上烘干后均可检测。此外,半流动的膏状体也可检测,将其装填在玻璃样品板的凹槽内并将样品表面刮平即可。

2. X射线单晶衍射样品制备

一般情况下,单晶X射线衍射法(SXRD)的检测对象为一颗晶体,一般需要采用重结晶技术通过单晶体培养获得。晶体尺寸为 $0.1\sim1.0~mm$。单晶体应呈透明状、无气泡、无裂纹、无杂质等,晶体外形可为块状、片状、柱状和针状。近似球状或块状晶体因在各方向对X射线的吸收相近,所以属最佳实验用晶体外形。

10.2.4 应用技术

1. 物相分析

物相分析与仪器分析中常见的成分分析不同,成分分析关心的是分析试样中含有哪些元素,而物相分析是根据X射线照射到晶体上所产生的衍射特征来鉴定晶体的物相,物相分析除可获得物质所含的元素外,更侧重于元素间的化合状态和聚集态结构的分析。X射线粉末多晶衍射可进行晶态物质的物相定性分析和定量分析。

1)物相定性分析

每种结晶物质都有其特定的结构参数(包括晶体结构类型,晶胞大小,晶胞中原子、离子或分子的位置和数目等),没有两种结晶会给出完全相同的衍射花样。因此,根据某一待测样品的衍射花样,不仅可以知道物质的化学成分还能知道它们的存在状态,即能知道某元素是以单质状态还是以化合物、混合物或同素异构体状态存在。多相混合物的粉末衍射谱是各组成物相的粉末衍射谱的叠加谱。叠加过程中,各组成物相的衍射线位置不会发生变动,一个物相内各衍射线间的相对强度也不变,但各物相间的相对衍射强度随该物相在混合物中所占的比重(体积或重量百分比)及其他物相的吸收能力而改变。

物相定性分析是将未知物相的一组与各衍射峰位置及相对积分强度相对应的晶面间距 d 和 I/I_0 值(I_0 为该衍射谱中最强衍射线的强度)与已知物相的 d 和 I/I_0 值进行匹配,如果二者相符,则表明未知物相与已知物相是同一物相。常用的比较方法有以下三种。

(1) 谱图直接比对法

直接比较已知物相和未知物相衍射谱图的衍射峰位置、峰形和强度。该方法直观、简便,适合常见物相及可推测物相的分析。值得注意的是:相互比对的谱图应尽量在相同的实验条件下获得。

(2) 数据对比法

将所测未知物相的实验数据(2θ、d、I/I_0)与标准衍射数据进行比对。物相定性分析所使用的标准衍射数据包括粉末衍射卡片(Powder Diffraction File,PDF)以及为方便检索而编制的各种索引。PDF 标准卡片以衍射数据代替衍射谱图,由国际衍射数据中心(ICDD)收集、校定和编辑。

(3) 计算机自动检索

数据对比法没有考虑衍射峰的形状,对于有严重峰重叠的混合物相,其部分衍射峰可能被掩盖,此时衍射峰位置和强度都不准,匹配也就很难并且不准确,此时需要用计算机自动检索。计算机自动检索是将未知物的实测数据与保存在计算机中的已知物相的标准衍射谱数据库进行检索和比对,发现匹配的谱图。该方法到目前为止还在不断完善中。检索时,需尽可能输入一些来自未知物相的已知条件(如组成元素),计算机根据已知条件,将实测的全部 d、I/I_0 值与数据库中标准卡片全部数据进行比对,筛选出可能的物相。图 10 - 13 为不同晶型 TiO_2 混合样品的 XRD 谱图,经计算机检索可知其中含有锐钛矿(PDF:21 - 1272)和金红石(PDF:21 - 1276)两种晶型的 TiO_2。

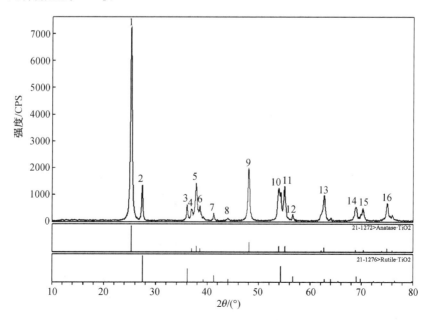

图 10 - 13　不同晶型 TiO_2 混合样品的计算机检索物相分析

X射线衍射分析只能肯定某物相的存在,而不能确定某物相的不存在。任何方法都有其局限性,X射线多晶衍射分析有时需要结合其他方法才能得出正确的结论。

2)物相定量分析

X射线多晶衍射能够测定多相混合物中各物相的含量。物相定量分析是基于各物相的衍射峰互不干扰,且每种物相衍射峰的强度是其含量的函数,即每种物相的衍射线强度随着其含量的增加而增高,通过计算衍射线的强度则可以确定其物相的含量。

(1)基本原理

选取一种标准结晶物质S,其重量为W_s,与重量为W_0的待测样品混合、研磨后制成粉末平板状样品。衍射强度用以下公式描述:

$$I_j = DC_j \frac{W}{2\mu_e} \cdot \frac{X_j}{\rho_j} \tag{10-3}$$

式中,I_j为待测样中J相的衍射强度;W为混合样品总重量$(W=W_s+W_0)$;X_j为J相的重量分数;ρ_j为J相的密度;D为常数;μ_e为混合样品的线吸收系数。令

$$X_s = \frac{W_s}{W_s+W_0}, \ X_j = \frac{W_j}{W_s+W_0} \tag{10-4}$$

式中,X_s和X_j分别为S相和J相所占的重量分数。在相同条件下,测定S相和J相的某一根衍射线的强度,根据式(10-3)可得

$$I_j = DC_j \frac{W}{2\mu_e} \cdot \frac{X_j}{\rho_j} \tag{10-5}$$

$$I_s = DC_s \frac{W}{2\mu_e} \cdot \frac{X_s}{\rho_s} \tag{10-6}$$

以上两式的相比,得到

$$\frac{I_j}{I_s} = \frac{C_j}{C_s} \cdot \frac{\rho_s}{\rho_j} \cdot \frac{X_j}{X_s} \tag{10-7}$$

(2)常用分析方法

定量分析的常用方法有外标法、内标法、K值法、绝标法等,这里不再叙述。需要特别说明的是:多相混合物的定量分析非常复杂,由于各物相的衍射峰强度容易受到仪器、样品、实验条件等多方面的影响,定量分析的准确度除了与样品的特性有关外,还与标样的选择及纯度、不同物相谱峰的重叠等有关。因此,物相定量分析的相对误差较大,为5%~10%。定量分析时应注意减少各种因素的影响,如物相定量分析的样品应尽可能结晶完整、晶粒大小均匀;应尽可能使用与待测物相衍射峰位接近的标准样品,且标准样品的晶粒大小应与待测物相晶粒大小相当;测试时应尽量选择较大的管电压、管电流,在样品尺寸允许的条件下尽量选择较大的发散狭缝和接受狭缝等。不论是标样还是待测物相,一般一种物相只选择一个衍射峰,应尽量选择不与其他衍射峰重叠,且各物相的衍射峰尽量靠近的强峰。

2. 晶粒尺寸分析

在多晶体系中,晶粒尺寸是决定材料物理化学性质的一个重要因素,特别是对于纳米材料。利用X射线多晶衍射峰形分析可以测定多晶体的平均晶粒大小。

从衍射理论可知,衍射峰的峰形与发生相干衍射区域的晶粒尺寸大小相关。一般而言,当

晶粒尺寸小于 1 μm 时衍射线开始宽化,而当晶粒尺寸小于 100 nm 时,就会对衍射峰造成明显的可测量的宽化,并且晶粒越小,谱线宽化越甚,直到晶粒小到几个纳米时,衍射线因过宽而消失在背底之中,习惯上将这种宽化效应称为晶粒宽化。最早将衍射峰的宽化与晶粒尺寸 D 联系起来的是谢乐(Scherrer)在 1918 年提出的 Scherrer 公式:

$$D_{hkl} = K\lambda / \beta_{(2\theta)} \cos \theta \tag{10-8}$$

式中,D_{hkl} 表示垂直于 (hkl) 晶面方向的平均晶粒尺寸,Å;$\beta_{(2\theta)}$ 为晶粒宽化引起的衍射峰的宽化,即 (hkl) 晶面衍射峰的半高宽 FWHM,rad;λ 为 X 射线波长,Å;θ 为衍射线的布拉格角,°;K 为衍射峰形 Scherrer 常数,它与 $\beta_{(2\theta)}$ 的定义有关,若 β 采用衍射峰的半高宽,则 K 一般取 0.94;若 β 采用积分宽,则 K 一般取 1。

在实际应用中,引起衍射线变宽的原因主要有两种:物理宽化和仪器宽化。物理宽化主要取决于材料本身,它主要包括晶粒细化致宽、点阵畸变致宽以及固溶体中溶质分布不均匀致宽等。仪器宽化则是由仪器因素造成的,一般随 2θ 的增大而增大,是 2θ 的平滑函数,可通过标样测定。因此,Scherrer 公式中 $\beta_{(2\theta)}$ 的计算要用待测物相的实际宽化减去仪器宽化。Scherrer 公式的一般使用范围为 10~1 000 Å,晶粒尺寸在 30 nm 左右时计算结果较为准确,而晶粒尺寸大于 100 nm 则不能适用 X 射线衍射方法进行测量。

3. 结晶度分析

结晶度可以理解为晶体结晶的完整程度或完全程度。结晶的完整性是相对于结晶的畸变而言的,结晶完整的晶体其晶粒较大、内部质点排列规则,衍射峰强且尖锐和对称,而畸变的结晶往往会存在晶粒过于细小或晶体中存在位错等缺陷,导致衍射峰强度下降,峰形弥散宽化。结晶的完全性是指物质从完全非静态转变为晶体的过程中,理想的晶体产生衍射而理想的非晶体产生非晶散射。当样品中晶体占多数时,衍射增强而非晶散射减弱,结晶度高,反之则结晶度低。结晶度的计算方法多种多样,不同仪器和不同实验原理得到的结晶度结果具有不可比性。X 射线衍射结晶度测定常用于非晶态物质析出晶相过程中,结晶完整程度及含量的测定。在高分子材料性能研究中,结晶度通常是一个很重要的参数。

如果材料在热处理过程中析出某些晶相,并随着温度的升高结晶的完整程度逐渐提高,晶相含量也逐渐增加,则材料中原子的排列逐渐有序化,其衍射峰逐渐从弥散变为明锐,衍射峰的半高宽逐渐变窄,晶面间距减小,由晶面间距的测定可推出结晶度。

结晶度与晶态、非晶态两部分衍射强度的关系为

$$X_C = \frac{\sum I_C}{\sum I_C + K \sum I_A} \tag{10-9}$$

式中,X_C 为结晶度;$\sum I_C$ 为所有晶态衍射峰累积强度总和;$\sum I_A$ 为所有非晶态衍射弥散峰累积强度总和;K 为与实验条件有关的常数。

K 值的大小与实验条件、测量的角度范围以及晶态与非晶态的比值有关,而与结晶度无关,通常由实验来测定。方法是将同一试样在两种不同条件下结晶得到 X_C、I_C 和 I_A,因结晶度增量和非晶体减少量相同,可推导出公式:

$$K = \frac{I_{C2} - I_{C1}}{I_{A1} - I_{A2}} \tag{10-10}$$

如何划分晶态和非晶态的衍射强度曲线截至目前依然是一个还没有完全解决好的问题，现在常采用计算机拟合的方法来划分，可以得到比较好的结果，但由于设定的拟合条件不同，可能会带来较大的误差。

4. 石墨化程度分析

石墨化程度分析的对象是碳材料。由无定形碳转变成晶态石墨的"石墨化"过程也是一个由非晶向晶体转变的过程，其结晶度的计算我们用"石墨化程度"来表达。理想石墨的晶体结构为六方紧密排列，点阵常数 $a = 0.246\,1$ nm，$c = 0.670\,8$ nm。但自然界存在的各种天然石墨由于其晶体结构中存在较多缺陷，点阵参数与理想石墨的相比也会有差别。而实际应用中的大量碳素材料多为人工制造，其石墨化程度受制造工艺和原材料的影响更大，作为特殊用途的碳素材料必须使其石墨化程度达到一定值，才能保证材料具有最佳的使用性能。因此，作为产品质量控制的手段和调整制造工艺参数的依据，石墨化程度的测试是十分必要且不可缺少的。X 射线衍射作为精确测定物质晶体结构参数的重要手段，是测定石墨化程度最有效的方法。

所谓石墨化程度是指碳原子形成六方紧密排列石墨晶体结构的程度，其晶格尺寸愈接近理想石墨的点阵参数，石墨化程度就愈高。人造碳素材料(如电极石墨、炭/炭复合材料等)通常是将含碳物质(如沥青、炭黑、甲烷气、丙烷气等)先炭化处理后，再通过高温热处理使其逐步石墨化。这些炭化的材料都是非晶物质，石墨化的过程就是非晶炭逐步晶化以及由不完整结晶逐步向高结晶度转变的过程。因此，碳晶体的点阵参数可直接用来表征其石墨化程度。富兰克林推导出人造石墨材料的晶格常数与石墨化度的关系式为

$$G = \frac{(0.344\,0 - c_0/2)}{0.008\,6} \times 100\% \tag{10-11}$$

式中，G 为石墨化程度，%；c_0 为六方晶系石墨 c 轴的点阵常数，nm。

由该式可见，测定石墨化程度的本质是精确测定石墨的 c_0 值。当 $c_0 = 0.678\,0$ nm 时，$G = 100\%$；当 $c_0 = 0.688\,0$ nm 时，$G = 0\%$。在实际应用中，一般选择碳的(002)、(004)衍射峰，测定其晶面间距 d 代入公式，可计算得到样品的石墨化程度 G。根据点阵常数测定的一般原则，应选用角度尽可能高的衍射线，对碳素材料而言，选用 $C_{(004)}$ 比选用 $C_{(002)}$ 好。但是，当石墨化程度较低时，或者碳微晶晶粒很小时，$C_{(004)}$ 衍射线强度很低，此时应该选用强度很高的 $C_{(002)}$ 衍射线。此外，为消除测量误差，必须采用经处理的高纯 Si 粉作内标，来校正石墨衍射线的峰位。

5. 小角 X 射线衍射

小角 X 射线衍射主要用于一些纳米周期性结构的测试，包括纳米多层膜材料、介孔材料和黏土插层材料的结构分析。

(1) 纳米多层膜

纳米多层膜材料通常是通过两薄膜材料反复重叠来制备的，薄膜的厚度就是薄膜的调制周期，周期良好的调制界面相当于晶体的晶面，当 X 射线入射时，如果满足 Bragg 公式的条件就会产生衍射，形成明锐的衍射峰。由于多层膜的调制周期比结晶化合物的最大晶面间距大得多，因此只能在低角度范围($2\theta < 10°$)内观察得到，并且一般只有小周期多层膜调制界面产生的 XRD 衍射峰可以在小角范围内观察得到，而大周期多层膜因其衍射角度更小而无法观察。图 10-14 是纳米 AlN/TiN 多层膜材料的小角 XRD 谱图。

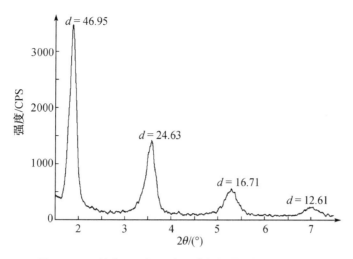

图 10 - 14　纳米 AlN/TiN 多层膜材料的小角 XRD 谱图

（2）介孔材料

介孔材料是一类孔径大小在 2～50 nm 内具有有序孔道结构的材料，其骨架虽然是由无定形氧化硅构成，但其孔道具有周期性排列规则，因此同样可以借助 X 射线衍射给出关于介孔结构的周期性信息。由于介孔阵列的周期常数处于纳米量级，其晶胞参数相对于普通晶体而言非常大，因此其主要的几个衍射峰都出现在低角度范围（$2\theta < 10°$）。对于六方、立方和层状等介孔材料的周期性孔道结构，XRD 谱图上均有相应的不同衍射峰，如图 10 - 15 所示为二维六方介孔 MCM - 41 的小角 XRD 谱图。根据衍射峰的出峰位置 2θ，利用布拉格公式可以计算出晶面间距 d，再根据晶面指数与晶面间距的关系可计算晶胞参数，并由此确定孔道中心之间的距离。

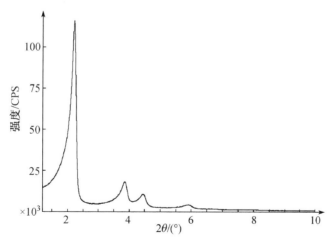

图 10 - 15　介孔材料 MCM - 41 的小角 XRD 谱图

（3）黏土插层材料

黏土是一种具有层状结构的复合氧化物，借助插层法将一层或多层有机分子或聚合物插入层状无机物形成的有机/无机复合材料，改性后的材料能够获得许多功能特性。插入层间的各种修饰物质将会改变黏土的层间距，由于层间距的扩大将使其特征衍射峰向小角方向移动。图 10 - 16 是蒙脱土（MMT）插层材料的 XRD 谱图，改性后的蒙脱土层间距扩大到 2.37 nm。

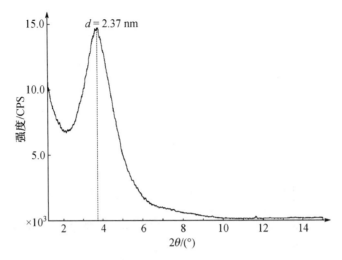

图 10-16　蒙脱土(MMT)插层材料的 XRD 谱图

10.3　X 射线荧光光谱

10.3.1　分析原理

　　原子由原子核和核外电子组成,原子核由带正电的质子和不带电的中子组成,核外电子分布在一定的轨道上。一个电子所具有的能量取决于它所属的元素及所处的壳层。X 射线荧光的基本原理为:当采用能量足够高的 X 光子和电子等粒子束辐照原子时,就会从原子中逐出内层电子(图 10-17),该电子摆脱原子核的束缚,逃出原子并处于"激发"态。外层电子填充了该电离电子的空穴,并将多余的能量以 X 射线光子形式释放出来。

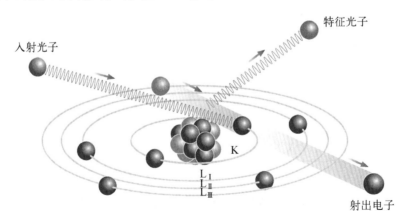

图 10-17　X 射线荧光的原理示意图

　　所发射的这种 X 射线的能量取决于壳层空位与外层电子轨道间的能量差。每个原子的能量是一定的,所以发射出的特征谱线也是一定的,由于可以由不同的外层电子来填补内层的空位,所以每个原子的特征谱线不止一条。这些谱线是该元素的特征,可视为该元素的指纹图。

X 射线荧光光谱仪主要分为能量色散（EDXRF）和波长色散（WDXRF）两种类型。EDXRF 可分析的元素范围从钠（Na）到铀（U），WDXRF 可分析从铍（Be）到铀（U）的范围更广的元素。浓度范围从亚 ppm 到 100%。通常重元素的检出限优于轻元素。

10.3.2　XRF 仪器

X 射线荧光光谱仪主要由激发源、样品系统和检测系统组成。图 10 - 18 为 EDXRF 与 WDXRF 光谱仪的结构示意图。两种仪器的区别主要在检测系统，EDXRF 的检测器主要测量来自样品的特征谱线的能量大小，根据谱线的能量可辨别样品中的不同元素。WDXRF 使用分光晶体来区分不同的能量，来自样品的所有辐射照射到晶体上，基于衍射作用将不同的谱线衍射到不同的方向，从而达到识别不同元素的目的。

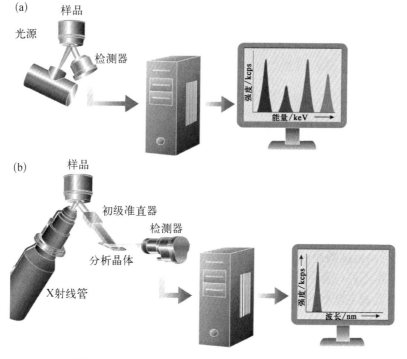

图 10 - 18　EDXRF 与 WDXRF 光谱仪的结构示意图

(a) EDXRF；(b) WDXRF

10.3.3　样品制备

由于光谱仪的灵敏度很高，X 射线荧光光谱仪的样品必须精心取样和处理，且所取的样品必须均匀一致。

（1）固体样品

固体样品的制备比较简单，一般通过清洗和抛光即可。由于金属暴露在空气中可能被氧化，分析前需打磨或抛光以除去氧化层。

（2）粉末样品

粉末样品可以放在薄膜上直接测定，或压片后测定。有的时候还可以加入一定的黏结剂处理样品后，再进行测量。或者在粉末样品加入溶剂处理成熔融的玻璃状样品后直接测量。

（3）液体样品

液体样品可以放置在有支撑膜的特制样品杯中，当样品量不够的时候需要加入适当的稀释剂。当测定液体样品时，需充满氦气后测量，可以确保样品不挥发，且谱线不被吸收。

10.3.4　样品分析方法

（1）定性分析

XRF 定性分析的依据是所测定的元素的峰位置，峰的位置代表存在哪些元素。一般来说，可以通过峰检索和峰匹配为样品中所测定的峰进行元素归属，峰匹配通常需要与标准谱图库对照确认相关的元素。

（2）定量分析

XRF 的定量分析主要是通过测定峰面积（EDXRF）或峰高（WDXRF）来进行计算，定量分析需要采用扣除背景后的净强度来进行计算。常用的定量分析方法是首先通过测量一个或多个标准样品来校准光谱仪来确定元素的浓度与荧光强度之间的关系，然后根据校准曲线来计算未知浓度的元素含量。

10.4　X 射线三维显微成像

10.4.1　分析原理

X 射线三维显微镜是一种新型的采用 X 射线 CT 成像原理进行的高分辨率三维成像设备。利用吸收衬度原理和相位传播衬度原理，可以对包括高原子序数和低原子序数在内的各种材料都能获得高衬度图像，并且无损伤地对样品进行三维组织表征，可获得样品的三维组织形貌及不同角度、不同位置的虚拟二维切片组织形貌信息。X 射线三维显微镜不需制样或只需简单制备，不需真空观察环境，不会引入人为缺陷。

10.4.2　X 射线三维显微镜仪器

X 射线三维显微镜主要由微焦点的 X 射线源、精密样品台、高分辨的光耦探测器和平板探测器组成。其具体结构见图 10-19。

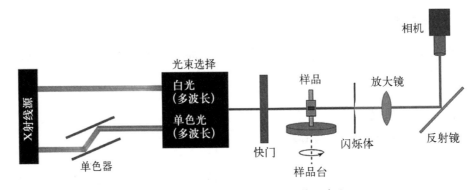

图 10-19　X 射线三维显微镜结构示意图

空间分辨率是 X 射线三维显微镜的主要成像指标,主要受到射线源焦点尺寸、平板探测器尺寸和几何放大倍数的限制。空间分辨率(R)可由如下公式计算得到:

$$R = \frac{1}{2} \frac{\{d^2 + [a(M-1)]^2\}^{\frac{1}{2}}}{2M} \qquad (10-12)$$

式中,d 为探测器像素尺寸;a 为射线源焦点尺寸;M 为系统的几何放大比。

X 射线三维显微镜在材料研究、生命科学、原材料以及制造和装配等领域均有广泛的应用。X 射线三维显微镜技术是一种无损的技术,可以观察到其余 2D 成像技术(如光学显微镜、扫描电镜以及原子力显微镜等)无法探测到的深层显微结构;可以利用成分衬度研究低原子序数或"近原子序数"元素及其他难辨识的材料;可为染色和未染色的组织及微观结构提供高分辨率和高衬度;其精准的 3D 成像可以辅助进行数字岩石模拟、基于实验室的衍射衬度断层扫描等;还可以对缺陷位置进行快速的定位和表征。

第11章 检验检测机构资质认定基础

在我国国民经济、科学研究、质量监督、检验检疫、商品流通等众多领域中,分布着各种各样的检测实验室或检测机构,它们的基本工作是依靠仪器设备,利用各种通用或专门的检测方法,对样品进行检测,提供准确的检测数据,其工作的核心就是进行公正、科学、准确和优质的技术服务。在检测技术服务中仪器设备和实验方法显然都是非常重要的,比如化学相关的检测实验室中各类分析仪器和各种仪器分析方法是不可缺少的要素。因此,在各种版本的《仪器分析》教材及其教学中,各类仪器分析方法,包括分析仪器都是重要的,甚至是全部的内容。但是,要达到"提供准确的检测数据"的目的,测试仅考虑分析仪器和分析方法还是远远不够的。完整的样品检测过程包括很多要素,比如人员、设施与环境、检测方法、仪器与标准物质、检测过程控制、检测结果报告等,全方位地掌握和控制这些要素是优质地完成检测工作的基本保障。

认证,是指由国家认可的认证机构证明一个组织的产品、服务、管理体系符合相关标准、技术规范(TS)或其强制性要求的合格评定活动。对检测实验室进行认证就是对其各种条件和行为进行规范,真正达到"提供准确的检测数据"的目的。目前在我国以提供专业的检测服务为目标的检测实验室主要包括国有检测实验室、外资检测实验室和民间第三方检测实验室。这些实验室中形形色色的认证非常多,但具有广泛影响的权威的认证资格证书只有几种,主要包括检验检测机构资质认定(CMA)、实验室认可(CNAS)、食品检验机构资质认定(CMAF)等。

本章将主要针对检验检测机构资质认定(CMA),介绍相关的基础知识,阐述影响检测过程和结果的一些要素,使读者学习和了解检测过程进行规范和监管的重要性。

11.1 资质认定基本概念

11.1.1 资质认定

根据国家市场监督管理总局发布的《检验检测机构资质认定管理办法》(2015年4月9日国家质量监督检验检疫总局令第163号首次公布;根据2021年国家市场监督管理总局令第38号《国家市场监督管理总局关于废止和修改部分规章的决定》修改)中的定义,资质认定是指市场监督管理部门依照法律、行政法规规定,对向社会出具具有证明作用的数据、结果的检验检测机构的基本条件和技术能力是否符合法定要求实施的评价许可。

检验检测机构是指依法成立,依据相关标准或者技术规范,利用仪器设备、环境设施等技术条件和专业技能,对产品或者法律法规规定的特定对象进行检验检测的专业技术组织。检验检测机构资质认定标志由 China Inspection Body and Laboratory Mandatory Approval 的英文缩写 CMA 形成的图案和资质认定证书编号组成。取得 CMA 合格证书的检验机构,按证书附表所限定的检验检测能力附表的项目开展服务,并在检验报告上使用 CMA 标志。图 11-1 就是检验检测机构资质认定证书的样例。

随着国民经济的飞速发展,产品的质量安全问题日益备受政府、社会和广大消费者的关注,检验检测机构在提供公正数据的过程中发挥着越来越重要的作用,获得检验检测机构资质认定,已成为国内社会公认的评价检测机构的重要标志,在产品检验和检测等领域,获得检验检测机构资质认定已列为检验市场准入的必要条件,检验检测机构资质认定这项技术考核工作也被社会各界与用户所接受和认可。截至 2022 年年底,我国认证机构和检验检测机构数量突破 5.4 万家。取得资质认定的检验检测机构,在为社会提供科学准确可靠的公正数据同时,保证了各方的正当利益,为提高产品质量水平、全民质量意识、国家经济建设中作出了重要的贡献。

图 11-1　检验检测机构资质认定证书

1. 资质认定的法律地位

在 2021 年国家市场监督管理总局令第 38 号文件(下文简称"38 号令")中明确规定,检验检测机构资质认定管理办法是根据《中华人民共和国计量法》及其实施细则、《中华人民共和国认证认可条例》等法律、行政法规的规定来制订的。

国家市场监督管理总局(以下简称市场监管总局)主管全国检验检测机构资质认定工作,并负责检验检测机构资质认定的统一管理、组织实施、综合协调工作。省级市场监督管理部门负责本行政区域内检验检测机构的资质认定工作。市场监管总局依据国家有关法律法规和标准、技术规范的规定,制定检验检测机构资质认定基本规范、评审准则以及资质认定证书和标志的式样,并予以公布。

另外,38 号令也明确指出,为司法机关作出的裁决出具具有证明作用的数据、结果的;为行政机关作出的行政决定出具具有证明作用的数据、结果的;为仲裁机构作出的仲裁决定出具具有证明作用的数据、结果的;为社会经济、公益活动出具具有证明作用的数据、结果的;其他法律法规规定应当取得资质认定的机构应当通过资质认定。因此,资质认定机构的检测数据和检测结果具有法律效力。

2. 我国检验检测机构资质认定的基本特点

为了落实国务院"放管服"改革的最新部署要求,进一步深化和推进检验检测机构资质认定改革,充分激发检验检测市场活力,一系列检验检测机构资质认定改革措施不断推出和实施,检验检测机构资质认定的审批效率显著提升,机构准入更加便捷,市场主体大幅增加,市场环境持续优化。明确资质认定事项实行清单管理的要求;规定"法律、行政法规规定应当取得资质认定的事项清单,由市场监管总局制定并公布,并根据法律、行政法规的调整实行动态管理",从制度层面明确依法界定并细化资质认定实施范围,逐步实现动态化管理。2021年开始在全国范围内推行检验检测机构资质认定告知承诺制,全面推行检验检测机构资质认定网上审批。在我国检验检测机构资质认定中,国务院有关部门以及相关行业主管部门依法成立的检验检测机构,其资质认定由市场监管总局负责组织实施;其他检验检测机构的资质认定,由其所在行政区域的省级市场监督管理部门负责组织实施。法律、行政法规规定应当取得资质认定的事项清单,由市场监管总局制定并公布,并根据法律、行政法规的调整实行动态管理。

检验检测机构申请资质认定,必须具备六个前提条件:(一)依法成立并能够承担相应法律责任的法人或者其他组织;(二)具有与其从事检验检测活动相适应的检验检测技术人员和管理人员;(三)具有固定的工作场所,工作环境满足检验检测要求;(四)具备从事检验检测活动所必需的检验检测设备设施;(五)具有并有效运行保证其检验检测活动独立、公正、科学、诚信的管理体系;(六)符合有关法律法规或者标准、技术规范规定的特殊要求。

3. 检验检测机构资质认定的评审

检验检测机构资质认定评审,是指国家认证认可监督管理委员会和省级质量技术监督部门依据有关法律法规和标准、技术规范的规定,对检验检测机构的基本条件和技术能力是否符合法定要求实施的评价许可。国家认证认可监督管理委员会和省级质量技术监督部门依据《中华人民共和国行政许可法》的有关规定,自行或者委托专业技术评价机构,组织评审人员,对检验检测机构的基本条件和技术能力是否符合《检验检测机构资质认定评审准则》和评审补充要求所进行的审查和考核。《检验检测机构资质认定评审准则》的发布和实施促进和保证了检验检测机构资质认定评审工作的客观公正、科学准确、统一规范、有利于检测资源共享。

11.1.2 计量学和资质认定的基本概念

分析化学学科的基本定义是发展和应用各种方法、仪器和策略,以获得有关物质在空间和时间方面组成和性质的一门科学。从科学和技术的角度看,该定义包括两个部分的内容,一是关于分析仪器和分析方法(包括策略),这正是目前主流的《仪器分析》教材所讲述的内容;二是关于测量的科学和技术,这一点往往被目前的《仪器分析》教材所忽视。实际上,从定义看分析化学就是关于测量的科学,而如何进行测量应该是本学科重要的组成部分。

计量学就是关于测量的科学,它包括测量理论、测量技术和测量实践等。其基本内容包括定义,法定计量单位,检定、校准和检测,计量器具的指标和特性,计量管理与监督,计量法律法规,测量误差、数据处理和测量不确定度的评定等。计量学与分析化学的区别主要体现在两点。一是它们的应用领域不同。计量学涉及的范围更广、更基础,比如质量、容量、密度、力值等基本物理量都是计量学研究的范畴。而分析化学所涉足的范围只有围绕重量和容量分析、光谱分析、色谱分析、电化学分析等相关物理和化学变量,它们往往是计量学所研究基本物理量的导出变量(参考11.2.1部分)。二是它们关注的侧重点不同。计量学研究的是测量的基础,关注如何进行测量来保证测量的可靠性。而分析化学更注重具体的分析技术,强调如何开发先进的仪器设备和分析方法解决复杂样品的检测难题。因此掌握计量学基础知识,对于更好地学习分析化学(仪器分析),尤其是学习和了解检测服务的全貌,更深入地理解资质认定具有重要的意义。下文就计量学和资质认定的一些基本概念作简单介绍。

(1)量:是指现象、物体或物质可定性区别和定量确定的属性。计量学中将可测量的量分为 11 类,分别是空间和时间的量,如长度、时间;周期有关的量;力学的量;热学的量;电学和磁学的量;光及有关电磁辐射的量;声学的量;物理化学和分子物理学的量;原子物理和核物理学的量;核反应和电离辐射的量;固体物理学的量。分析化学中使用的量往往也是这 11 类物理量。

(2)量值:一般由一个数乘以测量单位所表示的特定量的大小,如 5 米、0.1 摩尔。

(3)计量单位:为定量表示同种量的大小而约定地定义和采用的特定量。

(4)计量:实现单位统一、量值准确可靠的活动。

(5)计量的特点:准确性、统一性、溯源性、法制性。

(6)量值溯源;溯源性是指任何测量结果或计量标准的值,都能通过一条具有规定不确定度的不间断的比较链,使测量结果或测量标准的值能够与规定的参考标准,通常是与国家测量标准或国际测量标准联系起来的特性。

(7)测量不确定度:表征合理地赋予被测量之值的分散性,与测量结果相联系的参数。通俗说就是:由于测量误差的存在而对测得值不能肯定(或可疑)的程度。

(8)实验室间比对:按照预先规定的条件,有两个或两个以上实验室对相同或类似的被测样品进行检测/校准的组织、实施和评价。

(9)校准和检定:校准是指在规定条件下,为确定测量仪器或测量系统所指示的量值,或实物量具或参考物质所代替的量值,与对应的标准所复现的量值之间的一组操作;检定则是查明和确认计量器具是否符合法定要求的程序,它包括检查、加标记和出具检定证书。

(10)质量方针:由检验检测机构最高管理者正式发布的该组织的质量宗旨和质量方向。

(11)质量体系:为实施质量管理所需要的组织结构、程序、过程和资源。

(12)质量手册:阐明一个组织的质量方针并描述其质量体系的文件。

(13)管理评审:由最高管理者就质量方针和目标,对质量体系的现状和适应性进行的正式评价。

(14)最高管理者:检验检测机构的最高管理者应履行其对管理体系中的领导作用和承诺,包括负责管理体系的建立和有效运行;确保制定质量方针和质量目标;确保管理体系要求融入检验检测的全过程;确保管理体系所需的资源;确保管理体系实现其预期结果;满足相关法律法规要求和客户要求;提升客户满意度;运用过程方法建立管理体系和分析风险、机遇;组织质量管理体系的管理评审。

(15)技术负责人:检验检测机构的技术负责人应具有中级及以上相关专业技术职称或同等能力,全面负责技术运作;应指定关键管理人员的代理人。其职责和权力包括以下几点:

① 全面负责中心的技术工作,有权支配和使用为履行其职务所需的资源;

② 主持各种支持性文件的制定、批准和发布;

③ 了解国内外检测领域的发展,主持制定检测方法和检测方法的批准和发布;

④ 签发检测报告和检定报告以及其他具有法律效力的文件(如合同书、协议书等);

⑤ 制定专业人员的业务学习、技术培训计划和考核制度。

（16）质量负责人：质量负责人应确保质量管理体系得到实施和保持；应指定关键管理人员的代理人。其职责和权力包括以下几点：

① 负责管理体系文件的起草、审核和维护，协助组织《质量手册》的贯彻、执行、修订和补充；

② 全面负责对管理体系实施进行日常的监督、检查，保证管理体系得到全面地实施；

③ 按计划委派监督员对检测进行全过程监督，并向技术负责人报告；如有需要，可直接向最高管理者汇报工作；

④ 负责对检测质量争议和质量事故的处理，并向技术负责人报告处理结果；

⑤ 负责主持年度内部质量审核，验证管理体系运行的有效性及内审员管理工作；

⑥ 根据信息反馈纠正并建立管理体系的预防措施。

（17）授权签字人：检验检测机构的授权签字人应具有中级及以上相关专业技术职称或同等能力，并经资质认定部门批准。非授权签字人不得签发检验检测报告或证书。检测报告由授权签字人负责签发，在签发检测报告时，仅限于本人被授权领域，不得随意越权签发检测报告。授权签字人的职责和权力包括以下几点：

① 熟悉相应的检测管理程序及记录、报告的核查程序；

② 了解检测记录和结果的要求；

③ 评审检测记录和结果；

④ 了解和掌握中心申请的项目和检测能力；

⑤ 掌握本人签字领域内的检测标准；

⑥ 签发检测报告，对检测报告具有解释权；

⑦ 对检测结果具有批准权和否决权。

（18）内审员：经过培训及考核后，由实验室最高管理者任命内审员若干名，持证上岗，其职责和权力包括以下几点：

① 独立于被审核活动，参加审核的项目应与自己工作无直接关系；

② 协助质量负责人实施当年的内审工作计划，审核应涉及管理体系的各项要求；

③ 对审核中发现的问题，及时通知被审方，要求其在规定时间内实施整改并递交书面整改报告；

④ 有权建议停止有违质量文件的活动；

⑤ 对发现的问题和整改情况及时向质量负责人递交书面汇报。

（19）质量监督员：经过培训及考核后，由实验室最高管理者任命质量监督员若干名，持证上岗，质量监督员的职责和权力包括以下几点：

① 了解检测目的、熟悉检测方法和程序，掌握检测结果的评审，对所监督人员的作业实施检测全过程的监督；

② 配合质量负责人抓好检查和实验室间的能力验证和比对，发现问题及时采取纠正措施；

③ 参加对客户要求、标书和合同的评审；

④ 参加技术性事故和用户投诉和申诉的调查；

⑤ 对检测结果和数据的真实性、有效性负责；

⑥ 有权制止任何有违真实性、有效性的任何操作活动。

11.2　检验检测机构资质认定的基础知识

11.2.1　我国法定单位制

1. 国际单位制

由国际计量大会(CGPM)采纳和推荐的一种一贯单位制,国际通用符号为"SI"。国际单位制包括 SI 基本单位、SI 导出单位以及由 SI 词头与和以上单位构成的倍数单位。SI 基本单位包括 7 种单位,如表 11 - 1 所示。

表 11 - 1　国际单位制的基本单位

序　　号	量 的 名 称	单 位 名 称	单 位 符 号
1	长度	米	m
2	质量	千克(公斤)	kg
3	时间	秒	s
4	电流	安[培]	A
5	热力学温度	开[尔文]	K
6	物质的量	摩[尔]	mol
7	发光强度	坎[德拉]	cd

SI 导出单位是按照一贯制原则,通过比例因数为 1 的量,由 SI 基本单位导出的单位,导出单位是基本单位的组合,用基本单位幂的乘积表示。如速度单位 m/s 或 m·s^{-1} 是由长度和时间单位导出的;体积单位 m³ 是长度单位导出的。导出单位非常多,在此不一一介绍。

由 SI 词头与和以上单位构成的倍数单位是为了合理地表示十进制或分数单位,如纳米(nm)就是 10^{-9} 米,前面部分是词头,后面是 SI 单位,再如千克(kg)、毫秒(ms)等。SI 规定了 20 个词头,包括大于和小于 1 的各 10 个,参见表 11 - 2。

表 11 - 2　用于构成十进制倍数和分数单位的词头

因数	英文名称	中文名称	符号	因数	英文名称	中文名称	符号
10^{24}	yotta	尧[它]	Y	10^{-1}	deci	分	d
10^{21}	zetta	泽[它]	Z	10^{-2}	centi	厘	c
10^{18}	exa	艾[可萨]	E	10^{-3}	milli	毫	m
10^{15}	peta	拍[它]	P	10^{-6}	micro	微	μ

因数	英文名称	中文名称	符号	因数	英文名称	中文名称	符号
10^{12}	tera	太[拉]	T	10^{-9}	nano	纳[诺]	n
10^{9}	giga	吉[咖]	G	10^{-12}	pico	皮[可]	p
10^{6}	mega	兆	M	10^{-15}	femto	飞[母托]	f
10^{3}	kilo	千	k	10^{-18}	atto	阿[托]	a
10^{2}	hecto	百	h	10^{-21}	zepto	仄[普托]	z
10^{1}	deca	十	da	10^{-24}	yocto	幺[科托]	y

2. 我国法定计量单位

我国选定的是可与国际单位制单位并用的非国际单位制,即以国际单位制单位为基础,同时保留了少数其他计量单位。之所以选择部分其他计量单位是因为在日常生活和一些特殊领域存在一些广泛使用的重要的非 SI 单位。比如时间单位:分、(小)时、天(或日);平面角单位:秒、分、度;长度:海里;速度:节;质量:吨、原子质量单位;体积:升;能量:电子伏(特);面积:公顷等。

我国选定的虽然是非国际单位制,但是国家的法定计量单位,必须严格遵守。我国计量法中明确规定,国家实行法定计量单位制度。国务院于 1984 年 2 月 27 日发布《关于在我国统一实行法定计量单位的命令》,是统一我国单位制和量值的依据。

法定计量单位在使用中必须遵守其使用规则,主要包括以下几个方面。

(1) 单位名称

使用中文名称,用于叙述文字和口述中,不得用于公式、数据表、图等处;使用组合单位时,名称与符号顺序一致,"/"读"每",如 J/(mol·K),读焦耳每摩尔开尔文;使用乘方形式的时候,如 m^2、m^3、m^4,读作二次方米、三次方米、四次方米,其中 m^2、m^3 表示面积和体积时,读作平方米、立方米;$℃^{-1}$ 为每摄氏度,而 s^{-1} 为每秒。

(2) 单位符号

推荐使用单位符号(英文符号)。单位符号一般用正体小写字母,当用人名单位时,第一个字母要大写,如开尔文用 K。而升的符号可用 L。组合单位的书写如牛顿米为 N·m;米每秒为 m/s 或 m·s^{-1};瓦每开尔文米为 W/(K·m)。

(3) 词头的使用

词头的名称永远紧接单位名称,如 km^2 为平方千米,而不能是千平方米。

11.2.2　测量误差与数值修约

1. 测量误差

测量都存在误差,测量误差是指测量结果与被测量真值之间的差值,即

$$测量误差＝测量结果－真值 \tag{11-1}$$

真值是一定条件下,某量所体现的客观存在的真实数据,真值通常情况下无法获得,它是

理想值。因此常使用相对真值的概念,它是指用高一等级仪器计量的结果,或一系列测量结果的平均值。式(11-1)计算的误差也称为绝对误差,其单位与测量值和真值相同。相对误差是绝对误差除以真值,相对误差没有单位,它实际上是误差占真值的百分比,即

$$相对误差＝绝对误差／真值×100\% \tag{11-2}$$

按误差来源不同,误差分为系统误差和随机误差。

在重复性条件下,对同一被测量进行无限多次测量所得到结果的平均值与被测量真值之差,称为系统误差。系统误差是由方法本身的不完善造成的,不能通过测量去除或降低。在实际测量中难以实行"无限多次测量",所以只能进行有限次重复测量,这样获得的系统误差只是估计值,而非系统误差的真值。在测量实践中,测试的结果除了要提供被测量结果(比如含量)外,很多情况下要求提供测量结果的误差,此时常需进行测量不确定度评价(详见11.2.3部分)。

测量结果与在重复性条件下,对同一被测量进行无限多次测量所得到的平均值与被测量之差,称为随机误差。随机误差不是由某些确定的因素导致的,而是由不可预知的原因造成的,如环境的微小变化、仪器不定的变化等。随机误差具有对称性、有界性和单峰性等规律。对称性指绝对值相等、符合相反的正负误差出现的次数大致相等,即测量值围绕其算术平均值为中心对称分布,因此正负随机误差具有互相抵消的性质。在实际测量中多次重复测量再取平均值可以有效降低随机误差。有界性是指误差的绝对值有一定的界限,是可以估计的,常用标准偏差来估价随机误差的大小。单峰性是指绝对值小的误差比绝对值大的误差出现的概率高,因此测量值围绕其算术平均值为中心具有相对集中地分布。在分析化学中,很多测量结果都符合正态分布就体现了单峰性。

测量的目的是获得准确的测定结果,系统误差和随机误差是表征测量结果质量高低的重要指标,常见的评价指标如下。

(1)正确度:表征系统误差大小的程度。

(2)精密度:表征随机误差大小的程度。

(3)准确度:表征系统误差和随机误差综合大小的程度。

(4)不确定度:表示合理赋予被测量之值的分散性。

2. 数据处理与数值修约

测量数据通常都是近似数,所测量或计算后的数据需要进行数据处理,保留合理位数的数据。现行有效的国家标准 GB/T 8170—2008《数值修约规则与极限数值的表示和判定》规定了数据处理的规则。

在数据处理中,通过省略原数值的最后若干位数字,调整保留的末位数字,使最后所得到的值最接近原数值的过程称为数值修约。数值修约时应首先确定修约间隔,修约间隔系修约值的最小数值单位,修约间隔的数值一经确定,修约值即应为该数值的整数倍。例如指定修约间隔为 0.1,修约值即应在 0.1 的整数倍中选取,相当于将数值修约到一位小数,3.68 按 0.1 的修约间隔,修约为 3.7,末位数 7(实际为 0.7)就是修约间隔 0.1 的整数 7 倍。

数值修约规则如下:

(1)拟舍弃数字的最左一位数字小于 5 时,则舍去,即保留的各位数字不变。

例1:将 12.149 8 修约到一位小数(即修约间隔为 0.1),得 12.1。

例2:将 12.149 8 修约到"个"位(修约间隔为 1),得 12。

(2)拟舍弃数字的最左一位数字大于 5;或者是 5,而其后跟有并非全部为 0 的数字时,则

进一,即保留的末位数字加 1。

例:将 1 268 修约到"百"数位(修约间隔为 100),得 1 300。

(3) 拟舍弃数字的最左一位数字为 5,而右面无数字或皆为 0 时,若所保留的末位数字为奇数(1,3,5,7,9)则进一,为偶数(2,4,6,8,0)则舍弃。

例:修约间隔为 0.1,拟修约数值 1.050,修约值为 1.0;拟修约数值 1.150,修约值为 1.2。

(4) 负数修约时,先将它的绝对值按上述规定进行修约,然后在修约值前面加上负号。

(5) 不许连续修约,即拟修约数字应在确定修约位数后一次修约获得结果,而不得多次对修约后数据再修约。不过在具体实施中,有时测试与计算部门先将获得数值按指定的修约位数多一位或几位报出,而后由其他部门判定。为避免产生连续修约的错误,这种修约具有严格规定,须按相关要求严格执行。

(6) 0.5 单位修约和 0.2 单位修约

有需要时,可采用 0.5 单位修约或 0.2 单位修约。

0.5 单位修约:将拟修约数值 X 乘以 2,按指定数位依上述规则对 2X 修约,所得数值再除以 2。

0.2 单位修约:将拟修约数值乘以 5,按指定数位依上述规则对 5X 修约,所得数值再除以 5。

上述数值修约规则看似比较复杂,不易记忆,但可以简单地总结为:四舍六入五成双,其中的"五"指的是严格的 5,其后无数字或皆为 0,否则视为"六"。

数据修约需要事先确定修约间隔,修约间隔的确定要考虑测量器具的精度。在分析化学中,常见测量器具测量物理量的精度为(小数点后位数):质量 4 位;容积 2 位;pH 2 位;电位 4 位;吸光度 3 位。

一个测试过程往往包括多个测量,测试服务提供的最后数据也通常是多个测量数据综合运算后的结果,各个测量量的误差会累积(误差传递)到最后的数据中。误差传递具有如下规律:

(1) 若运算结果(R)与直接测量量(A、B、C)是加减关系,则

$$\Delta R = \Delta A + \Delta B + \Delta C \qquad (11-3)$$

结果 R 的可疑数字应以各数中绝对误差最大(小数点后位数最少)的为标准。

(2) 若所得结果(R)与直接测得值(A、B、C)是乘除关系,则

$$\Delta R/R = \Delta A/A + \Delta B/B + \Delta C/C \qquad (11-4)$$

运算结果以有效位数最少的为标准。

11.2.3 测量不确定度评定

1. 测量不确定度

测量不确定度是表征合理地赋予被测量之值的分散性,与测量结果相联系的参数。通俗说就是:由于测量误差的存在而对测得值不能肯定(或可疑)的程度,比如检测报告给出的某被测组分含量为(1.55 ± 0.04)mg/L;$k=2$,其报出含量结果为 1.55,不确定度为 0.04,它表达了报出结果不能肯定的程度,为 ± 0.04。其中的 k 是容量因子,详见下文。不确定度可以表述为标准差或标准差的倍数,也可以是置信区间的半宽度。GB/T 27418—2017《测量不确定

度评定和表示》规定了测量不确定度评定的具体方法。

测量不确定度与误差具有密切的联系,但它们之间具有本质的区别。误差是测量值与测量真值之差,是以真值为中心;测量不确定度是以估计值(即测量值)为中心,表征测量不确定度(即不能肯定的程度)所具有的范围。误差按随机误差、系统误差进行分类,精度分析与评价是从误差源和性质开始的,并可采取一定的措施减少或消除误差对测量结果的影响;而测量不确定度是按对测量结果质量的评价方法(包括 A 类和 B 类评价方法)进行的,它不关心不确定度的来源和性质,仅关心对测量结果质量的评价,从而简化了分类,便于评价与计算。

最终报出结果的测量不确定度通常是由多个检测部分产生的测量不确定度分量综合在一起而得,称为合成不确定度。测量不确定度分量按评定方法的不同分为两类:A 类不确定度和 B 类不确定度。A 类不确定度,指用统计学方法评定的不确定度分量,B 类不确定度指用非统计学方法评定的分量。

(1) A 类不确定度评定

对可以重复测量的量可以采用统计学方法,通过计算平均值和标准偏差进行 A 类不确定度评定。

对某量 x_i 作 n_i 次独立重复测量,得到的测量结果为 x_{ik},($k=1, 2, \cdots, n_i$),则其最佳估计值(平均值)为

$$\overline{x_i} = \frac{\sum_{k=1}^{n_i} x_{ik}}{n_i} \tag{11-5}$$

单次测量的标准不确定度 u 用标准偏差 s 来表述,为

$$u(x_{ik}) = s(x_{ik}) = \sqrt{\frac{\sum_{k=1}^{n_i}(x_{ik}-\overline{x_i})^2}{n_i-1}} \tag{11-6}$$

估计值 $\overline{x_i}$ 的标准不确定度为

$$u(\overline{x_i}) = s(x_i) = \frac{s(x_{ik})}{\sqrt{n_i}} \tag{11-7}$$

$u(x_{ik})$ 和 $u(\overline{x_i})$ 称为标准不确定度,区别于后面将介绍的扩展不确定度。

当实际实验中采用单次测量的测得值,其标准不确定度应该用上述 $u(x_{ik})$,如果采用 m 个平行样进行测量,取它们的平均值,则相应的标准不确定度应采用式(11-7)进行计算,用 m 替换 n_i(一般 $m \leqslant n_i$)。

(2) B 类不确定度评定

在实际实验中,很多不确定度分量不能用 A 类评定,比如标样的影响、环境温度的影响等等。这时需要 B 类不确定度评定。B 类不确定度评定尽量采用各种可能获得的信息,常用的信息源有:

① 以前的观测数据;

② 对有关技术资料和测量器具特性的了解和经验;

③ 生产部门提供的技术资料;

④ 校准或检定证书,及其他文件提供的数据;

⑤ 手册或其他相关资料提供的参考数据；

⑥ 规定实验方法的国家标准或类似技术文件中给出的重复性限。

标准样品是检测实验室经常用到的，如果购买的标准样品是"有证的"，即有检定证书，可以利用检定证书上给出的不确定度进行 B 类不确定度评定。天平是实验室常用仪器设备，它属于强制检定的仪器，因此从天平的检定证书上提供的数据也可以评定由天平产生的不确定度，属于 B 类不确定度评定。

若检定证书给出 x_i 的扩展不确定度 $U(x_i)$ 和包含因子 k（参见后面的介绍），则 x_i 的标准不确定度为

$$u(x_i) = U(x_i)/k \qquad (11-8)$$

式中的 u 就是利用所提供的不确定度（如标准物质和天平的检定证书）所评定分量的 B 类不确定度。

B 类不确定度虽是采用非统计学方法进行评定，但也是根据有关信息，通过一个假定的概率密度函数计算基于事件发生的可信程度，来确定不确定度分量。如果已知信息表明测量量 x 之值的分散区间的半宽度为 a，且落至 $[x-a, x+a]$ 区间的概率为 100%，即全部落在此范围中，则可通过对其分布的估计，得出标准不确定度，$u(x) = a/k$，其中的 k 由表 11-3 查得。

表 11-3　常见分布的 k 与 u 的关系

分　布	概率%	k 值	分　布	概率%	k 值
两　点	100	1	梯　形	100	2
反正弦	100	$\sqrt{2}$	三　角	100	$\sqrt{6}$
矩　形	100	$\sqrt{3}$	正　态	99.73	3

比如配制标准溶液时，温度与容量瓶校准时温度的 20℃ 相比，温度波动范围约为 ±4℃，温度波动导致水溶液体积误差为 $\pm4 \times 2.1 \times 10^{-4} \times 50 = \pm0.042$ mL，其中 2.1×10^{-4} 是水的膨胀系数，50 是指配制标准溶液的体积数。考虑到温度波动范围一定是 ±4℃，同时假定其为矩形分布，因此温度产生的标准不确定度为 $u = 0.042/\sqrt{3} = 0.0242$ mL，取 $u = 0.03$ mL。

2. 测量不确定度评定内容和方法

测量不确定度评定过程主要包括如下内容：

① 概述，测量原理、内容和依据的描述；

② 建立数学(测量)模型；

③ 计算方差及灵敏度系数；

④ 影响量(输入量)的标准不确定度的评定；

⑤ 被测量(输出量)的合成不确定度的评定；

⑥ 扩展不确定度的评定；

⑦ 测量不确定度的报告与表示。

具体步骤：

(1) 明确被测量，简述被测量的定义以及测量方案和测量过程；

(2) 画出测量系统方框示意图；

(3) 给出评定测量不确定度的数学模型，即被测量 Y 与各输入量之间的函数关系，若 Y 的

测量结果为 y，输入量 X_i 的估计值为 x_i，则

$$y = f(x_i, x_2, \cdots, x_N)$$

（4）根据数学模型列出各不确定度分量的来源（即输入量 x_i），尽可能做到不遗漏、不重复，如测量结果是修正后的结果应考虑由修正值所引入的不确定度分量。

（5）评定各输入量的标准不确定度 $u(x_i)$，并通过由数学模型得到的灵敏系数 $c_i\left(c_i = \dfrac{\partial y}{\partial x_i}\right)$，进而给出各输入量对应的标准不确定度分量 $u_i(y)$。如扩展不确定度用 U_p（如 $U_{0.95}$）表示，则应估算对应于各输入量标准不确定度的自由度 v_i，根据 x_i 的实际情况可以选择 A 类或 B 类评定得到其 $u(x_i)$。

（6）合成不确定度的计算

$$u_c(y) = \sqrt{\sum_{i=1}^{N}\left(\frac{\partial f}{\partial x_i}\right)^2 u^2(x_i) + 2\sum_{i=1}^{N-1}\sum_{j=1}^{N}\frac{\partial f}{\partial x_i}\cdot\frac{\partial f}{\partial x_j}\cdot r(x_i x_j)\cdot u(x_i)\cdot u(x_j)}$$

$$(11-9)$$

式中 x_i 为输入量，$i \neq j$；$r(x_i, x_j)$ 为输入量 x_i 和 x_j 之间的相关系数估计值。实际工作中，若各输入量之间均不相关，或虽有部分输入量相关，但其相关系数较小而近似为 $r(x_i, x_j) = 0$，于是可简化为

$$u_c(y) = \sqrt{\sum_{i=1}^{N}\left(\frac{\partial f}{\partial x_i}\right)^2 u^2(x_i)} = \sqrt{\sum c_i^2 u^2(x_i)}$$

$$c_i = \frac{\partial y}{\partial x_i}$$

$$(11-10)$$

（7）不确定度分量汇总

输入量 X_i	估计值 x_i	标准不确定度 $u(x_i)$	概率分布	灵敏系数 c_i	不确定度分量 $c_i u(x_i)$
输出量 Y					合成不确定度 $u_c(y)$

（8）扩展不确定度的确定

可用下列两种方法之一给出扩展不确定度 U：

① $U = k u_c$，一般取 $k = 2$ 或 3，分别对应 95.5% 和 99.7% 的置信概率；

② $U_p = k_p \cdot u_c = t_p(v_{\text{eff}}) u_c$，$t_p(v_{\text{eff}})$ 由查 t 分布表获得，一般取 $t_{0.95}(v_{\text{eff}})$ 对应 95% 的置信概率。

3. 测量不确定度评定举例

ICP－AES 测定固体粉末中 Zn 含量的不确定度评定

1　概述

1.1　检测依据　JY/T 015—2021《感耦等离子体原子发射光谱方法通则》

JJF 1135—2005《化学分析测量不确定度评定》

1.2　温度:室温;相对湿度:≤70%

1.3　仪器设备　电感耦合等离子体发射光谱仪(ICP - AES 710ES)

1.4　被测对象　固体粉末(试样 2)中 Zn 元素的含量

2　实验方法和步骤

2.1　锌标准水溶液系列标样的配制

以购得的国家标准样品单元素锌分析标准物质;锌标准值 1 000 mg/L,介质为浓度为 1.0 mol/L 的硝酸溶液,相对扩展不确定度为 0.7%($k=2$)。系列标准溶液为 1.0 mg/L、0.2 mg/L、0.1 mg/L 和 0.05 mg/L,以 0.5% 的硝酸溶液定容。

2.2　样品

样品为白色粉末,采用 4 mL HNO₃ - 0.5 mL H₂O₂ 混合溶液在一定条件下进行微波消解处理。消解完全后,冷却定容至 50 mL,待测。

2.3　样品分析

在标准方法中按 0、0.05 mg/L、0.1 mg/L、0.2 mg/L 和 1.0 mg/L 的溶液依次进样,得到标准曲线。再对处理好的样品直接进样,得到分析结果。

3　数学模型

根据测量原理建立以下数学模型:$w = \dfrac{C \times V}{m}$

式中,w 为试样中的锌元素的含量,mg/kg;C 为样品溶液中的锌元素的浓度值,mg/L;V 为样品溶液的定容体积,mL;m 取样质量,g。

4　测定不确定度的来源

从测量方法和数学模型可以看出,检测主要步骤包括样品的称量与消解,标准样品的配置,曲线的拟合,仪器的分析等方面,因此,主要从以下几个方面来考虑测量的不确定度。

4.1　样品称量引入的不确定度 $u(m)$

4.2　由于样品溶液定容误差引入的不确定度 $u_d(V)$

4.3　求得样品溶液浓度时引入的不确定度,包括标准溶液的配置 $u_B(V)$

4.4　线性曲线拟合带来的不确定度 $u_{ni}(C)$

4.5　测量重复性引起的不确定度 $u_r(r)$

5　结果与测量不确定度的计算

5.1　样品称量引起的相对不确定度 $u_{rel}(m)$

5.1.1　天平称量引入的相对不确定度 $u_{1 \cdot rel}(m)$

使用的天平经校准,根据仪器检定证书,天平称量允许最大误差为 0.000 5 g,按实际称样量(约 0.3 g)和均匀分布进行 B 类评定,则:

$$u_{1 \cdot rel}(m) = \frac{0.000 5}{\sqrt{3} \times 0.3} = 9.62 \times 10^{-4}$$

5.1.2　天平称量重复性引入的相对不确定度 $u_{2 \cdot rel}(m)$

按《CNAS - GL006 化学分析中不确定度的评估指南》得到分析天平的重复性约为最后一位有效数字的 0.5 倍,分析天平的最后一位有效数字为 0.1 mg,所以天平称量重复性引入的相对不确定度 $u_{2 \cdot rel}(m)$:

$$u_{2 \cdot rel}(m) = \frac{0.5 \times 0.000\,1}{0.3} = 1.67 \times 10^{-4}$$

对样品称量引起的相对不确定度的分量的合成,得:

$$u_{rel}(m) = \sqrt{u_{1 \cdot rel}^2(m) + u_{2 \cdot rel}^2(m)} = 9.76 \times 10^{-4}$$

5.2　样品溶液定容误差引入的相对不确定度 $u_{d \cdot rel}(V)$

5.2.1　由于容量瓶定容体积的相对不确定度 $u_{d1 \cdot rel}(V)$

根据《JJG196—2006 常用玻璃量器检定规程》中的规定,A 级 50 mL 单标线的移液管容量允许误差为上 0.05 mL,按照均匀分布进行 B 类评定,$k = \sqrt{3}$,则由于单标线的移液管容量允许误差而导致的定容体积的相对不确定度 $u_{d1 \cdot rel}(V)$ 为

$$u_{d1 \cdot rel}(V) = \frac{0.05}{\sqrt{3} \times 50} = 5.77 \times 10^{-4}$$

5.2.2　由于温度影响引起的相对不确定度 $u_{d2 \cdot rel}(V)$

室内温差按 $\pm 5℃$ 计算。仅考虑水的膨胀,其膨胀系数为 $2.1 \times 10^{-4}/℃$,且均匀分布,则由于温度影响引起的 50 mL 容量瓶的体积的相对不确定度 $u_{d2 \cdot rel}(V)$ 为

$$u_{d2 \cdot rel}(V) = \frac{50 \times 2.1 \times 10^{-4} \times 5}{\sqrt{3} \times 50} = 6.06 \times 10^{-4}$$

5.2.3　人员读数引起的相对不确定度 $u_{d3 \cdot rel}(V)$

实际使用体积容器允许有 1% 的读数误差,假设为三角分布,则由读数引起的相对不确定度为

$$u_{d3 \cdot rel}(V) = \frac{0.01 \times 50}{\sqrt{6} \times 50} = 4.08 \times 10^{-3}$$

则样品溶液定容带来的相对不确定为

$$u_{d \cdot rel}(V) = \sqrt{[u_{d1 \cdot rel}^2(V) + u_{d2 \cdot rel}^2(V) + u_{d3 \cdot rel}^2(V)] \times 4} = 8.33 \times 10^{-3}$$

5.3　标准溶液的配制引入的相对不确定度 $u_{B \cdot rel}(V)$

5.3.1　由于标样自身带来的相对不确定度 $u_{B1 \cdot rel}(C_0)$

标样自身带来的相对不确定度。在标样证书中已给出:$U = 0.7\%$,$k = 2$,则

$$u_{B1 \cdot rel}(C_0) = \frac{0.7\%}{2} = 3.5 \times 10^{-3}$$

5.3.2　由于移液管和容量瓶定容体积的相对不确定度 $u_{B2 \cdot rel}(V)$

同样,在 JJG196—2006 中规定 A 级 5 mL 单标线的移液管容量允许误差为 ± 0.015 mL,按照均匀分布进行 B 类评定,$k = \sqrt{3}$,则由于单标线的移液管容量允许误差而导致的定容体积的相对不确定度 $u_{B2a \cdot rel}(V)$ 为

$$u_{B2a \cdot rel}(V) = \frac{0.015}{\sqrt{3} \times 5} = 1.73 \times 10^{-3}$$

而由 50 mL、100 mL 容量瓶容量和 10 mL 的移液管导致的相对不确定度 $u_{\mathrm{B2b \cdot rel}}(V)$、$u_{\mathrm{B2c \cdot rel}}(V)$ 和 $u_{\mathrm{B2d \cdot rel}}(V)$ 分别为

$$u_{\mathrm{B2b \cdot rel}}(V) = \frac{0.05}{\sqrt{3} \times 50} = 5.77 \times 10^{-4}$$

$$u_{\mathrm{B2c \cdot rel}}(V) = \frac{0.10}{\sqrt{3} \times 100} = 5.77 \times 10^{-4}$$

$$u_{\mathrm{B2d \cdot rel}}(V) = \frac{0.02}{\sqrt{3} \times 10} = 1.15 \times 10^{-3}$$

对移液管和容量瓶体积引入的相对不确定度 $u_{\mathrm{B2 \cdot rel}}(V)$ 为

$$u_{\mathrm{B2 \cdot rel}}(V) = \sqrt{5 \times u_{\mathrm{B2a \cdot rel}}^{2}(V) + 5 \times u_{\mathrm{B2b \cdot rel}}^{2}(V) + u_{\mathrm{B2c \cdot rel}}^{2}(V) + u_{\mathrm{B2d \cdot rel}}^{2}(V)} = 4.28 \times 10^{-3}$$

5.3.3　温度影响引起相对不确定度 $u_{\mathrm{B3 \cdot rel}}(V)$

由温度影响引起的相对不确定度同 5.2.2。室内温差按 ±5℃ 计算,水的膨胀系数为 $2.1 \times 10^{-4}/℃$,按均匀分布,则由于温度影响引起的 5 mL 移液管的相对不确定度分别为

$$u_{\mathrm{B3a \cdot rel}}(V) = \frac{5 \times 2.1 \times 10^{-4} \times 5}{\sqrt{3} \times 5} = 6.06 \times 10^{-4}$$

用同样方法计算 10 mL 移液管以及 50 mL、100 mL 容量瓶的相对不确定度,对温度影响引起的容量瓶和移液管的相对不确定度的分量进行合成,得:

$$u_{\mathrm{B3 \cdot rel}}(V) = \sqrt{5 \times u_{\mathrm{B3a \cdot rel}}^{2}(V) + 5 \times u_{\mathrm{B3b \cdot rel}}^{2}(V) + u_{\mathrm{B3c \cdot rel}}^{2}(V) + u_{\mathrm{B3d \cdot rel}}^{2}(V)} = 2.10 \times 10^{-3}$$

5.3.4　人员读数引起的相对不确定度 $u_{\mathrm{B4 \cdot rel}}(V)$

实际使用体积容器允许有 1% 的读数误差,假设为三角分布,则由读数引起的相对不确定度为

$$u_{\mathrm{B4abcd \cdot rel}}(V) = \frac{0.01 \times V}{\sqrt{6} \times V} = 4.08 \times 10^{-3}$$

读数次数为 12 次,则人员读数引起的相对不确定度合成为

$$u_{\mathrm{B4 \cdot rel}}(V) = \sqrt{12 \times u_{\mathrm{B4abcd \cdot rel}}^{2}(V)} = 1.41 \times 10^{-2}$$

则标准溶液配制带来的相对不确定度为

$$u_{\mathrm{B \cdot rel}}(V) = \sqrt{u_{\mathrm{B1 \cdot rel}}^{2}(V) + u_{\mathrm{B2 \cdot rel}}^{2}(V) + u_{\mathrm{B3 \cdot rel}}^{2}(V) + u_{\mathrm{B4 \cdot rel}}^{2}(V)} = 1.52 \times 10^{-2}$$

5.4　线性曲线拟合带来的相对不确定度 $u_{\mathrm{ni \cdot rel}}(C)$

以其中一个样品为例 ($m = 0.2698\,\mathrm{g}$),按实验方法对消解溶液测量 7 次,每个校准曲线溶液点测量 3 次,由拟合曲线求 C 时产生的标准不确定度 $u_{\mathrm{ni}}(C)$ 按以下公式计算:

$$u_{\mathrm{ni}}(C) = \frac{S}{b} \cdot \sqrt{\frac{1}{p} + \frac{1}{n} + \frac{(C - \overline{C})^{2}}{\sum_{i=1}^{n}(C_{i} - \overline{C})^{2}}}$$

其中 $S = \sqrt{\dfrac{\sum\limits_{i=1}^{n}\left[Y_i - (bX_i + a)\right]^2}{n-2}}$;　$\overline{C} = \dfrac{\sum\limits_{i=1}^{n} C_i}{n}$

$u_2(C)$ ——从校准曲线求 C 时产生的不确定度；

S ——从校准曲线求得的 Y 与相应的 Y_i 测得值之差按贝塞尔公式求出的标准偏差；

P ——样品溶液的测定总次数（$P=7$）；

n ——标准溶液的测定总次数（$n=15$）；

a ——截距，$a = 24.5$；

b ——斜率，$b = 8\,320.3$；

$\overline{C}$ ——标准溶液中锌元素浓度的平均值，0.27 mg/L；

C_i ——标准溶液中锌元素浓度的测定值（即 X_i），mg/L；

C ——样品溶液中锌元素的浓度，0.145 6 mg/L；

Y_i ——标准溶液的光谱强度。

则，线性曲线拟合带来的相对标准不确定度 $u_{\text{ni·rel}}(C_0)$ 得：

$$u_{\text{ni·rel}}(C_0) = \frac{u_2(C_0)}{C_0} = 1.98 \times 10^{-5}$$

5.5　重复性检测引入的相对不确定度 $u_{\text{r·rel}}(r)$

测量样品的重复性带来的相对不确定度 $u_{\text{rel}}(w)$，称量样品 3 份（$m=3$），每次平行测定 7 次（$n=7$），

$$u_{\text{r·rel}}(w) = \frac{S}{w_i} = \frac{1}{w_i}\sqrt{\frac{\sum\limits_{i=1}^{n}\sum\limits_{j=1}^{m}(w_{ij} - \overline{w_i})^2}{m(n-1)}}$$

式中，w_{ij} 是第 i 个平行样，第 j 次测定值的数值，$\overline{w_i}$ 是三个平行样共 21 次测量结果的总体平均值，则：$u_{\text{r·rel}}(r) = \dfrac{S}{w_i} = \dfrac{0.453}{24.3} = 0.019\,6$。

6　锌含量测定的合成的相对不确定度

由样品称量、样品溶液定容、标准溶液的配制、线性曲线拟合以及测量重复性带来的不确定度如下表所示：

不 确 定 来 源	符　号	相对不确定度	合成相对不确定度
样品称量	$u(m)$	9.76×10^{-4}	
样品溶液定容	$u_{\text{d}}(V)$	8.33×10^{-3}	
标准溶液的配制	$u_{\text{B}}(V)$	1.52×10^{-2}	2.54×10^{-2}
线性曲线拟合	$u_{\text{ni}}(C)$	1.98×10^{-5}	
测量重复性	$u_{\text{r}}(r)$	1.96×10^{-2}	

$$u_{\text{rel}}(w) = \sqrt{u_{\text{rel}}^2(m) + u_{\text{d·rel}}^2(V) + u_{\text{B·rel}}^2(C_0) + u_{\text{ni·rel}}^2(C_0) + u_{\text{r·rel}}^2(r)}$$

$$= \sqrt{(9.76 \times 10^{-4})^2 + (8.33 \times 10^{-3})^2 + (1.52 \times 10^{-2})^2 + (1.98 \times 10^{-5})^2 + (1.96 \times 10^{-2})^2}$$

$$= 0.026\ 2$$

取包含因子 $k = 2$，则扩展不确定度为

$$U_{\text{Cu}} = u_{\text{rel}}(w) \cdot k \cdot \overline{w_i} = 1.27 \approx 1.3\ \text{mg/kg}$$

7 结论

采用 ICP - AES 法测定固体样品中锌的含量，当 $k = 2$，扩展不确定度为 1.3 mg/kg，测量结果表述为 $(24.3 \pm 1.3)\ \text{mg/kg}(k=2)$。

11.3 检验检测机构资质认定评审的基本内容和要求

检验检测机构资质认定评审按照《检验检测机构资质认定评审准则》(下文简称《评审准则》)的条文进行。《评审准则》包括总则、参考文件、术语和定义和评审要求共四章，本节将针对评审要求这部分，给出《评审准则》的详细条款，并对其中重要内容作出解释。

评审要求这部分是整个评审准则中最重要的内容。从多个方面提出了要求，阐述检验检测机构应当具有的基本条件和能力。

1. 依法成立并能够承担相应法律责任的法人或者其他组织

(1) 检验检测机构或者其所在的组织应有明确的法律地位，对其出具的检验检测数据、结果负责，并承担相应法律责任。不具备独立法人资格的检验检测机构应经所在法人单位授权。

(2) 检验检测机构应明确其组织结构及质量管理、技术管理和行政管理之间的关系。

(3) 检验检测机构及其人员从事检验检测活动，应遵守国家相关法律法规的规定，遵循客观独立、公平公正、诚实信用原则，恪守职业道德，承担社会责任。

(4) 检验检测机构应建立和保持维护其公正和诚信的程序。检验检测机构及其人员应不受来自内外部的、不正当的商业、财务和其他方面的压力和影响，确保检验检测数据、结果的真实、客观、准确和可追溯。若检验检测机构所在的单位还从事检验检测以外的活动，应识别并采取措施避免潜在的利益冲突。检验检测机构不得使用同时在两个及以上检验检测机构从业的人员。

(5) 检验检测机构应建立和保持保护客户秘密和所有权的程序，该程序应包括保护电子存储和传输结果信息的要求。检验检测机构及其人员应对其在检验检测活动中所知悉的国家秘密、商业秘密和技术秘密负有保密义务，并制定和实施相应的保密措施。

2. 具有与其从事检验检测活动相适应的检验检测技术人员和管理人员

(1) 检验检测机构应建立和保持人员管理程序，对人员资格确认、任用、授权和能力保持等进行规范管理。检验检测机构应与其人员建立劳动或录用关系，明确技术人员和管理人员的岗位职责、任职要求和工作关系，使其满足岗位要求并具有所需的权力和资源，履行建立、实施、保持和持续改进管理体系的职责。

(2) 检验检测机构的最高管理者应履行其对管理体系中的领导作用和承诺：负责管理体系的建立和有效运行；确保制定质量方针和质量目标；确保管理体系要求融入检验检测的全过

程;确保管理体系所需的资源;确保管理体系实现其预期结果;满足相关法律法规要求和客户要求;提升客户满意度;运用过程方法建立管理体系和分析风险、机遇;组织质量管理体系的管理评审。

（3）检验检测机构的技术负责人应具有中级及以上相关专业技术职称或同等能力,全面负责技术运作;质量负责人应确保质量管理体系得到实施和保持;应指定关键管理人员的代理人。

（4）检验检测机构的授权签字人应具有中级及以上相关专业技术职称或同等能力,并经资质认定部门批准。非授权签字人不得签发检验检测报告或证书。

（5）检验检测机构应对抽样、操作设备、检验检测、签发检验检测报告或证书以及提出意见和解释的人员,依据相应的教育、培训、技能和经验进行能力确认并持证上岗。应由熟悉检验检测目的、程序、方法和结果评价的人员,对检验检测人员包括实习员工进行监督。

（6）检验检测机构应建立和保持人员培训程序,确定人员的教育和培训目标,明确培训需求和实施人员培训,并评价这些培训活动的有效性。培训计划应适应检验检测机构当前和预期的任务。

（7）检验检测机构应保留技术人员的相关资格、能力确认、授权、教育、培训和监督的记录,并包含授权和能力确认的日期。

3. 具有固定的工作场所,工作环境满足检验检测要求

（1）检验检测机构应具有满足相关法律法规、标准或者技术规范要求的场所,包括固定的、临时的、可移动的或多个地点的场所。

（2）检验检测机构应确保其工作环境满足检验检测的要求。检验检测机构在固定场所以外进行检验检测或抽样时,应提出相应的控制要求,以确保环境条件满足检验检测标准或者技术规范的要求。

（3）检验检测标准或者技术规范对环境条件有要求时或环境条件影响检验检测结果时,应监测、控制和记录环境条件。当环境条件不利于检验检测的开展时,应停止检验检测活动。

（4）检验检测机构应建立和保持检验检测场所的内务管理程序,该程序应考虑安全和环境的因素。检验检测机构应将不相容活动的相邻区域进行有效隔离,应采取措施以防止干扰或者交叉污染,对影响检验检测质量的区域的使用和进入加以控制,并根据特定情况确定控制的范围。

4. 具备从事检验检测活动所必需的检验检测设备设施

（1）检验检测机构应配备满足检验检测（包括抽样、物品制备、数据处理与分析）要求的设备和设施。用于检验检测的设施,应有利于检验检测工作的正常开展。检验检测机构使用非本机构的设备时,应确保满足本准则要求。

（2）检验检测机构应建立和保持检验检测设备和设施管理程序,以确保设备和设施的配置、维护和使用满足检验检测工作要求。

（3）检验检测机构应对检验检测结果、抽样结果的准确性或有效性有显著影响的设备,包括用于测量环境条件等辅助测量设备有计划地实施检定或校准。设备在投入使用前,应采用检定或校准等方式,以确认其是否满足检验检测的要求,并标识其状态。

针对校准结果产生的修正信息,检验检测机构应确保在其检测结果及相关记录中加以利用并备份和更新。检验检测设备包括硬件和软件应得到保护,以避免出现致使检验检测结果失效的调整。检验检测机构的参考标准应满足溯源要求。无法溯源到国家或国际测量标准时,检验检测机构应保留检验检测结果相关性或准确性的证据。

当需要利用期间核查以保持设备检定或校准状态的可信度时,应建立和保持相关的程序。

(4) 检验检测机构应保存对检验检测具有影响的设备及其软件的记录。用于检验检测并对结果有影响的设备及其软件,如可能应加以唯一性标识。检验检测设备应由经过授权的人员操作并对其进行正常维护。若设备脱离了检验检测机构的直接控制,应确保该设备返回后,在使用前对其功能和检定、校准状态进行核查。

(5) 设备出现故障或者异常时,检验检测机构应采取相应措施,如停止使用、隔离或加贴停用标签、标记,直至修复并通过检定、校准或核查表明设备能正常工作为止。应核查这些缺陷或超出规定限度对以前检验检测结果的影响。

(6) 检验检测机构应建立和保持标准物质管理程序。可能时,标准物质应溯源到 SI 单位或有证标准物质。检验检测机构应根据程序对标准物质进行期间核查。

5. 具有并有效运行保证其检验检测活动独立、公正、科学、诚信的管理体系

(1) 检验检测机构应建立、实施和保持与其活动范围相适应的管理体系,应将其政策、制度、计划、程序和指导书制订成文件,管理体系文件应传达至有关人员,并被其获取、理解、执行。

(2) 检验检测机构应阐明质量方针,应制定质量目标,并在管理评审时予以评审。

(3) 检验检测机构应建立和保持控制其管理体系的内部和外部文件的程序,明确文件的批准、发布、标识、变更和废止,防止使用无效、作废的文件。

(4) 检验检测机构应建立和保持评审客户要求、标书、合同的程序。对检测要求、标书、合同的偏离及变更等应征得客户同意并通知相关人员。

(5) 检验检测机构需分包检验检测项目时,应分包给依法取得资质认定并有能力完成分包项目的检验检测机构,具体分包的检验检测项目应当事先取得委托人书面同意,检验检测报告或证书应体现分包项目,并予以标注。

(6) 检验检测机构应建立和保持选择和购买对检验检测质量有影响的服务和供应品的程序。明确服务、供应品、试剂、消耗材料的购买、验收、存储的要求,并保存对供应商的评价记录和合格供应商名单。

(7) 检验检测机构应建立和保持服务客户的程序。保持与客户沟通,跟踪对客户需求的满足,以及允许客户或其代表合理进入为其检验检测的相关区域观察。

(8) 检验检测机构应建立和保持处理投诉的程序。明确对投诉的接收、确认、调查和处理职责,并采取回避措施。

(9) 检验检测机构应建立和保持出现不符合的处理程序,明确对不符合的评价、决定不符合是否可接受、纠正不符合、批准恢复被停止的工作的责任和权力。必要时,通知客户并取消工作。该程序包含检验检测的前、中、后全过程。

(10) 检验检测机构应建立和保持在识别出不符合时,采取纠正措施的程序;当发现潜在不符合时,应采取预防措施。检验检测机构应通过实施质量方针、质量目标,应用审核结果、数据分析、纠正措施、预防措施、管理评审来持续改进管理体系的适宜性、充分性和有效性。

(11) 检验检测机构应建立和保持记录管理程序,确保记录的标识、贮存、保护、检索、保留和处置符合要求。

(12) 检验检测机构应建立和保持管理体系内部审核的程序,以便验证其运作是否符合管理体系和本准则的要求,管理体系是否得到有效的实施和保持。内部审核通常每年一次,由质量负责人策划内审并制定审核方案。内审员须经过培训,具备相应资格,内审员应独立于被审核的活动。检验检测机构应采取如下措施:

① 依据有关过程的重要性、对检验检测机构产生影响的变化和以往的审核结果,策划、制定、实施和保持审核方案,审核方案包括频次、方法、职责、策划要求和报告;

② 规定每次审核的审核准则和范围;

③ 选择审核员并实施审核;

④ 确保将审核结果报告给相关管理者;

⑤ 及时采取适当的纠正和纠正措施;

⑥ 保留形成文件的信息,作为实施审核方案以及做出审核结果的证据。

(13) 检验检测机构应建立和保持管理评审的程序。管理评审通常 12 个月一次,由最高管理者负责。最高管理者应确保管理评审后,得出的相应变更或改进措施予以实施,确保管理体系的适宜性、充分性和有效性。应保留管理评审的记录。管理评审输入信息应包括以下内容:

① 以往管理评审所采取措施的情况;

② 与管理体系相关的内外部因素的变化;

③ 客户满意度、投诉和相关方的反馈;

④ 质量目标实现程度;

⑤ 政策和程序的适用性;

⑥ 管理和监督人员的报告;

⑦ 内外部审核的结果;

⑧ 纠正措施和预防措施;

⑨ 检验检测机构间比对或能力验证的结果;

⑩ 工作量和工作类型的变化;

⑪ 资源的充分性;

⑫ 应对风险和机遇所采取措施的有效性;

⑬ 改进建议;

⑭ 其他相关因素,如质量控制活动、员工培训。

管理评审输出信息应包括以下内容:

① 改进措施;

② 管理体系所需的变更;

③ 资源需求。

(14) 检验检测机构应建立和保持检验检测方法的控制程序。检验检测方法包括标准方法、非标准方法(含自制方法)。应优先使用标准方法,并确保使用标准的有效版本。在使用标准方法前,应先进行证实。在使用非标准方法(含自制方法)前,应先进行确认。检验检测机构应跟踪方法的变化,并重新进行证实或确认。必要时检验检测机构应制定作业指导书。如确需方法偏离,应有文件规定,经技术判断和批准,并征得客户同意。当客户建议的方法不适合或已过期时,应通知客户。

非标准方法(含自制方法)的使用,应事先征得客户同意,并告知客户相关方法可能存在的风险。需要时,检验检测机构应建立和保持开发自制方法控制程序,自制方法应经确认。

(15) 检验检测机构应根据需要建立和保持应用评定测量不确定度的程序。

（16）检验检测机构应当对媒介上的数据予以保护，应对计算和数据转移进行系统和适当地检查。当利用计算机或自动化设备对检验检测数据进行采集、处理、记录、报告、存储或检索时，检验检测机构应建立和保持保护数据完整性和安全性的程序。自行开发的计算机软件应形成文件，使用前确认其适用性，并进行定期、改变或升级后的再确认。维护计算机和自动设备以确保其功能正常。

（17）检验检测机构应建立和保持抽样控制程序。抽样计划应根据适当的统计方法制定，抽样应确保检验检测结果的有效性。当客户对抽样程序有偏离的要求时，应予以详细记录，同时告知相关人员。

（18）检验检测机构应建立和保持样品管理程序，以保护样品的完整性并为客户保密。检验检测机构应有样品的标识系统，并在检验检测整个期间保留该标识。在接收样品时，应记录样品的异常情况或记录对检验检测方法的偏离。样品在运输、接收、制备、处置、存储过程中应予以控制和记录。当样品需要存放或养护时，应保持、监控和记录环境条件。

（19）检验检测机构应建立和保持质量控制程序，定期参加能力验证或机构之间比对。通过分析质量控制的数据，当发现偏离预先判据时，应采取有计划的措施来纠正出现的问题，防止出现错误的结果。质量控制应有适当的方法和计划并加以评价。

（20）检验检测机构应准确、清晰、明确、客观地出具检验检测结果，并符合检验检测方法的规定。结果通常应以检验检测报告或证书的形式发出。检验检测报告或证书应至少包括下列信息：

① 标题；

② 标注资质认定标志，加盖检验检测专用章（适用时）；

③ 检验检测机构的名称和地址，检验检测的地点（如果与检验检测机构的地址不同）；

④ 检验检测报告或证书的唯一性标识（如系列号）和每一页上的标识，以确保能够识别该页是属于检验检测报告或证书的一部分，以及表明检验检测报告或证书结束的清晰标识；

⑤ 客户的名称和地址（适用时）；

⑥ 对所使用检验检测方法的识别；

⑦ 检验检测样品的状态描述和标识；

⑧ 对检验检测结果的有效性和应用有重大影响时，注明样品的接收日期和进行检验检测的日期；

⑨ 对检验检测结果的有效性或应用有影响时，提供检验检测机构或其他机构所用的抽样计划和程序的说明；

⑩ 检验检测检报告或证书的批准人；

⑪ 检验检测结果的测量单位（适用时）；

⑫ 检验检测机构接受委托送检的，其检验检测数据、结果仅证明所检验检测样品的符合性情况。

（21）当需对检验检测结果进行说明时，检验检测报告或证书中还应包括下列内容：

① 对检验检测方法的偏离、增加或删减，以及特定检验检测条件的信息，如环境条件；

② 适用时，给出符合（或不符合）要求或规范的声明；

③ 适用时，评定测量不确定度的声明。当不确定度与检测结果的有效性或应用有关，或客户的指令中有要求，或当对测量结果依据规范的限制进行符合性判定时，需要提供有关不确定度的信息；

④ 适用且需要时,提出意见和解释;

⑤ 特定检验检测方法或客户所要求的附加信息。

(22) 当检验检测机构从事抽样检验检测时,应有完整、充分的信息支撑其检验检测报告或证书。

(23) 当需要对报告或证书做出意见和解释时,检验检测机构应将意见和解释的依据形成文件。意见和解释应在检验检测报告或证书中清晰标注。

(24) 当检验检测报告或证书包含了由分包方出具的检验检测结果时,这些结果应予以清晰标明。

(25) 当用电话、传真或其他电子或电磁方式传送检验检测结果时,应满足本准则对数据控制的要求。检验检测报告或证书的格式应设计为适用于所进行的各种检验检测类型,并尽量减小产生误解或误用的可能性。

(26) 检验检测报告或证书签发后,若有更正或增补应予以记录。修订的检验检测报告或证书应标明所代替的报告或证书,并标注具有唯一性的标识。

(27) 检验检测机构应当对检验检测原始记录、报告或证书归档留存,保证其具有可追溯性。检验检测原始记录、报告或证书的保存期限不少于 6 年。

6. 符合有关法律法规或者标准、技术规范规定的特殊要求

特定领域的检验检测机构,应符合国家认证认可监督管理委员会按照国家有关法律法规、标准或者技术规范,针对不同行业和领域的特殊性,制定和发布的评审补充要求。

11.4　检验检测机构的管理体系

《评审准则》明确指出检验检测机构"具有并有效运行保证其检验检测活动独立、公正、科学、诚信的管理体系"。因此,检验检测机构资质认定管理体系的必须保持,也是拟申请检验检测机构资质认定必须先行建立的体系。

11.4.1　管理体系的构成

管理体系是指实验室为了实现管理目的或效能,由组织机构、职责、程序、过程和资源构成的,且具有一定活动规律的一个有机整体。任何一个单位或组织只要实施运作,其管理体系就应当客观存在。简单地理解管理体系:一个包括人、设备、方法的实体,按照一定的职责、过程、规律进行运行,其中各个要素之间建立相互联系和制约,进行有序地运作,这个庞大的有机体就是管理体系。有效的管理体系才能保证实验室的公正性和独立性,并与其检测和/或校准活动相适应。《评审准则》中要求的"应将其政策、制度、计划、程序和指导书制定成文件",就是要求编制管理体系文件,使有关人员能"阅读"管理体系,明确相关要求和责任。管理体系文件包括质量手册、程序文件、作业指导书、表格报告及记录等。

1. 管理体系的基本组成

管理体系由组织机构、职责、程序、过程和资源这几个基本要素组成。

(1) 组织机构:是检验检测机构根据自身特点设置的组织部门、职责范围、隶属关系和相互联系方法。典型的内部组织机构通常设置有:行政办公室、业务办公室、若干个检测实验室和学术委员会等。

（2）职责：规定各个部门和人员的岗位责任，包括在管理体系和工作中应承担的任务和责任，以及对工作失误应承担的责任。

（3）程序：明确所开展工作的细节及工作的要求，主要应该明确何事、何人、何时、何故、如何控制，以及如何进行控制和记录等内容。

（4）过程：指将输入转化为输出的一组彼此相关的资源和活动，一个复杂的大过程可以分解为若干个简单的小过程，一个过程的输出为另一个过程的输入，对输入进行资源和活动后形成该过程的输出。多个过程通过输入和输出形成一个整体。

（5）资源：包括人力和物资资源，以及工作环境，它是管理体系的物质基础。

2. 管理体系基本要素的相互关系

上述管理体系的五个基本要素在《评审准则》的评审要求中得到了充分的体现。建立质量管理体系，首先根据质量目标，整合各种条件（资源），然后通过设置组织机构，确定实现检测的各项质量过程，分配、协调各项过程的职责和输入输出，通过程序的制定规定各个质量过程的工作方法，使质量过程能经济、有效、协调地进行。这样一个由各个要素组成，有序运行的有机体就是实验室的管理体系，它具有系统性、全面性、有效性和适应性的特点。

11.4.2　管理体系的建立

建立管理体系是一个庞大、复杂的系统工程，需理顺的工作环节复杂、要做的工作量大、需要的周期长。要建立完备的实验室管理体系，各项工作需要循序渐进、有条不紊地开展，并且需要不断完善和不断改进。通常包括如下一些环节和步骤。

1. 领导的认识和策划

包括最高管理者在内的实验室领导是实验室的核心和决策者，在建立合理的管理机制，提高服务质量和在社会上的竞争力，取得最好的社会和经济效益，保证实验室的持续发展和能力的持续提高，以及在协调各个内部实验室和部门，配备和整合资源，全面策划和开展管理体系的建立工作等各个方面，领导都起着至关重要的作用。建立实验室管理体系，领导必须予以重视，统一思想、统一认识、步调一致。

2. 宣贯培训、全员参与

检验检测机构各级人员是检验检测机构的根本，建立管理体系需要全体人员的参与和努力工作。宣贯培训是工作的重点，需向全体人员进行《评审准则》和管理体系方面的宣贯教育，很好地理解《评审准则》的内容和要求，理解各类人员在建立管理体系工作中的职责和作用。

3. 组织落实，拟定计划

需要组织一个精干的工作班子，最高管理者亲自挂帅，拟定管理体系建设的总体规划，制定质量方针和质量目标，按职能部门进行质量职能的分解，明确各要素的责任部门和责任人。

4. 需要重点开展的几项工作

（1）确定质量方针和质量目标：质量方针是实验室的质量宗旨和质量方向，质量目标是质量方针的重要组成部分，是实验室要达到的最终目标。因此，在开展其他工作之前必须确定这两项。检验检测机构应根据自身特点，结合工作内容、性质和要求，制定符合自身实际情况的质量方针和质量目标。

（2）确定过程和要素：检验检测机构的最终目标是提供合格的检验报告，它是由各项检验过程来完成的。因此，机构应整体考虑管理体系各个要素，按照《评审准则》的要求，结合自身工作，对各种条件和工作情况进行系统分析，合理地选择体系要素，确定各要素达到目标的过程,确定检验报告形成过程中的质量环节,加以控制。把符合准则或基本符合准则的做法及规章、制度、经过必要的修改、补充,纳入编制的质量手册或程序文件中去。

(3)确定机构、职责和资源:根据自身实际情况,筹划设计检验检测机构的组织机构,并根据需要确定其质量职责和岗位,根据各个岗位的职责赋予相应的权限,对涉及的硬件、软件和人员配备进行适当的调配和充实,将各个质量活动分配落实到有关部门。

(4)管理体系文件化:管理体系的建立是通过文件的形式表现出来,管理体系文件是管理体系存在的基础和证据,是质量管理体系的具体体现和质量管理体系运行的法规,也是质量管理体系审核的依据,是规范实验室工作和全体人员行为,达到质量目标的质量依据。质量管理体系文件包括四个内容:质量手册、程序文件、作业指导书、记录。

11.4.3　管理体系文件的编写

管理体系文件:质量手册、程序文件、作业指导书、记录(包括记录、表格、报告、文件等),按此顺序具有不同的层次。质量手册层次最高,记录最低。每一个层次都是上一个层次的支持文件,上下层文件互相衔接、相互呼应,内容要求一致,不能相互矛盾。

1.质量手册的编写

质量手册是检验检测机构根据《评审准则》规定的质量方针和质量目标,描述与之相适应管理体系的基本文件,提出对过程和活动的管理要求。

典型的质量手册编写主要包括如下结构和内容:

(1)封面

(2)批准页

(3)修订页

(4)发布通知

(5)单位和法人及授权等证明文件

(6)公正性的声明

(7)行为准则

包括:总则;检测工作的公正性、独立性、诚实性;客户服务;工作人员的权力和义务。

(8)前言

包括:概况;经济性质、形态和设置;检测业务类别;法律地位、质量资质和作业的法律效力;通讯方式。

(9)质量方针

包括:质量方针;质量目标;质量承诺;名词术语和缩略语;参考文献。

(10)《质量手册》的管理

包括:概述;职责;对《质量手册》的要求;《质量手册》版本;《质量手册》的编制和审批;《质量手册》的维护和修订;《质量手册》的发放和回收;《质量手册》的借阅;《质量手册》持有者的责任;《质量手册》的宣贯;《质量手册》的保密;《质量手册》的解释。

(11)管理要求

包括:组织;管理体系;文件控制;检测项目的分包(不涉及);服务和供应品的采购;合同评审;申诉和投诉;纠正措施、预防措施及改进;记录;内部审核;管理评审。

(12)技术要求

包括:人员;设施和环境条件;检测和校准方法;设备和标准物质;量值溯源;抽样和样品

处置;检测结果质量的控制;结果报告。

(13) 附录

2. 程序文件的编写

程序文件为完成管理体系中所有主要活动提供方法和指导,分配具体的职责和权限,包括管理、执行、验证活动。

3. 作业指导书的编写

作用指导书是表达管理体系程序中每一步更详细的操作方法,指导工作人员执行具体的工作任务。作用指导书与程序文件的区别是一个作用指导书只涉及一个独立的具体任务,而一个程序文件涉及管理体系中一个过程的整个活动。

4. 记录的编写

记录是为了使管理体系有效运行而设计的一系列实用表格和表述活动结果的报告,作为管理体系运行的证据。

11.5 检验检测机构资质认定评审程序

检验检测机构资质认定评审是指国家相关管理部门对申请资质认定检验检测机构的综合评审。

我国检验检测机构资质认定分国家级和省级两级实施,国家级的资质认定由国家认监委负责实施;地方级的由地方质量技术监督部门负责实施。资质认定的工作程序包括如下几项。

(1) 申请:拟需进行评审的检验检测机构向国家认监委或省质量技术监督局提交办理检验检测机构资质认定申请。

(2) 受理:管理部门对所申请材料进行审查,提出审查意见,并做出是否受理申请的决定。

(3) 技术评审:对已经受理的申请,承担技术评审的机构组织安排现场评审,技术评审结束后向发证管理部门报告技术评审结果。

(4) 审批:发证管理部门对现场评审材料进行审查,提出审查意见,审查同意的报委(局)领导批准。

(5) 发证:发证管理部门办理资质认定证书。

(6) 公布:通过认监委网站公布获得资质认定证书的相关信息。

上述六项工作程序中技术评审是关键步骤,技术评审主要包括如下过程:

1. 评审准备

准备工作主要由评审组长完成。组长领取评审任务,获得《申请书》以及相关文档。分别对《申请书》和文件(主要是《质量手册》和《程序文件》)进行审查,将审查意见反馈给发证机关,做出实施现场评审的建议。发证机关向文件评审合格的检验检测机构下发现场评审通知书。评审组长负责制定现场评审日常计划。

2. 现场评审

评审组长带领评审组成员组织实施现场评审。

(1) 预备会议:组长在现场评审前召集评审组成员召开预备会议,介绍评审要求、文件审查情况,确定分工、评审日常安排等内容。

（2）首次会议：评审组长组织首次会议,由评审组成员和检验检测机构主要负责人,以及其他相关人员参加。首次会议上组长要进行人员介绍、公布评审通知及评审目的依据等、明确评审涉及的人员和部门;宣布评审日程和评审组成员分工;同时强调评审的原则以及保密的承诺等重要内容。检验检测机构负责人介绍实验室概况以及评审准备工作,为评审组配备陪同人员及工作场所等必备条件。

（3）考察实验室：实地考察相关的办公、检测/校准场地等。其目的是尽量多地了解实验室各种信息,观察实验室的环境条件、仪器设备、检测/校准设施等,并作好记录。

（4）现场操作考核：通过现场试验考核人员操作能力,以及环境、设备等的保证能力。根据实验室申请的检测能力范围合理地选择考核项目(达到所要求的覆盖度),采用盲样试验(选择评审组携带的有数据的盲样进行测试考核)、样品复测(选择检验检测机构留样进行再行检测)、人员比对(不同人员采用相同标准、相同设备检测同一样品)、仪器比对(同一人员采用相同标准、不同设备检测同一样品)、见证试验(对不宜做上述考核的项目,考核人员全过程或部分过程的操作)和证书验证(对复测项目,已经出具过正式检测报告,而且考核时无样品可做,可在评审人员观察下进行设备的演示操作)的方式进行现场操作考核。对考核结果要求进行评价。

（5）现场提问：对检验检测机构主要负责人、技术负责人、质量负责人、其他质量岗位人员,以及重要的技术人员进行现场提问,考核其对如法律法规、评审准则、体系文件、检测标准、检测技术等基础性问题的理解,也可在评审中就遇到的问题进行提问。

（6）查阅质量记录：查阅管理体系运行过程中的各种记录,以及检测/校准过程中产生的各种技术记录,目的是评价其管理体系运行的有效性和技术操作的正确性。

（7）填写现场评审记录：《评审报告》中的《评审表》是全面评价检验检测机构的重要内容,它是评价检验检测机构各项要求的一个汇总表。分别用"符合""基本符合""不符合""缺此项""不适用"这几个选项对《评审表》中的各个条款给出结论意见。

（8）现场座谈会：座谈会由评审组长主持,参加者包括各级管理人员、内审员、监督员、抽样人员、检测人员等。其目的是考核各类人员的基础知识、对体系文件的理解、澄清发现的问题、交流思想、统一认识。座谈会内容主要涉及《评审准则》的理解、体系文件的理解、《评审准则》和体系文件的应用情况、各岗位人员对其职责的理解、各类人员专业知识,以及评审过程发现的问题等。

（9）授权签字人的考核：授权签字人是签发检测/校准报告的责任人,实验室每份报告发出前都需要授权签字人的签字。授权签字人要由实验室提名,评审机构考核合格后方能上岗。对授权签字人的考核由组长主持,评审组成员参加,主要考核其工作经历、授权签字人的职责、仪器设备的检测/校准状态、相应技术标准方法、报告签发程序,以及《评审准则》中的相关问题。

（10）检测能力的确认及相关表格的填写：机构检测能力的确认是现场评审的核心环节。在进行评审申请时,机构要提交《检验检测机构资质认定项目表》,在现场评审时要对该表的内容进行严格的考核,确认其检测能力。考核要重点考虑检测标准、设施和环境、设备条件、量值溯源、相关人员考核情况等方面。

（11）评审组内部会议：每天均安排召开评审组内部会议,交流和讨论评审情况和遇到的问题,了解工作进度。

（12）与机构沟通：确定评审组意见后与机构领导沟通,通报评审中发现的问题和评审意见,听取机构的意见。

（13）评审结论和评审报告：用"符合""基本符合""基本符合需现场复核""不符合"四个选项给出评审结论。由组长撰写评审报告。

（14）末次会议：由组长主持,评审组成员和被评审单位主要领导参加末次会议。除重申评审目的、范围、依据,说明评审的某些局限性以外,要指出评审中发现的问题,宣读评审意见和评审结论,对相关项目提出整改意见。机构领导发表意见,组长宣布评审工作结束。

3. 整改的跟踪验证

现场评审结束后,检验检测机构应该在商定的时间内对评审结论中的不符合内容进行整改,并将整改结果报告评审组长进行确认。

4. 评审材料的汇总及上报

评审机构汇总申请书、评审报告、合格证书附表、整改报告、评审中的记录,以及含有所要求内容的软盘,上报国家认监委或地方质量技术监督部门,供其审批时参考。

参 考 文 献

［1］俞汝勤. 化学计量学导论[M]. 长沙：湖南教育出版社,1991.

［2］梁逸曾,吴海龙,俞汝勤. 分析化学手册 10 化学计量学[M]. 3 版. 北京：化学工业出版社,2016.

［3］杜一平,潘铁英,张玉兰. 化学计量学应用[M]. 北京：化学工业出版社,2008.

［4］褚小立. 现代光谱分析中的化学计量学方法[M]. 北京：化学工业出版社,2022.

［5］许禄,邵学广. 化学计量学方法[M]. 北京：科学出版社,2004.

［6］倪力军,张立国. 基础化学计量学及其应用[M]. 上海：华东理工大学出版社,2011.

［7］倪永年. 化学计量学在分析化学中的应用[M]. 北京：科学出版社,2004.

［8］曹宏燕. 分析测试统计方法和质量控制[M]. 北京：化学工业出版社,2017.

［9］杨青云. 数据处理方法[M]. 北京：冶金工业出版社,1993.

［10］邱德仁. 原子光谱分析[M]. 上海：复旦大学出版社,2002.

［11］孙汉文. 原子光谱分析[M]. 北京：高等教育出版社,2002.

［12］辛仁轩. 等离子体发射光谱分析[M]. 北京：化学工业出版社,2005.

［13］邓勃,何华焜. 原子吸收光谱分析[M]. 北京：化学工业出版社,2004.

［14］周天泽,邹洪. 原子光谱样品处理技术[M]. 北京：化学工业出版社,2006.

［15］严秀平,尹学博,余莉萍. 原子光谱联用技术[M]. 北京：化学工业出版社,2005.

［16］李冰,杨红霞. 电感耦合等离子体质谱原理和应用[M]. 北京：地质出版社,2005.

［17］王小如. 电感耦合等离子体质谱应用实例[M]. 北京：化学工业出版社,2005.

［18］刘克玲. 原子光谱学进展的综述[J]. 光谱学与光谱分析,2005,25(1)：95 - 103.

［19］Chen M L, Wang M. ICP - MS-based methodology in metallomics：Towards single particle analysis, single cell analysis, and spatial metallomics［J］. Atomic Spectroscopy, 2022, 43(3)：255 - 265.

［20］Bendall S C, Nolan G P, Roederer M, et al. A deep profiler's guide to cytometry[J]. Trends in Immunology, 2012, 33(7)：323 - 332.

［21］Yang H S, LaFrance D R, Hao Y. Elemental testing using inductively coupled plasma mass spectrometry in clinical laboratories：An ACLPS critical review[J]. American Journal of Clinical Pathology, 2021, 156(2)：167 - 175.

［22］彭云,沈怡,武培怡. 广义二维相关光谱学进展[J]. 分析化学,2005,33(10)：1499 - 1504.

［23］方禹之. 分析科学与分析技术[M]. 上海：华东师范大学出版社,2002.

［24］许金钩,王尊本. 荧光分析法[M]. 3 版. 北京：科学出版社,2006.

［25］吕志坚,陆敬泽,吴雅琼,等. 几种超分辨率荧光显微技术的原理和近期进展［J］. 生物化学与生物物理进展,2009,36(12)：1626－1634.

［26］Schulman S. Molecular luminescence spectroscopy［M］. New Jersey：Wiley, 1985.

［27］Bunaciu A, Fleschin S, Aboul-Enein H. Infrared microspectroscopy applications － review［J］. Current Analytical Chemistry, 2013, 10(1)：132－139.

［28］汤庆峰,李琴梅,王佳敏,等. 显微-傅里叶变换红外光谱鉴别分析微塑料［J］. 国塑料,2021,35(8)：172－180.

［29］Sun N Y, Chang L, Lu Y, et al. Raman mapping-based reverse engineering facilitates development of sustained-release nifedipine tablet［J］. Pharmaceutics, 2022, 14(5)：1052.

［30］Švec F. The essence of chromatography［M］. Amsterdam：Elsevier, 2003.

［31］张祥民. 现代色谱分析［M］. 上海：复旦大学出版社,2004.

［32］傅若农. 色谱分析概论［M］.2 版. 北京：化学工业出版社,2004.

［33］苏立强. 色谱分析法［M］. 北京：清华大学出版社,2009.

［34］张玉奎,张维冰,邹汉法,等. 分析化学手册［M］.3 版. 北京：化学工业出版社,2016.

［35］Snyder L R, Kirkland J J, Glajch J L. Practical HPLC Method Development［M］. New Jersey：Wiley, 1997.

［36］邹汉法,张玉奎,卢佩章. 离子对高效液相色谱法［M］. 北京：科学技术出版社,1994.

［37］李彤,张庆合,张维冰. 高效液相色谱仪器系统［M］. 北京：化学工业出版社,2005.

［38］吴烈钧. 气相色谱检测方法［M］.2 版. 北京：化学工业出版社,2005.

［39］刘虎威. 气相色谱方法及应用［M］.2 版. 北京：化学工业出版社,2007.

［40］Jürgen H G. Mass-Spectrometry-A-Textbook［M］. 3rd. Berlin：Springer, 2017.

［41］Rune M. Mass Spectrometry Data Analysis in Proteomics［M］. 3rd. New Jersey：Humana Press, 2020.

［42］Li S Z. Computational methods and data analysis for metabolomics［M］. New Jersey：Humana Press, 2020.

［43］Hollender J, Schymanski E L, Singer H P, et al. Nontarget screening with high resolution mass spectrometry in the environment：Ready to go?［J］. Environmental Science & Technology, 2017, 51(20)：11505－11512.

［44］Schymanski E L, Singer H P, Slobodnik J, et al. Non-target screening with high-resolution mass spectrometry：Critical review using a collaborative trial on water analysis［J］. Analytical and Bioanalytical Chemistry, 2015, 407(21)：6237－6255.

［45］宁永成. 有机化合物结构鉴定与有机波谱学［M］.3 版. 北京：科学出版社,2014.

［46］藤岛昭. 电化学测定方法［M］. 陈震,姚建年,译. 北京：北京大学出版社,1995.

［47］吴守国,袁倬斌. 电分析化学原理［M］.2 版. 合肥：中国科学技术大学出版社,2012.

［48］汪尔康.21 世纪的分析化学［M］. 北京：科学出版社,1999.

［49］鞠熀先. 电分析化学与生物传感技术［M］. 北京：科学出版社,2006.

［50］董绍俊,车广礼,谢远武. 化学修饰电极(修订版)［M］. 北京：科学出版社,2003.

［51］Richard C A, Dieter M K, Jacek L, etal. Ross Chemically Modified Electrodes［M］. New Jersey：Wiley-VCH, 2009.

［52］张学记,鞠焜先,约瑟夫·王. 电化学与生物传感器——原理、设计及其在生物医学中的应用［M］. 张书圣,等译. 北京：化学工业出版社,2009.

［53］谢远武,董绍俊. 光谱电化学方法-理论与应用［M］. 长春：吉林科学技术出版社,1993.

［54］张祖训. 超微电极电化学［M］. 北京：科学出版社,1998.

［55］赵常志,孙伟. 化学与生物传感器［M］. 北京：科学出版社,2012.

［56］鞠焜先,张学记,约瑟夫·王. 纳米生物传感：原理、发展与应用［M］. 雷建平,吴洁,鞠焜先,译. 北京：科学出版社,2012.

［57］周玉. 材料分析方法［M］.3 版. 北京：机械工业出版社,2012.

［58］戎咏华. 分析电子显微学导论［M］. 北京：高等教育出版社,2006.

［59］叶恒强,王元明. 透射电子显微学进展［M］. 北京：科学出版社,2003.

［60］Yonghua R. 微观组织的分析电子显微学表征（英文版）［M］. 北京：高等教育出版社,2012.

［61］康莲娣. 生物电子显微技术［M］. 合肥：中国科学技术大学出版社,2003.

［62］David B,Williams C,Barry C. 透射电子显微学：材料科学教材（4 卷本）［M］. 北京：清华大学出版社,2007.

［63］周玉,武高辉. 材料分析测试技术：材料 X 射线衍射与电子显微分析［M］. 哈尔滨：哈尔滨工业大学出版社,2007.

［64］陈世朴,王永瑞. 金属电子显微分析［M］. 北京：机械工业出版社,1982.

［65］付红兰. 实用电子显微镜技术［M］. 北京：高等教育出版社,2004.

［66］凌诒萍,俞彰. 细胞超微结构与电镜技术——分子细胞生物学基础［M］.2 版. 上海：复旦大学出版社,2007.

［67］左演声,陈文哲,梁伟. 材料现代分析方法［M］. 北京：北京工业大学出版社,2000.

［68］白春礼. 扫描隧道显微术及其应用［M］. 上海：上海科学技术出版社,1994.

［69］陈成钧,华中一. 扫描隧道显微镜学引论［M］. 北京：中国轻工业出版社,1996.

［70］John F W,John W. 表面分析（XPS 和 AES）引论［M］. 吴正龙译. 上海：华东理工大学出版社,2008.

［71］陆家和,陈长彦. 表面分析技术［M］. 北京：电子工业出版社,1988.

［72］Briggs D. X 射线与紫外光电子能谱［M］. 桂琳琳,黄惠中,郭国霖,译. 北京：北京大学出版社,1984.

［73］黄继武,李周. X 射线衍射理论与实践（I）［M］. 北京：化学工业出版社,2020.

［74］姜传海,杨传铮. 材料射线衍射和散射分析［M］. 北京：高等教育出版社,2010.

［75］Muller P. 晶体结构精修——晶体学者的 SHELXL 软件指南［M］. 陈昊鸿,译. 北京：高等教育出版社,2010.

［76］麦振洪. 薄膜结构 X 射线表征［M］. 北京：科学出版社,2007.

［77］马礼敦. 近代 X 射线多晶体衍射——实验技术与数据分析［M］. 北京：化学工业出版社,2004.

［78］刘粤惠,刘平安. X 射线衍射分析原理与应用［M］. 北京：化学工业出版社,2003.

［79］梁敬魁. 粉末衍射法测定晶体结构［M］. 北京：科学出版社,2003.

［80］韩建成. 多晶 X 射线结构分析［M］. 上海：华东师范大学出版社,1989.